#수학유형서
#리더공부비법
#한권으로유형올킬
#학원에서검증된문제집

수학리더
유형

Chunjae
Makes
Chunjae

▼

기획총괄	박금옥
편집개발	윤경옥, 박초아, 조은영, 김연정, 김수정,
	임희정, 이혜지, 최민주, 허인영
디자인총괄	김희정
표지디자인	윤순미, 박민정, 이수민
내지디자인	박희춘
제작	황성진, 조규영

발행일	2024년 10월 1일 3판 2025년 9월 1일 2쇄
발행인	(주)천재교육
주소	서울시 금천구 가산로9길 54
신고번호	제2001-000018호
고객센터	1577-0902
교재 구입 문의	1522-5566

수학 리더 유형 3-1

BOOK 1

유형북 차례

이 책의 **구성과 특징**

STEP 1 개념별 유형

교과서 개념 ➕ 플러스 개념 유형 수록

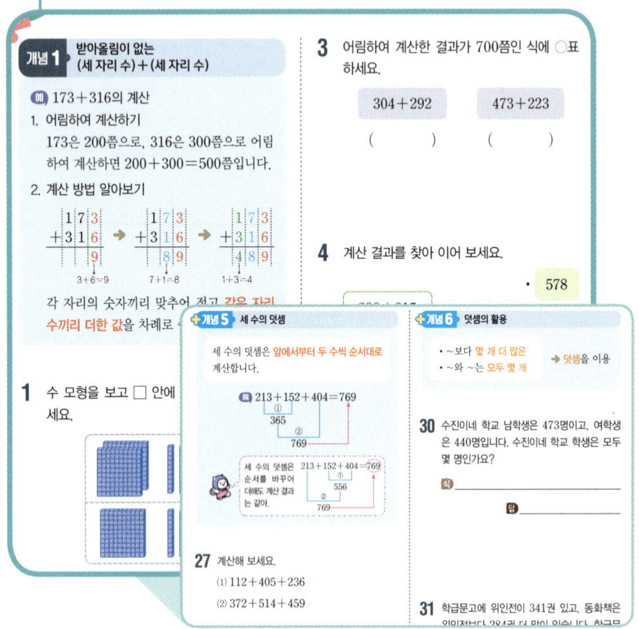

개념별 유형 형성 평가

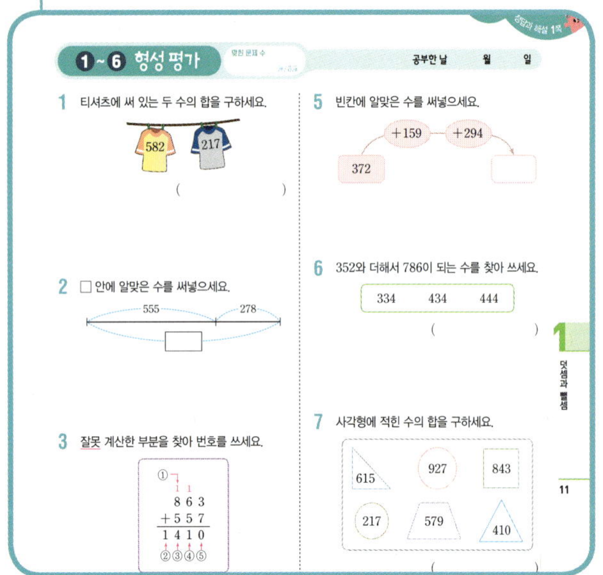

STEP 2 꼬리를 무는 유형

하나의 유형이 기본 〉 변형 〉 실생활 유형으로 다양하게 변형되는 구성

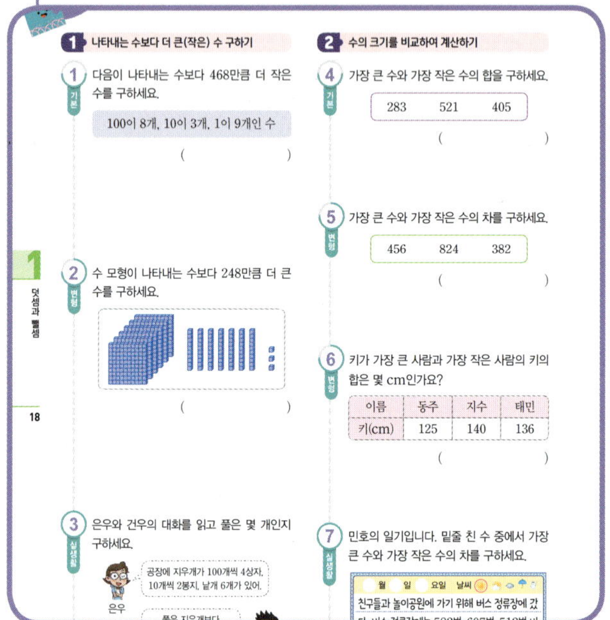

하나의 유형을 실력 〉 변형 〉 레벨업 유형으로 반복해서 익힐 수 있는 구성

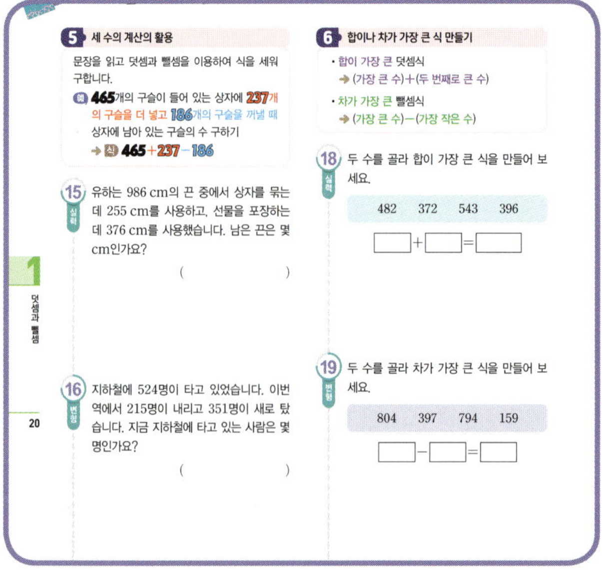

STEP 3 수학 독해력 유형

문제를 수학적으로 분석하고 문제 해결력을 기르는 유형

독해력 유형 1 보이지 않는 수 구하기
구하려는 것에 밑줄을 긋고 풀어 보세요.

카드 2장에 세 자리 수를 각각 써 놓고 그중 한 장은 뒤집어 놓았습니다. 카드에 적힌 두 수의 합이 576일 때 두 수의 차를 구하세요.

429

해결 비법
뒤집어 놓은 카드에 적힌 수를 ■라고 하여 식을 만들고 덧셈과 뺄셈의 관계를 이용하여 ■의 값을 구합니다.

문제 해결
① 뒤집어 놓은 카드에 적힌 수를 ■로 하여 식 만들기:
429 + ■ = □

② ■의 값 구하기: □ − 429 = ■, ■ = □

③ (두 수의 차) = 429 − □ = □

답 ________

위의 문제 해결 방법을 따라 풀어 보세요.

쌍둥이 유형 1-1

카드 2장에 세 자리 수를 각각 써 놓고 그중 한 장은 뒤집어 놓았습니다. 카드에 적힌 두 수의 합이 911일 때 두 수의 차를 구하세요.

522

따라 풀기

쌍둥이 유형 1-2

소윤이와 건우가 종이 2장에 각각 세 자리 수를 써 놓았는데 종이에 잉크가 묻어서 일부분이 보이지 않습니다. 두 수의 차가 403일 때 두 수의 합을 구하세요.
(단, 소윤이가 쓴 세 자리 수가 더 큰 수입니다.)

소윤 5
건우 2 4

따라 풀기

유형 TEST

각 단원을 얼마나 잘 공부했는지 확인하는 유형 평가

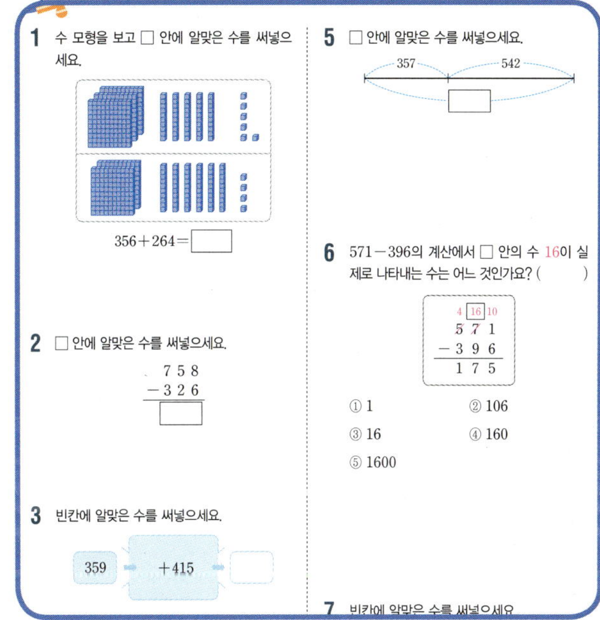

1 수 모형을 보고 □ 안에 알맞은 수를 써넣으세요.

356 + 264 =

2 □ 안에 알맞은 수를 써넣으세요.

758
− 326

3 빈칸에 알맞은 수를 써넣으세요.

359 → +415 →

5 □ 안에 알맞은 수를 써넣으세요.

357 542

6 571 − 396의 계산에서 □ 안의 수 16이 실제로 나타내는 수는 어느 것인가요? (　　　)

4 16 10
5 7 1
− 3 9 6
1 7 5

① 1 　② 106
③ 16 　④ 160
⑤ 1600

7 빈칸에 알맞은 수를 써넣으세요.

BOOK ② 보충북

응용력 향상 집중 연습

● 수 카드 2개를 골라 식 만들기

1 163　262　282
덧셈식
□ + □ = 445

2 325　547　335
덧셈식
□ + □ = 882

3 405　658　415
뺄셈식

4 461　167　775
뺄셈식

응용 유형을 풀기 위한 워밍업 유형 반복 학습

창의·융합·코딩 학습

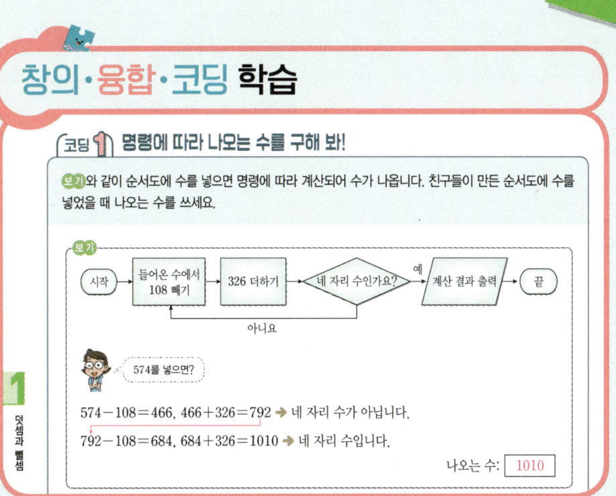

코딩 1 명령에 따라 나오는 수를 구해 봐!

보기와 같이 순서도에 수를 넣으면 명령에 따라 계산되어 수가 나옵니다. 친구들이 만든 순서도에 수를 넣었을 때 나오는 수를 쓰세요.

보기
시작 → 들어온 수에서 108 빼기 → 326 더하기 → 네 자리 수인가요? → 예 → 계산 결과 출력 → 끝
아니요

574를 넣으면?

574 − 108 = 466, 466 + 326 = 792 → 네 자리 수가 아닙니다.
792 − 108 = 684, 684 + 326 = 1010 → 네 자리 수입니다.

나오는 수: 1010

특별 코너! 수학 교과 역량을 키우는 창의·융합·코딩 학습

1 덧셈과 뺄셈

큐알 코드를 찍으면 개념 학습
영상을 볼 수 있어요.

이 단원을 왜 배우는지 알아봐요.

앗, 늦었다!
엄마~ 학교 다녀오겠습니다!
우당탕

준비물은 챙겼니?

학교 가면서 살게요.

문구사
4B연필과 지우개 주세요.

여기 있단다.
이거 얼마예요?

4B연필은 250원이고, 지우개는 350원이야.

내가 덧셈을 못한다면?
내가 덧셈을 잘한다면?

가격을 합하면 500원이네!
250
+350
500

100원이 모자라는데?
백 원만 빌려줘...

가격을 합하면 600원이네!
250
+350
600
연필과 지우개 여기 있다!

역시 난 예술에 소질이 있어!

개념별 유형

개념 1 ▸ 받아올림이 없는 (세 자리 수)＋(세 자리 수)

예 173＋316의 계산

1. 어림하여 계산하기

   173은 200쯤으로, 316은 300쯤으로 어림하여 계산하면 200＋300＝500쯤입니다.

2. 계산 방법 알아보기

$$
\begin{array}{r} 1\ 7\ 3 \\ +\ 3\ 1\ 6 \\ \hline 9 \end{array}
\ \rightarrow\
\begin{array}{r} 1\ 7\ 3 \\ +\ 3\ 1\ 6 \\ \hline 8\ 9 \end{array}
\ \rightarrow\
\begin{array}{r} 1\ 7\ 3 \\ +\ 3\ 1\ 6 \\ \hline 4\ 8\ 9 \end{array}
$$

3＋6＝9　　7＋1＝8　　1＋3＝4

각 자리의 숫자끼리 맞추어 적고 **같은 자리 수끼리 더한 값**을 차례로 씁니다.

▶ 개념 동영상

1 수 모형을 보고 □ 안에 알맞은 수를 써넣으세요.

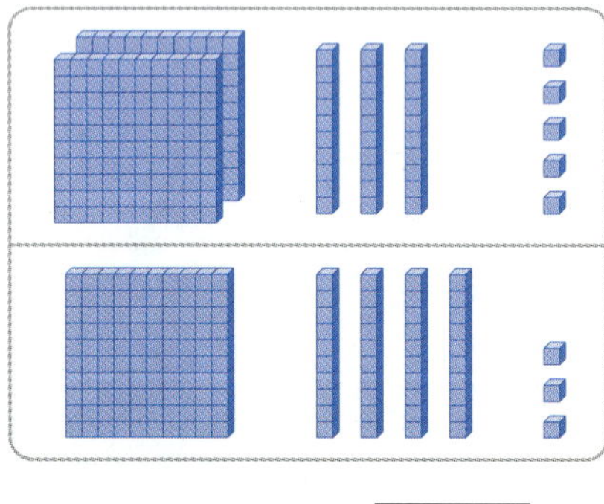

$$235＋143＝\boxed{}$$

2 □ 안에 알맞은 수를 써넣으세요.

(1)
$$
\begin{array}{r} 3\ 6\ 2 \\ +\ 2\ 2\ 4 \\ \hline \end{array}
$$

(2)
$$
\begin{array}{r} 2\ 4\ 3 \\ +\ 5\ 3\ 2 \\ \hline \end{array}
$$

3 어림하여 계산한 결과가 700쯤인 식에 ◯표 하세요.

304＋292	473＋223
(　　　)	(　　　)

4 계산 결과를 찾아 이어 보세요.

283＋315　•

152＋426　•

• 578

• 583

• 598

5 두 끈의 길이의 합은 몇 cm인가요?

156 cm

213 cm

(　　　　　　　　)

문제 해결

6 과수원에서 오늘 사과를 353개, 배를 232개 땄습니다. 과수원에서 오늘 딴 사과와 배는 모두 몇 개인가요?

식 _______________________________

답 _______________________________

1 덧셈과 뺄셈

개념 2　받아올림이 한 번 있는 (세 자리 수)＋(세 자리 수)

1. 일의 자리에서 받아올림이 있는 덧셈

예　137＋216의 계산

　7＋6＝13　　1＋3＋1＝5　　1＋2＝3

일의 자리 수끼리의 합이 **10**이거나 **10**보다 크면 십의 자리로 받아올림해.

2. 십의 자리에서 받아올림이 있는 덧셈

예　232＋184의 계산

　2＋4＝6　　3＋8＝11　　1＋2＋1＝4

십의 자리 수끼리의 합이 **10**이거나 **10**보다 크면 백의 자리로 받아올림해.

▶ 개념 동영상

7 □ 안에 알맞은 수를 써넣으세요.

(1) 　　□
$$\begin{array}{r}159\\+323\\\hline\square\end{array}$$

(2) 　　□
$$\begin{array}{r}438\\+171\\\hline\square\end{array}$$

8 빈칸에 알맞은 수를 써넣으세요.

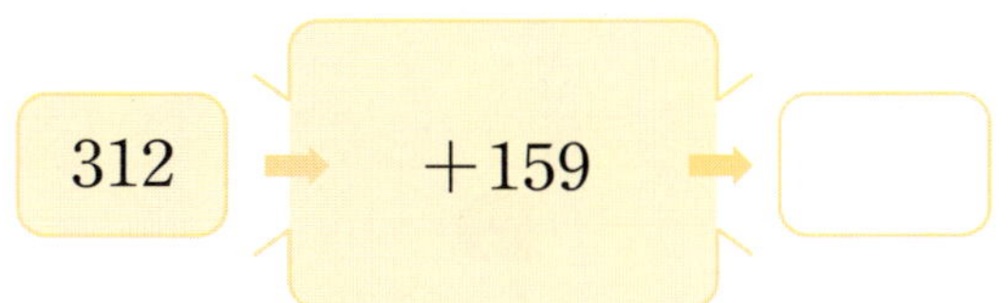

9 두 수의 합을 구하세요.

(　　　　　　　　)

10 계산을 바르게 한 사람의 이름을 쓰세요.

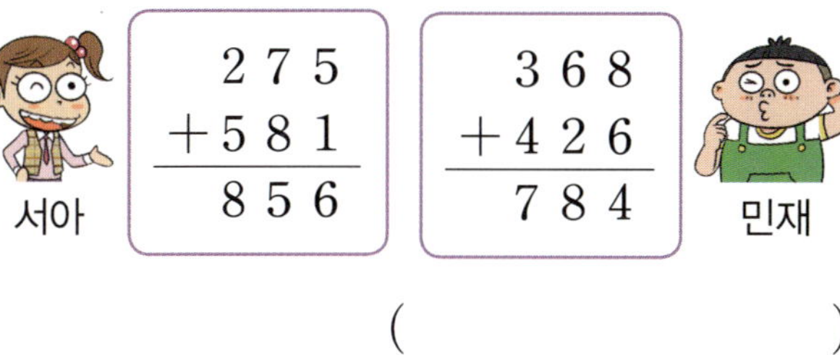

(　　　　　　　　)

11 수 모형이 나타내는 수보다 368만큼 더 큰 수를 구하세요.

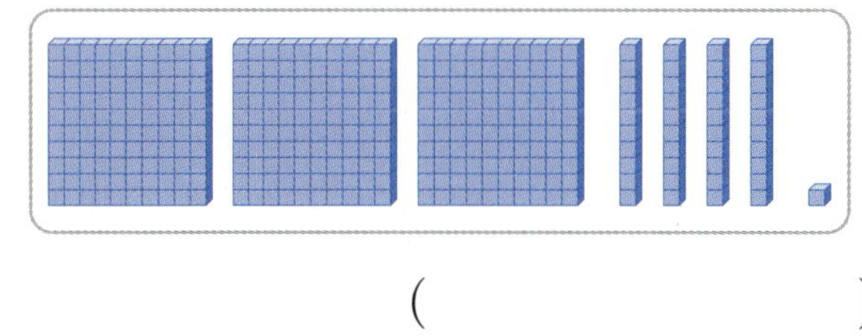

(　　　　　　　　)

문제 해결

12 운동회 선물로 학생들에게 공책을 한 권씩 나누어 주려고 합니다. 청군은 295명, 백군은 314명일 때 공책은 모두 몇 권 필요한가요?

식 ________________________

답 ________________________

개념 3 받아올림이 두 번 있는
(세 자리 수)＋(세 자리 수)

예 165＋287의 계산

$$5+7=12 \quad\rightarrow\quad 1+6+8=15 \quad\rightarrow\quad 1+1+2=4$$

일의 자리에서 받아올림이 있으면 **십의 자리로**,
십의 자리에서 받아올림이 있으면 **백의 자리로**
받아올림합니다.

▶ 개념 동영상

1 덧셈과 뺄셈

13 365＋178의 계산 결과에 ○표 하세요.

553	543
( )	( )

8

14 547＋267의 계산에서 □ 안의 1은 실제로
얼마를 나타내나요?

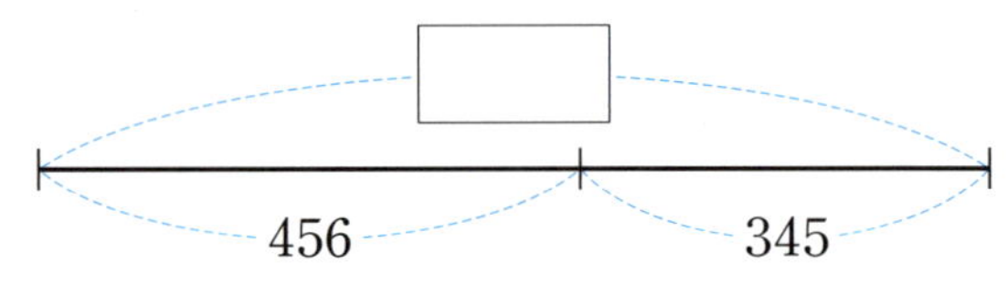

$$\begin{array}{r} 1\ 1 \\ 5\ 4\ 7 \\ +\ 2\ 6\ 7 \\ \hline 8\ 1\ 4 \end{array}$$

(   )

15 □ 안에 알맞은 수를 써넣으세요.

456 345

16 빈칸에 알맞은 수를 써넣으세요.

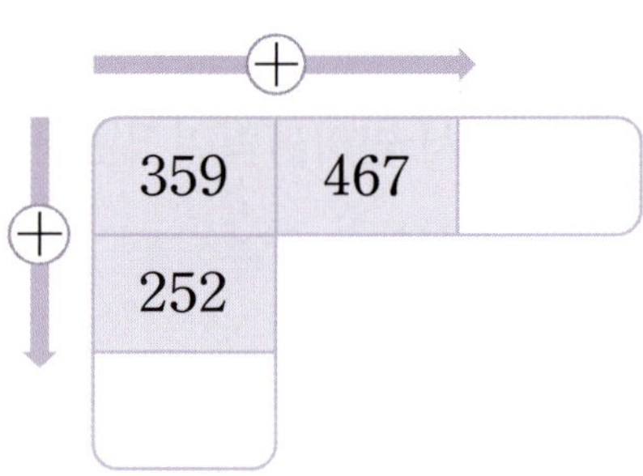

17 예준이와 민호의 멀리뛰기 기록입니다. 두 사
람이 뛴 거리를 합하면 몇 m인가요?

예준	민호
236 m	267 m

(   )

18 계산 결과가 800보다 큰 식에 ○표 하세요.

447＋358	588＋184
( )	( )

19 은채네 마을에서 식목일에 나무 심기 행사를
했습니다. 오전에 148그루, 오후에 176그루
를 심었을 때, 나무는 모두 몇 그루 심었나요?

식

답

개념 4 받아올림이 세 번 있는 (세 자리 수)＋(세 자리 수)

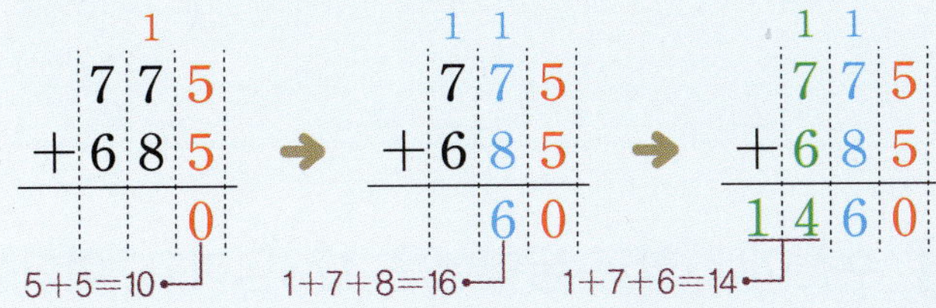

예 775＋685의 계산

$$\begin{array}{r} 7\ 7\ 5 \\ +\ 6\ 8\ 5 \\ \hline 0 \end{array} \rightarrow \begin{array}{r} 7\ 7\ 5 \\ +\ 6\ 8\ 5 \\ \hline 6\ 0 \end{array} \rightarrow \begin{array}{r} 7\ 7\ 5 \\ +\ 6\ 8\ 5 \\ \hline 1\ 4\ 6\ 0 \end{array}$$

5＋5＝10   1＋7＋8＝16   1＋7＋6＝14

같은 자리 수끼리 더하여 **받아올림이 있으면 바로 윗자리로 받아올림**하여 계산합니다.

▶ 개념 동영상 

20 □ 안에 알맞은 수를 써넣으세요.

(1)
$$\begin{array}{r} \square\ \square \\ 4\ 7\ 9 \\ +\ 8\ 4\ 2 \\ \hline \end{array}$$

(2)
$$\begin{array}{r} \square\ \square \\ 9\ 3\ 4 \\ +\ 5\ 8\ 6 \\ \hline \end{array}$$

21 빈칸에 알맞은 수를 써넣으세요.

457
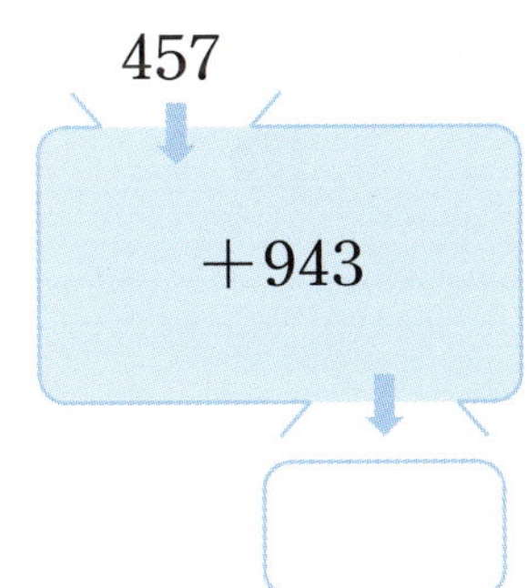
＋943

22 접시에 써 있는 두 수의 합을 구하세요.

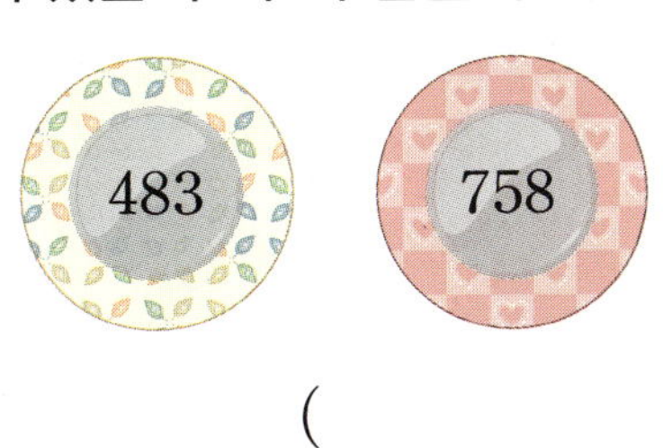

483   758

(   )

23 389＋754의 계산에서 <u>잘못된</u> 부분을 찾아 바르게 계산해 보세요.

$$\begin{array}{r} 3\ 8\ 9 \\ +\ 7\ 5\ 4 \\ \hline 1\ 0\ 3\ 3 \end{array} \rightarrow$$

24 계산 결과가 맞도록 선을 그어 보세요.

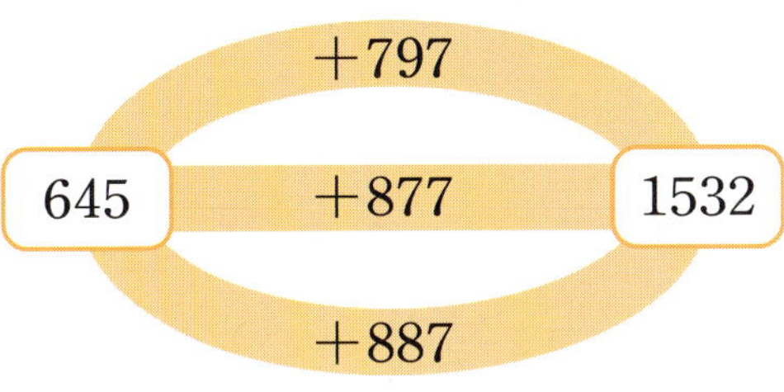

25 계산 결과가 더 큰 식을 들고 있는 동물을 쓰세요.

(   )

26 재윤이네 학교 학생 중에서 안경을 쓴 학생은 568명, 안경을 쓰지 않은 학생은 689명입니다. 재윤이네 학교 학생은 모두 몇 명인가요?

식 ___________________________

답 ___________________________

개념별 유형

➕ 개념 5 세 수의 덧셈

세 수의 덧셈은 **앞에서부터 두 수씩 순서대로** 계산합니다.

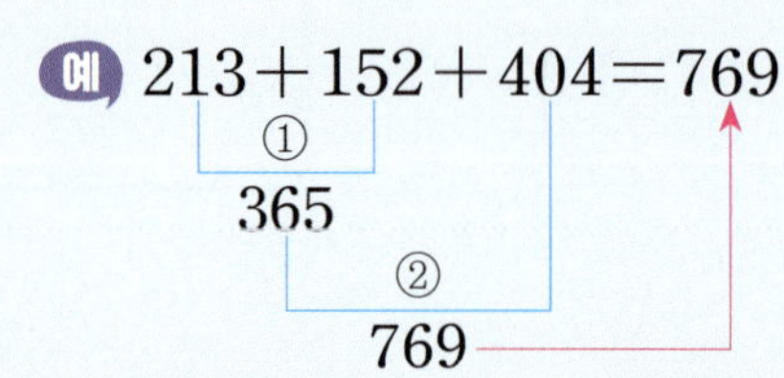

(예) $213 + 152 + 404 = 769$

① 365
② 769

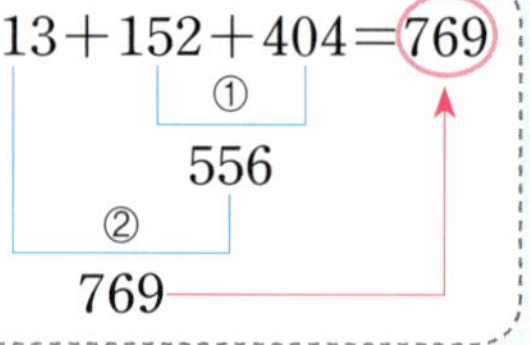

세 수의 덧셈은 순서를 바꾸어 더해도 계산 결과는 같아.

$213 + 152 + 404 = 769$

① 556
② 769

27 계산해 보세요.

(1) $112 + 405 + 236$

(2) $372 + 514 + 459$

28 세 수의 합을 구하세요.

| 239 | 124 | 592 |

(   )

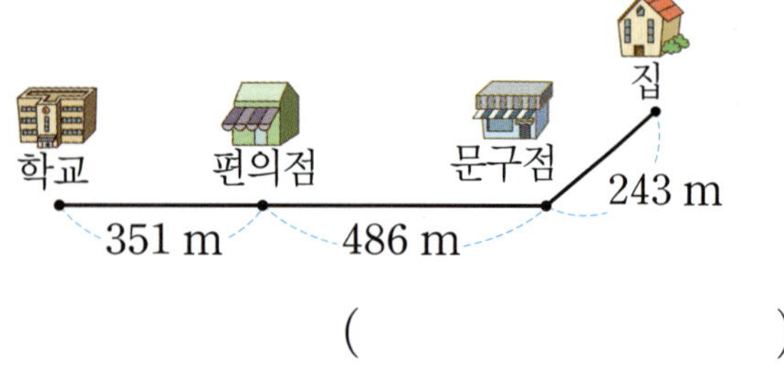

정보처리

29 학교에서 편의점과 문구점을 거쳐 집으로 가는 거리는 모두 몇 m인가요?

(   )

➕ 개념 6 덧셈의 활용

- ~보다 **몇 개 더 많은**
- ~와 ~는 **모두 몇 개**

➜ **덧셈**을 이용

30 수진이네 학교 남학생은 473명이고, 여학생은 440명입니다. 수진이네 학교 학생은 모두 몇 명인가요?

식 

답

31 학급문고에 위인전이 341권 있고, 동화책은 위인전보다 284권 더 많이 있습니다. 학급문고에 있는 동화책은 몇 권인가요?

식 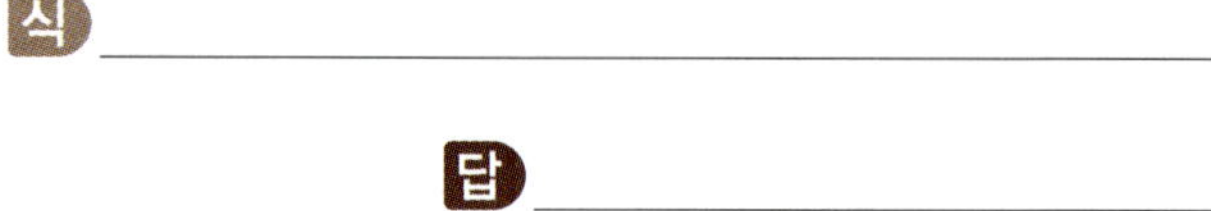

답

32 동물원에 입장한 사람은 토요일에 632명, 일요일에 895명이었습니다. 동물원에 토요일과 일요일에 입장한 사람은 모두 몇 명인가요?

식 

답

1~6 형성 평가

맞힌 문제 수
개 / 8개

공부한 날   월   일

1 티셔츠에 써 있는 두 수의 합을 구하세요.

(   )

2 □ 안에 알맞은 수를 써넣으세요.

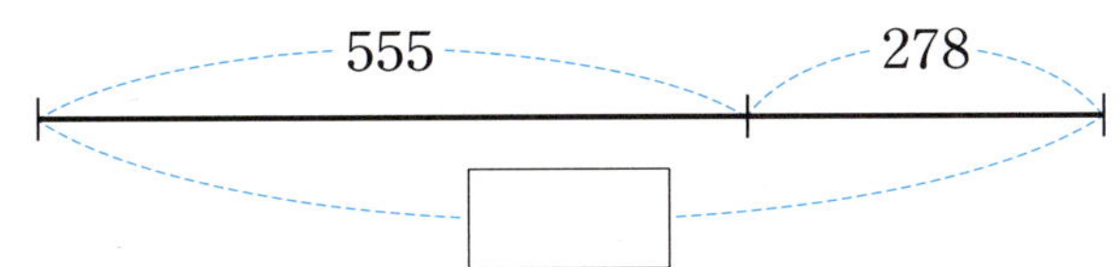

3 <u>잘못</u> 계산한 부분을 찾아 번호를 쓰세요.

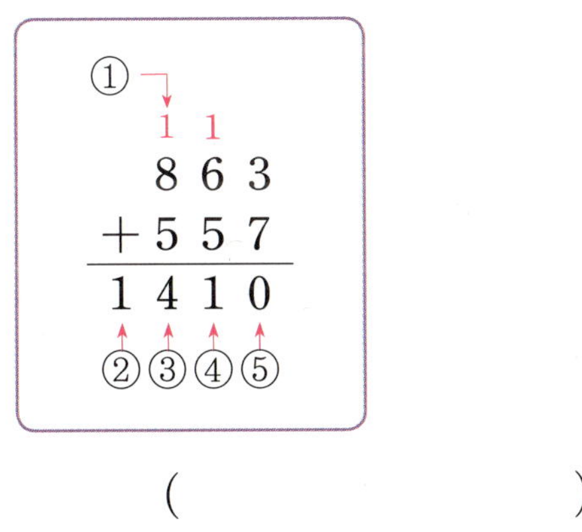

(   )

4 계산 결과가 908인 식에 ◯표 하세요.

524+384   435+483

(   )   (   )

5 빈칸에 알맞은 수를 써넣으세요.

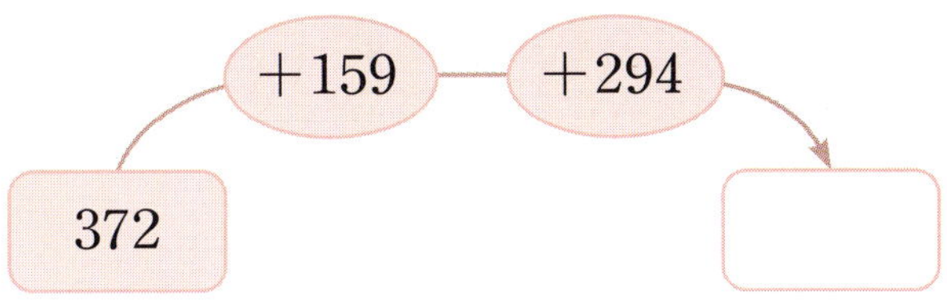

6 352와 더해서 786이 되는 수를 찾아 쓰세요.

334   434   444

(   )

7 사각형에 적힌 수의 합을 구하세요.

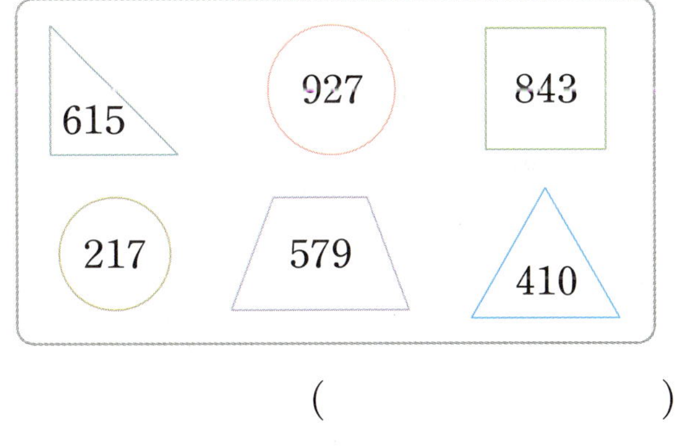

(   )

8 주현이네 학교 운동장 한 바퀴는 355 m입니다. 주현이가 학교 운동장을 2바퀴 뛰었다면 모두 몇 m를 뛰었나요?

식 ___________________________

답 ___________________________

개념별 유형

개념 7 받아내림이 없는 (세 자리 수)−(세 자리 수)

예 495−213의 계산

1. 어림하여 계산하기

   495는 500쯤으로, 213은 200쯤으로 어림하여 계산하면 500−200=300쯤입니다.

2. 계산 방법 알아보기

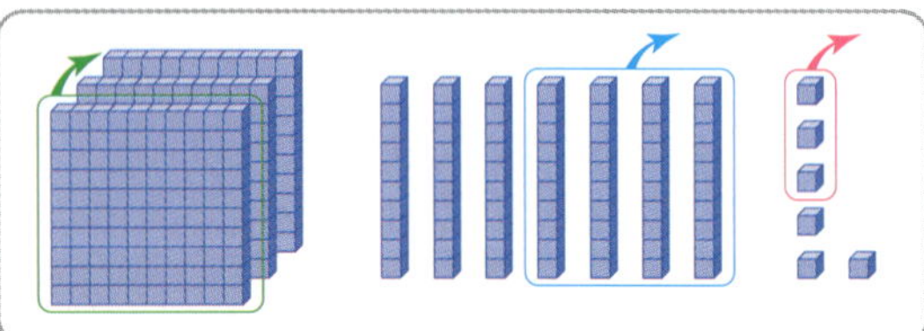

각 자리의 숫자끼리 맞추어 적고 **같은 자리 수끼리 뺀 값**을 차례로 씁니다.

▶ 개념 동영상

1 수 모형을 보고 □ 안에 알맞은 수를 써넣으세요.

$$376-143=\boxed{}$$

2 □ 안에 알맞은 수를 써넣으세요.

(1)
$$\begin{array}{r} 7\,2\,5 \\ -\,2\,0\,1 \\ \hline \boxed{} \end{array}$$

(2)
$$\begin{array}{r} 8\,9\,2 \\ -\,5\,7\,2 \\ \hline \boxed{} \end{array}$$

3 어림하여 계산한 결과가 200보다 작은 식에 ◯표 하세요.

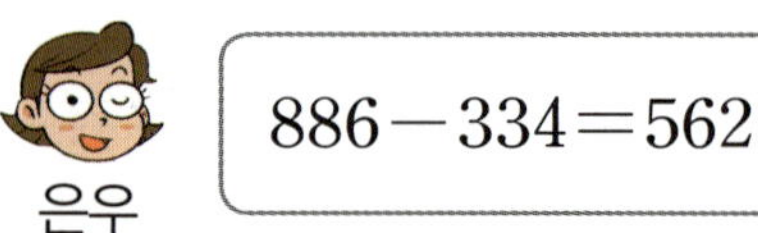

687−415	425−304
( )	( )

4 계산을 바르게 한 사람은 누구인가요?

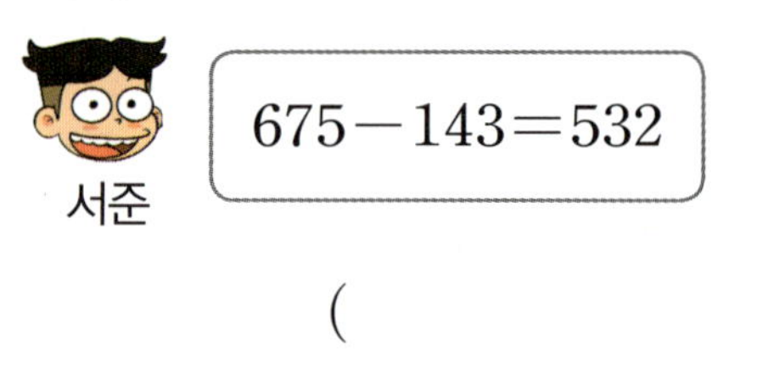

( )

5 다음이 나타내는 수를 구하세요.

732보다 431만큼 더 작은 수

( )

6 문제 해결

꽃 가게에 장미가 318송이 있었습니다. 그중 106송이가 팔렸다면 남은 장미는 몇 송이인가요?

식 ____________________

답 ____________________

개념 8 받아내림이 한 번 있는
(세 자리 수) − (세 자리 수)

1. 십의 자리에서 받아내림이 있는 뺄셈

예 362 − 236의 계산

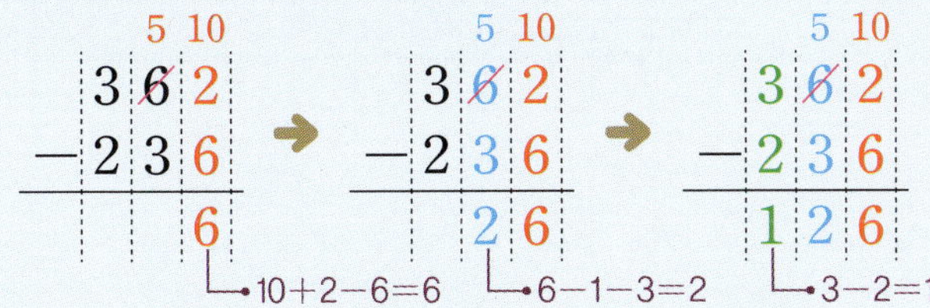

2. 백의 자리에서 받아내림이 있는 뺄셈

예 537 − 151의 계산

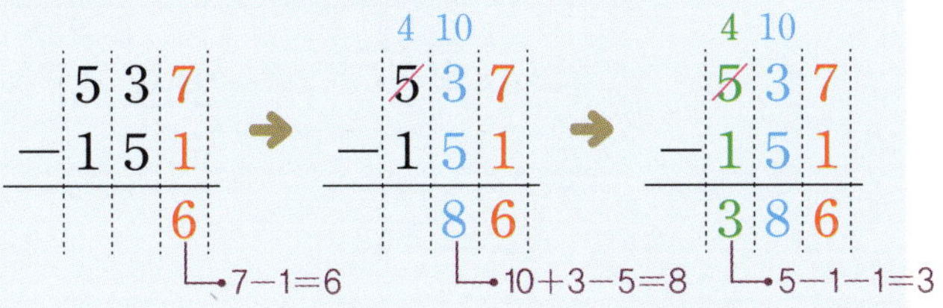

▶ 개념 동영상

7 □ 안에 알맞은 수를 써넣으세요.

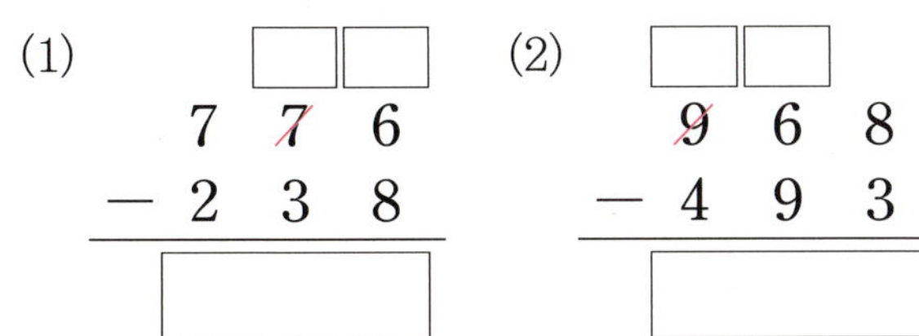

8 빈칸에 알맞은 수를 써넣으세요.

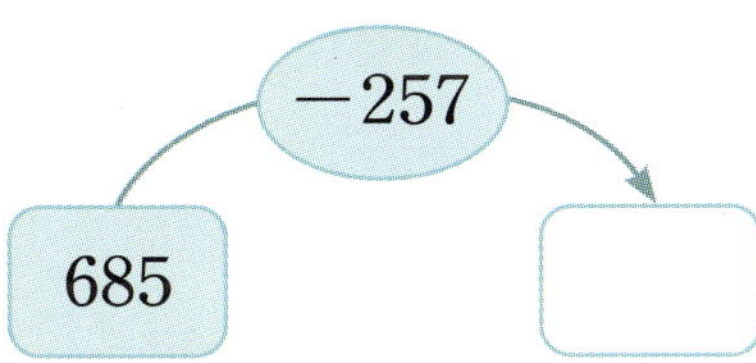

9 436 − 152의 계산에서 □ 안의 **10**은 실제로 얼마를 나타내나요?

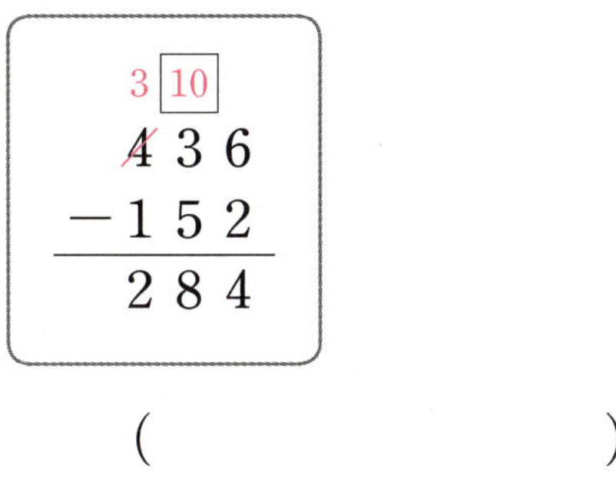

(   )

10 □ 안에 알맞은 수를 써넣으세요.

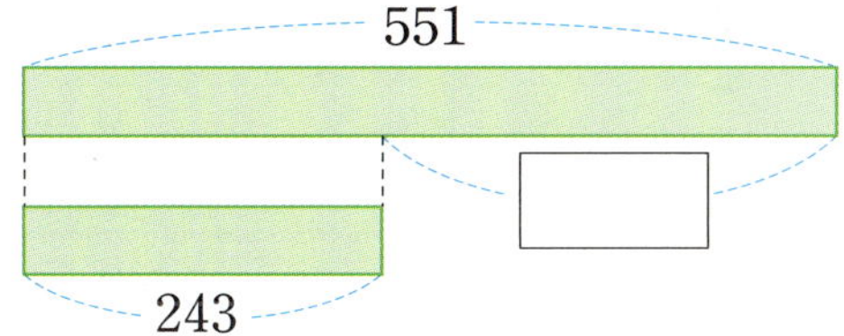

11 계산 결과가 더 큰 식에 ◯표 하세요.

675 − 249	826 − 391
( )	( )

✏ 문제 해결

12 줄넘기를 준하는 278번 했고, 윤서는 195번 했습니다. 준하는 윤서보다 줄넘기를 몇 번 더 많이 했나요?

식 _______________________________

답 _______________________________

개념별 유형

개념 9 받아내림이 두 번 있는
(세 자리 수)−(세 자리 수)

예 321−163의 계산

같은 자리 수끼리 뺄 수 없으면 **바로 윗자리에서 받아내림**하여 계산합니다.

▶ 개념 동영상

13 □ 안에 알맞은 수를 써넣으세요.

(1)
```
    8 2 0
  − 3 4 8
```

(2)
```
    5 4 7
  − 3 9 8
```


1 덧셈과 뺄셈

14 계산해 보세요.

(1) 343−165

(2) 614−429

15 빈 곳에 두 수의 차를 써넣으세요.

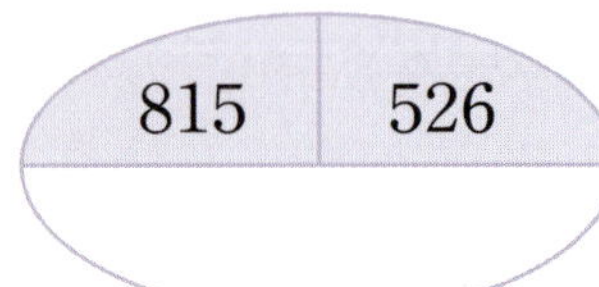

16 642−185의 계산에서 잘못된 부분을 찾아 바르게 계산해 보세요.

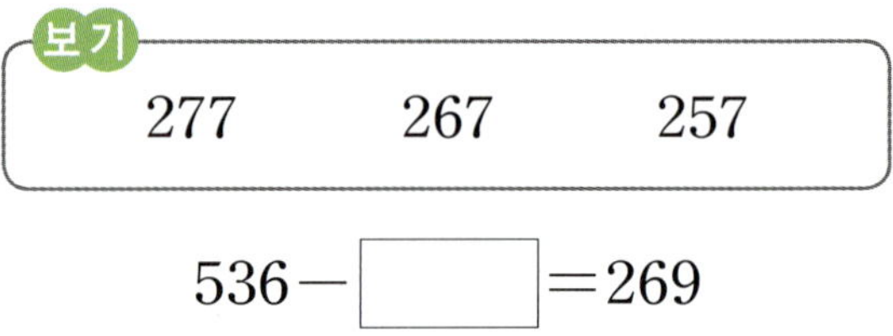

추론

17 **보기**의 세 수 중에서 □ 안에 알맞은 수를 골라 써넣으세요.

보기
277   267   257

$$536 - \boxed{} = 269$$

18 집에서 우체국까지의 거리는 집에서 은행까지의 거리보다 몇 m 더 가까운가요?

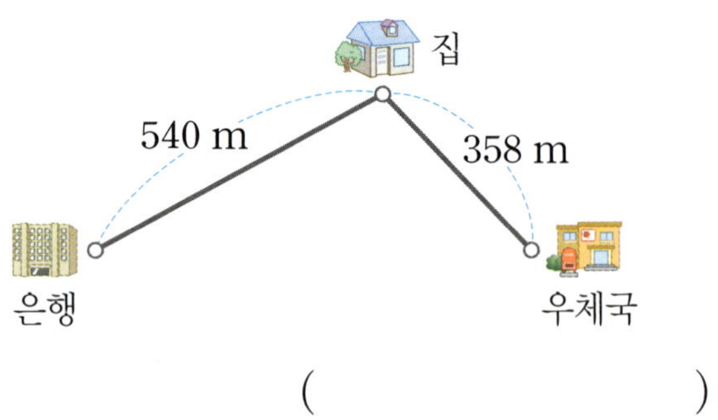

(   )

19 색종이 643장 중에서 학생들이 종이 접기를 하는 데 287장을 사용했습니다. 종이 접기를 하고 남은 색종이는 몇 장인가요?

 식 _______________________

 답 _______________________

➕개념10 세 수의 뺄셈

세 수의 뺄셈은 **앞에서부터 두 수씩 순서대로** 계산합니다.

예 $752-372-115=265$

$$\begin{array}{l} 752-372-115=265 \\ \quad\underset{①}{} \\ \quad 380 \\ \qquad\underset{②}{} \\ \qquad\quad 265 \end{array}$$

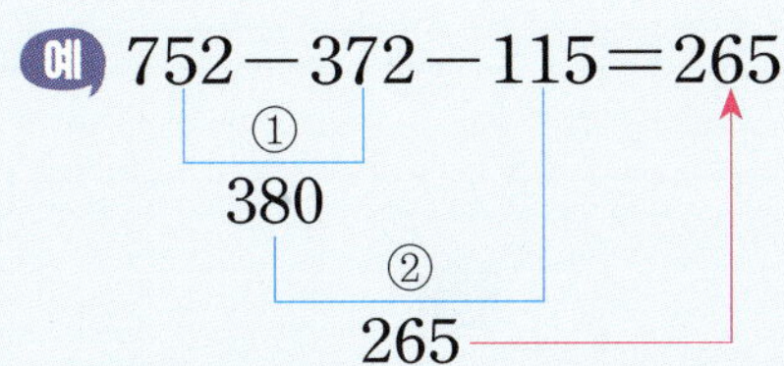

세 수의 뺄셈은 순서를 바꾸어 빼면 계산 결과가 달라져.

$$752-372-115=495$$
$$257$$
$$495$$

20 계산 순서를 바르게 나타낸 것에 ◯표 하세요.

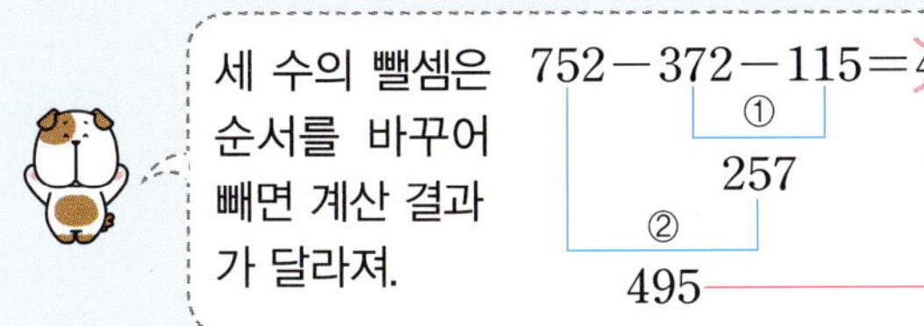

(   )   (   )

21 계산해 보세요.

(1) $876-452-195$

(2) $913-241-593$

22 ☐ 안에 알맞은 수를 써넣으세요.

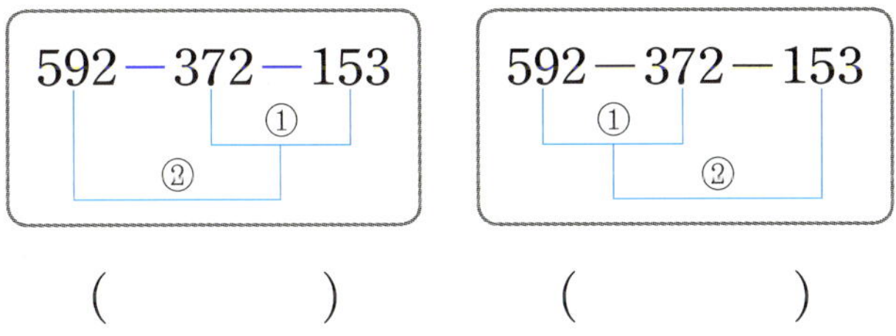

➕개념11 세 수의 덧셈과 뺄셈

세 수의 덧셈과 뺄셈은 **앞에서부터 두 수씩 순서대로** 계산합니다.

예 $254+592-378=468$

$$\begin{array}{l} 254+592-378=468 \\ \quad\underset{①}{} \\ \quad 846 \\ \qquad\underset{②}{} \\ \qquad\quad 468 \end{array}$$

23 ☐ 안에 알맞은 수를 써넣으세요.

$$894-572+395=\boxed{}$$

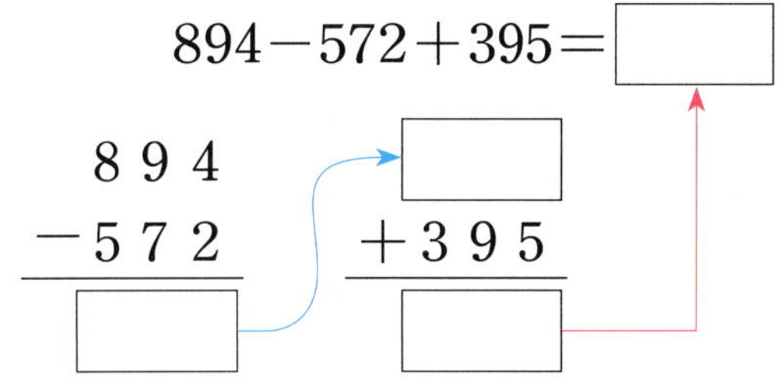

🔵 연결

[24~25] 어느 수산시장에 있는 수산물의 수입니다. 수를 계산해 보세요.

수산물				
수 (마리)	384	222	568	900

24 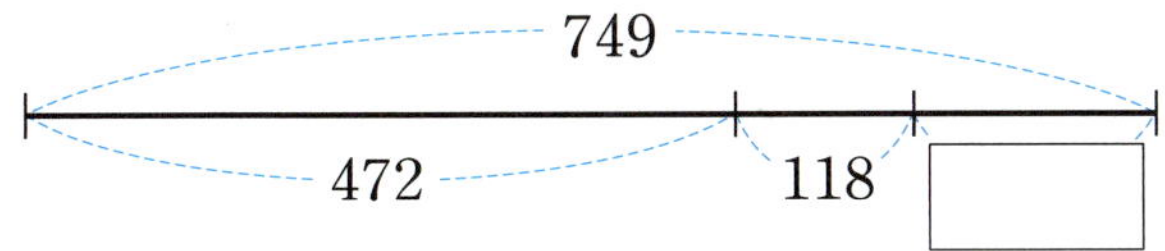 $+$ 🦀 $-$ 🐟 $=\boxed{}$(마리)

25 🦐 $-$ 🐟 $+$ 🦀 $=\boxed{}$(마리)

1
덧셈과 뺄셈

개념별 유형

＋개념 12 덧셈과 뺄셈의 활용

- ~보다 ~만큼 **더 큰(많은) 수**
- ~와 ~는 **모두** 얼마인지 → **덧셈** 이용

- ~보다 ~만큼 **더 작은(적은) 수**
- ~보다 **얼마나 더 큰지** → **뺄셈** 이용
- **남는 것은** 얼마인지

[26~30] 문제를 읽고 덧셈과 뺄셈 중 어느 것을 이용해야 하는지 ○표 하고, 문제를 해결해 보세요.

26 울릉도에서 독도로 가는 배에 탄 여자 승객은 253명, 남자 승객은 219명입니다. 배에 탄 여자 승객과 남자 승객은 모두 몇 명인가요?

> 덧셈   뺄셈

식 ______________________________

답 ______________________________

27 자전거 대여소에 자전거가 596대 있었습니다. 그중 사람들이 242대를 빌려 갔다면 자전거 대여소에 남은 자전거는 몇 대인가요?

> 덧셈   뺄셈

식 ______________________________

답 ______________________________

28 지후네 농장에서 수확한 토마토 320상자 중에서 273상자를 팔았습니다. 남은 토마토는 몇 상자인가요?

> 덧셈   뺄셈

식 ______________________________

답 ______________________________

29 종이배를 현아는 524개 접고 소진이는 현아보다 198개 더 많이 접었습니다. 소진이가 접은 종이배는 몇 개인가요?

> 덧셈   뺄셈

식 ______________________________

답 ______________________________

30 떡집에서 송편을 432개 만들었고 찹쌀떡은 송편보다 156개 더 적게 만들었습니다. 떡집에서 만든 찹쌀떡은 몇 개인가요?

> 덧셈   뺄셈

식 ______________________________

답 ______________________________

7~12 형성 평가

맞힌 문제 수
개 / 8개

공부한 날   월   일

1 큰 수에서 작은 수를 빼면 얼마인가요?

| 145 | 387 |

(   )

2 □ 안에 알맞은 수를 써넣으세요.

710
322

3 빈칸에 알맞은 수를 써넣으세요.

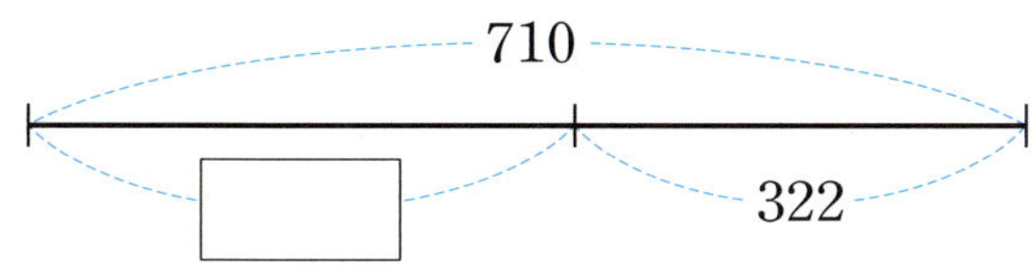

−225 −358
954

서술형

4 잘못 계산한 사람의 이름을 쓰고, 잘못된 까닭을 쓰세요.

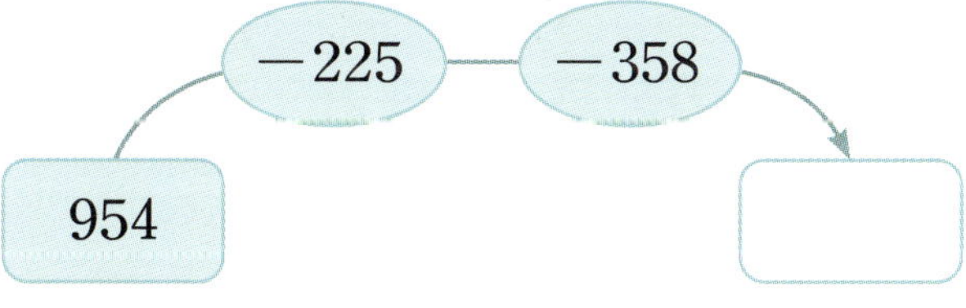

(   )

까닭 ___________________________

____

5 계산 결과가 <u>다른</u> 하나를 찾아 ○표 하세요.

| 712−326 | 568−212 | 835−449 |

(   ) (   ) (   )

6 크기를 비교하여 ○ 안에 >, =, < 중 알맞은 것을 써넣으세요.

| 327＋485−279 | ○ | 540 |

7 전체 길이가 805 cm인 색 테이프 중에서 341 cm를 사용했습니다. 남은 색 테이프의 길이는 몇 cm인가요?

(   )

8 빵집에서 빵을 420개 만들었습니다. 그중 289개를 팔았을 때 남은 빵은 몇 개인가요?

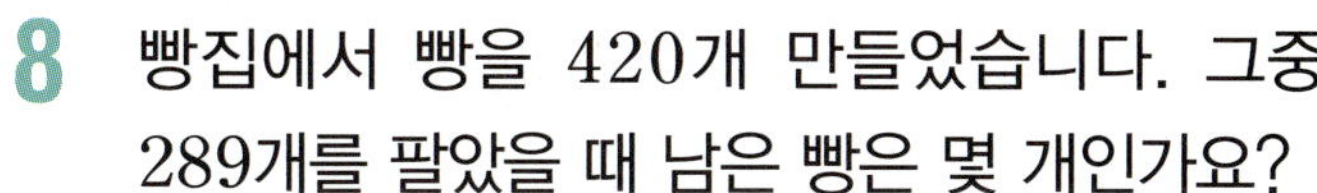
식 ___________________________

답 ___________________________

꼬리를 무는 유형

1 나타내는 수보다 더 큰(작은) 수 구하기

1 기본
다음이 나타내는 수보다 468만큼 더 작은 수를 구하세요.

> 100이 8개, 10이 3개, 1이 9개인 수

(   )

2 변형
수 모형이 나타내는 수보다 248만큼 더 큰 수를 구하세요.

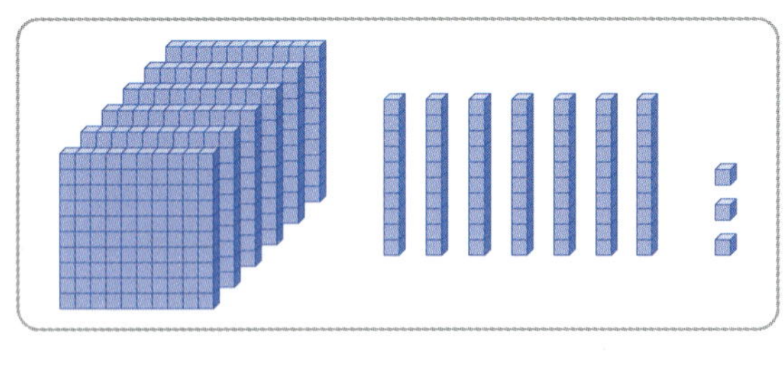

(   )

3 실생활
은우와 건우의 대화를 읽고 풀은 몇 개인지 구하세요.

(   )

2 수의 크기를 비교하여 계산하기

4 기본
가장 큰 수와 가장 작은 수의 합을 구하세요.

> 283   521   405

(   )

5 변형
가장 큰 수와 가장 작은 수의 차를 구하세요.

> 456   824   382

(   )

6 변형
키가 가장 큰 사람과 가장 작은 사람의 키의 합은 몇 cm인가요?

이름	동주	지수	태민
키(cm)	125	140	136

(   )

7 실생활
민호의 일기입니다. 밑줄 친 수 중에서 가장 큰 수와 가장 작은 수의 차를 구하세요.

> ◯ 월 ◯ 일 ◯ 요일   날씨 ☀ ⛅ ☁ ☔ ☃
>
> 친구들과 놀이공원에 가기 위해 버스 정류장에 갔다. 버스 정류장에는 582번, 607번, 512번 버스가 있었다. 난 512번 버스를 타고 놀이공원에 갔다.

(   )

3 모르는 수 구하기

8 기본 □ 안에 알맞은 수를 구하세요.

$$\square + 183 = 591$$

(   )

9 변형 □ 안에 알맞은 수를 구하세요.

$$\square - 536 = 281$$

(   )

10 변형 어떤 수에서 524를 뺐더니 396이 되었습니다. 어떤 수를 구하세요.

(   )

11 실생활 대추가 235개 있고 밤과 대추 수의 합은 700개입니다. 밤은 몇 개인지 구하세요.

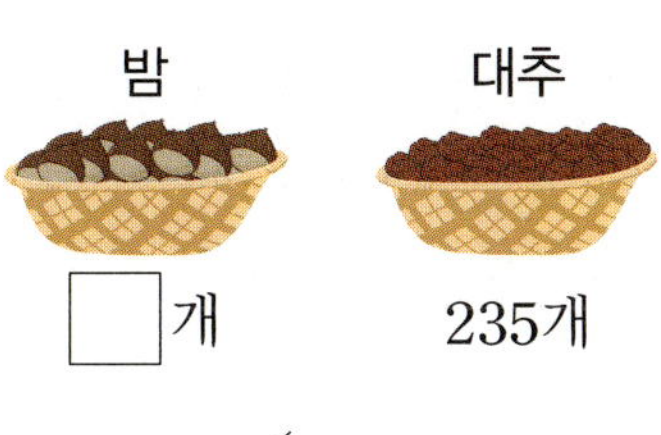

(   )

4 □ 안에 알맞은 수 구하기

12 기본 □ 안에 알맞은 수를 써넣으세요.

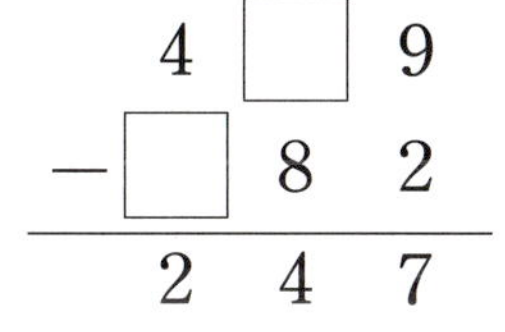

$$\begin{array}{r} 4\ \square\ 8 \\ +\ \square\ 7\ 5 \\ \hline 7\ 2\ 3 \end{array}$$

13 변형 □ 안에 알맞은 수를 써넣으세요.

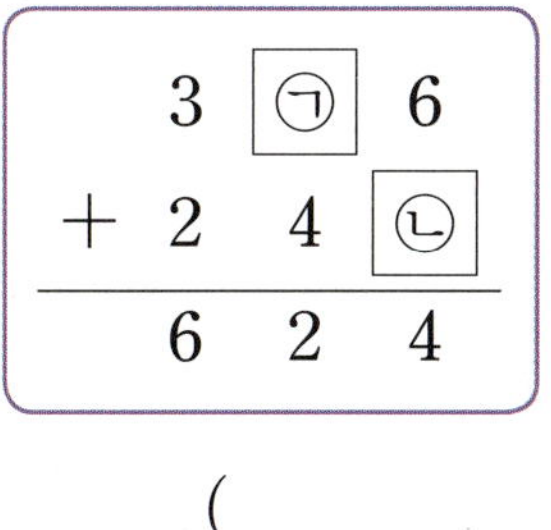

$$\begin{array}{r} 4\ \square\ 9 \\ -\ \square\ 8\ 2 \\ \hline 2\ 4\ 7 \end{array}$$

14 변형 ㉠과 ㉡에 알맞은 수의 합을 구하세요.

$$\begin{array}{r} 3\ ㉠\ 6 \\ +\ 2\ 4\ ㉡ \\ \hline 6\ 2\ 4 \end{array}$$

(   )

5 세 수의 계산의 활용

문장을 읽고 덧셈과 뺄셈을 이용하여 식을 세워 구합니다.

> **예** **465**개의 구슬이 들어 있는 상자에 **237**개의 구슬을 더 넣고 **186**개의 구슬을 꺼낼 때 상자에 남아 있는 구슬의 수 구하기
>
> ➡ **식** **465**+**237**−**186**

15 실력

유하는 986 cm의 끈 중에서 상자를 묶는 데 255 cm를 사용하고, 선물을 포장하는 데 376 cm를 사용했습니다. 남은 끈은 몇 cm인가요?

( )

16 변형

지하철에 524명이 타고 있었습니다. 이번 역에서 215명이 내리고 351명이 새로 탔습니다. 지금 지하철에 타고 있는 사람은 몇 명인가요?

( )

17 변형

도넛 가게에 도넛이 604개 있었습니다. 그 중 415개를 팔고, 다시 276개를 더 만들었습니다. 지금 도넛 가게에 있는 도넛은 몇 개인가요?

( )

6 합이나 차가 가장 큰 식 만들기

- 합이 가장 큰 덧셈식
  - ➡ (가장 큰 수)＋(두 번째로 큰 수)
- 차가 가장 큰 뺄셈식
  - ➡ (가장 큰 수)−(가장 작은 수)

18 실력

두 수를 골라 합이 가장 큰 식을 만들어 보세요.

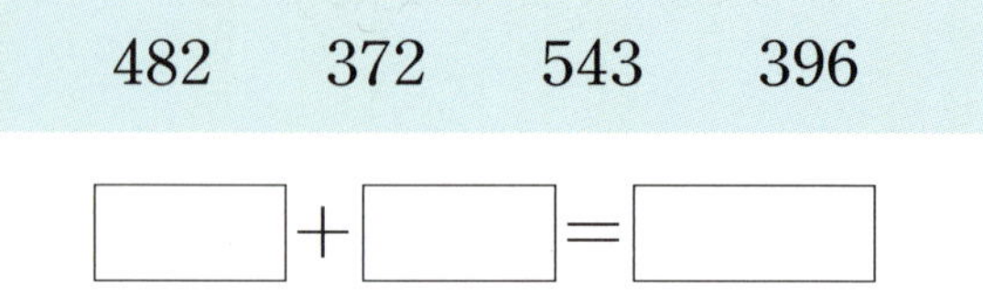

☐＋☐=☐

19 변형

두 수를 골라 차가 가장 큰 식을 만들어 보세요.

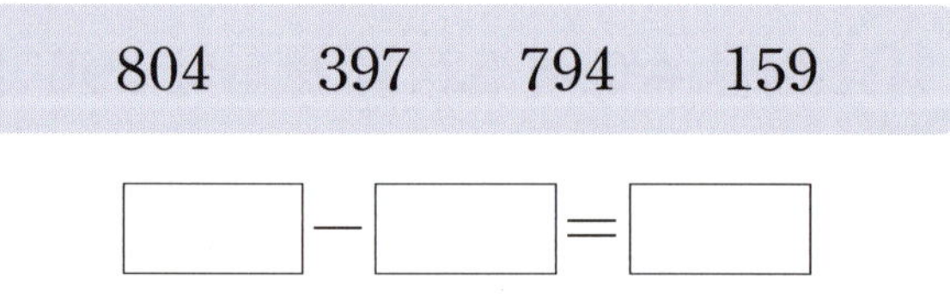

☐−☐=☐

20 레벨업

두 카드를 골라 합이 두 번째로 큰 식을 만들어 보세요.

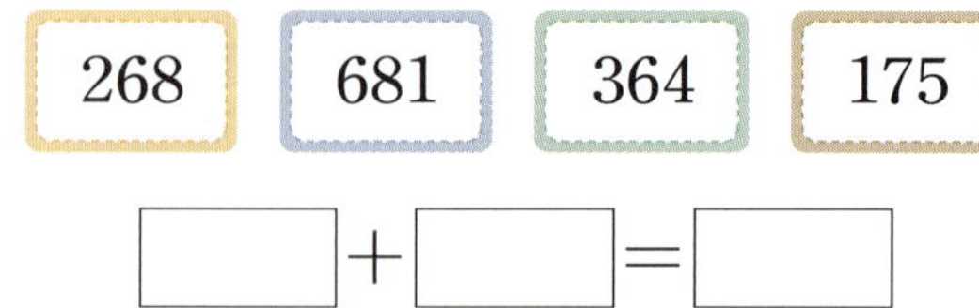

☐＋☐=☐

1 덧셈과 뺄셈

7 전체(부분) 거리를 이용하여 부분(전체)의 거리 구하기

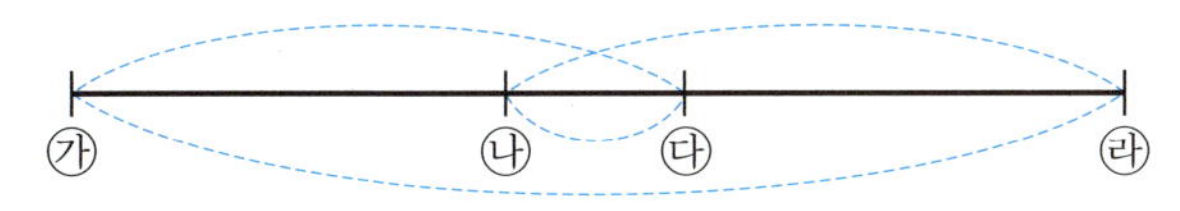

- (㉮~㉭)＝(㉮~㉰)＋(㉯~㉭)－(㉯~㉰)
- (㉯~㉰)＝(㉮~㉰)＋(㉯~㉭)－(㉮~㉭)

21 실력
집에서 학교까지의 거리는 몇 m인가요?

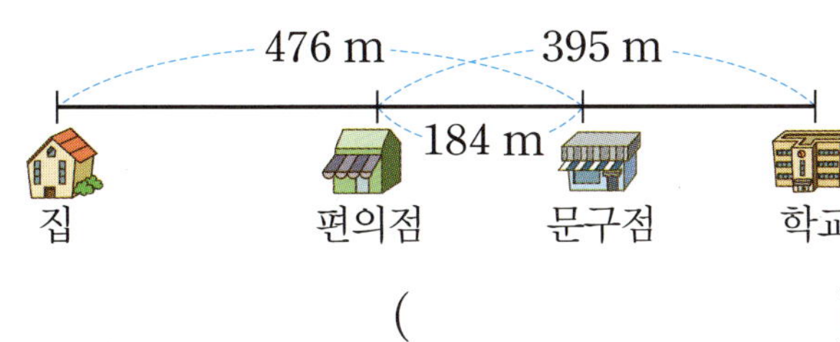

(   )

22 변형
학교에서 놀이터까지의 거리는 몇 m인가요?

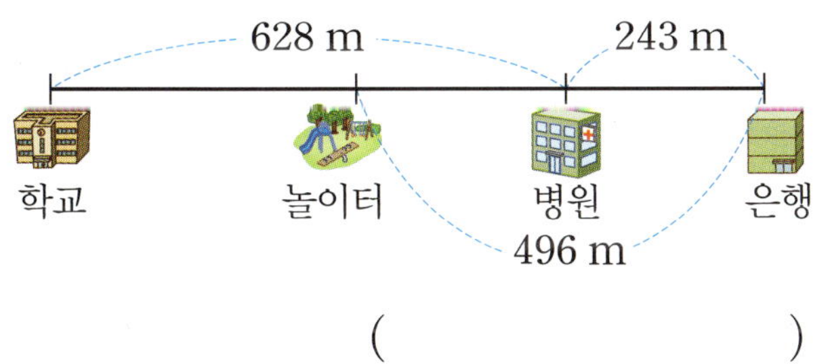

(   )

23 변형
공원에서 도서관까지의 거리는 몇 m인가요?

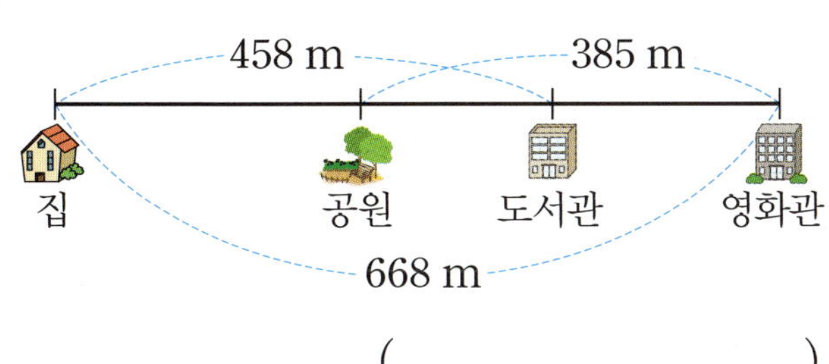

(   )

8 수 카드로 만든 두 수의 차 구하기

- 가장 큰 세 자리 수 만들기

가장 큰 수 ← | 백 | 십 | 일 |

→ **큰 수부터** 차례로

- 가장 작은 세 자리 수 만들기

가장 작은 수 ← | 백 | 십 | 일 |

→ **작은 수부터** 차례로

이때 0은 백의 자리에 올 수 없습니다.

24 실력
3장의 수 카드를 한 번씩만 사용하여 만들 수 있는 세 자리 수 중에서 가장 큰 수와 가장 작은 수의 차를 구하세요.

| 3 | 9 | 0 |

(   )

25 레벨업
4장의 수 카드 중 3장을 골라 한 번씩만 사용하여 만들 수 있는 세 자리 수 중에서 두 번째로 큰 수와 가장 작은 수의 차를 구하세요.

| 4 | 8 | 0 | 6 |

(   )

1

덧셈과 뺄셈

21

수학 독해력 유형

독해력 유형 ❶ 보이지 않는 수 구하기

✎ 구하려는 것에 밑줄을 긋고 풀어 보세요.

카드 2장에 세 자리 수를 각각 써 놓고 그중 한 장은 뒤집어 놓았습니다. 카드에 적힌 두 수의 합이 576일 때 두 수의 차를 구하세요.

429 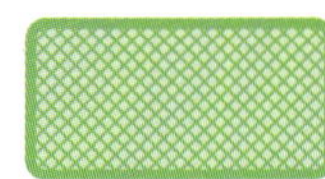

💡 해결 비법

뒤집어 놓은 카드에 적힌 수를 ■라고 하여 식을 만들고 덧셈과 뺄셈의 관계를 이용하여 ■의 값을 구합니다.

💡 문제 해결

❶ 뒤집어 놓은 카드에 적힌 수를 ■로 하여 식 만들기:

$429 + ■ = \boxed{}$

❷ ■의 값 구하기: $\boxed{} - 429 = ■,\ ■ = \boxed{}$

❸ (두 수의 차) $= 429 - \boxed{} = \boxed{}$

답 ________________

✎ 위의 문제 해결 방법을 따라 풀어 보세요.

쌍둥이 유형 1-1

카드 2장에 세 자리 수를 각각 써 놓고 그중 한 장은 뒤집어 놓았습니다. 카드에 적힌 두 수의 합이 911일 때 두 수의 차를 구하세요.

 522

따라 풀기

답 ________________

쌍둥이 유형 1-2

소윤이와 건우가 종이 2장에 각각 세 자리 수를 써 놓았는데 종이에 잉크가 묻어서 일부분이 보이지 않습니다. 두 수의 차가 403일 때 두 수의 합을 구하세요. (단, 소윤이가 쓴 세 자리 수가 더 큰 수입니다.)

따라 풀기

답 ________________

1 덧셈과 뺄셈

독해력 유형 ② >, < 가 있는 식에서 ●가 될 수 있는 수 구하기

✏️ 구하려는 것에 밑줄을 긋고 풀어 보세요.

0부터 9까지의 수 중에서 ●가 될 수 있는 수를 모두 구하세요.

$$826 - 57 ● > 253$$

✏️ **해결 비법**

$826 - 57 ● > 253$을
$826 - 57 ● = 253$으로 바꿔
●의 값을 구한 후 크기를 비교하여
●가 될 수 있는 수를 구합니다.

💡 **문제 해결**

❶ >를 =로 바꿀 때 ●의 값 구하기:

$826 - 57 ● = 253$이라 하면

$826 - 253 = \boxed{}$ 이므로 $● = \boxed{}$ 입니다.

❷ $826 - 57 ● > 253$이므로 ●는 ❶에서 구한 값보다
(작아야 , 커야) 합니다.

❸ ●가 될 수 있는 수: ______________________

답 ______________________

✏️ 위의 문제 해결 방법을 따라 풀어 보세요.

쌍둥이 유형 2-1

0부터 9까지의 수 중에서 ☐ 안에 들어갈 수 있는 수를 모두 구하세요.

$$913 - 47\boxed{} < 436$$

따라 풀기

답 ______________________

쌍둥이 유형 2-2

0부터 9까지의 수 중에서 ☐ 안에 들어갈 수 있는 수를 모두 구하세요.

$$628 + 31\boxed{} > 944$$

따라 풀기

답 ______________________

수학 독해력 유형

독해력 유형 3 바르게 계산한 값 구하기

🖍 구하려는 것에 밑줄을 긋고 풀어 보세요.

어떤 수에서 317을 빼야 하는데 잘못하여 더했더니 823이 되었습니다. 바르게 계산하면 얼마인지 구하세요.

🏮 해결 비법

잘못 계산한 식을 이용하여 어떤 수를 구합니다.

→ <u>어떤 수</u>에서 **317**을 빼야 하는 ■

데 잘못하여 더했더니 **823**이 되었습니다.

$+317 = 823$

💡 문제 해결

❶ 어떤 수를 ■로 하여 잘못 계산한 식 만들기:

$$■ + 317 = \boxed{}$$

❷ 어떤 수 구하기: $\boxed{} - 317 = ■,\ ■ = \boxed{}$

❸ (바르게 계산한 값) $= \boxed{} - 317 = \boxed{}$

답 _______________

1
덧셈과 뺄셈

🖍 위의 문제 해결 방법을 따라 풀어 보세요.

쌍둥이 유형 3-1

어떤 수에서 286을 빼야 하는데 잘못하여 더했더니 661이 되었습니다. 바르게 계산하면 얼마인지 구하세요.

따라 풀기

답 _______________

쌍둥이 유형 3-2

어떤 수에 354를 더해야 하는데 잘못하여 뺐더니 493이 되었습니다. 바르게 계산하면 얼마인지 구하세요.

따라 풀기

답 _______________

독해력 유형 ④ 세로셈에서 모양이 나타내는 수 구하기

✏️ 구하려는 것에 밑줄을 긋고 풀어 보세요.

세 자리 수의 덧셈식에서 같은 모양은 같은 수를 나타냅니다. ■와 ★에 알맞은 수를 각각 구하세요.

$$\begin{array}{r} ■\ ■\ ■ \\ +\ ★\ ★\ ★ \\ \hline 1\ ★\ ★\ 6 \end{array}$$

💡 해결 비법

일의 자리와 백의 자리의 계산을 보고 **받아올림이 있는지** 확인합니다.

➡️ 일의 자리 계산에서
　 받아올림이 없는 경우:
　 ■＋★＝6
　 받아올림이 있는 경우:
　 ■＋★＝16

💡 문제 해결

❶ ■＋★의 값 구하기: ■＋★＝6이면 백의 자리 계산 결과가 1★이 될 수 없으므로 ■＋★＝ ☐ 입니다.

❷ 백의 자리 계산에서 ★에 알맞은 수 구하기: 1＋■＋★＝1★에서 ■＋★＝16이므로 1★＝ ☐ , ★＝ ☐ 입니다.

❸ ■에 알맞은 수 구하기: ■＋★＝ ☐ , ★＝ ☐ 이므로 ■＝ ☐ 입니다.

답 ■ : ＿＿＿＿＿＿＿ , ★ : ＿＿＿＿＿＿＿

덧셈과 뺄셈

✏️ 위의 문제 해결 방법을 따라 풀어 보세요. 　 25

쌍둥이 유형 4-1

세 자리 수의 덧셈식에서 같은 모양은 같은 수를 나타냅니다. 🟠와 🔺에 알맞은 수를 각각 구하세요.

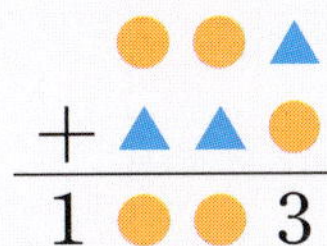

따라 풀기

답 🟠 : ＿＿＿＿＿＿＿ , 🔺 : ＿＿＿＿＿＿＿

유형 TEST

1 수 모형을 보고 □ 안에 알맞은 수를 써넣으세요.

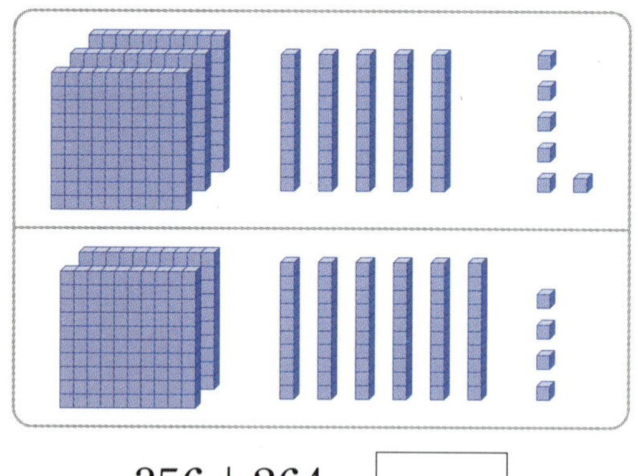

$$356 + 264 = \boxed{}$$

2 □ 안에 알맞은 수를 써넣으세요.

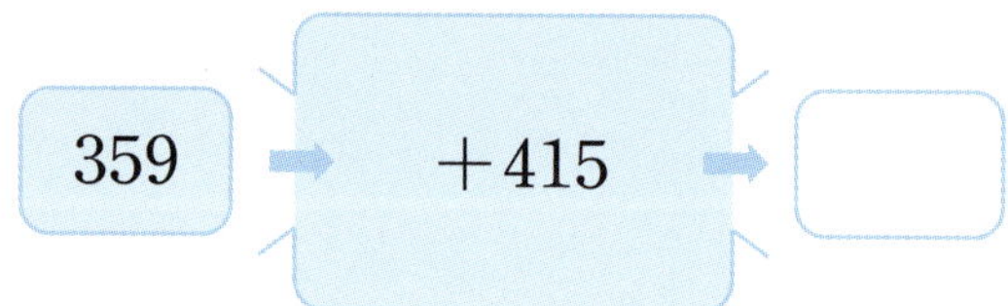

3 빈칸에 알맞은 수를 써넣으세요.

4 두 수의 차를 구하세요.

(   )

5 □ 안에 알맞은 수를 써넣으세요.

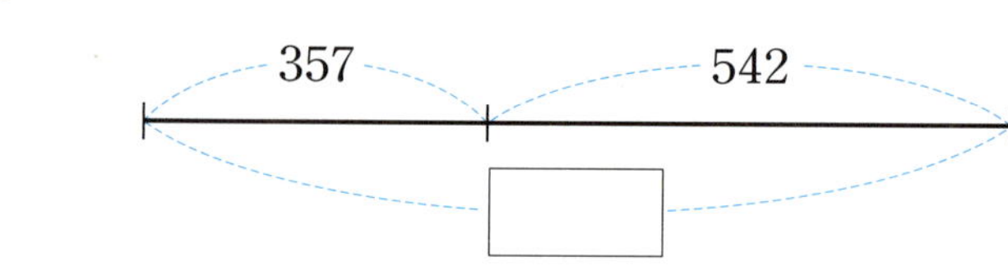

6 $571 - 396$의 계산에서 □ 안의 수 16이 실제로 나타내는 수는 어느 것인가요? (   )

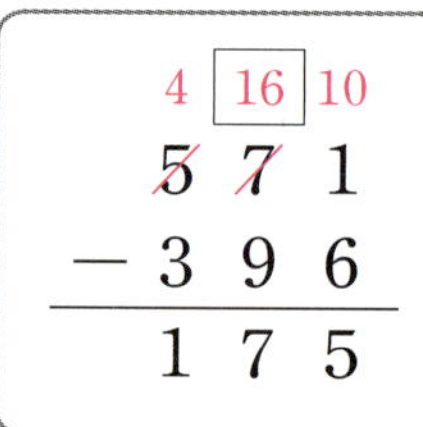

① 1   ② 106

③ 16   ④ 160

⑤ 1600

7 빈칸에 알맞은 수를 써넣으세요.

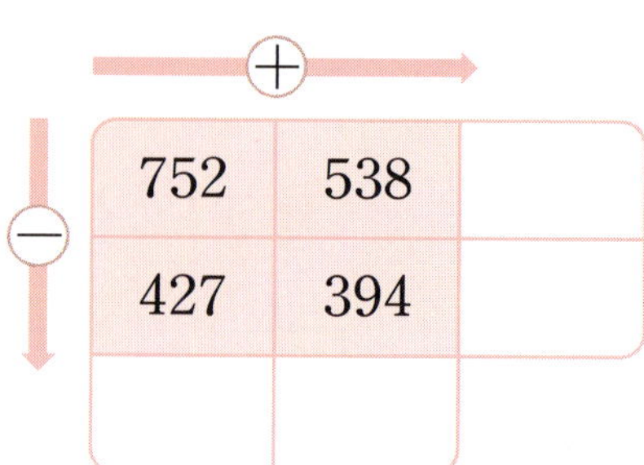

8 계산 결과가 1252인 식에 ○표 하세요.

$$406+836 \qquad 665+587$$

(   )   (   )

의사소통

9 $782-254$의 계산에서 <u>잘못된</u> 부분을 찾아 바르게 계산해 보세요.

$$\begin{array}{r} 7\ 8\ 2 \\ -\ 2\ 5\ 4 \\ \hline 5\ 3\ 8 \end{array}$$ →

10 크기를 비교하여 ○ 안에 >, =, < 중 알맞은 것을 써넣으세요.

$$234+328 \quad\bigcirc\quad 815-257$$

11 빈칸에 알맞은 수를 써넣으세요.

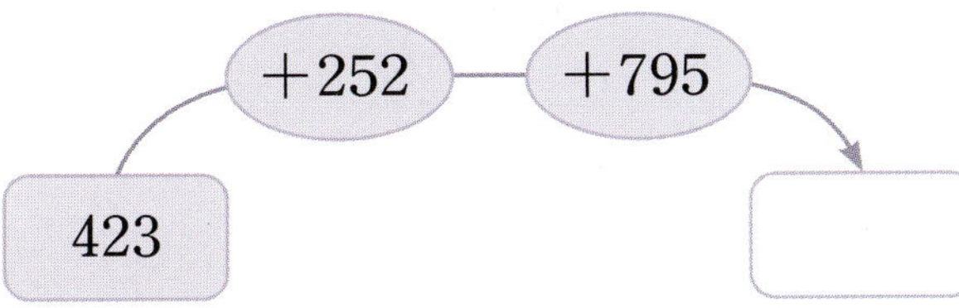

12 수 모형이 나타내는 수보다 167만큼 더 작은 수를 구하세요.

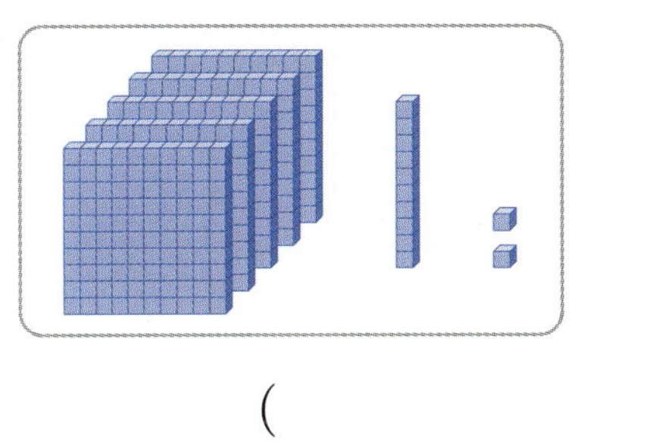

(   )

13 지연이는 학교에서 마트를 지나 도서관까지 걸어갔습니다. 지연이가 걸어간 거리는 몇 m 인가요?

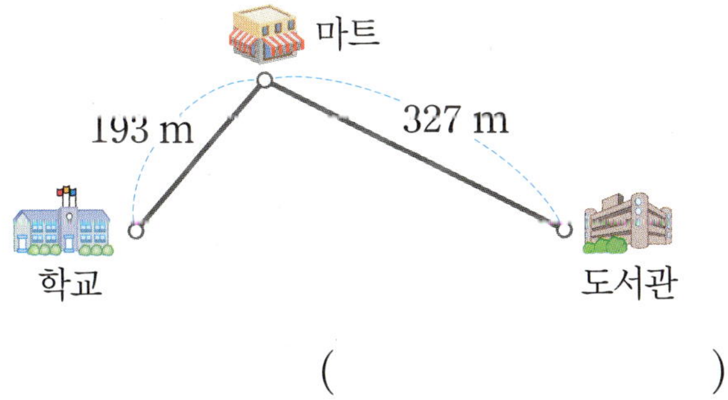

(   )

문제 해결

14 과수원에 사과나무가 542그루, 포도나무가 407그루 있습니다. 과수원에 있는 사과나무와 포도나무는 모두 몇 그루인가요?

식 _______________________________

답 _______________________________

15 사각형에 적힌 수의 합을 구하세요.

668　525　217　453

(　　　　　　　)

16 혜미는 우유를 나누어 주는 봉사 활동을 했습니다. 우유를 500개 준비하여 426개를 나누어 주었다면 남은 우유는 몇 개인가요?

식 _______________________________

답 _______________________________

17 ㉠에 알맞은 수를 구하세요.

−536

㉠　→　281

(　　　　　　　)

18 두 수를 골라 합이 가장 큰 식을 만들어 보세요.

693　381　457　250

☐ + ☐ = ☐

19 주차장에 자동차가 340대 주차되어 있었습니다. 잠시 후에 182대가 나가고 257대가 새로 들어왔습니다. 지금 주차장에 있는 자동차는 몇 대인가요?

(　　　　　　　)

20 의사소통

서아와 민재가 줄넘기를 했습니다. 두 사람이 한 줄넘기는 모두 몇 번인가요?

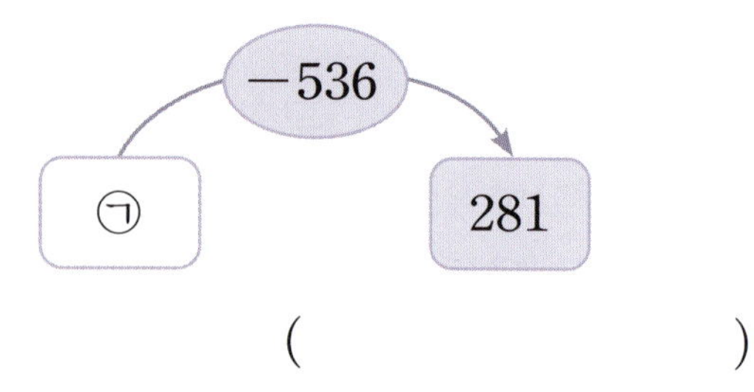

(　　　　　　　)

1 덧셈과 뺄셈

21 □ 안에 알맞은 수를 써넣으세요.

$$
\begin{array}{r}
3\ \square\ 5 \\
+\ 4\ 6\ \square \\
\hline
8\ 3\ 2
\end{array}
$$

22 3장의 수 카드를 한 번씩만 사용하여 만들 수 있는 세 자리 수 중에서 가장 큰 수와 가장 작은 수의 차를 구하세요.

(   )

23 카드 2장에 세 자리 수를 각각 써 놓고 한 장은 뒤집어 놓았습니다. 카드에 적힌 두 수의 합이 725일 때 두 수의 차는 얼마인지 풀이 과정을 쓰고 답을 구하세요.

252

풀이

답

24 어떤 수에서 267을 빼야 하는데 잘못하여 더 했더니 960이 되었습니다. 바르게 계산하면 얼마인지 풀이 과정을 쓰고 답을 구하세요.

풀이

답

25 0부터 9까지의 수 중에서 □ 안에 들어갈 수 있는 수를 모두 구하는 풀이 과정을 쓰고 답을 구하세요.

$$641-32\square > 318$$

풀이

답

1

덧셈과 뺄셈

29

2

평면도형

큐알 코드를 찍으면 개념 학습
영상을 볼 수 있어요.

스승의 날
오늘 선생님께 뭘 해 드리면 좋을까?

우리의 마음을 전해 드리자.
어떻게?

이렇게 하트 모양을 만드는 거야~!
오~좋다!

빨간색과 노란색 도화지로 꾸며 보자!
도화지를 정사각형 모양으로 잘라 줘!
슥

알겠어~ 반장! 맡겨두라고~!

친구들이 정사각형을 모른다면?

친구들이 정사각형을 잘 안다면?

정사각형이라...
사각형 모양으로 자르면 되겠지 뭐!
싹둑
싹둑

수업 준비 안 하고 이게 뭐니?
하트로 꾸민 건데 이게 뭐야.
알림판

네 각이 모두 직각이고 네 변의 길이가 모두 같은 사각형이니까...
이렇게 자르면 되겠구나!
싹둑
싹둑

어머나! 하트~ 예쁘다! 고마워~
만세~
짝!
알림판

개념별 유형

2 평면도형

개념 1 · 선의 종류

1. 곧은 선과 굽은 선

(1) **곧은 선**: 구부러지지 않고 반듯한 선

(2) **굽은 선**: 구부러진 선

2. 선분, 반직선, 직선

(1) **선분**: 두 점을 곧게 이은 선

➔ **선분** ㄱㄴ 또는 **선분** ㄴㄱ

(2) **반직선**: 한 점에서 시작하여 한쪽으로 끝없이 늘인 곧은 선

➔ **반직선** ㄱㄴ　　➔ **반직선** ㄴㄱ

반직선 ㄱㄴ과 반직선 ㄴㄱ은 서로 달라!

(3) **직선**: 선분을 양쪽으로 끝없이 늘인 곧은 선

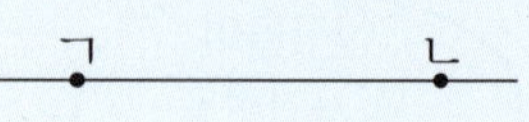

➔ **직선** ㄱㄴ 또는 **직선** ㄴㄱ

직선은 시작점과 끝점이 없어.

▶ 개념 동영상

1 곧은 선에 ◯표, 굽은 선에 △표 하세요.

(　　) (　　) (　　)

2 그림과 같이 두 점을 곧게 이은 선을 무엇이라고 하나요?

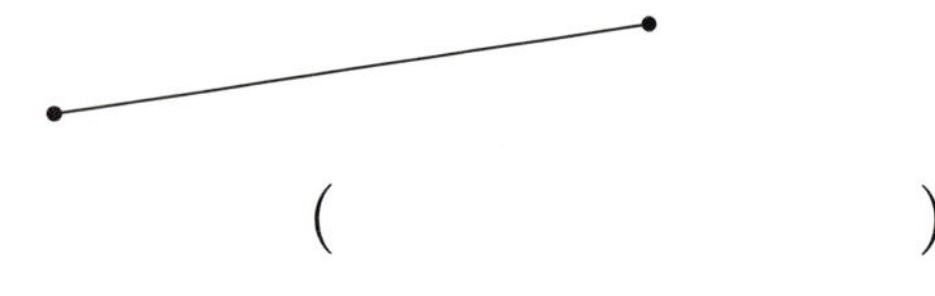

(　　　　　)

3 반직선을 찾아 ◯표 하세요.

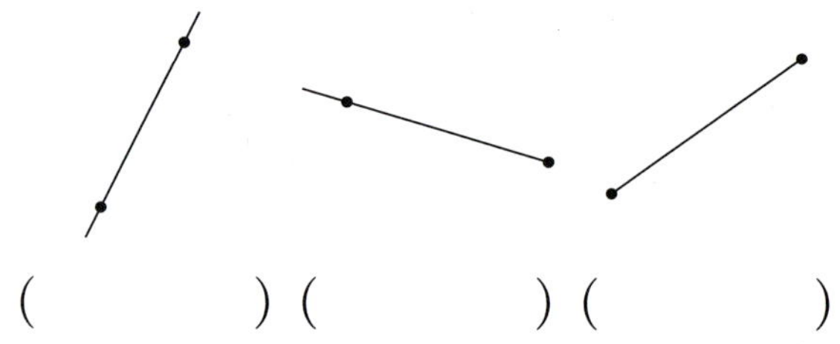

(　　) (　　) (　　)

4 도형의 이름을 쓰세요.

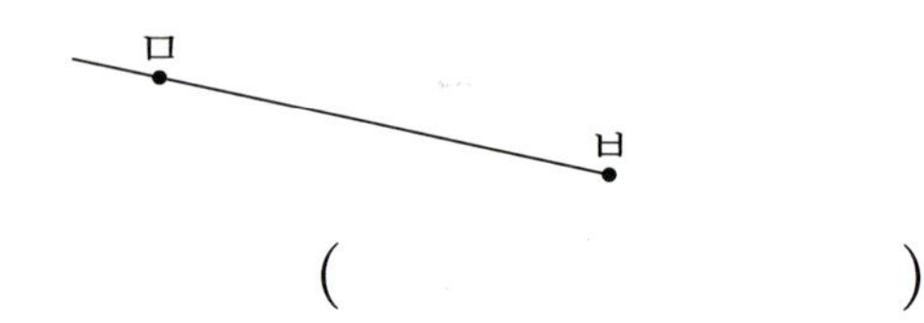

(　　　　　)

5 알맞은 것끼리 이어 보세요.

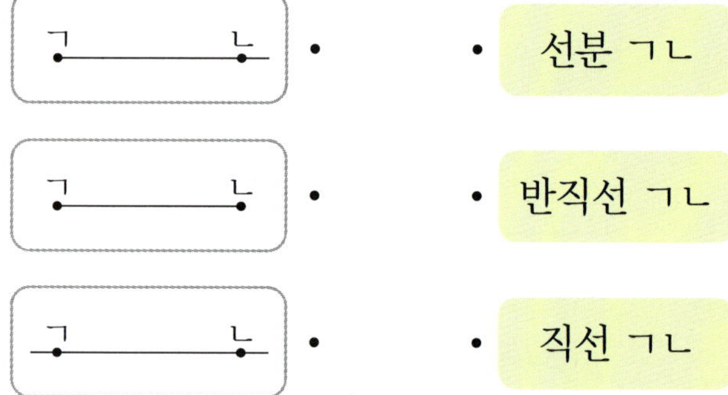

의사소통

6 직선 ㄷㄹ을 보고 바르게 설명한 사람의 이름을 쓰세요.

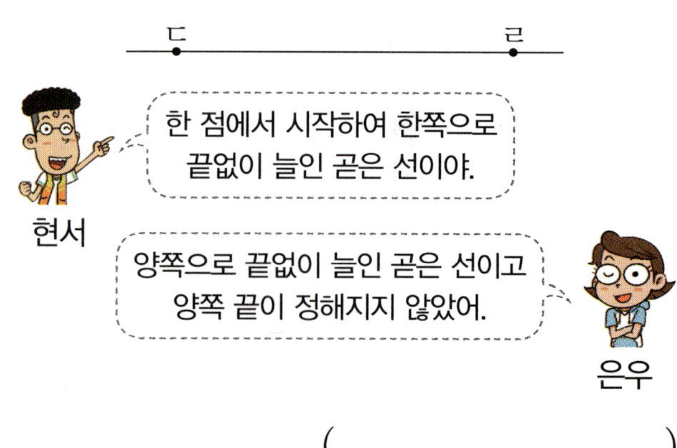

(　　　　　)

➕개념 **2** 선분, 반직선, 직선 긋기

1. 선분: 점과 점을 선으로 곧게 잇습니다.

예 선분 ㄱㄴ 또는 선분 ㄴㄱ

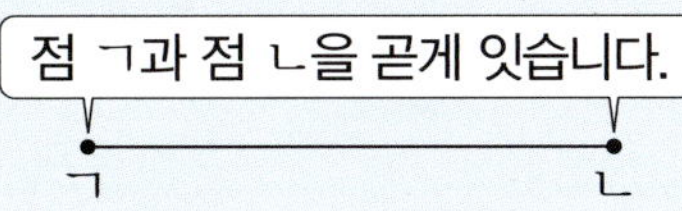

2. 반직선: 한 점에서 시작하여 다른 한 점을 지나는 곧은 선을 긋습니다.

예 반직선 ㄱㄴ

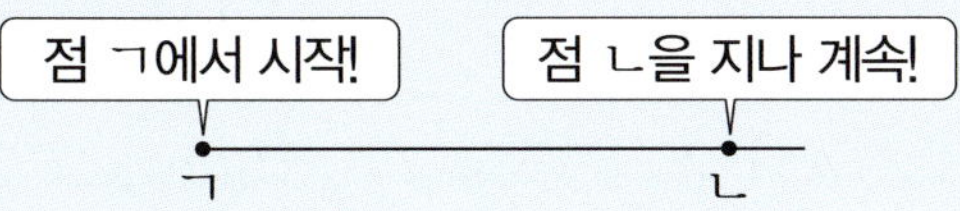

예 반직선 ㄴㄱ

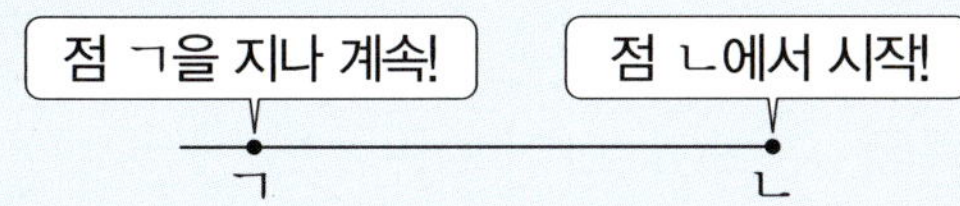

3. 직선: 점과 점을 지나는 곧은 선을 긋습니다.

예 직선 ㄱㄴ 또는 직선 ㄴㄱ

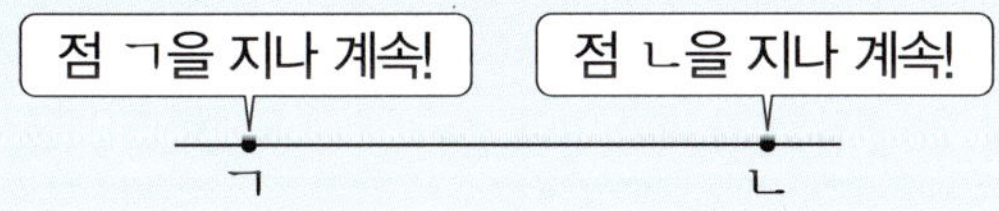

7 직선 ㄴㄷ을 그어 보세요.

8 선분 ㄱㄷ을 그어 보세요.

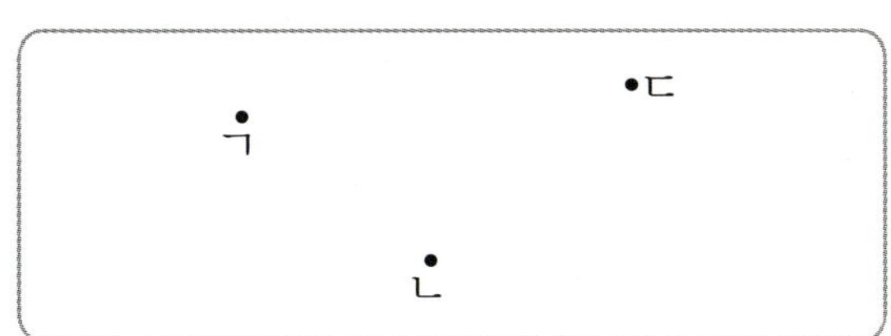

9 반직선을 각각 그어 보세요.

반직선 ㄷㄱ   반직선 ㄴㄹ

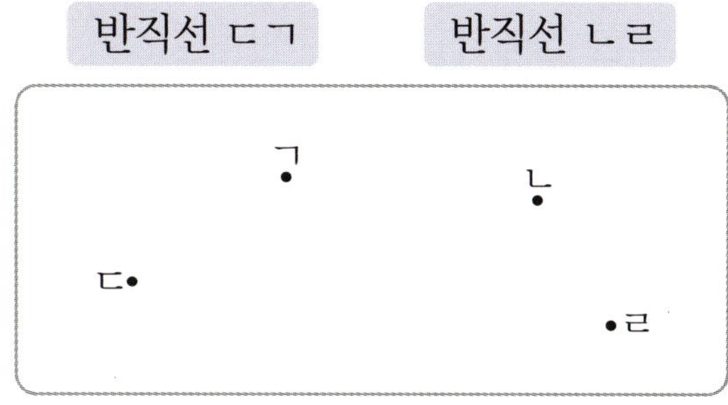

🔍 정보처리

10 점 ㄱ과 다른 점을 이어서 선분을 모두 그어 보세요.

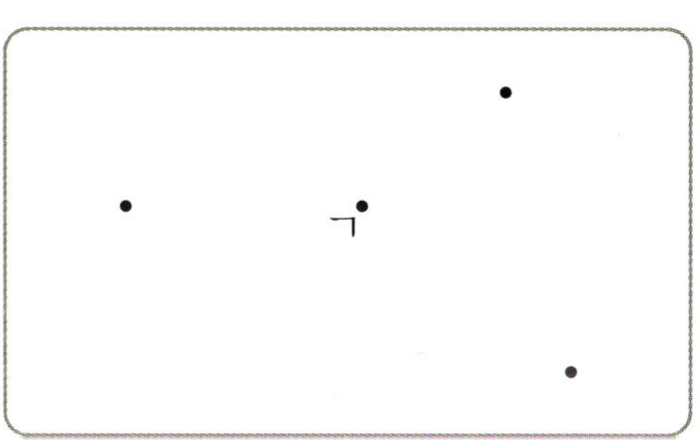

11 선분 ㄱㄷ, 반직선 ㅂㄴ, 직선 ㄹㅁ을 각각 그어 보세요.

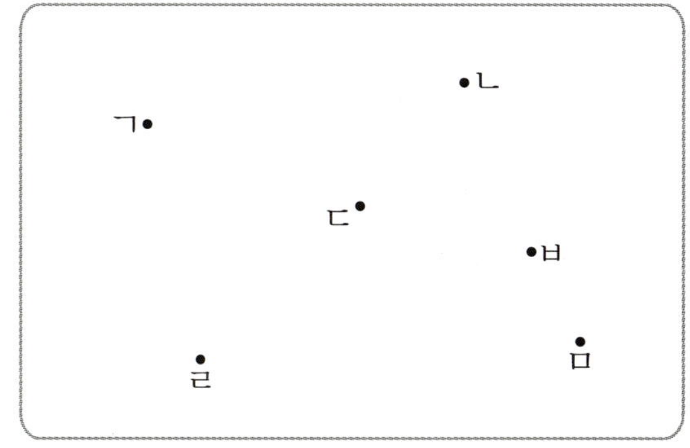

개념별 유형

개념 3 · 각

- **각**: 한 점에서 그은 두 반직선으로 이루어진 도형

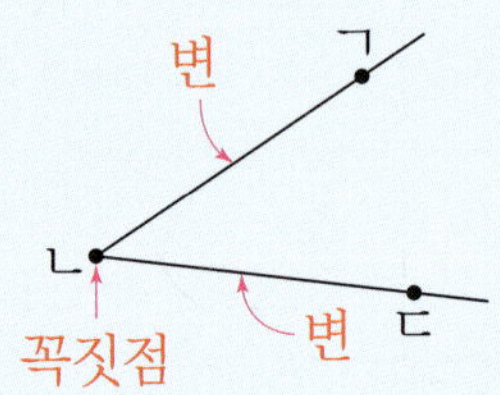

각 읽기: **각 ㄱㄴㄷ** 또는 **각 ㄷㄴㄱ**
각의 **꼭짓점**: 점 ㄴ
각의 **변**: 반직선 ㄴㄱ, 반직선 ㄴㄷ
변 읽기: **변 ㄴㄱ, 변 ㄴㄷ**

▶ 개념 동영상

12 각을 찾아 ◯표 하세요.

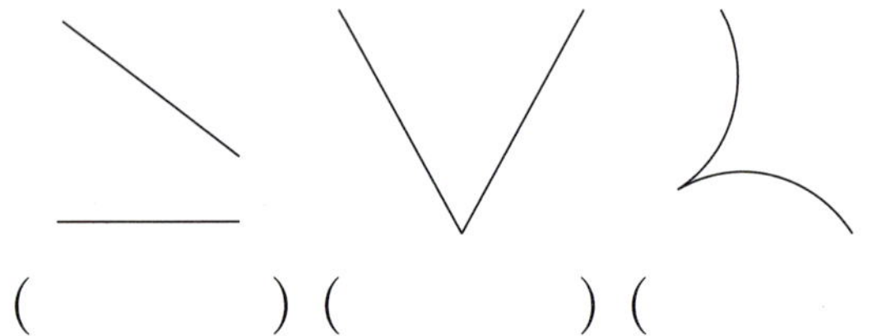

(   ) (   ) (   )

13 각을 보고 ☐ 안에 알맞게 써넣으세요.

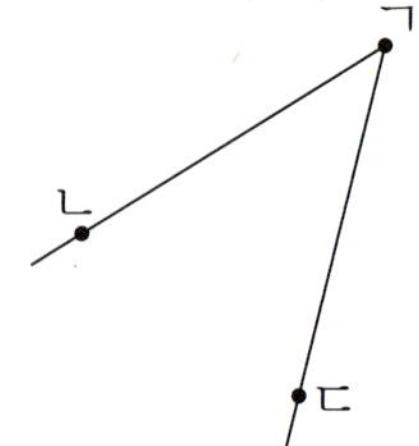

각 읽기: 각 ☐
각의 꼭짓점: 점 ☐
각의 변: 변 ☐ 과 변 ☐

---

14 각을 바르게 읽은 것의 기호를 쓰세요.

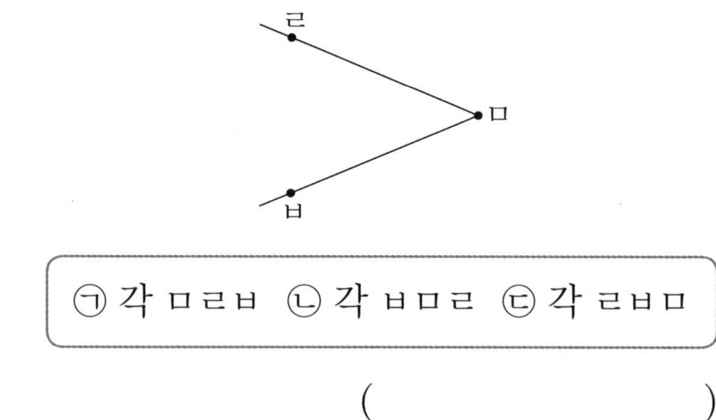

㉠ 각 ㅁㄹㅂ ㉡ 각 ㅂㅁㄹ ㉢ 각 ㄹㅂㅁ

(   )

💬 의사소통

15 오른쪽 도형이 각이 아닌 까닭을 바르게 말한 사람은 누구인가요?

(   )

16 도형에서 찾을 수 있는 각은 모두 몇 개인가요?

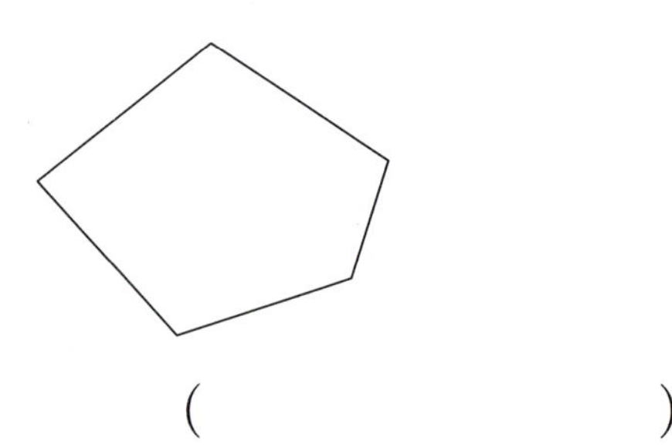

(   )

2 평면도형

정답과 해설 7쪽

공부한 날 월 일

개념 4 직각

• **직각**: 그림과 같이 종이를 반듯하게 두 번 접었을 때 생기는 각

직각 ㄱㄴㄷ을 나타낼 때에는 꼭짓점 ㄴ에 ⌞ 표시를 해.

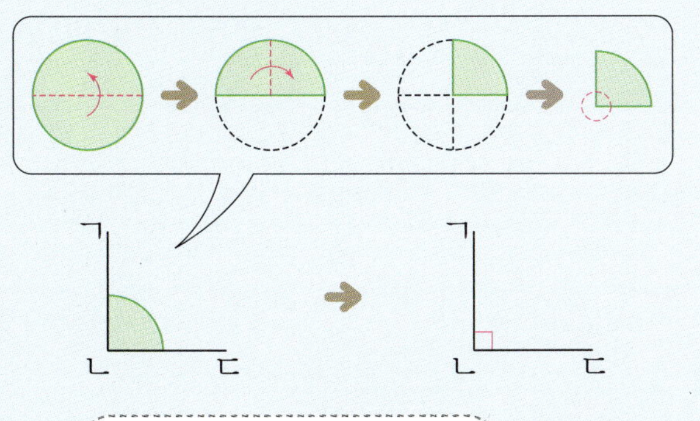

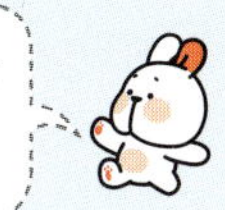

참고 직각을 나타낼 때에는 ⌞ 로 표시를 하지만 일반적으로 각의 크기를 그림으로 나타낼 때에는 ∠ 로 표시를 합니다.

개념 동영상

17 그림을 보고 □ 안에 알맞은 말을 써넣으세요.

그림과 같이 종이를 반듯하게 두 번 접었을 때 생기는 각을 □(이)라고 합니다.

18 직각을 찾아 기호를 쓰세요.

( )

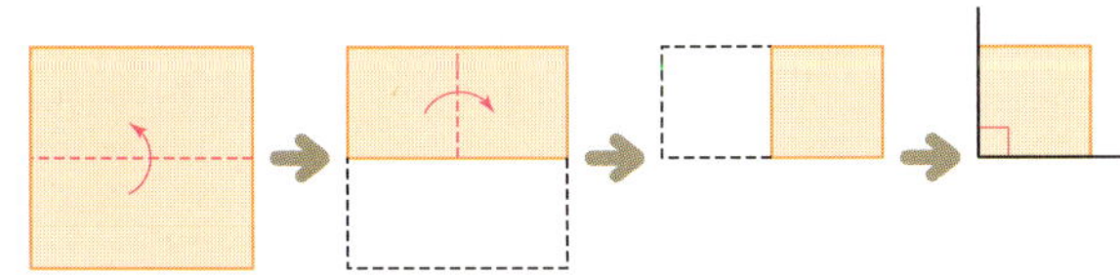

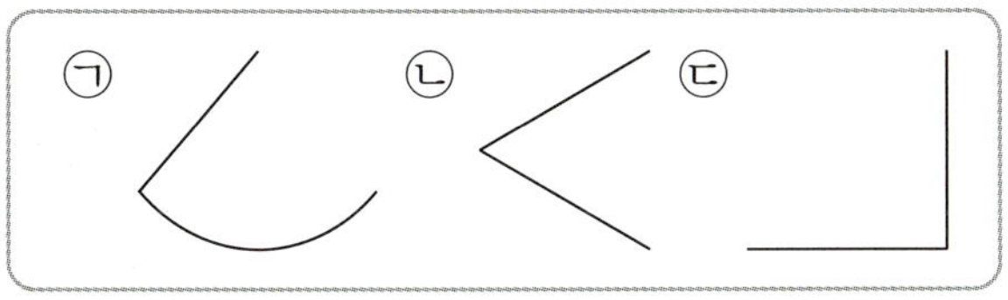

19 보기 와 같이 직각을 모두 찾아 ⌞ 로 표시해 보세요.

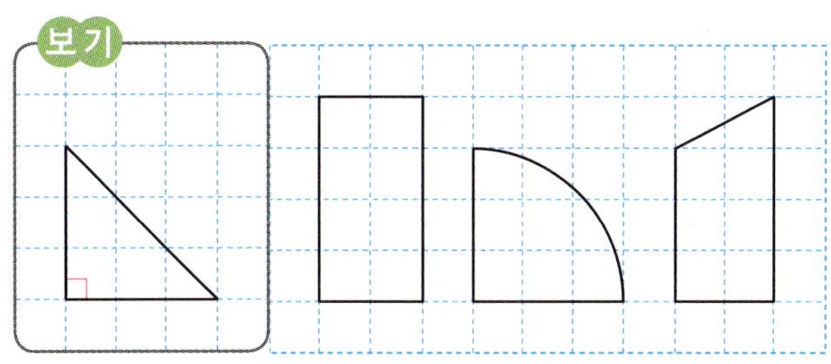

20 도형에서 찾을 수 있는 직각은 모두 몇 개인가요?

( )

21 직각을 찾아 읽어 보세요.

( )

연결

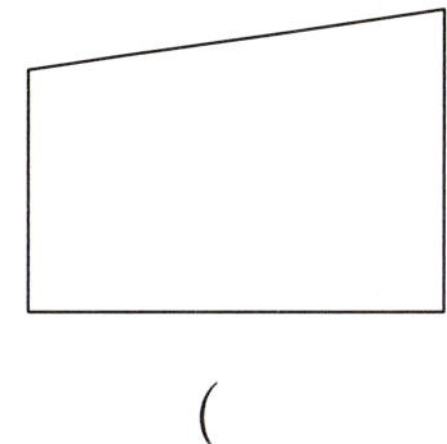

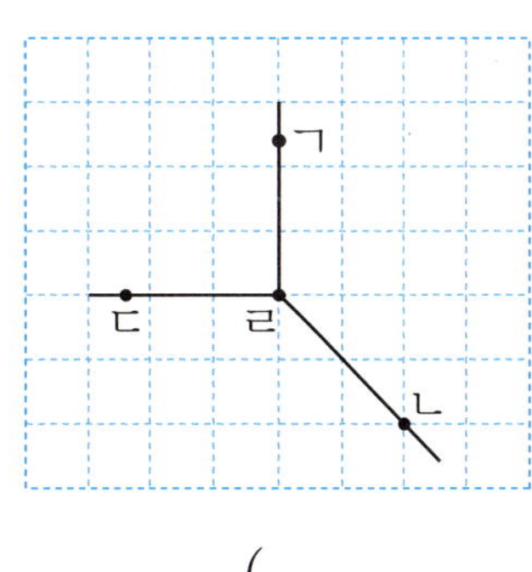

22 시계에서 직각을 찾아 ⌞ 로 표시해 보세요.

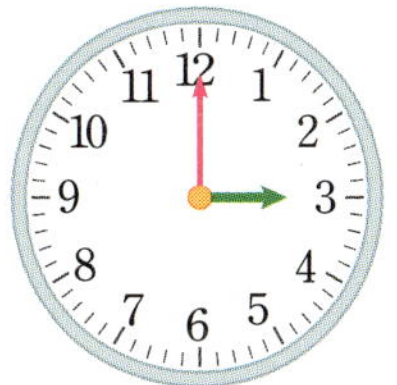

➕개념 **5** 각, 직각 그리기

1. 각 ㄱㄴㄷ 그리기

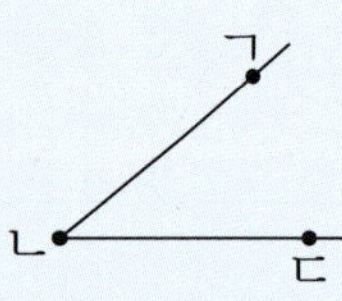

각의 꼭짓점인 **점 ㄴ**에서 시작하는 **반직선 ㄴㄱ**과 **반직선 ㄴㄷ**을 그립니다.

2. 직각 그리기

삼각자를 이용하여 여러 가지 방법으로 직각을 그릴 수 있습니다.

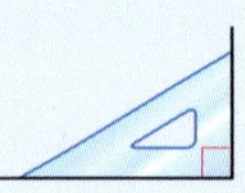
예

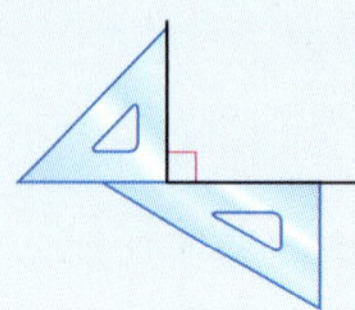

23 각을 완성해 보세요.

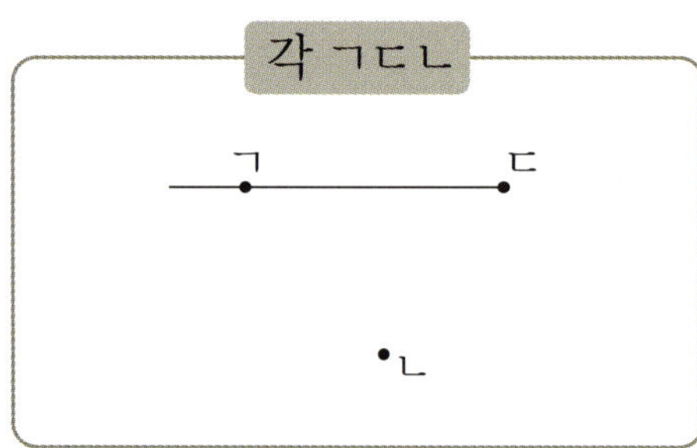

24 주어진 선분을 한 변으로 하는 직각을 그려 보세요.

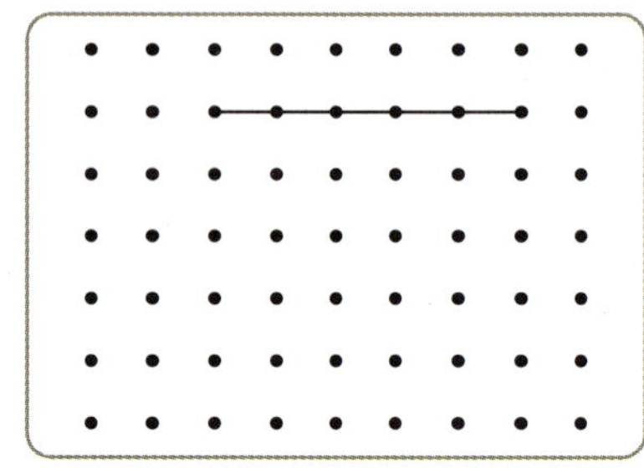

[25~26] 각을 그려 보세요.

25

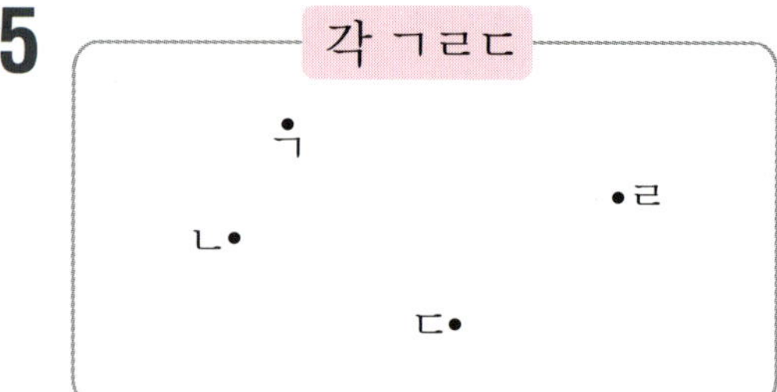

26

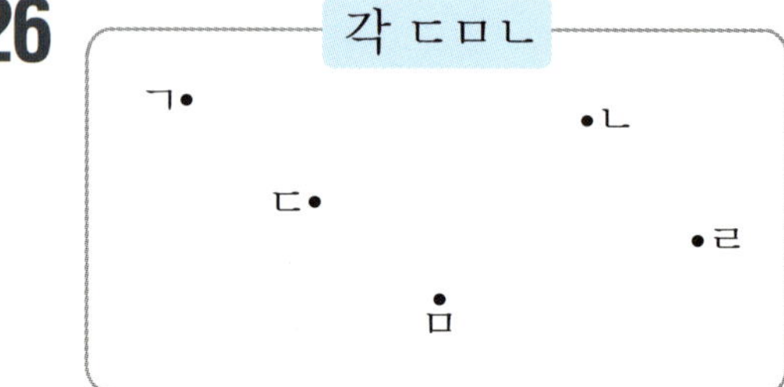

27 삼각자를 이용하여 점 ㄴ을 꼭짓점으로 하는 직각을 그려 보세요.

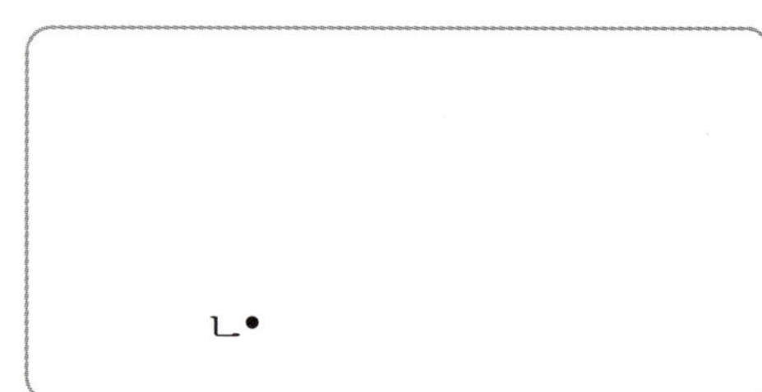

🖊 서술형

28 서준이는 각 ㄷㅁㄹ을 다음과 같이 그렸습니다. 잘못 그린 까닭을 쓰고, 바르게 그려 보세요.

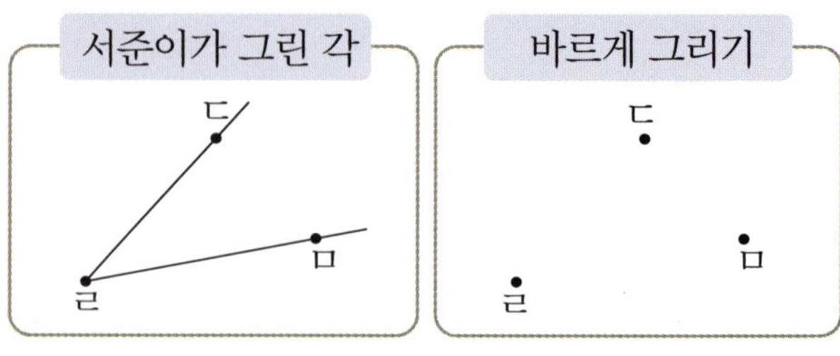

까닭 ______________________________

1~5 형성 평가

맞힌 문제 수
개 / 8개

공부한 날　　월　　일

1 도형의 이름을 쓰세요.

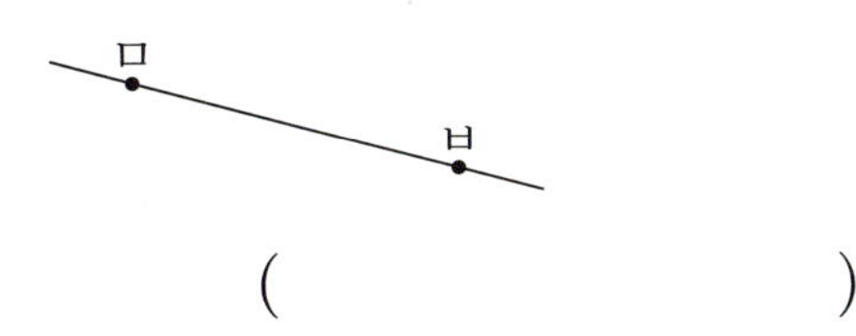

(　　　　　　　)

2 각을 <u>잘못</u> 읽은 것에 ×표 하세요.

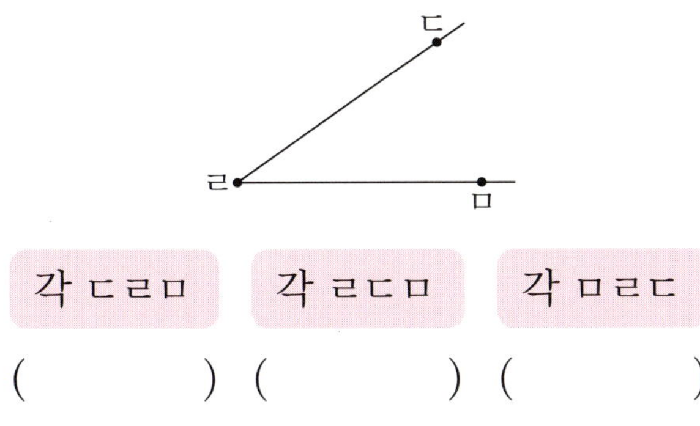

각 ㄷㄹㅁ	각 ㄹㄷㅁ	각 ㅁㄹㄷ
(　　)	(　　)	(　　)

3 직각을 찾아 ◯표 하세요.

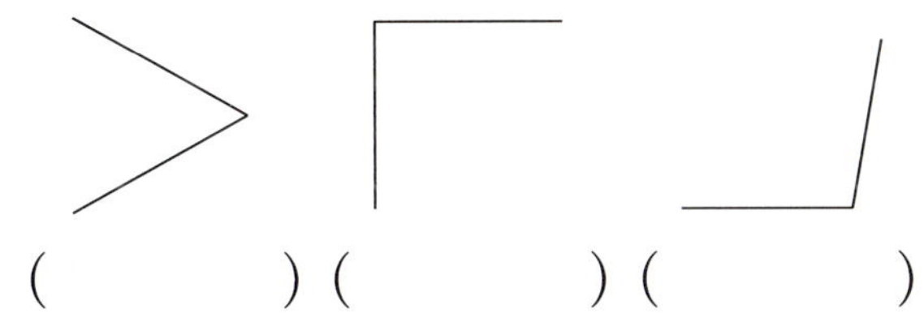

(　　) (　　) (　　)

4 직선 ㄱㄹ, 반직선 ㄷㄴ, 선분 ㅁㅂ을 각각 그어 보세요.

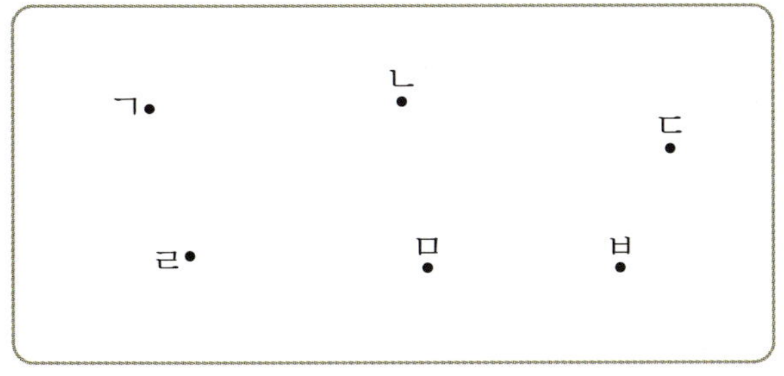

5 선분, 반직선, 직선에 대한 설명으로 <u>잘못된</u> 것을 찾아 기호를 쓰세요.

> ㉠ 선분은 두 점 사이의 길이가 정해진 선 입니다.
> ㉡ 반직선은 직선의 일부입니다.
> ㉢ 직선은 양쪽 끝이 정해진 선입니다.

(　　　　　　　)

6 직각을 그리기 위해서 점 ㄱ과 이어야 하는 점은 어느 것인가요? (　　　　)

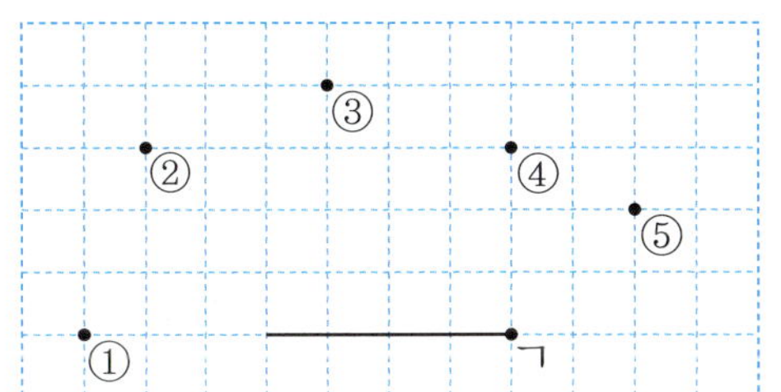

7 두 점 ㄱ과 ㄴ을 이어서 그을 수 있는 반직선 은 모두 몇 개인가요?

(　　　　　　　)

8 직각이 더 많은 도형에 ◯표 하세요.

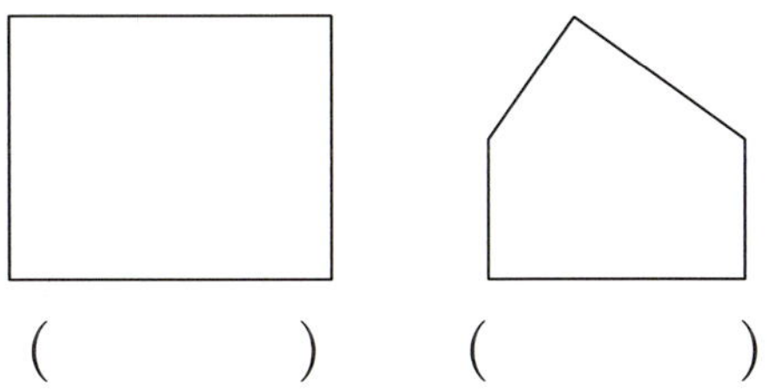

(　　) (　　)

개념별 유형

개념 6 직각삼각형

1. **직각삼각형**: 한 각이 **직각**인 삼각형

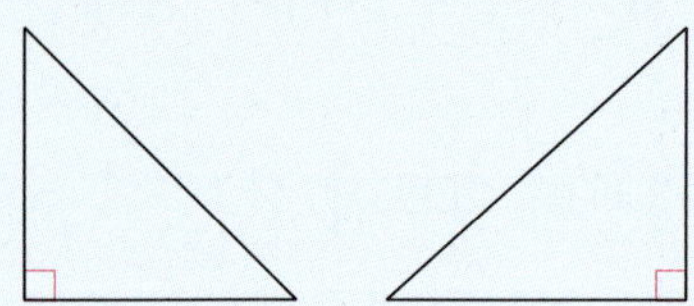

2. **직각삼각형의 특징**
   ① 변, 꼭짓점, 각이 각각 **3개**씩 있습니다.
   ② 세 각 중 **한 각이 직각**입니다.

> 삼각자의 직각 부분을 이용해서 직각을 그릴 수 있어.

▶ 개념 동영상

---

1 직각삼각형을 찾아 기호를 쓰세요.

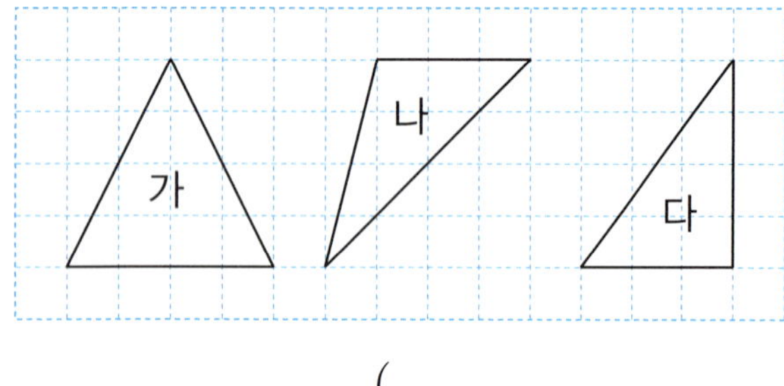

(   )

⚡ 추론

2 색종이에 그림과 같이 선을 그어 선을 따라 자르려고 합니다. 직각삼각형은 몇 개 생기나요?

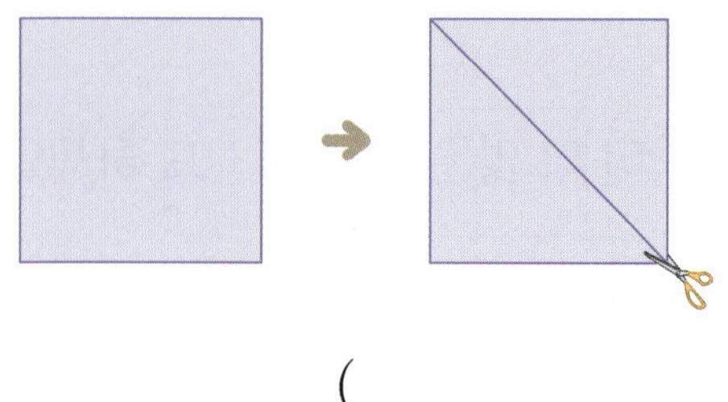

(   )

---

3 오른쪽 직각삼각형을 보고 빈칸에 알맞은 수를 써넣으세요.

변의 수(개)	각의 수(개)	직각의 수(개)
3		

---

4 점 ㄱ을 옮겨 직각삼각형 ㄱㄴㄷ을 만들려고 합니다. 점 ㄱ을 어느 점으로 옮겨야 하나요? (   )

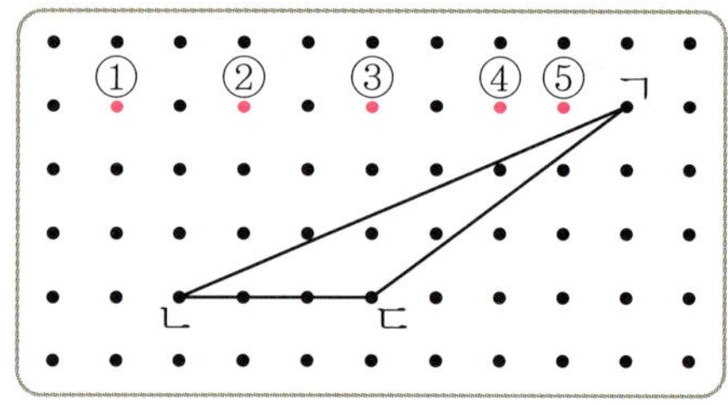

---

5 직각삼각형에 대해 잘못 설명한 사람은 누구인가요?

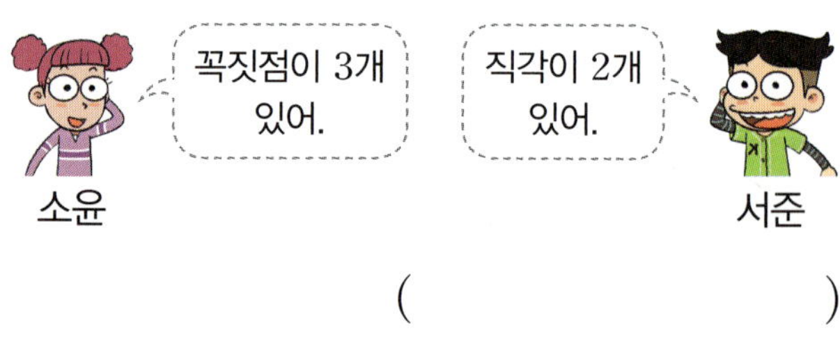

(   )

---

6 모양과 크기가 다른 직각삼각형을 2개 그려 보세요.

개념 **7** ▸ 직사각형

1. **직사각형**: 네 각이 모두 **직각**인 사각형

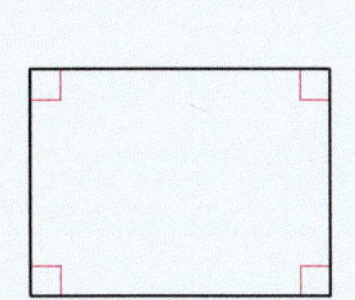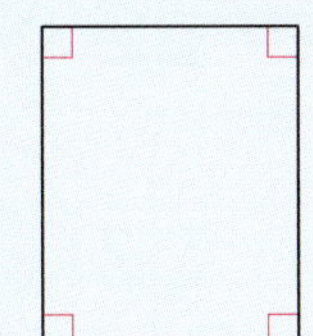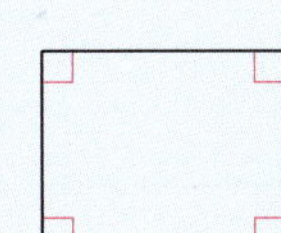

2. **직사각형의 특징**
① 변, 꼭짓점, 각이 각각 **4**개씩 있습니다.
② 네 각이 모두 **직각**입니다.
③ 마주 보는 두 변의 길이가 같습니다.

▶ 개념 동영상

7 □ 안에 알맞은 말을 써넣으세요.

 직사각형은 네 각이 모두
[   ]인 사각형입니다.

8 직사각형을 찾아 기호를 쓰세요.

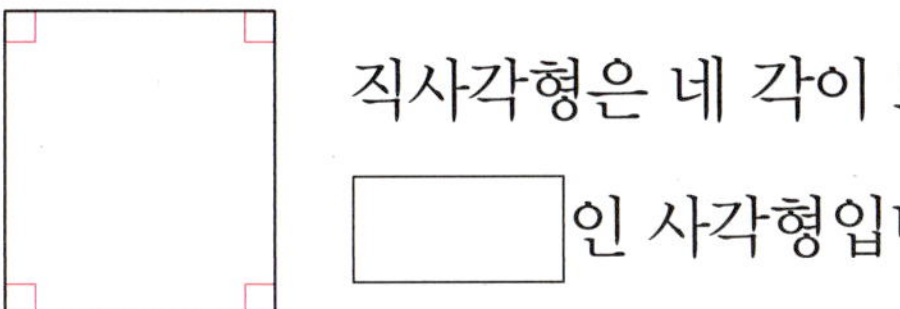

(   )

9 오른쪽 직사각형을 보고 빈칸에
알맞은 수를 써넣으세요.

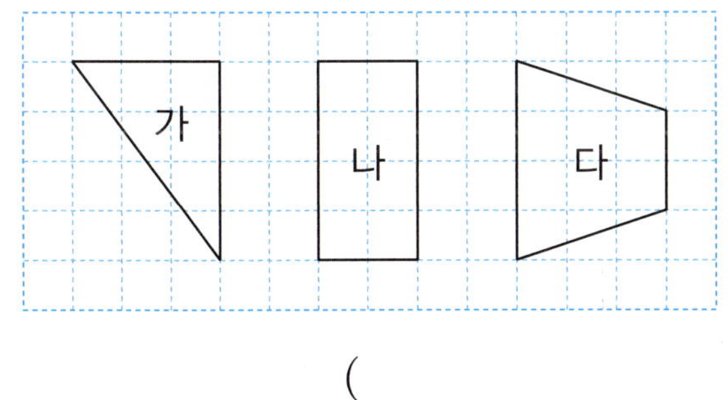

변의 수(개)	각의 수(개)	직각의 수(개)
4		

10 주어진 선분을 이용하여 직사각형을 완성해
보세요.

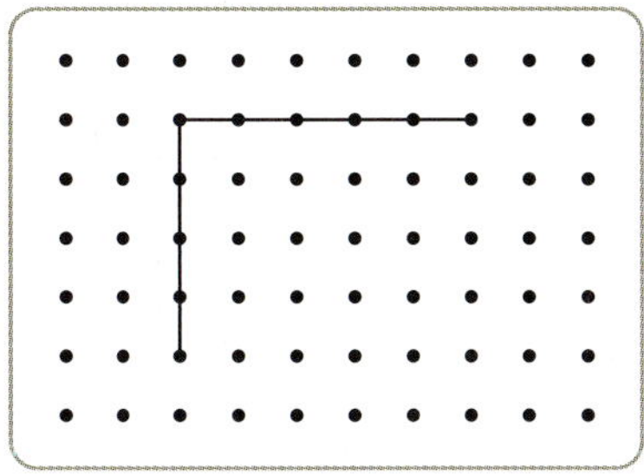

🔍 정보처리

11 직사각형에 대한 설명이 맞으면 ◯표, 틀리면
✕표 하세요.

⑴ 꼭짓점이 4개 있습니다. ┈┈┈ (   )

⑵ 직각이 1개 있습니다. ┈┈┈┈ (   )

[12~13] 직사각형입니다. □ 안에 알맞은 수를 써넣
으세요.

12
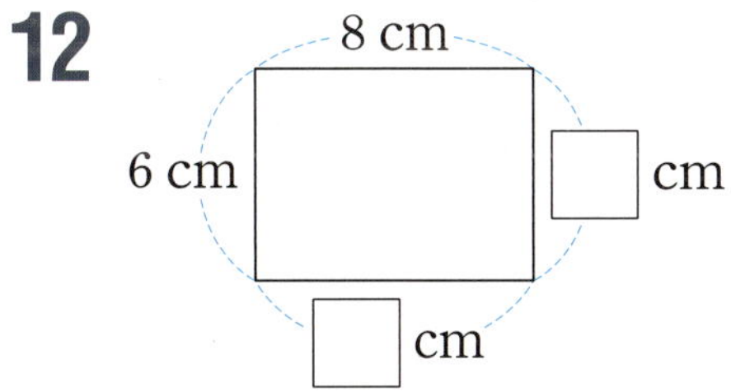

13
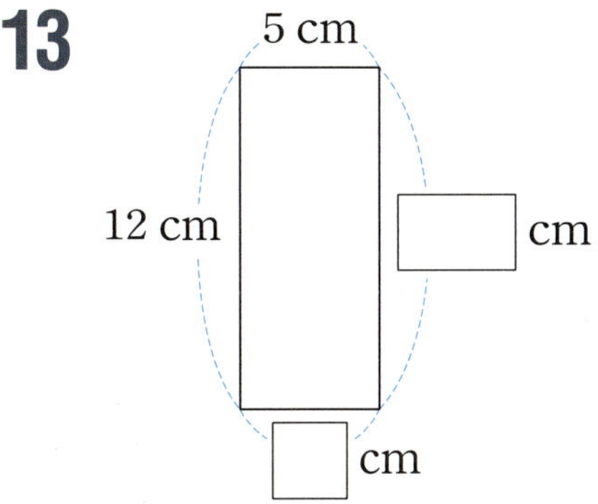

14 도형이 직사각형이 <u>아닌</u> 까닭을 찾아 기호를 쓰세요.

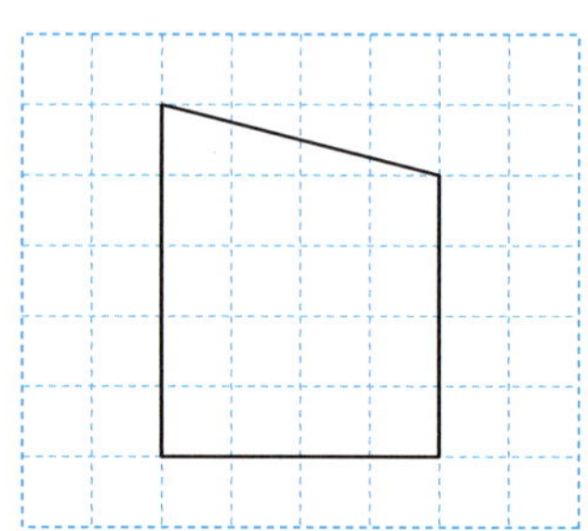

⊙ 변이 4개가 아닙니다.
ⓒ 각이 4개가 아닙니다.
ⓒ 네 각이 모두 직각이 아닙니다.

(   )

15 모양과 크기가 다른 직사각형을 2개 그려 보세요.

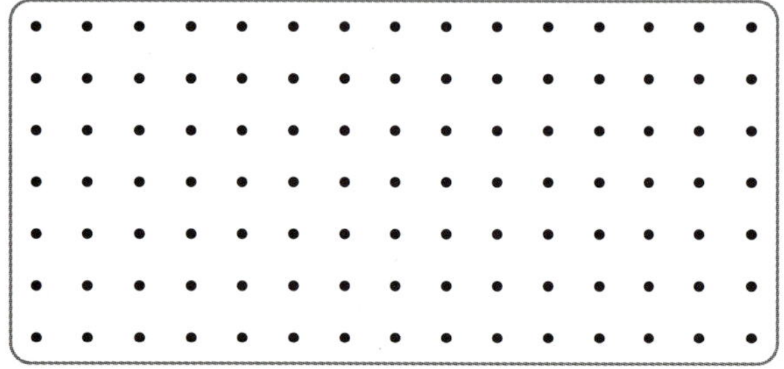

16 직사각형입니다. 네 변의 길이의 합은 몇 cm 인가요?

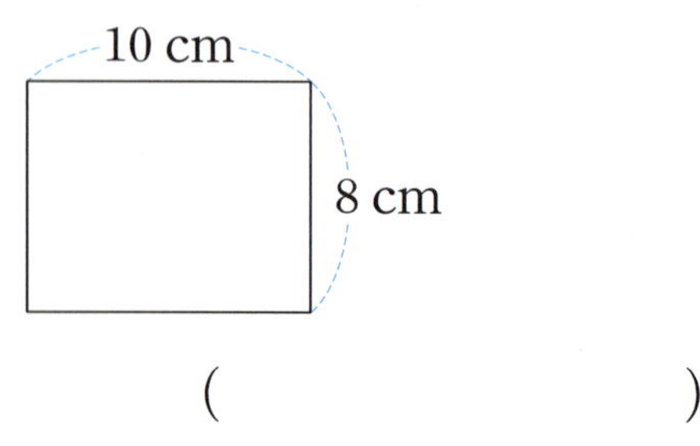

(   )

개념 8 ▸ 정사각형

1. **정사각형**: 네 각이 모두 **직각**이고 네 변의 길이 가 모두 같은 사각형

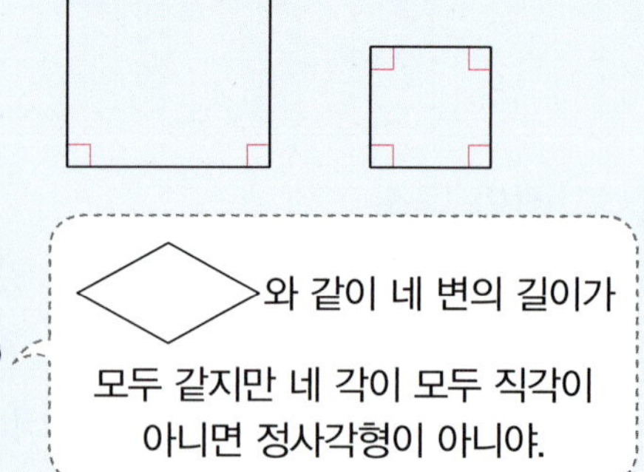

2. **정사각형의 특징**

① 변, 꼭짓점, 각이 각각 **4개**씩 있습니다.
② 네 **각이** 모두 **직각**입니다.
③ 네 **변의 길이**가 모두 **같습니다.**

▶ 개념 동영상

17 그림과 같이 직사각형 모양의 종이를 접고 자른 다음 ㉠ 부분을 펼쳤을 때 만들어진 도형의 이름을 찾아 ◯표 하세요.

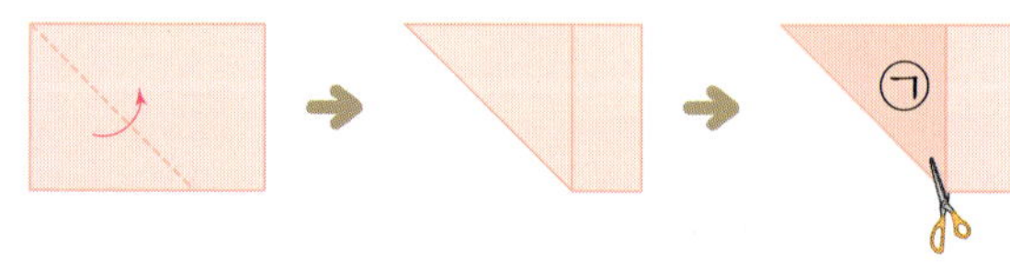

(직각삼각형 , 정사각형)

18 정사각형을 찾아 기호를 쓰세요.

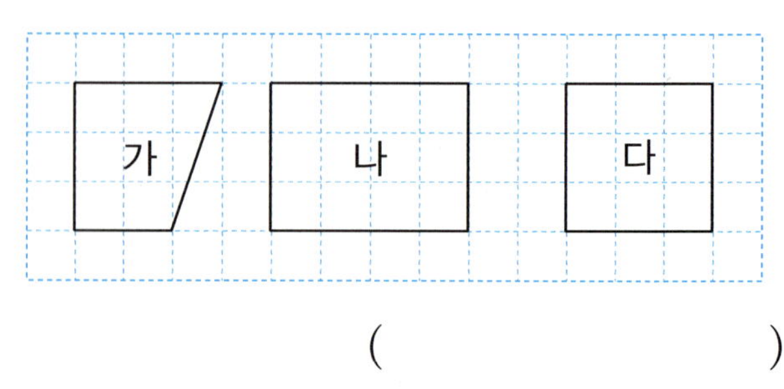

(   )

19 주어진 선분을 이용하여 정사각형을 완성해 보세요.

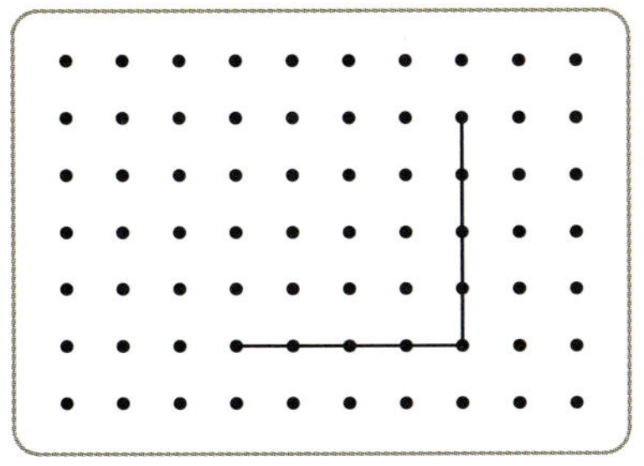

[20~21] 정사각형입니다. □ 안에 알맞은 수를 써넣으세요.

20
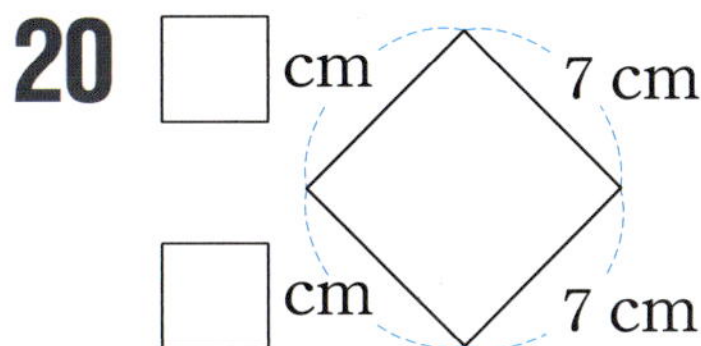

21
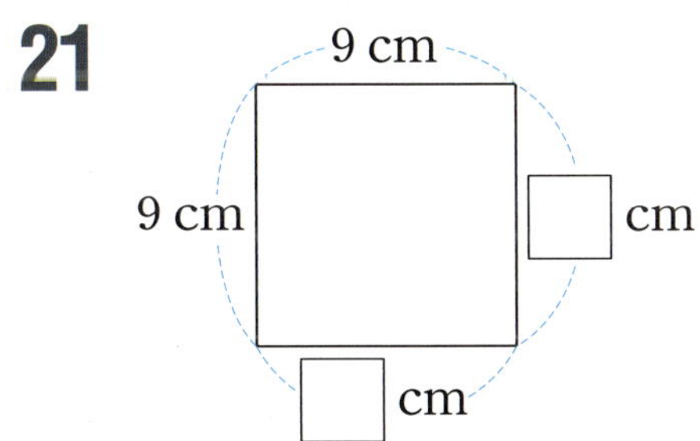

22 정사각형에 대한 설명으로 <u>잘못된</u> 것을 찾아 기호를 쓰세요.

> ㉠ 사각형입니다.
> ㉡ 변이 4개 있습니다.
> ㉢ 네 변의 길이가 모두 같습니다.
> ㉣ 직각이 2개 있습니다.

(   )

23 도형이 정사각형이 <u>아닌</u> 까닭을 알아보려고 합니다. 알맞은 말에 ◯표 하세요.

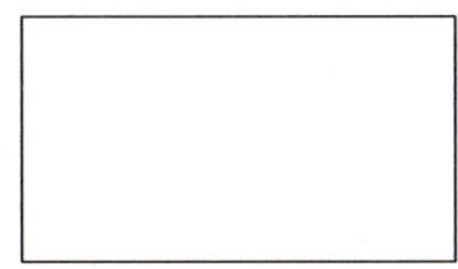

까닭 (두 , 세 , 네) 각이 모두 직각이지만 네 변의 길이가 모두 (같으므로 , 같지 않으므로) 정사각형이 아닙니다.

24 크기가 다른 정사각형을 2개 그려 보세요.

2

평면도형

41

25 오른쪽은 정사각형 모양의 천입니다. 이 천의 네 변의 길이의 합은 몇 m인가요?

(   )

문제 해결

26 직사각형 안에 선분을 한 개 그어 크기가 똑같은 정사각형을 2개 만들어 보세요.

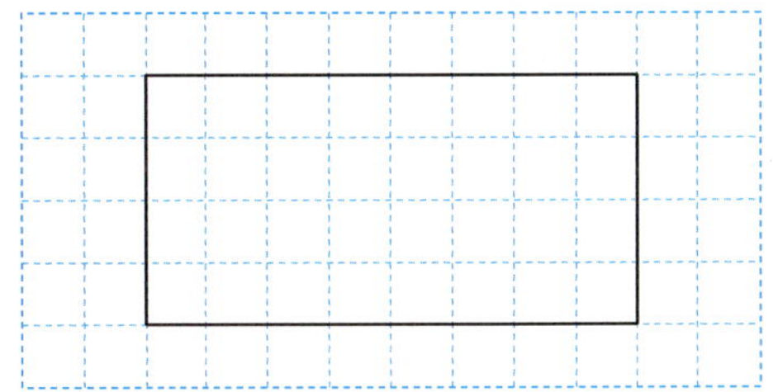

개념별 유형

➕ 개념 **9** 직사각형과 정사각형의 관계

- **직사각형은** 네 변의 길이가 모두 같지 않은 것도 있으므로 **정사각형이라고 할 수 없습니다.**

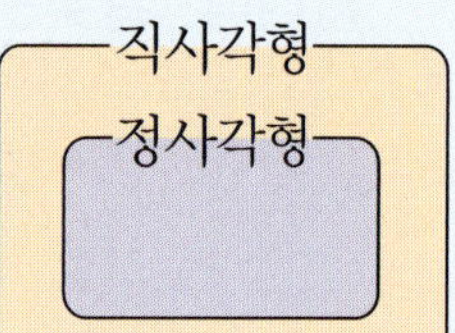

- **정사각형은** 네 각이 모두 직각이므로 **직사각형이라고 할 수 있습니다.**

[27~29] 도형을 보고 물음에 답하세요.

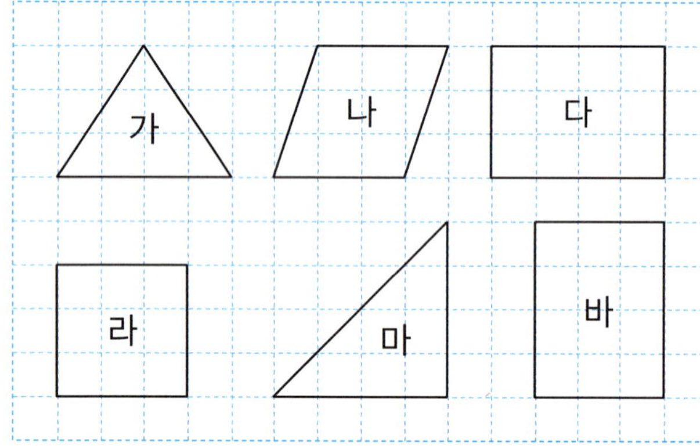

27 직사각형을 모두 찾아 기호를 쓰세요.

( )

28 정사각형을 찾아 기호를 쓰세요.

( )

29 직사각형도 되고 정사각형도 되는 도형을 찾아 기호를 쓰세요.

( )

30 오른쪽 도형의 이름이 될 수 있는 것을 모두 고르세요.

( )

① 삼각형   ② 직각삼각형
③ 사각형   ④ 직사각형
⑤ 정사각형

😀 의사소통

31 도형에 대한 설명이 맞으면 ◯표, 틀리면 ✕표 하세요.

⑴ 직사각형은 네 변의 길이가 모두 같습니다.
( )

⑵ 직사각형은 정사각형이라고 할 수 있습니다. ( )

⑶ 정사각형은 네 각이 모두 직각입니다.
( )

⑷ 정사각형은 직사각형이라고 할 수 있습니다. ( )

32 직사각형과 정사각형의 같은 점을 찾아 기호를 쓰세요.

⊙ 변이 3개 있습니다.
ⓒ 네 각이 모두 직각입니다.
ⓒ 네 변의 길이가 모두 같습니다.

( )

6~9 형성 평가

맞힌 문제 수

개 / 7개

공부한 날　　월　　일

1 직각삼각형은 모두 몇 개인가요?

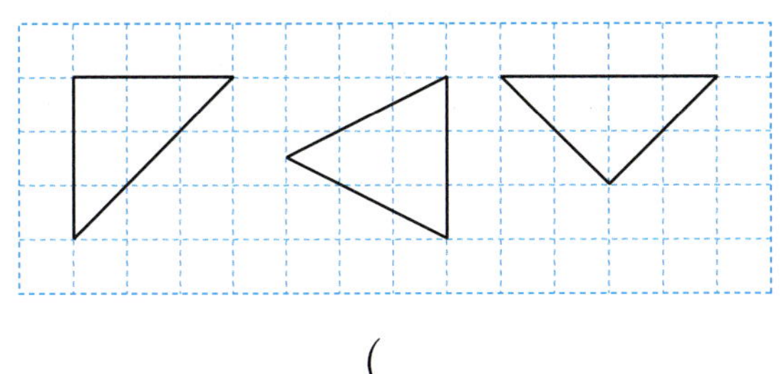

(　　　　　　　　)

2 직사각형과 정사각형을 모두 찾아 각각 기호를 쓰세요.

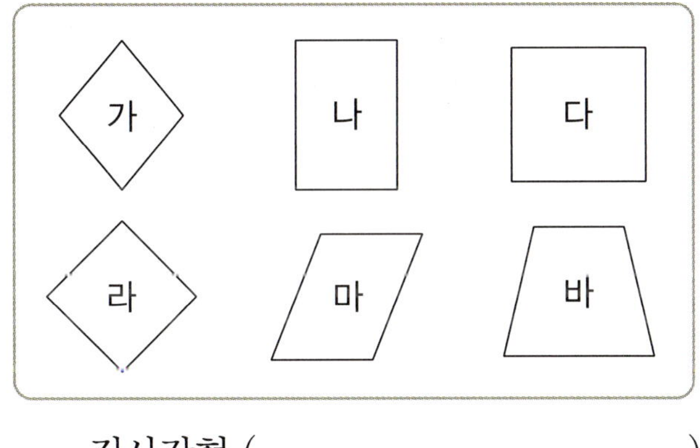

직사각형 (　　　　　　　　)

정사각형 (　　　　　　　　)

3 모눈종이에 그어진 선분을 한 변으로 하는 직사각형을 그려 보세요.

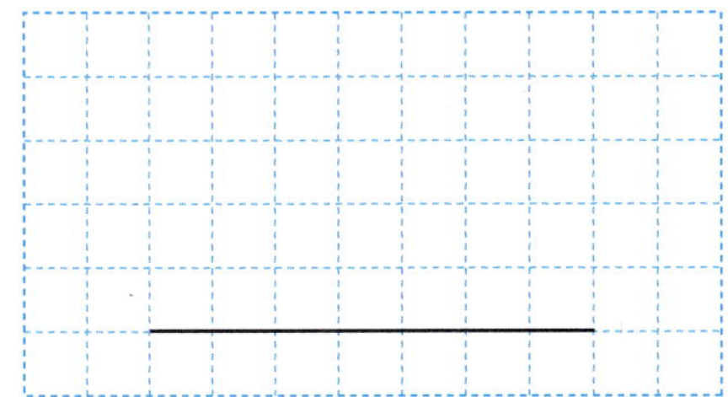

4 ㉠과 ㉡에 알맞은 수의 합을 구하세요.

> • 직각삼각형의 직각의 수는 ㉠개입니다.
> • 정사각형의 직각의 수는 ㉡개입니다.

(　　　　　　　　)

5 오른쪽과 같은 색종이를 점선을 따라 잘랐을 때 만들어지는 직사각형은 모두 몇 개인가요?

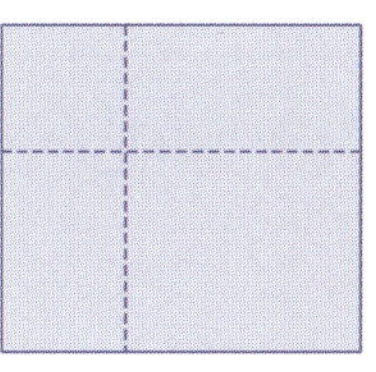

(　　　　　　　　)

6 한 변의 길이가 8 cm인 정사각형의 네 변의 길이의 합은 몇 cm인가요?

(　　　　　　　　)

7 직사각형도 되고 정사각형도 되는 도형을 그린 사람의 이름을 쓰세요.

(　　　　　　　　)

1 각의 개수 비교하기

1 기본

각의 개수가 더 적은 도형의 기호를 쓰세요.

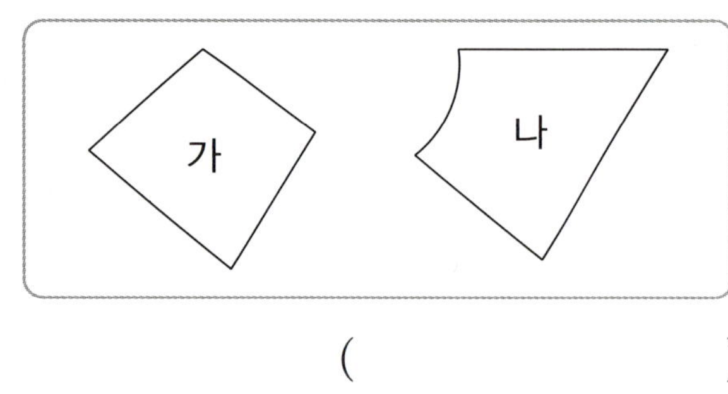

(   )

2 변형

각의 개수가 가장 많은 도형을 찾아 기호를 쓰세요.

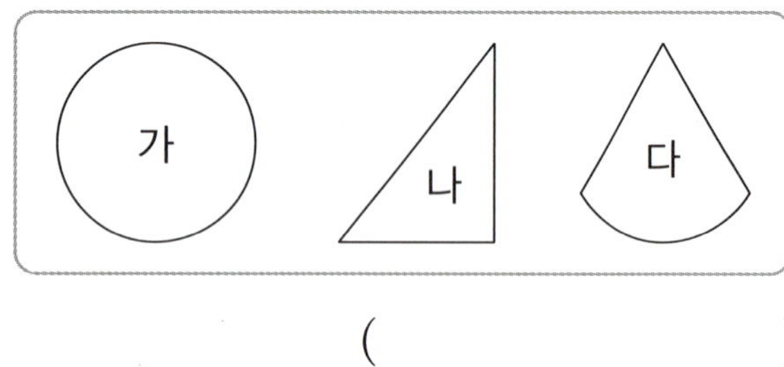

(   )

3 실생활

예은이가 여러 가지 모양의 접시를 종이에 대고 그린 모양입니다. 각의 개수가 많은 것부터 차례로 기호를 쓰세요.

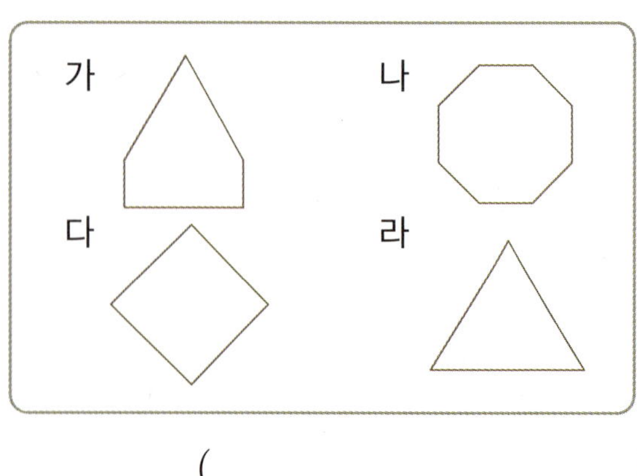

(   )

2 점을 이어서 그을 수 있는 선분의 수 구하기

4 기본

3개의 점 중에서 2개의 점을 이어서 그을 수 있는 선분은 모두 몇 개인가요?

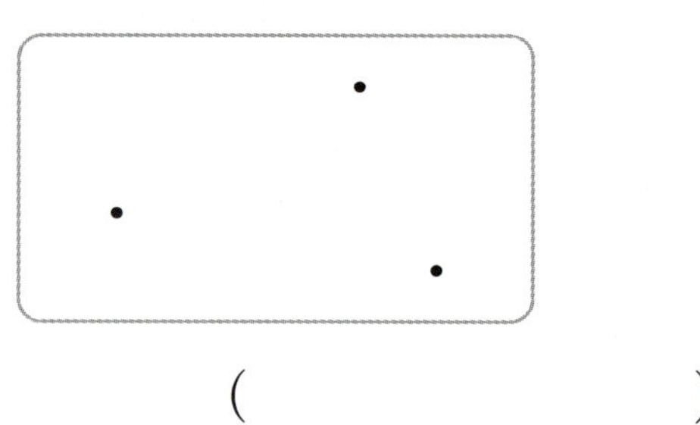

(   )

5 변형

3개의 점 중에서 2개의 점을 이어서 그을 수 있는 직선은 모두 몇 개인가요?

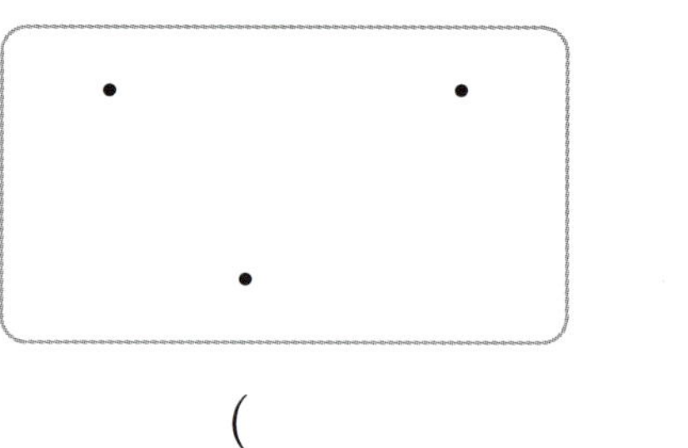

(   )

6 변형

3개의 점 중에서 2개의 점을 이어서 그을 수 있는 반직선은 모두 몇 개인가요?

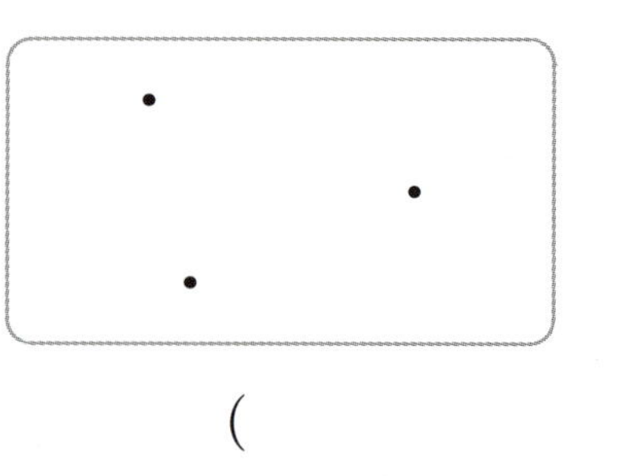

(   )

3 종이를 잘랐을 때 생기는 도형 알아보기

7 기본

직사각형 모양의 종이를 점선을 따라 잘랐을 때 만들어지는 도형 중에서 직각삼각형을 모두 찾아 기호를 쓰세요.

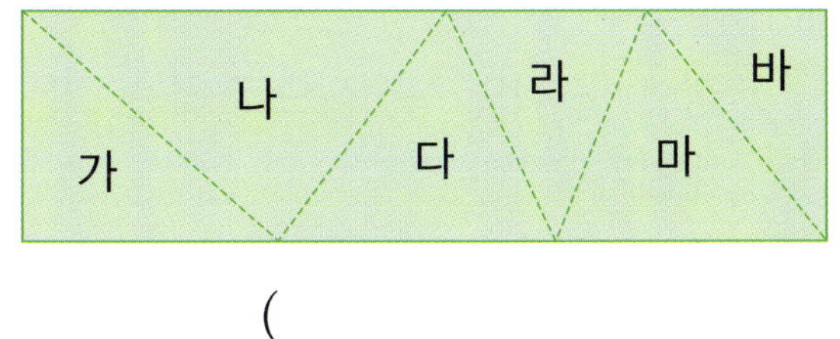

(   )

8 변형

직사각형 모양의 종이를 점선을 따라 잘랐을 때 만들어지는 도형 중에서 직사각형을 모두 찾아 기호를 쓰세요.

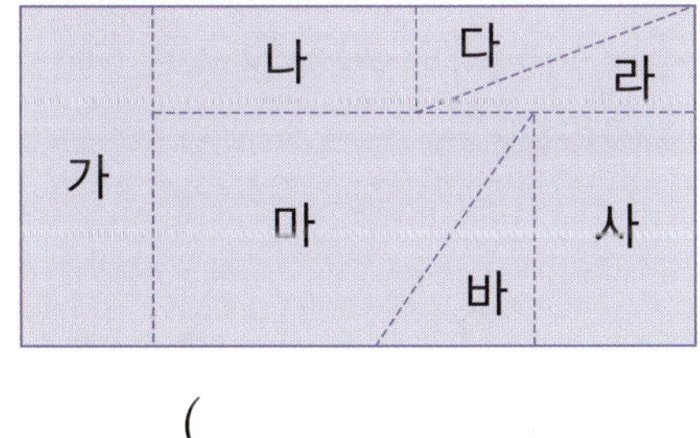

(   )

9 실생활

은채는 그림과 같이 직사각형 모양의 포장지를 잘라 직사각형 2개와 직각삼각형 2개를 만들려고 합니다. 포장지에 자르는 선을 그어 보세요.

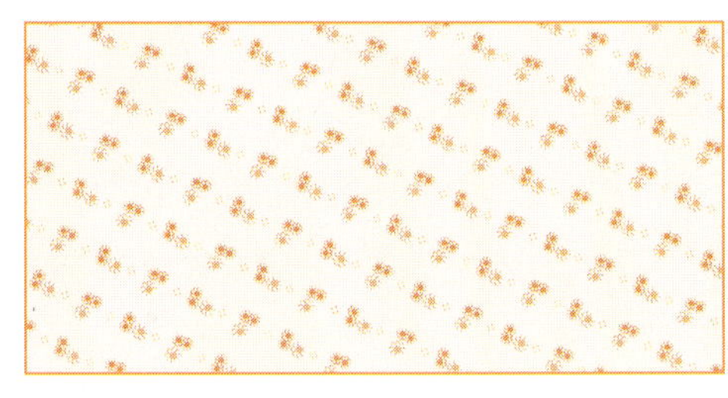

4 직각의 수 구하기

10 기본

도형에서 찾을 수 있는 직각은 모두 몇 개인가요?

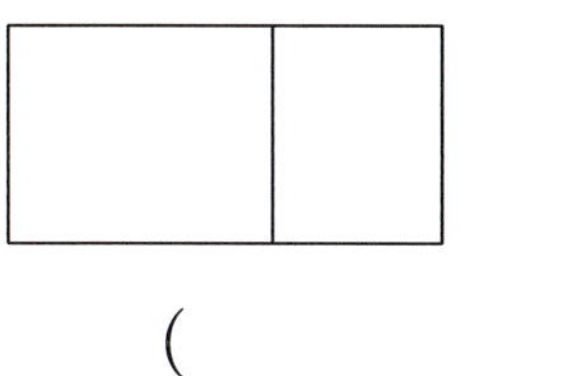

(   )

11 변형

도형에서 찾을 수 있는 직각은 모두 몇 개인가요?

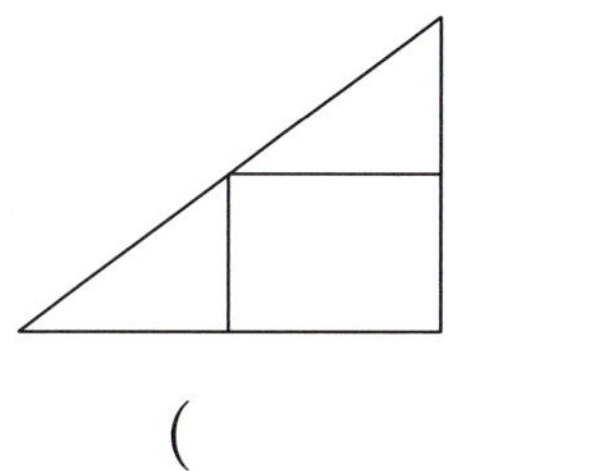

(   )

12 변형

그림에서 찾을 수 있는 직각은 모두 몇 개인가요?

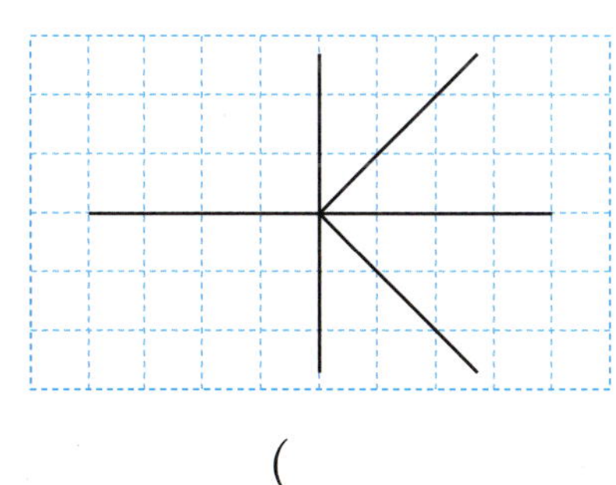

(   )

13 실생활

세희네 방에 있는 물건들입니다. 그림에서 찾을 수 있는 직각은 모두 몇 개인가요?

(   )

꼬리를 무는 유형

---

5 정사각형의 한 변의 길이 구하기

정사각형은 네 변의 길이가 모두 같음을 이용합니다.

예 정사각형의 네 변의 길이의 합이 4 cm일 때 한 변의 길이(▲) 구하기

→ ▲＋▲＋▲＋▲＝4에서
　1＋1＋1＋1＝4이므로 ▲＝1 (cm)

---

14 **실력** 네 변의 길이의 합이 12 cm인 정사각형입니다. □ 안에 알맞은 수를 써넣으세요.

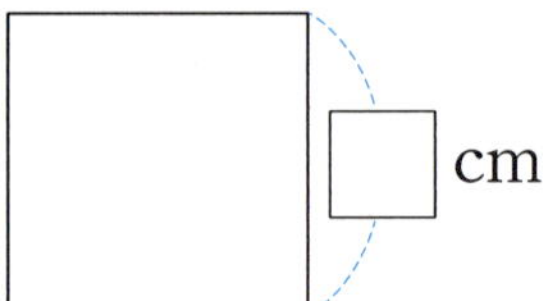

---

15 **변형** 네 변의 길이의 합이 28 cm인 정사각형이 있습니다. 이 정사각형의 한 변의 길이는 몇 cm인가요?

(　　　　　)

---

16 **레벨업** 그림과 같이 직각삼각형과 정사각형을 겹치지 않게 이어 붙였습니다. 정사각형의 네 변의 길이의 합이 32 cm라면 직각삼각형의 세 변의 길이의 합은 몇 cm인가요?

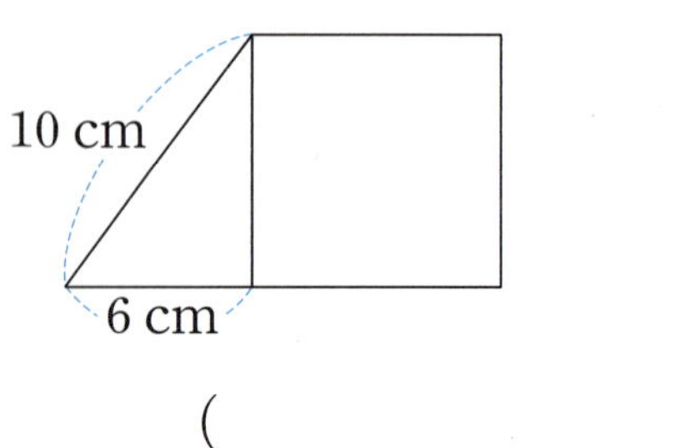

(　　　　　)

---

6 찾을 수 있는 각의 수 구하기

작은 각을 모아 큰 각을 만들 수 있습니다.

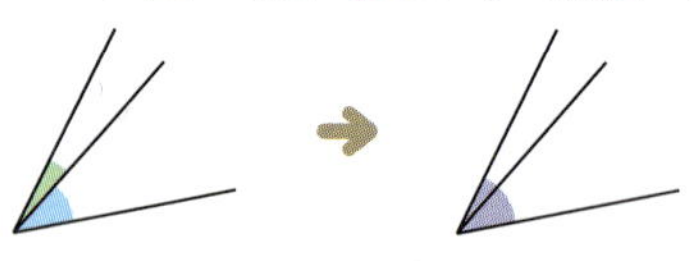

---

17 **실력** 점 ㄱ을 각의 꼭짓점으로 하는 각은 모두 몇 개인가요?

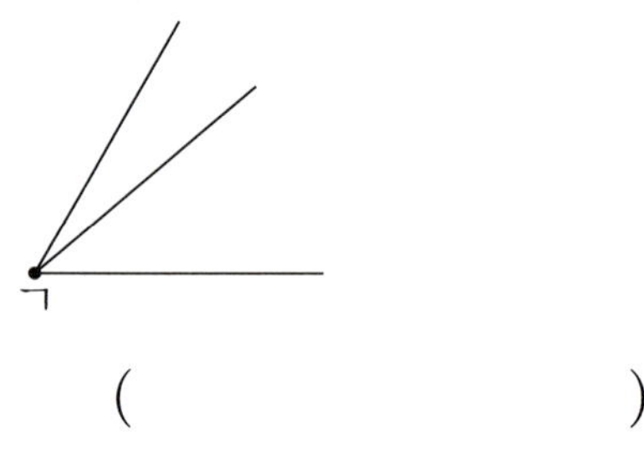

(　　　　　)

---

18 **변형** 점 ㄱ을 각의 꼭짓점으로 하는 각은 모두 몇 개인가요?

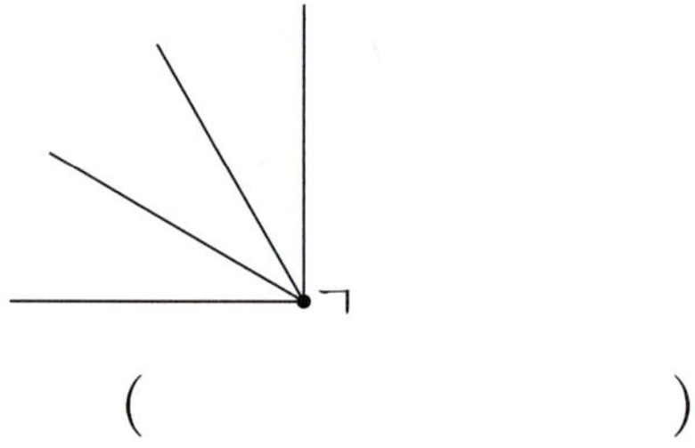

(　　　　　)

---

19 **레벨업** 점 ㄱ을 각의 꼭짓점으로 하는 각은 모두 몇 개인가요?

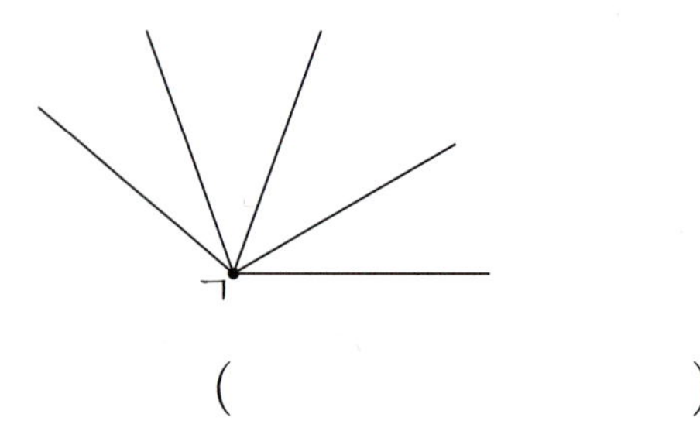

(　　　　　)

7 크고 작은 직사각형의 수 구하기

예 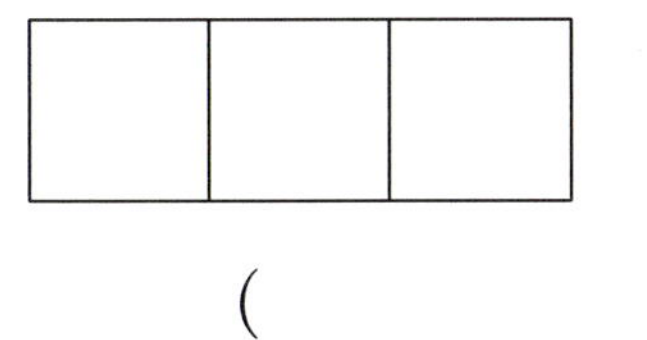

작은 직사각형 1개짜리: ①, ② → 2개
작은 직사각형 2개짜리: ①+② → 1개
➜ 크고 작은 직사각형의 수: 2+1=3(개)

20 실력　도형에서 찾을 수 있는 크고 작은 직사각형은 모두 몇 개인가요?

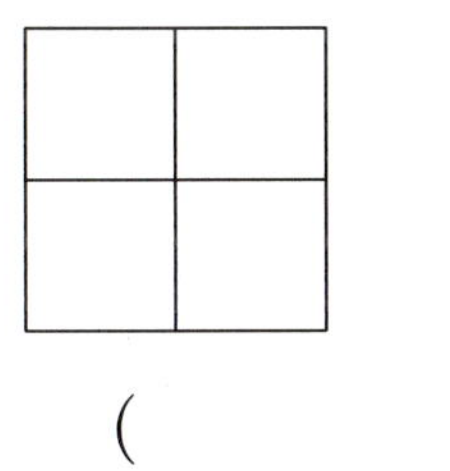

(　　　　　　　　)

21 변형　도형에서 찾을 수 있는 크고 작은 직사각형은 모두 몇 개인가요?

(　　　　　　　　)

22 레벨업　도형에서 찾을 수 있는 크고 작은 직사각형은 모두 몇 개인가요?

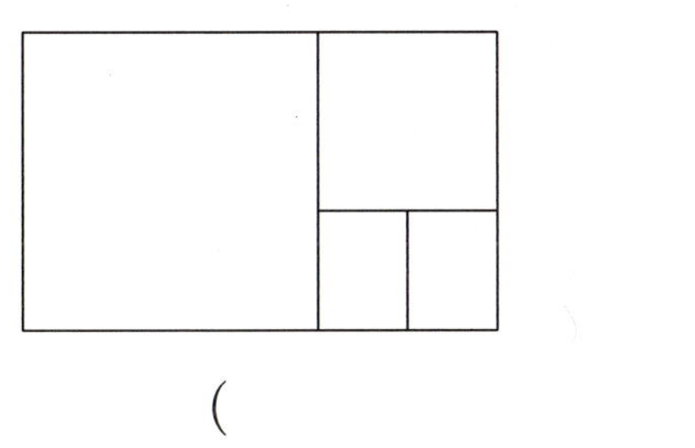

(　　　　　　　　)

8 이어 붙여 만든 도형에서 굵은 선의 길이 구하기

예 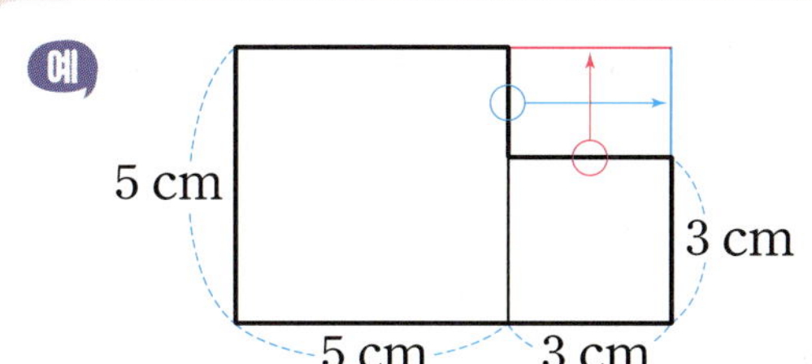

이어 붙여 만든 도형에서 굵은 선의 길이는 긴 변의 길이가 5+3=8 (cm), 짧은 변의 길이가 5 cm인 직사각형의 네 변의 길이의 합과 같습니다.

23 실력　정사각형 2개를 겹치지 않게 이어 붙여 만든 도형입니다. 도형을 둘러싼 굵은 선의 길이는 몇 cm인가요?

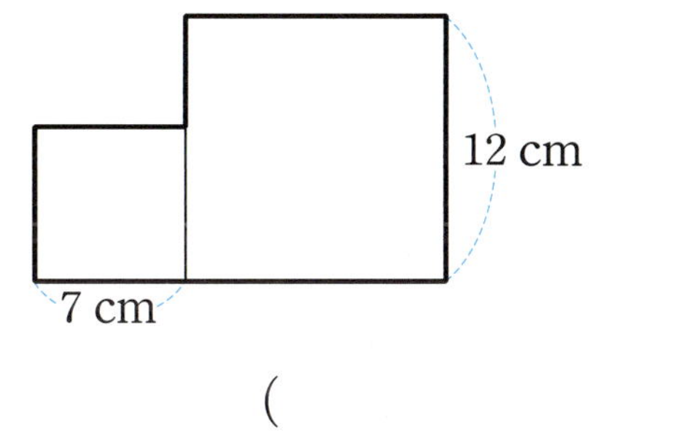

(　　　　　　　　)

24 레벨업　정사각형 2개를 겹치지 않게 이어 붙여 만든 도형입니다. 도형을 둘러싼 굵은 선의 길이는 몇 cm인가요?

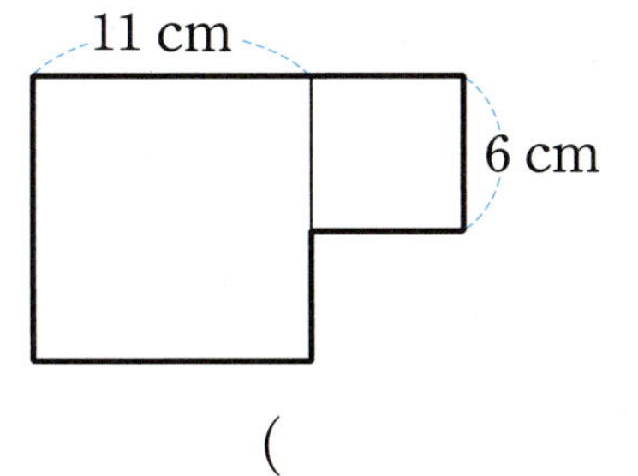

(　　　　　　　　)

2 평면도형

47

수학 독해력 유형

독해력 유형 1 시계의 두 바늘이 직각을 이루는 시각 알아보기

✏️ 구하려는 것에 밑줄을 긋고 풀어 보세요.

설명에 알맞은 시각을 구하세요.

- 오전 1시와 오전 6시 사이의 시각입니다.
- 긴바늘이 12를 가리킵니다.
- 긴바늘과 짧은바늘이 이루는 각은 직각입니다.

✏️ 해결 비법

1시와 **6**시 사이의 시각 중 긴 바늘이 12를 가리키는 시각을 구한 후 두 바늘이 **직각**을 이루는 시각을 구합니다.

💡 문제 해결

❶ 1시와 6시 사이의 시각 중 긴바늘이 12를 가리키는 시각:

2시, 3시, ☐시, ☐시

❷ 위 ❶의 시각 중 긴바늘과 짧은바늘이 이루는 각이 직각인

시각: 오전 ☐시

답 _______________

쌍둥이 유형 1-1

✏️ 위의 문제 해결 방법을 따라 풀어 보세요.

대화를 읽고 두 사람이 내일 만나기로 한 시각을 구하세요.

지아: 내일 오전에 만나서 같이 미술관에 가자.
예린: 좋아! 7시와 11시 사이에 만나자.
지아: 그럼 시계의 긴바늘이 12를 가리키고 긴바늘과 짧은
　　　바늘이 이루는 각이 직각일 때 만나자!

따라 풀기

답 _______________

독해력 유형 ② 철사를 펴서 만든 정사각형의 한 변의 길이 구하기

✏️ 구하려는 것에 밑줄을 긋고 풀어 보세요.

철사를 겹치지 않게 사용하여 오른쪽과 같은 직사각형을 만들었습니다. 이 철사를 곧게 펴서 가장 큰 정사각형을 만들려고 합니다. 정사각형의 한 변의 길이를 몇 cm로 해야 하는지 구하세요.

14 cm
6 cm

🖊 해결 비법

(전체 철사의 길이)
＝(직사각형의 네 변의 길이의 합)
＝🔵
➜ 🟥＋🟥＋🟥＋🟥＝🔵
(철사를 펴서 만든 정사각형의
한 변의 길이)＝🟥

💡 문제 해결

❶ (전체 철사의 길이)＝14＋6＋14＋6＝☐ (cm)

➜ 정사각형의 네 변의 길이의 합: ☐ cm

❷ 정사각형의 한 변의 길이를 🔵 cm라 하면

🔵＋🔵＋🔵＋🔵＝☐ 에서 🔵＝☐

➜ (정사각형의 한 변의 길이)＝☐ cm

답 _______________________

쌍둥이 유형 2-1

✏️ 위의 문제 해결 방법을 따라 풀어 보세요.

철사를 겹치지 않게 사용하여 오른쪽과 같은 직사각형을 만들었습니다. 이 철사를 곧게 펴서 가장 큰 정사각형을 만들려고 합니다. 정사각형의 한 변의 길이를 몇 cm로 해야 하는지 구하세요.

15 cm
9 cm

따라 풀기

답 _______________________

쌍둥이 유형 2-2

철사를 겹치지 않게 사용하여 오른쪽과 같은 직사각형을 만들었습니다. 이 철사를 곧게 펴서 남김없이 사용하여 크기가 같은 2개의 정사각형을 각각 만들려고 합니다. 정사각형의 한 변의 길이를 몇 cm로 해야 하는지 구하세요.

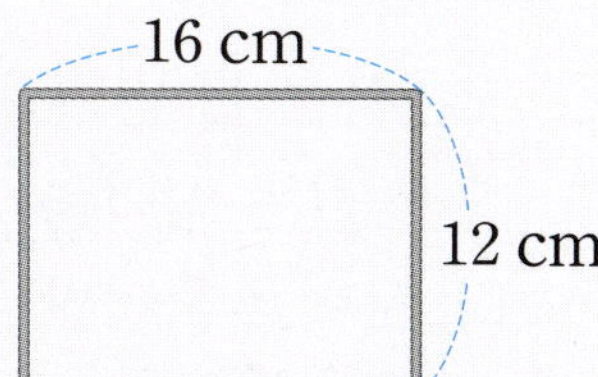

16 cm
12 cm

따라 풀기

답 _______________________

오른쪽은 한 변의 길이가 4 cm인 정사각형 3개를 겹치지 않게 이어 붙여서 만든 도형입니다. 도형을 둘러싼 굵은 선의 길이는 몇 cm인지 구하세요.

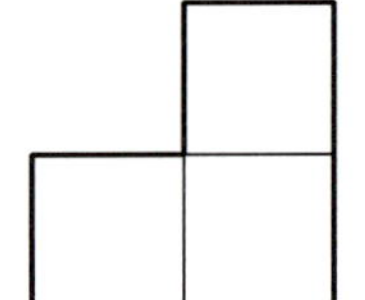

✐ 해결 비법

굵은 선의 길이는 정사각형 한 변이 몇 개 있는지 세어 봅니다.

예
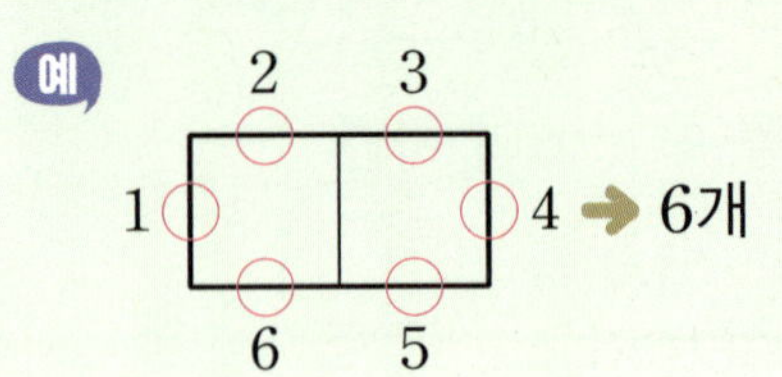

💡 문제 해결

❶ 굵은 선의 길이는 정사각형 한 변이 몇 개 있는지 ○표 하고 세어 보기:

➡ 굵은 선의 길이는 길이가 4 cm인 변이 ☐ 개 있는 것과 같습니다.

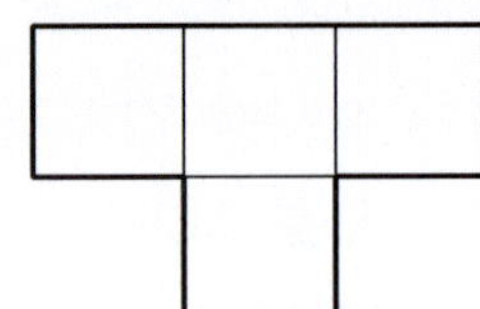

❷ (굵은 선의 길이) = _______________

답 _______________

✎ 위의 문제 해결 방법을 따라 풀어 보세요.

쌍둥이 유형 **3-1**

오른쪽은 한 변의 길이가 5 cm인 정사각형 4개를 겹치지 않게 이어 붙여서 만든 도형입니다. 도형을 둘러싼 굵은 선의 길이는 몇 cm인지 구하세요.

따라 풀기

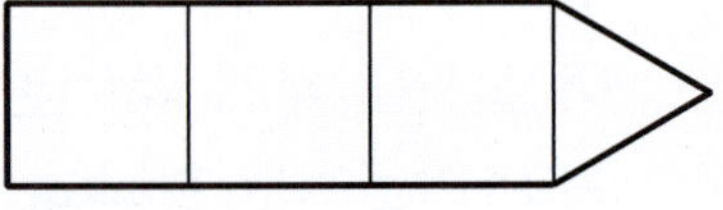

답 _______________

쌍둥이 유형 **3-2**

오른쪽은 한 변의 길이가 8 cm인 정사각형 3개와 세 변의 길이가 모두 같은 삼각형 1개를 겹치지 않게 이어 붙여서 만든 도형입니다. 도형을 둘러싼 굵은 선의 길이는 몇 cm인지 구하세요.

따라 풀기

답 _______________

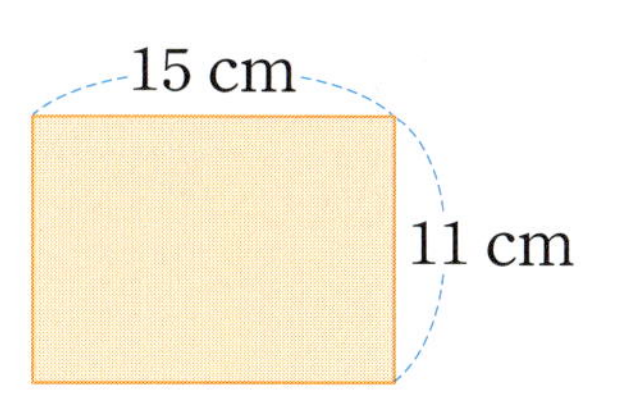

공부한 날   월   일

독해력 유형 ④ 가장 큰 정사각형을 만들고 남은 직사각형의 네 변의 길이의 합 구하기 ✏ 구하려는 것에 밑줄을 긋고 풀어 보세요.

오른쪽 직사각형 모양의 종이를 잘라서 가장 큰 정사각형을 만들었습니다. 만들고 남은 직사각형의 네 변의 길이의 합은 몇 cm인지 구하세요.

🖊 해결 비법

(만들 수 있는 가장 큰 정사각형의 한 변의 길이)
＝(직사각형의 짧은 변의 길이)

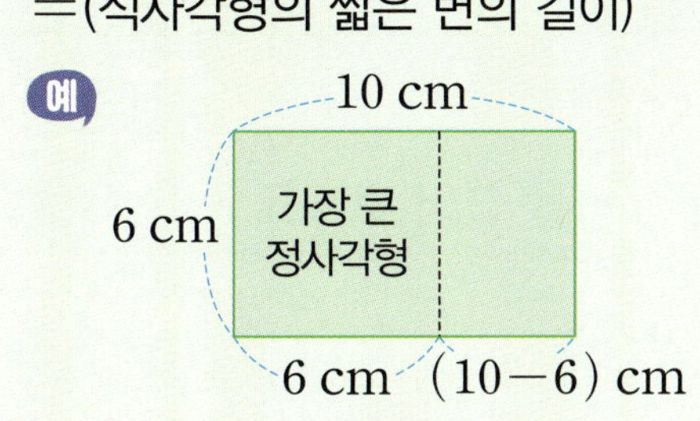

💡 문제 해결

❶ (만들 수 있는 가장 큰 정사각형의 한 변의 길이)＝☐ cm

❷ 만들고 남은 직사각형의 긴 변의 길이: 11 cm, 짧은 변의 길이: 15－☐＝☐ (cm)

❸ (만들고 남은 직사각형의 네 변의 길이의 합)
＝☐＋11＋☐＋11＝☐ (cm)

답 ___________________

2 평면도형

✏ 위의 문제 해결 방법을 따라 풀어 보세요.

쌍둥이 유형 4-1

오른쪽 직사각형 모양의 종이를 잘라서 가장 큰 정사각형을 만들었습니다. 만들고 남은 직사각형의 네 변의 길이의 합은 몇 cm인지 구하세요.

따라 풀기

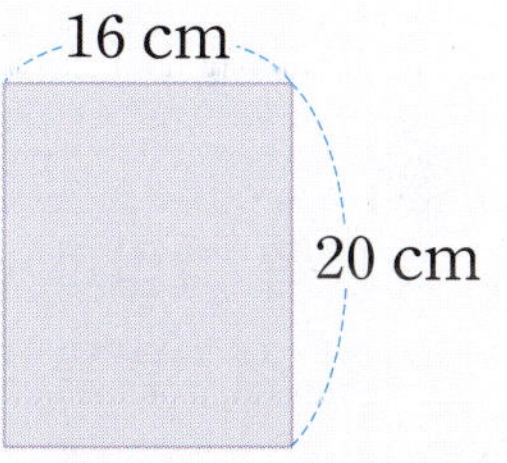

답 ___________________

쌍둥이 유형 4-2

오른쪽 직사각형 모양의 종이를 잘라서 가장 큰 정사각형을 될 수 있는 대로 많이 만들었습니다. 만들고 남은 직사각형의 네 변의 길이의 합은 몇 cm인지 구하세요.

따라 풀기

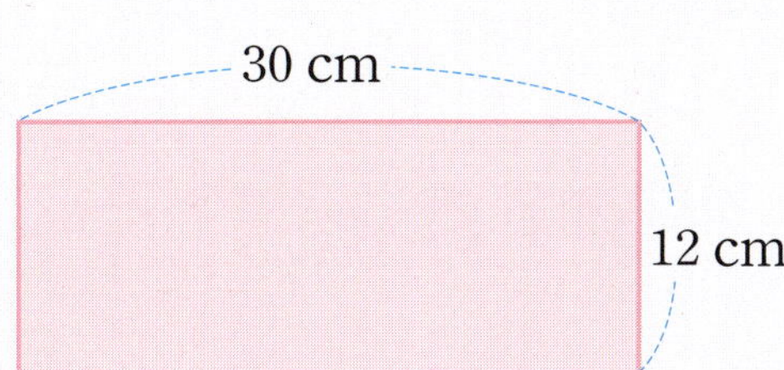

답 ___________________

1 반직선을 찾아 ○표 하세요.

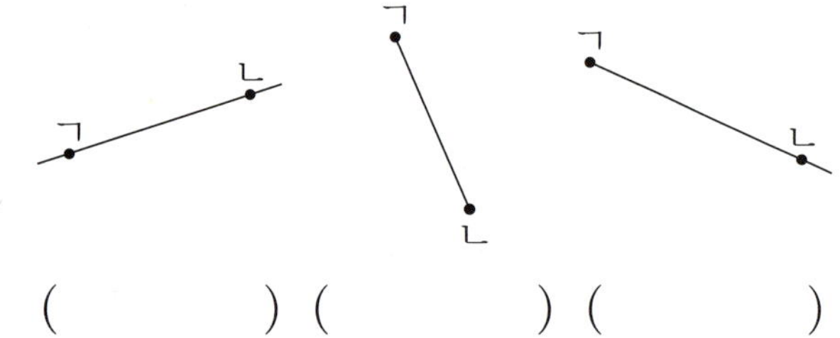

(　　　)　(　　　)　(　　　)

2 직각이 있는 도형은 어느 것인가요? (　　　)

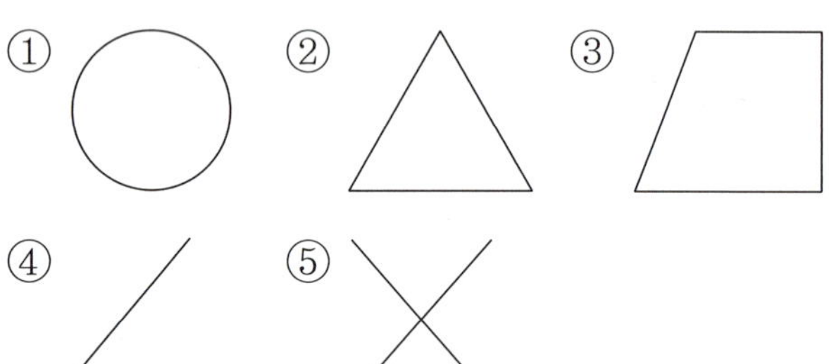

3 오른쪽 그림과 같이 한 각이 직각인 삼각형을 무엇이라고 하나요?

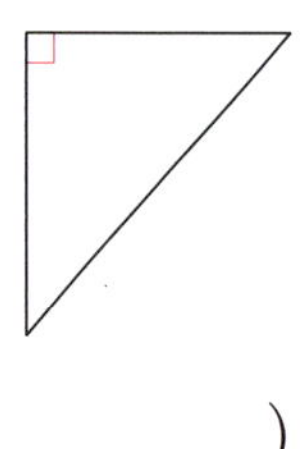

(　　　　　　　)

4 직사각형을 찾아 기호를 쓰세요.

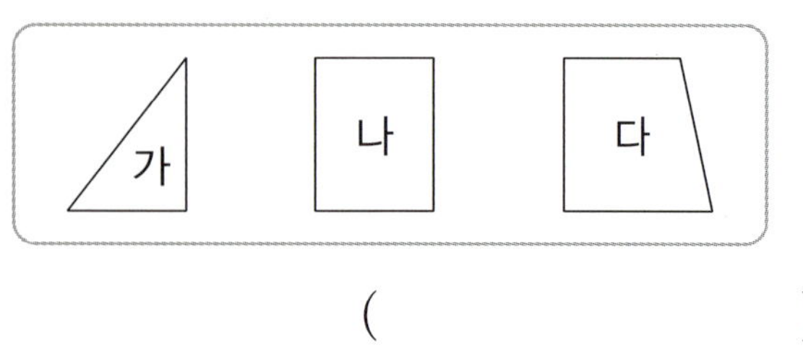

(　　　　　　　)

[5~6] 그림을 보고 물음에 답하세요.

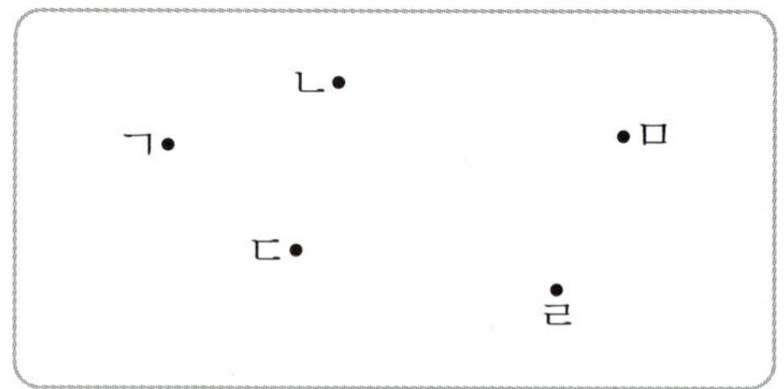

5 선분 ㄷㅁ을 그어 보세요.

6 반직선 ㄷㄹ을 그어 보세요.

7 정사각형입니다. □ 안에 알맞은 수를 써넣으세요.

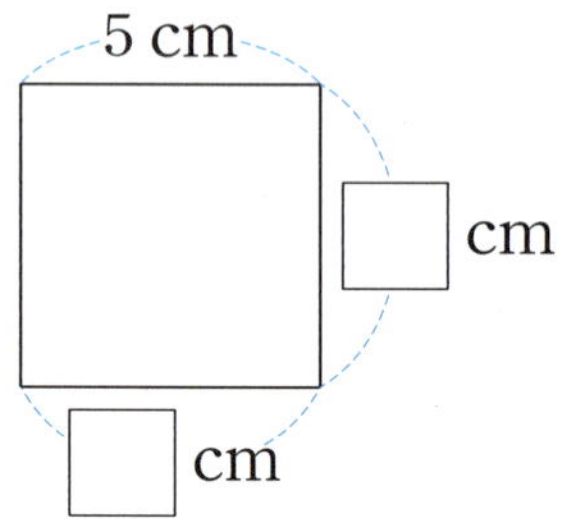

8 도형에서 선분은 모두 몇 개인가요?

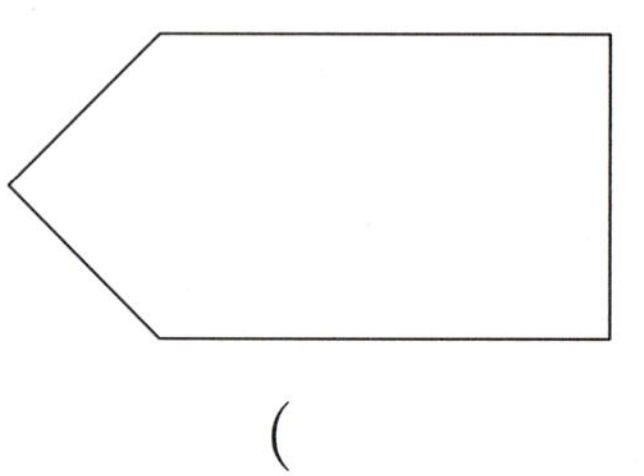

(　　　　　　　)

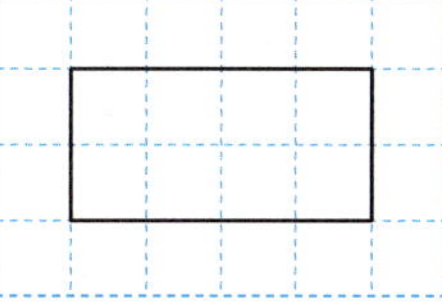

점수

점

공부한 날   월   일

9 크기가 다른 정사각형을 2개 그려 보세요.

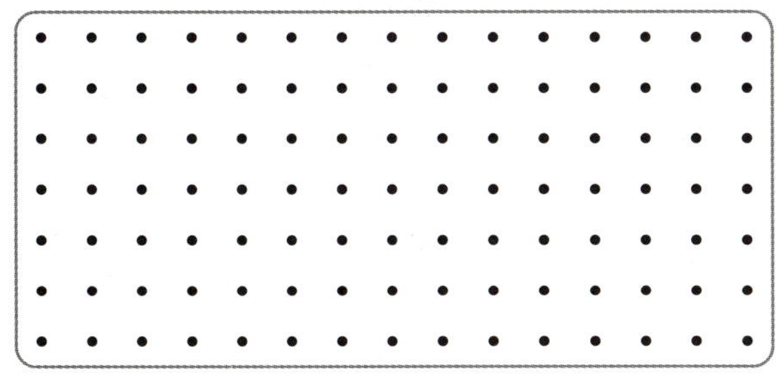

10 각을 보고 잘못 말한 사람을 찾아 이름을 쓰고, 잘못 말한 부분을 바르게 고쳐 보세요.

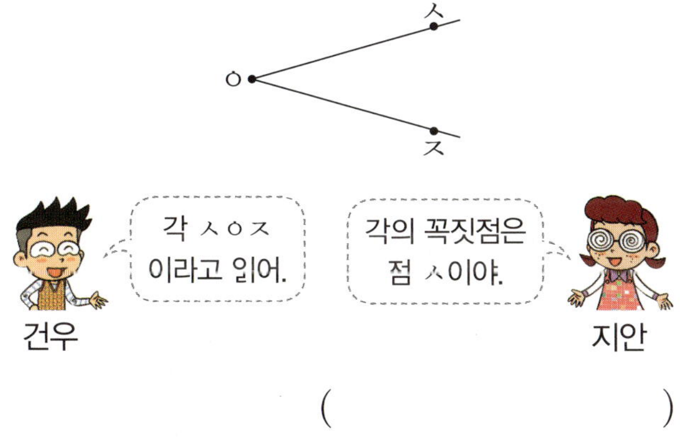

(   )

바르게 고치기 ___________________________

11 직각을 모두 찾아 읽어 보세요.

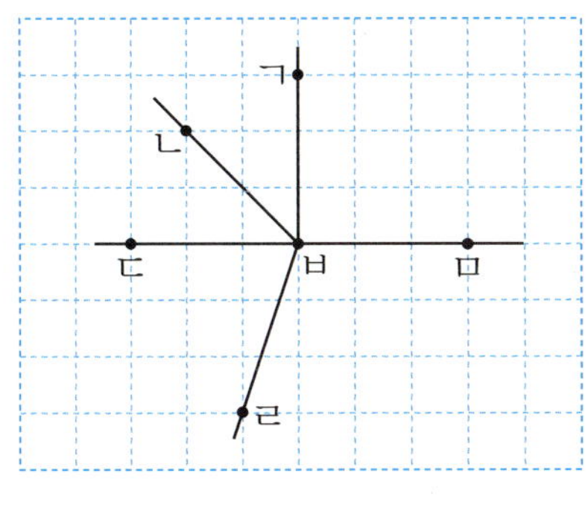

(   )

12 오른쪽 도형이 정사각형 이 아닌 까닭을 찾아 기호 를 쓰세요.

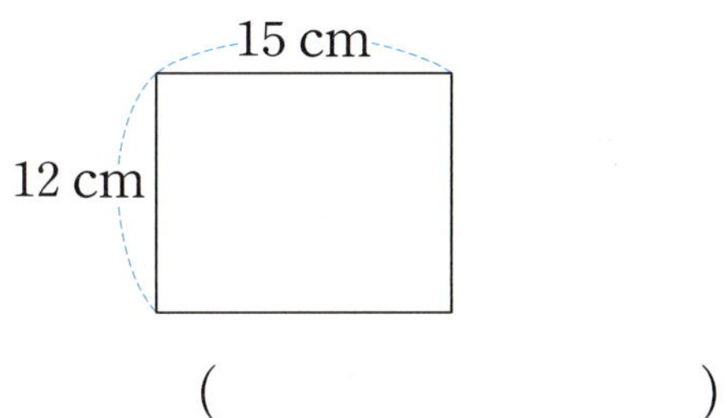

⊙ 직각이 4개가 아닙니다.
⊙ 변이 4개가 아닙니다.
⊙ 네 변의 길이가 모두 같지 않습니다.

(   )

13 직사각형입니다. 네 변의 길이의 합은 몇 cm 인가요?

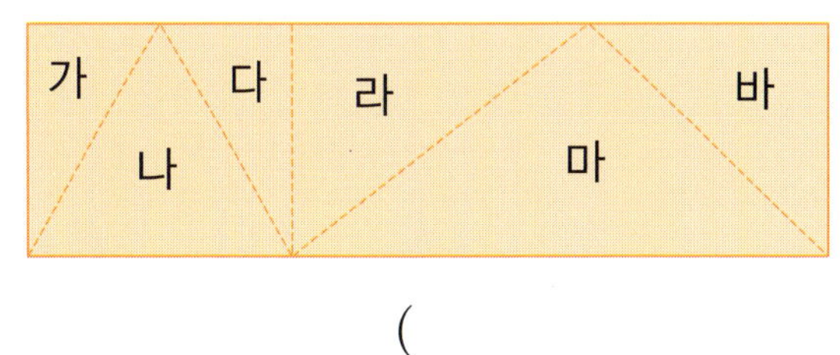

(   )

14 직사각형 모양의 종이를 점선을 따라 잘랐을 때 만들어지는 도형 중에서 직각삼각형은 모두 몇 개인가요?

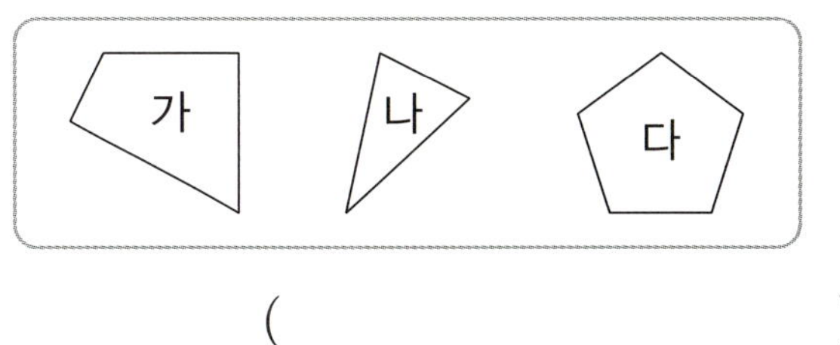

(   )

15 각의 개수가 적은 도형부터 차례로 기호를 쓰세요.

(   )

16 잘못 설명한 것을 찾아 기호를 쓰세요.

> ㉠ 모든 정사각형은 직사각형입니다.
> ㉡ 직사각형과 정사각형은 각각 모든 각이 직각입니다.
> ㉢ 직사각형은 정사각형이라고 말할 수 있습니다.

( )

17 시계의 두 바늘이 이루는 각이 직각인 시계는 어느 것인가요? ( )

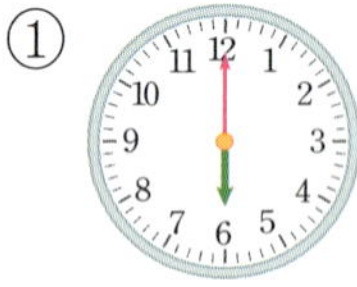  

18 나타내는 수가 다른 하나를 찾아 기호를 쓰세요.

> ㉠ 정사각형의 직각의 수
> ㉡ 직사각형의 변의 수
> ㉢ 직각삼각형의 직각의 수

( )

19 직사각형 가와 정사각형 나 중에서 네 변의 길이의 합이 더 긴 것의 기호를 쓰세요.

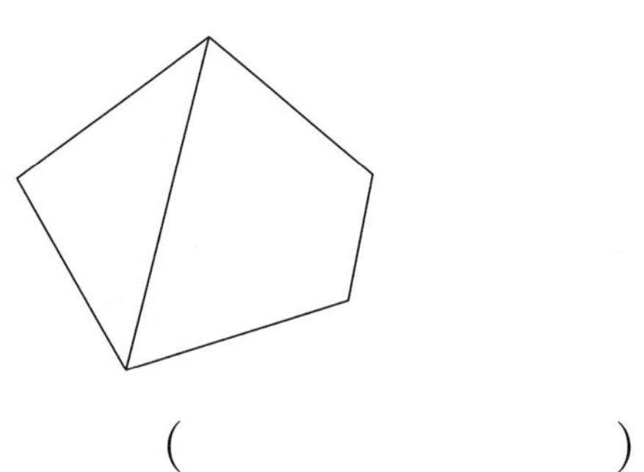

( )

20 도형에서 찾을 수 있는 각은 모두 몇 개인가요?

( )

21 도형에서 찾을 수 있는 크고 작은 직사각형은 모두 몇 개인가요?

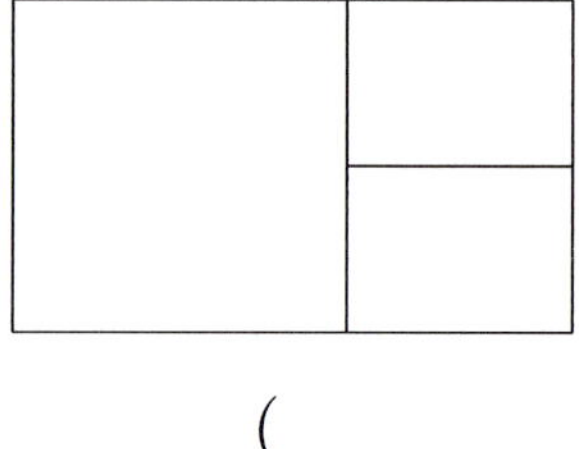

( )

22 직사각형 모양의 종이를 잘라서 가장 큰 정사
각형을 만들었습니다. 만들고 남은 직사각형
의 네 변의 길이의 합은 몇 cm인가요?

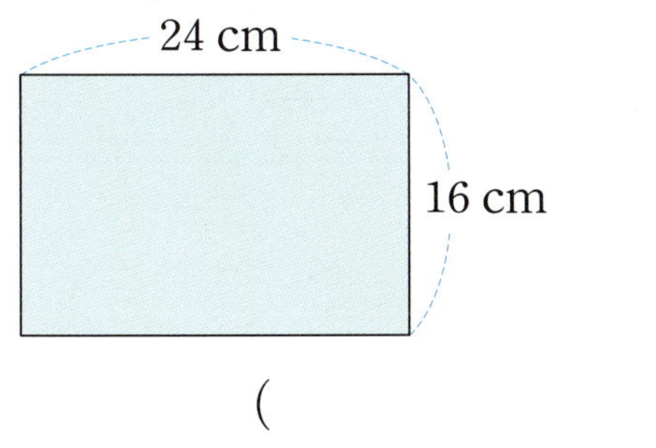

(   )

23 네 변의 길이의 합이 28 cm인 정사각형입니
다. □ 안에 알맞은 수를 구하는 풀이 과정을
쓰고 답을 구하세요.

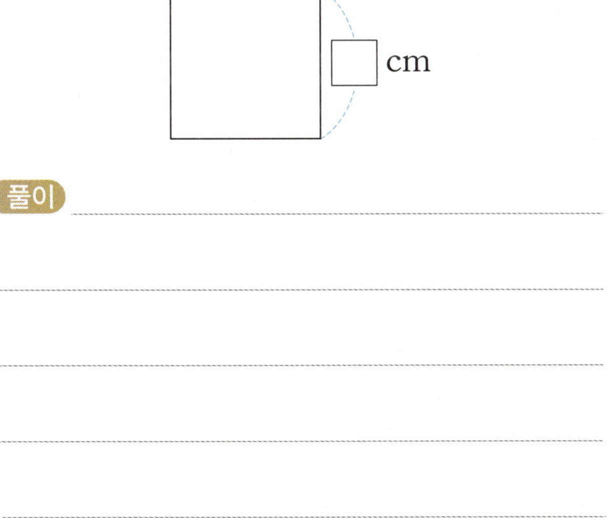

풀이

답 ______________________

24 그림에서 점 ㄱ을 꼭짓점으로 하는 각은 모두
몇 개인지 풀이 과정을 쓰고 답을 구하세요.

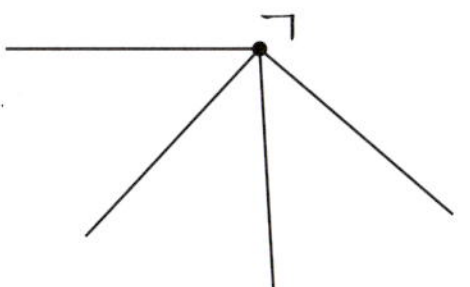

풀이

답 ______________________

25 정사각형 2개를 겹치지 않게 이어 붙여 만든
도형입니다. 도형을 둘러싼 굵은 선의 길이는
몇 cm인지 풀이 과정을 쓰고 답을 구하세요.

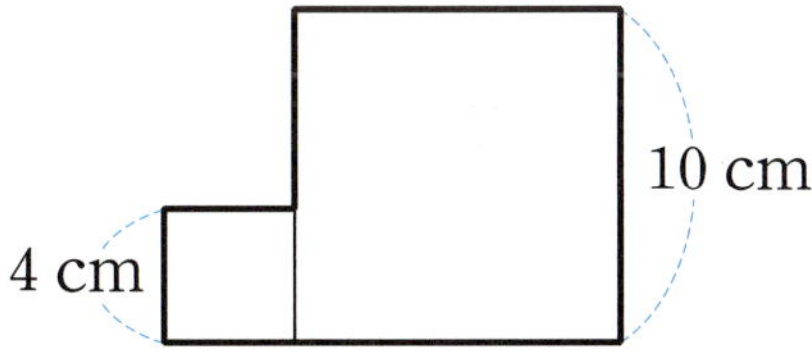

풀이

답 ______________________

2

평면도형

55

3

나눗셈

큐알 코드를 찍으면 개념 학습
영상을 볼 수 있어요.

이 단원을 왜 배우는지 알아봐요.

엄마~ 쿠키를 만들어서 친구들에게 나누어 주려고요.

그럼 지영이가 도와 줄래?
네! 엄마~
와~

반죽을 만든 다음 그 위에 초콜릿을 올릴 거야!
아하~

반짝
친구들이 좋아할 것 같아요!
반짝

우와~ 맛있다.
참, 초콜릿 쿠키를 몇 개 만들어야 되니?
냠냠

12개를 만들어서 나누어 줄 거예요.
= 12개
= 3명

내가 나눗셈을 모른다면?

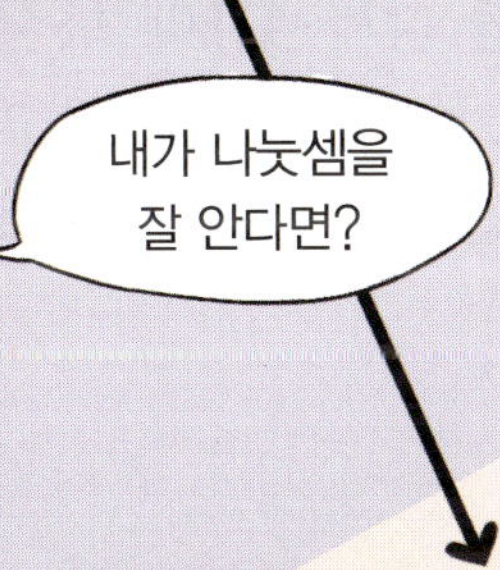

내가 나눗셈을 잘 안다면?

다 했다~!
대충 맞겠지?

12개를 3명에게 똑같이 나누어 주려면 4개씩 줘야 해요.

지영아~ 나 좋아하니?
3개?
이게 아닌데...

넌 역시~ 공평해!
맛있게 먹어!
뿌듯!

개념별 유형

3

나눗셈

개념 1 똑같이 나누기 (1) → ■묶음으로 똑같이 나누기

예 당근 6개를 접시 2개에 똑같이 나누기

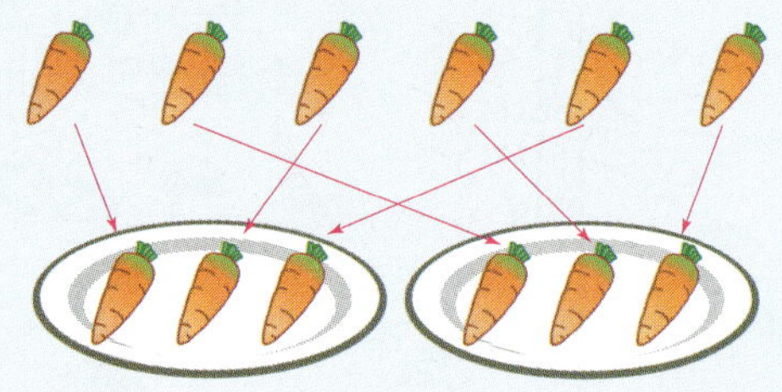

당근 6개를 접시 2개에 똑같이 나누어 담으면 접시 한 개에 3개씩 놓이게 됩니다.

나눗셈식 $6 \div 2 = 3$
나누어지는 수 / 나누는 수 / 몫

읽기 6 나누기 2는 3과 같습니다.

▶ 개념 동영상

1 야구공 8개를 상자 4개에 똑같이 나누어 담으려고 합니다. 한 상자에 야구공을 몇 개씩 담을 수 있는지 □ 안에 알맞은 수를 써넣으세요.

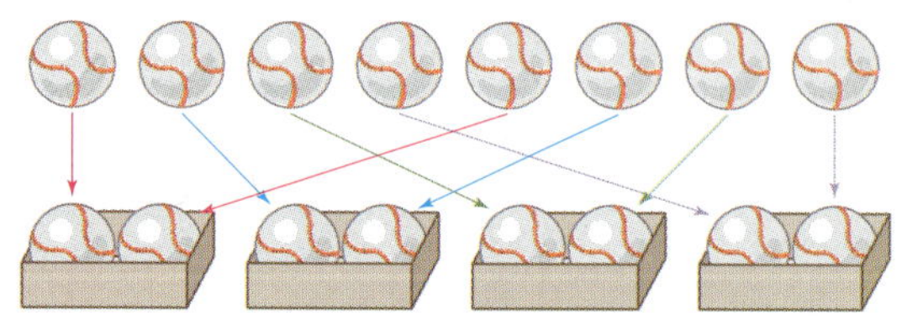

한 상자에 □개씩 담을 수 있습니다.

→ $8 \div 4 =$ □

2 나눗셈식을 읽은 것입니다. □ 안에 알맞은 수를 써넣으세요.

$$24 \div 6 = 4$$

□ 나누기 □ 은/는 □ 와/과 같습니다.

3 마카롱 15개를 5명이 똑같이 나누어 먹으려고 합니다. 한 명이 몇 개씩 먹을 수 있는지 나눗셈식으로 나타내 보세요.

$15 \div$ □ $=$ □

[4~5] 사탕 16개를 학생들에게 똑같이 나누어 주려고 합니다. 한 명에게 사탕을 몇 개씩 줄 수 있는지 구하세요.

4 학생 2명에게 똑같이 나누어 주면 한 명에게 사탕을 □개씩 줄 수 있습니다.

5 학생 4명에게 똑같이 나누어 주면 한 명에게 사탕을 □개씩 줄 수 있습니다.

🖉 문제 해결

6 튤립 28송이를 7개의 꽃병에 똑같이 나누어 꽂으려고 합니다. 꽃병 한 개에 튤립을 몇 송이씩 꽂을 수 있나요?

식 

답 ___________

개념 2 똑같이 나누기 (2) → 같은 양씩 묶어 나누기

예 쿠키 6개를 2개씩 묶기

(1) 6에서 2씩 3번 빼면 0이 됩니다.

뺄셈식 $6-2-2-2=0$
        └─3번─┘

(2) 쿠키 6개를 2개씩 묶으면 3묶음이 됩니다.

나눗셈식 $6÷2=3$

▶ 개념 동영상

7 색종이 15장을 한 명에게 5장씩 나누어 줄 때 몇 명에게 나누어 줄 수 있는지 색종이를 5장씩 묶고, ☐ 안에 알맞은 수를 써넣으세요.

☐명에게 나누어 줄 수 있습니다.

[8~9] 오징어 9마리를 한 봉지에 3마리씩 담으려고 합니다. 물음에 답하세요.

8 뺄셈식으로 나타내 보세요.

$9-☐-☐-☐=0$

9 나눗셈식으로 나타내 보세요.

$9÷☐=☐$

10 토마토 24개를 한 봉지에 3개씩 담으려고 합니다. 봉지는 몇 장 필요한지 나눗셈식으로 나타내 보세요.

$24÷☐=☐$

11 뺄셈식을 나눗셈식으로 나타내 보세요.

$40-8-8-8-8-8=0$

→ $☐÷☐=☐$

🔍 정보처리

12 오이 20개를 한 명에게 4개씩 나누어 주려고 합니다. 몇 명에게 나누어 줄 수 있는지 두 가지 방법으로 구하세요.

방법1 뺄셈식으로 구하기

$20-☐-☐-☐-☐-☐=0$

방법2 나눗셈식으로 구하기

$20÷☐=☐$

답 ___________

13 볼펜 42자루를 상자 한 개에 6자루씩 담으려고 합니다. 상자는 몇 개 필요한가요?

식 ___________

답 ___________

개념별 유형

➕개념 3 똑같이 나누기(3)

예 옥수수 6개를 똑같이 나누기

(1) 옥수수 **6**개를 **2**묶음으로 똑같이 나누면 한 묶음에 **3**개씩입니다.

$6 \div 2 = 3$

(2) 옥수수 **6**개를 **2**개씩 묶으면 **3**묶음이 됩니다.

$6 \div 2 = 3$

[14~15] 물고기 12마리를 어항에 똑같이 나누어 담으려고 합니다. 물음에 답하세요.

14 어항 2개에 똑같이 나누어 담으면 어항 한 개에 몇 마리씩 담을 수 있나요?

식 ________ $12 \div 2 =$ ☐

답 ________ ☐마리

15 어항 한 개에 2마리씩 담으려면 어항은 몇 개 필요한가요?

식 ________ $12 \div 2 =$ ☐

답 ________ ☐개

[16~17] 공책 18권을 똑같이 나누어 주려고 합니다. 물음에 답하세요.

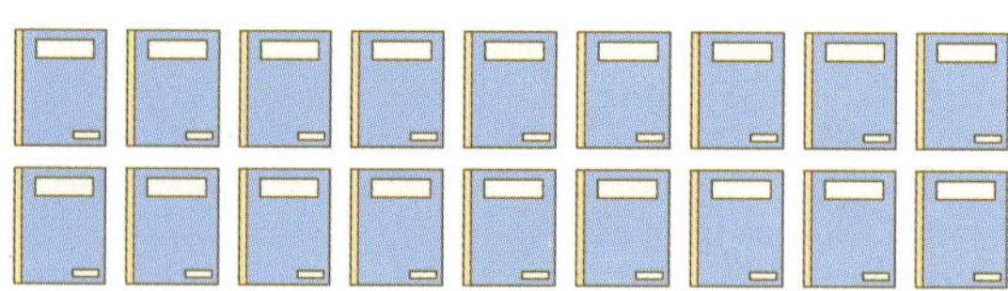

16 공책 18권을 3명에게 똑같이 나누어 주면 한 명에게 몇 권씩 줄 수 있나요?

식 ________

답 ________

17 공책 18권을 한 명에게 3권씩 나누어 주면 몇 명에게 나누어 줄 수 있나요?

식 ________

답 ________

의사소통

[18~19] 건우와 서아가 연필을 각각 15자루씩 가지고 있습니다. 두 사람의 방법으로 연필을 나누어 보세요.

18 

(   )

19 

(   )

1 ~ 3 형성 평가

맞힌 문제 수
　개 / 8개

공부한 날　　　월　　　일

1 그림을 빈칸에 똑같이 나누어 그리고, □ 안에 알맞은 수를 써넣으세요.

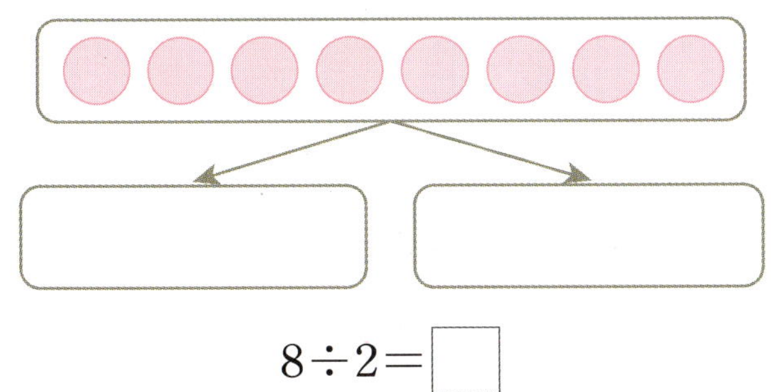

$$8 \div 2 = \boxed{}$$

2 나눗셈식을 보고 빈칸에 알맞게 써넣으세요.

$$45 \div 9 = 5$$

나누어지는 수	나누는 수	몫

3 나눗셈식 $21 \div 7 = 3$을 나타낸 문장입니다. □ 안에 알맞은 수를 써넣으세요.

> 색종이 □ 장을 7명이 똑같이 나누어
> 가지려면 한 명이 □ 장씩 가지면 됩니다.

4 $10 - 2 - 2 - 2 - 2 - 2 = 0$을 나눗셈식으로 바르게 나타낸 것을 찾아 ○표 하세요.

$$10 \div 2 = 5 \qquad 10 \div 5 = 2$$

(　　　　　)　　(　　　　　)

5 만두 12개를 접시 3개에 똑같이 나누어 담으려고 합니다. 접시 한 개에 만두를 몇 개씩 담을 수 있나요?

식 ________________________

답 ________________________

6 탁구공 30개를 바구니 한 개에 5개씩 담으려고 합니다. 바구니는 몇 개 필요한가요?

식 ________________________

답 ________________________

[7~8] 붕어빵 16개를 똑같이 나누어 주려고 합니다. 물음에 답하세요.

7 붕어빵 16개를 4명에게 똑같이 나누어 주면 한 명에게 몇 개씩 줄 수 있나요?

식 ________________________

답 ________________________

8 붕어빵 16개를 한 명에게 4개씩 나누어 주면 몇 명에게 나누어 줄 수 있나요?

식 ________________________

답 ________________________

개념별 유형

개념 4 곱셈과 나눗셈의 관계

1. 곱셈식과 나눗셈식으로 나타내기

(1) 곱셈식으로 나타내기

예 $5 \times 2 = 10$ 또는 $2 \times 5 = 10$

(2) 곱셈식을 나눗셈식으로 나타내기

10개를 2개씩 묶으면 5묶음   10개를 5개씩 묶으면 2묶음

$10 \div 2 = 5$ $10 \div 5 = 2$

2. 곱셈과 나눗셈의 관계

$$5 \times 2 = 10 \quad\begin{cases} 10 \div 5 = 2 \\ 10 \div 2 = 5 \end{cases}$$

▶ 개념 동영상

3 나눗셈

[1~3] 그림을 보고 물음에 답하세요.

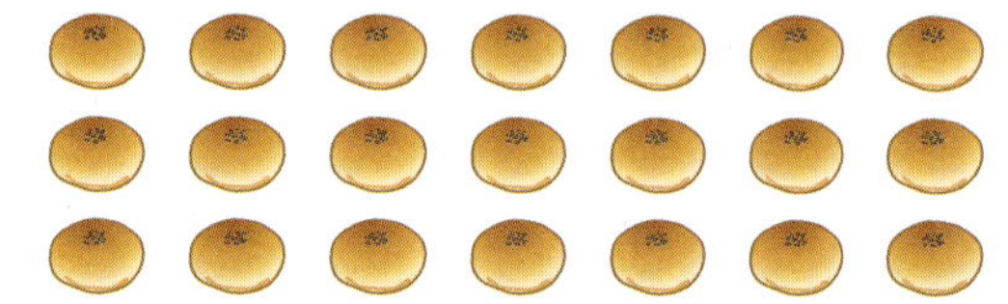

1 빵은 모두 몇 개인지 곱셈식으로 나타내 보세요.

$$7 \times \boxed{} = \boxed{}$$

2 빵을 한 상자에 7개씩 담으면 상자는 몇 개 필요한지 나눗셈식으로 나타내 보세요.

$$21 \div \boxed{} = \boxed{}$$

3 빵을 한 상자에 3개씩 담으면 상자는 몇 개 필요한지 나눗셈식으로 나타내 보세요.

$$21 \div \boxed{} = \boxed{}$$

[4~5] 풍선의 수를 곱셈식으로 나타낸 것입니다. □ 안에 알맞은 수를 써넣으세요.

$$6 \times 3 = 18$$

4 풍선 18개를 3명에게 똑같이 나누어 주면 한 명에게 몇 개씩 줄 수 있는지 나눗셈식으로 나타내 보세요.

$$\boxed{} \div \boxed{} = \boxed{}$$

5 풍선 18개를 한 명에게 6개씩 나누어 주면 몇 명에게 줄 수 있는지 나눗셈식으로 나타내 보세요.

$$\boxed{} \div \boxed{} = \boxed{}$$

6 곱셈식을 나눗셈식으로 나타내 보세요.

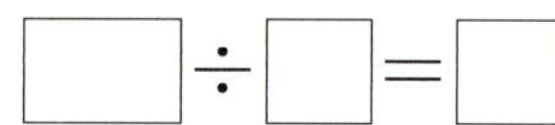

$$9 \times 7 = 63 \quad\begin{cases} 63 \div \boxed{} = \boxed{} \\ 63 \div \boxed{} = \boxed{} \end{cases}$$

7 나눗셈식을 곱셈식으로 나타내 보세요.

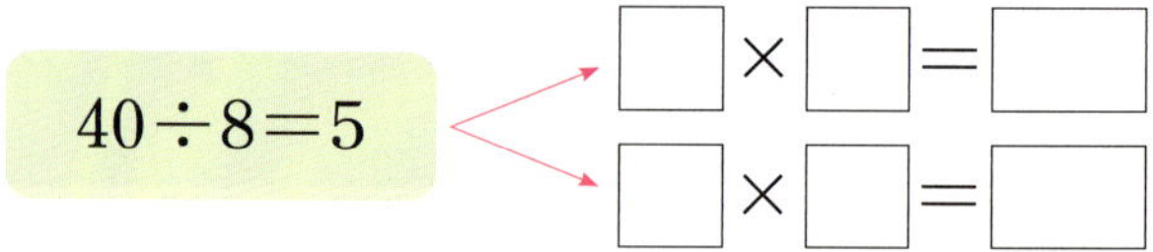

$$40 \div 8 = 5 \quad\begin{cases} \boxed{} \times \boxed{} = \boxed{} \\ \boxed{} \times \boxed{} = \boxed{} \end{cases}$$

8 관계있는 것끼리 이어 보세요.

$42 \div 6 = 7$ •   • $5 \times 5 = 25$

$25 \div 5 = 5$ •   • $7 \times 6 = 42$

$35 \div 7 = 5$ •   • $5 \times 7 = 35$

9 그림을 보고 곱셈식과 나눗셈식을 각각 2개씩 만들어 보세요.

곱셈식 $8 \times \square = \square$

$3 \times \square - \square$

나눗셈식 $\square \div \square = \square$

$\square \div \square = \square$

문제 해결

10 개구리가 7 cm씩 4번 뛰었습니다. 수직선을 보고 곱셈식과 나눗셈식으로 나타내 보세요.

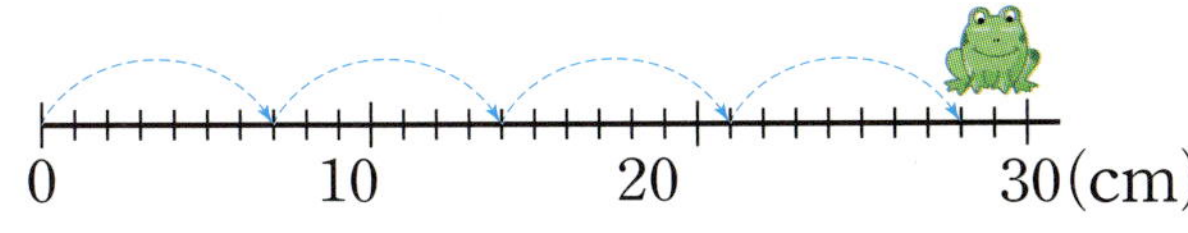

곱셈식 ______________________

나눗셈식 ______________________

개념 5 나눗셈의 몫을 곱셈식으로 구하기

예 $10 \div 2$의 몫 구하기

$10 \div 2 = \square$의 몫 $\square$는 $2 \times 5 = 10$을 이용하여 구할 수 있습니다.

$$2 \times 5 = 10$$

$$10 \div 2 = \square \ \blacktriangleright \ \square = 5 \quad \text{몫}$$

▶ 개념 동영상

[11~12] 그림을 보고 곱셈식을 이용하여 나눗셈의 몫을 구하세요.

11 

$2 \times \square = \square \ \blacktriangleright \ 8 \div 2 = \square$

12

$5 \times \square = \square \ \blacktriangleright \ 15 \div 5 = \square$

13 □ 안에 알맞은 수를 써넣고 몫을 구하세요.

곱셈식 $4 \times \square = 24$

나눗셈식 $24 \div 4 = \square$

몫 ______________

개념별 유형

14 $12 \div 3$의 몫을 구할 수 있는 곱셈식에 ◯표 하세요.

| $3 \times 2 = 6$ | $3 \times 4 = 12$ | $2 \times 6 = 12$ |

(　　　　) (　　　　) (　　　　)

15 곱셈식을 이용하여 몫을 구하려고 합니다. 관계있는 것끼리 이어 보세요.

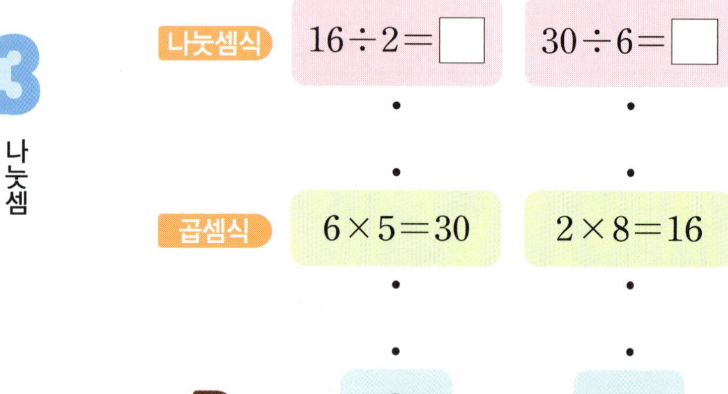

16 $63 \div 7$의 몫을 구하기 위해 필요한 곱셈식을 쓰고 몫을 구하세요.

$7 \times \square = \square$ ➡ $63 \div 7 = \square$

17 나눗셈의 몫을 곱셈식으로 구하세요.

(1) $4 \times \square = 32$ ➡ $32 \div 4 = \square$

(2) $9 \times \square = 45$ ➡ $45 \div 9 = \square$

18 나눗셈의 몫을 바르게 구한 것을 찾아 기호를 쓰세요.

$48 \div 6$

ㄱ $6 \times 7 = 42$이므로 몫은 7입니다.
ㄴ $6 \times 8 = 48$이므로 몫은 6입니다.
ㄷ $6 \times 8 = 48$이므로 몫은 8입니다.

(　　　　　　　　　　)

19 송편 36개가 있습니다. 4명에게 똑같이 나누어 주면 한 명이 송편을 몇 개씩 가지게 되나요?

나눗셈식　　$36 \div \square = \square$

곱셈식　　$4 \times \square = 36$

답 ________________

😊 의사소통

20 $56 \div 8$의 몫을 8×7을 이용하여 구하는 방법을 설명해 보세요.

설명 $8 \times 7 = \square$ 이므로 $56 \div 8$의 몫은 $\square$ 입니다.

개념 6 나눗셈의 몫을 곱셈구구로 구하기

예 $12 \div 4$의 몫을 곱셈구구로 구하기

① **4단 곱셈구구**에서 곱이 **12**인 곱셈식 찾기
→ $4 \times 3 = 12$

② 몫 구하기
$4 \times 3 = 12$ → $12 \div 4 = 3$ 몫

▶ 개념 동영상

[21~23] 곱셈표를 보고 물음에 답하세요.

×	1	2	3	4	5	6	7	8	9
1	1	2	3	4	5	6	7	8	9
2	2	4	6	8	10	12	14	16	18
3	3	6	9	12	15	18	21	24	27
4	4	8	12	16	20	24	28	32	36
5	5	10	15	20	25	30	35	40	45
6	6	12	18	24	30	36	42	48	54
7	7	14	21	28	35	42	49	56	63
8	8	16	24	32	40	48	56	64	72
9	9	18	27	36	45	54	63	72	81

21 $20 \div 4$의 몫을 구하려면 몇 단 곱셈구구를 찾아야 하나요?

(   )

22 $20 \div 4$의 몫을 구하세요.

(   )

23 곱셈표를 이용하여 나눗셈의 몫을 구하세요.

(1) $54 \div 6 = \boxed{}$ (2) $10 \div 2 = \boxed{}$

(3) $42 \div 7 = \boxed{}$ (4) $81 \div 9 = \boxed{}$

24 나눗셈의 몫을 구할 때 필요한 곱셈구구를 쓰고 몫을 구하세요.

$$45 \div 5 \;\rightarrow\; \boxed{}\,단 \; 곱셈구구$$

몫 ______________________

25 나눗셈의 몫을 곱셈구구를 이용하여 구할 때 곱셈구구의 단이 <u>다른</u> 하나를 찾아 기호를 쓰세요.

$$\text{㉠ } 36 \div 9 \qquad \text{㉡ } 9 \div 3 \qquad \text{㉢ } 18 \div 9$$

(   )

26 관계있는 것끼리 이어 보세요.

나눗셈	곱셈구구	몫
$32 \div 4$	6단	2
$14 \div 7$	4단	8
$24 \div 6$	7단	4

정보처리

27 □ 안에 알맞은 수를 써넣어 건우와 지안이의 대화를 완성해 보세요.

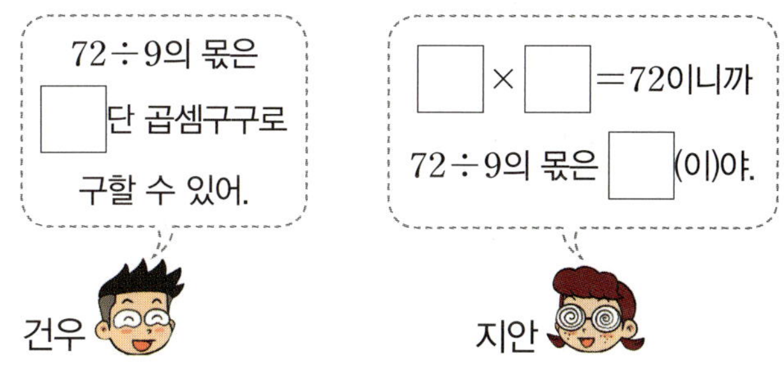

개념 7　나눗셈의 활용

예 사과 **10**개를 한 명에게 **2**개씩 주면 몇 명에게 나누어 줄 수 있는지 구하세요.

→ (나누어 줄 수 있는 사람 수)
　＝(전체 사과의 수)÷(한 명에게 줄 사과의 수)
　＝**10**÷**2**＝**5**(명)

문장을 읽고 알맞은 나눗셈식을 만들어 봐.

3
나눗셈

28 삼각김밥 14개를 한 봉지에 7개씩 담으려고 합니다. 봉지는 몇 장 필요한가요?

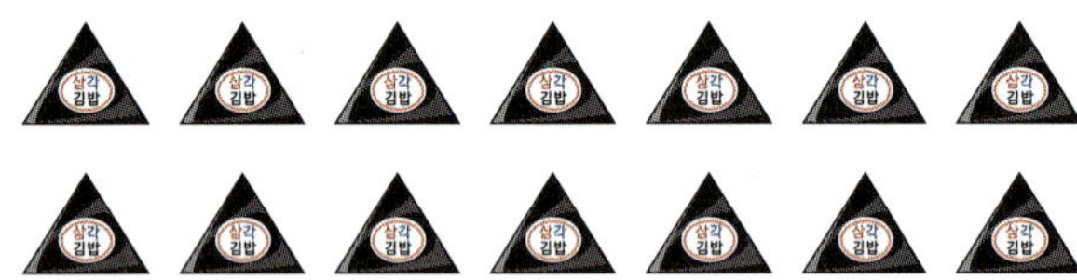

$$14 \div \boxed{} = \boxed{} \text{(장)}$$

29 바나나 12개를 접시 3개에 똑같이 나누어 담으려고 합니다. 접시 한 개에 몇 개씩 담아야 하나요?

$$12 \div \boxed{} = \boxed{} \text{(개)}$$

30 초콜릿 16개를 은채와 지윤이가 똑같이 나누어 먹으려고 합니다. 한 사람이 초콜릿을 몇 개씩 먹을 수 있나요?

식 _______________________

답 _______________________

---

31 얼음을 컵에 똑같이 나누어 담으려고 합니다. 컵의 수에 따라 담을 수 있는 얼음의 수를 구하세요.

⑴ 컵 2개에 담을 때 한 컵에 몇 개씩 담을 수 있나요?

식 _______________________

답 _______________________

⑵ 컵 9개에 담을 때 한 컵에 몇 개씩 담을 수 있나요?

식 _______________________

답 _______________________

32 세호는 64쪽짜리 동화책을 매일 8쪽씩 읽으려고 합니다. 이 책을 모두 읽으려면 며칠이 걸리나요?

식 _______________________

답 _______________________

33 농구팀 한 팀에 선수가 5명씩 있습니다. 농구 선수가 모두 35명이면 농구팀은 모두 몇 팀인가요?

식 _______________________

답 _______________________

4~7 형성 평가

맞힌 문제 수
개 / 8개

공부한 날　　　월　　　일

1 곱셈식을 나눗셈식 2개로 나타내 보세요.

$$6 \times 7 = 42$$

나눗셈식 _______________________________

____

2 $35 \div 5$의 몫을 구하기 위해 필요한 곱셈식을 쓰고 몫을 구하세요.

$$5 \times \boxed{} = \boxed{} \quad\Rightarrow\quad 35 \div 5 = \boxed{}$$

3 ☐ 안에 알맞은 수를 써넣고 몫을 구하세요.

나눗셈식　　　$18 \div 3 = \boxed{}$

곱셈식　　　$\boxed{} \times 3 = 18$

몫 _______________________________

4 곱셈표를 보고 나눗셈의 몫을 구하세요.

×	4	5	6	7
4	16	20	24	28
5	20	25	30	35
6	24	30	36	42
7	28	35	42	49

$$30 \div 6 = \boxed{}$$

5 그림을 보고 곱셈식과 나눗셈식으로 나타내 보세요.

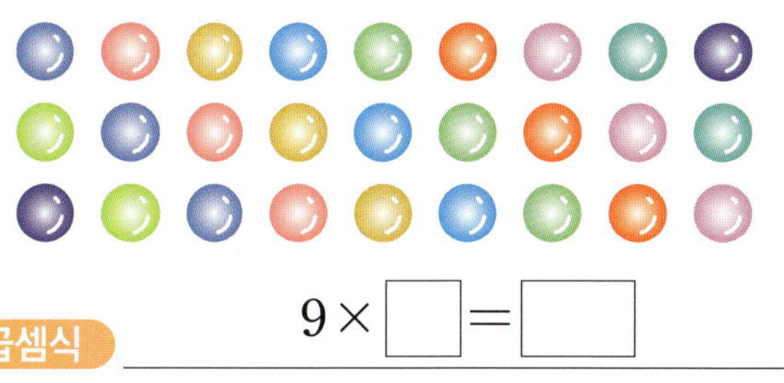

곱셈식　　　$9 \times \boxed{} = \boxed{}$

나눗셈식　　　$\boxed{} \div \boxed{} = \boxed{}$

$\boxed{} \div \boxed{} = \boxed{}$

6 ☐ 안에 공통으로 들어갈 수가 4인 것을 찾아 기호를 쓰세요.

㉠ $7 \times \boxed{} = 14 \longleftrightarrow 14 \div 7 = \boxed{}$

㉡ $8 \times \boxed{} = 32 \longleftrightarrow 32 \div 8 = \boxed{}$

(　　　　　　　　　)

7 20명이 자동차 5대에 똑같이 나누어 타려고 합니다. 자동차 한 대에 몇 명이 타면 되나요?

$$20 \div 5 = \boxed{} \,(명)$$

8 길이가 36 cm인 철사를 4 cm씩 자르려고 합니다. 철사는 모두 몇 도막이 되나요?

식 _______________________________

답 _______________________________

2 꼬리를 무는 유형

---

1 뺄셈식과 나눗셈식으로 나타내기

1 기본

뺄셈식을 나눗셈식으로 나타내 보세요.

$$35-7-7-7-7-7=0$$

나눗셈식 _______________________

2 변형

뺄셈식과 나눗셈식으로 나타내 보세요.

27에서 9씩 3번 빼면 0입니다.

뺄셈식 _______________________

나눗셈식 _______________________

3 실생활

굴비 한 두름은 20마리입니다. 굴비 한 두름을 한 번에 5마리씩 먹으면 몇 번에 나누어 먹을 수 있는지 뺄셈식과 나눗셈식으로 나타내고 구하세요.

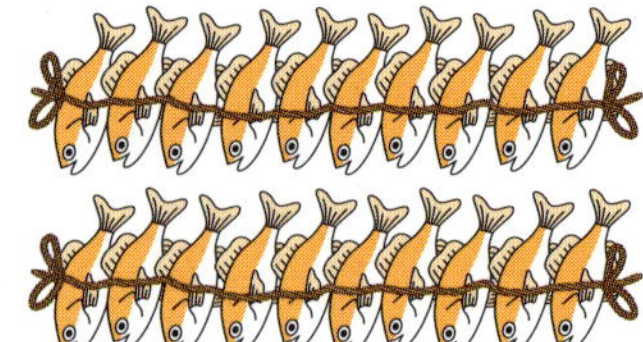

뺄셈식 _______________________

나눗셈식 _______________________

답 _______________________

---

2 곱셈식과 나눗셈식으로 나타내기

4 기본

그림을 보고 곱셈식과 나눗셈식으로 나타내 보세요.

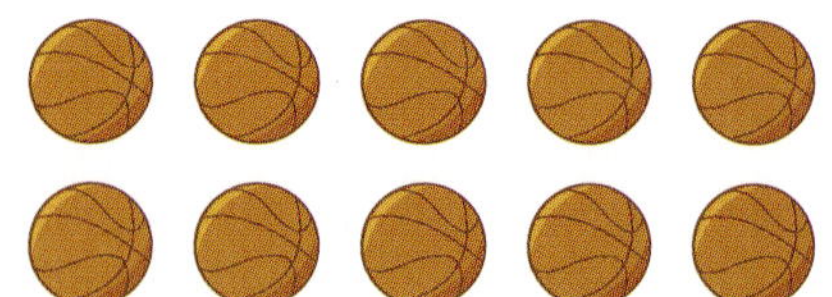

곱셈식	나눗셈식
$5 \times \boxed{} = \boxed{}$	$10 \div \boxed{} = 5$
$\boxed{} \times \boxed{} = \boxed{}$	$\boxed{} \div \boxed{} = \boxed{}$

5 변형

그림을 보고 곱셈식과 나눗셈식을 각각 2개씩 만들어 보세요.

곱셈식 _____________ , _____________

나눗셈식 _____________ , _____________

6 변형

4개의 수 중에서 3개를 골라 곱셈식과 나눗셈식을 각각 2개씩 만들어 보세요.

7   6   48   8

곱셈식 _____________ , _____________

나눗셈식 _____________ , _____________

---

3 나눗셈

3 나눗셈식에서 모르는 수 구하기

7 기본 빈칸에 알맞은 수를 써넣으세요.

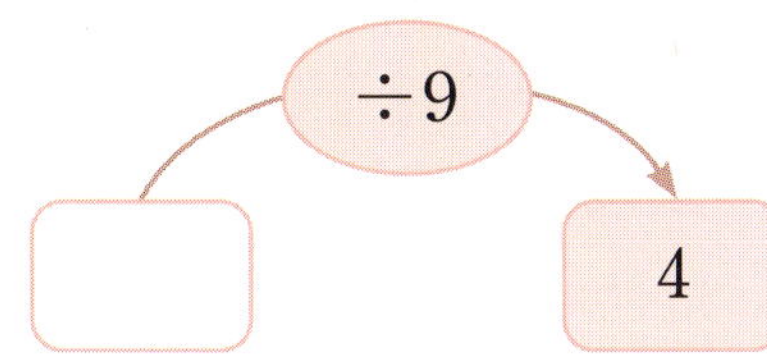

8 변형 나눗셈식이 적힌 종이에 얼룩이 묻어 수가 보이지 않습니다. 보이지 않는 수를 구하세요.

$$32 \div \blacksquare = 8$$

(   )

9 변형 63을 어떤 수로 나누었더니 몫이 9가 되었습니다. 어떤 수를 구하세요.

(   )

10 실생활 민재와 유리가 칠판에 적은 두 나눗셈의 몫이 같습니다. □ 안에 알맞은 수를 구하세요.

(   )

4 □ 안에 들어갈 수 있는 수 구하기

11 기본 1부터 9까지의 수 중에서 □ 안에 들어갈 수 있는 수를 모두 구하세요.

$$35 \div 5 < \square$$

(   )

12 변형 1부터 9까지의 수 중에서 □ 안에 들어갈 수 있는 수를 모두 구하세요.

$$24 \div 6 > \square$$

(   )

13 실생활 소윤이와 은우의 대화를 보고 1부터 9까지의 수 중에서 □ 안에 공통으로 들어갈 수 있는 수를 모두 구하세요.

(   )

3

나눗셈

5 전체의 수를 구하고 나눗셈하기

먼저 **전체의 수**를 덧셈, 뺄셈, 곱셈을 하여 구하고 나눗셈을 합니다.

14 실력
혜윤이네 반에는 남학생 16명과 여학생 12명이 있습니다. 혜윤이네 반 학생들이 한 줄에 7명씩 서면 몇 줄이 되나요?

( )

15 변형
한 상자에 6개씩 들어 있는 비누가 3상자 있습니다. 이 비누를 9명에게 똑같이 나누어 주려고 합니다. 한 명에게 몇 개씩 줄 수 있나요?

( )

16 레벨업
한 봉지에 8개씩 들어 있는 호두 과자가 5봉지 있습니다. 이 중에서 4개를 꺼내 먹고 남은 호두 과자를 접시 6개에 똑같이 나누어 담으려고 합니다. 접시 한 개에 몇 개씩 담을 수 있나요?

( )

6 일정한 빠르기로 하는 일의 양과 시간

예 일정한 빠르기로 **7**분 동안 물건 **14**개를 만들 때 1분 동안 만드는 물건의 개수 구하기

→ **14** ÷ **7** = 2(개)

물건의 수 걸리는 시간

17 실력
어느 장난감 공장에서는 일정한 빠르기로 6분 동안 장난감을 36개 만든다고 합니다. 같은 빠르기로 장난감 48개를 만드는 데 걸리는 시간은 몇 분인가요?

( )

18 변형
어느 공장의 기계는 일정한 빠르기로 4분 동안 모자를 20개 포장한다고 합니다. 같은 빠르기로 모자 45개를 포장하는 데 걸리는 시간은 몇 분인가요?

( )

19 레벨업
채은이는 장미꽃을 매일 똑같은 수만큼 만듭니다. 4일 동안 32송이를 만들었다면 채은이가 일주일 동안 만들 수 있는 장미꽃은 모두 몇 송이인가요?

( )

7 수 카드로 나누어지는 수 만들기

예 수 카드 1 , 2 를 한 번씩만 사용하여

만들 수 있는 두 자리 수 중에서 4로 똑같이
나눌 수 있는 수 구하기

수 카드로 만들 수 있는 두 자리 수: 12, 21
→ 12÷4=3이므로 4로 똑같이 나눌 수
  있는 수: 12

20 실력 3장의 수 카드 중에서 2장을 골라 한 번씩
만 사용하여 만들 수 있는 두 자리 수 중에서
6으로 똑같이 나눌 수 있는 수를 모두 구하
세요.

4   2   0

(   )

21 변형 3장의 수 카드 중에서 2장을 골라 한 번씩
만 사용하여 만들 수 있는 두 자리 수 중에서
7로 똑같이 나눌 수 있는 수를 모두 구하세요.

3   5   6

(   )

22 레벨업 4장의 수 카드 중에서 2장을 골라 한 번씩
만 사용하여 만들 수 있는 두 자리 수 중에서
9로 똑같이 나눌 수 있는 수를 모두 구하세요.

5   1   0   8

(   )

8 만들 수 있는 정사각형의 수 구하기

예 직사각형 모양의 도화지를 잘라 한 변의 길이
가 3 cm인 정사각형 만들기

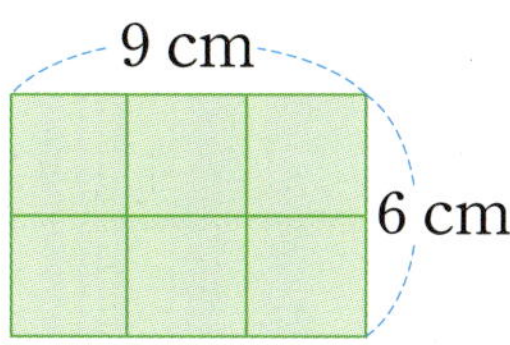

도화지의 긴 변을 9÷3=**3**(칸), 짧은 변을
6÷3=**2**(칸)으로 나눌 수 있습니다.
→ (만들 수 있는 정사각형의 수)
  =**3**×**2**=6(개)

23 실력 그림과 같은 직사각형 모양의 도화지가 있
습니다. 이 도화지를 잘라서 한 변의 길이가
5 cm인 정사각형을 몇 개까지 만들 수 있
는지 구하세요.

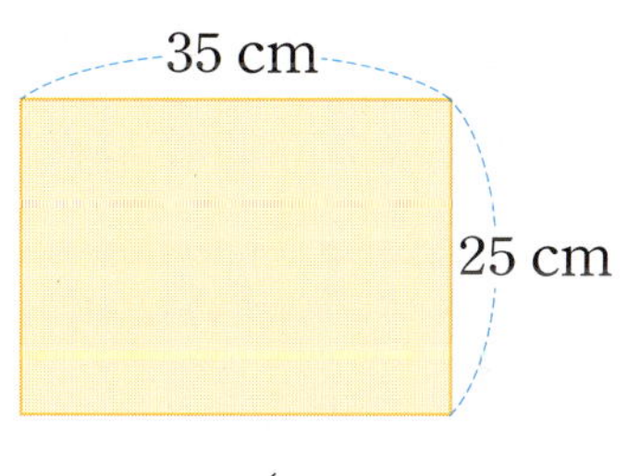

(   )

24 레벨업 두 변의 길이가 각각 36 cm, 28 cm인 직
사각형 모양의 도화지가 있습니다. 이 도화
지를 잘라서 한 변의 길이가 4 cm인 정사
각형을 몇 개까지 만들 수 있는지 구하세요.

(   )

3

나눗셈

71

수학 독해력 유형

독해력 유형 **1** 도형의 한 변의 길이 구하기

✏️ 구하려는 것에 밑줄을 긋고 풀어 보세요.

길이가 16 cm인 끈을 모두 사용하여 오른쪽 그림과 같이 크기가 같은 정사각형 2개를 만들었습니다. 만든 정사각형의 한 변의 길이는 몇 cm인가요?

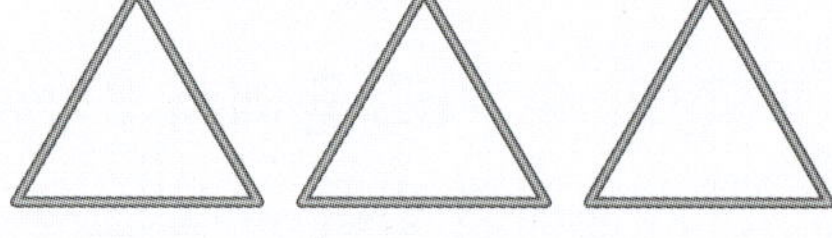

📗 해결 비법

먼저 정사각형 1개를 만드는 데 사용한 끈의 길이를 구한 후 정사각형은 네 변의 길이가 모두 같음을 이용합니다.

➡ (한 변의 길이)
= (정사각형 1개를 만드는 데 사용한 끈의 길이) ÷ **4**

💡 문제 해결

❶ (정사각형 1개를 만드는 데 사용한 끈의 길이)

$= 16 \div \boxed{} = \boxed{}$ (cm)

❷ 정사각형은 길이가 같은 변이 $\boxed{}$ 개입니다.

➡ (만든 정사각형의 한 변의 길이)

$= \boxed{} \div 4 = \boxed{}$ (cm)

답 ____________________

쌍둥이 유형 **1-1**

✏️ 위의 문제 해결 방법을 따라 풀어 보세요.

길이가 27 cm인 철사를 모두 사용하여 오른쪽 그림과 같이 크기가 같고 세 변의 길이가 모두 같은 삼각형을 3개 만들었습니다. 만든 삼각형의 한 변의 길이는 몇 cm인가요?

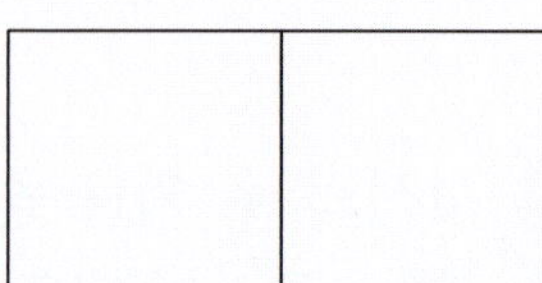

따라 풀기

답 ____________________

쌍둥이 유형 **1-2**

오른쪽 그림은 네 변의 길이의 합이 24 cm인 직사각형을 크기가 같은 정사각형 2개로 나눈 것입니다. 정사각형 1개의 네 변의 길이의 합은 몇 cm인가요?

따라 풀기

답 ____________________

독해력 유형 2 바르게 계산한 몫 구하기

✏️ 구하려는 것에 밑줄을 긋고 풀어 보세요.

어떤 수를 3으로 나누어야 할 것을 잘못하여 6으로 나누었더니 몫이 4가 되었습니다. 바르게 계산한 몫을 구하세요.

🗼 해결 비법

곱셈과 나눗셈의 관계를 이용하여 어떤 수를 구한 후 바르게 계산한 몫을 구합니다.

■ ÷ ● = ▲

➡ ● × ▲ = ■

💡 문제 해결

❶ 어떤 수를 ■로 하여 잘못 계산한 식 만들기: ■ ÷ 6 = ☐

❷ 어떤 수 구하기: 6 × 4 = ■, ■ = ☐

❸ (바르게 계산한 몫) = ☐ ÷ 3 = ☐

답 _______________

3

나눗셈

✏️ 위의 문제 해결 방법을 따라 풀어 보세요.

쌍둥이 유형 2-1

어떤 수를 4로 나누어야 할 것을 잘못하여 8로 나누었더니 몫이 2가 되었습니다. 바르게 계산한 몫을 구하세요.

따라 풀기

답 _______________

73

쌍둥이 유형 2-2

다음을 읽고 어떤 수를 6으로 나눈 몫을 구하세요.

따라 풀기

답 _______________

독해력 유형 **3** 일정한 간격으로 놓이는 가로등(나무)의 수 구하기

🖍 구하려는 것에 밑줄을 긋고 풀어 보세요.

길이가 54 m인 도로의 한쪽에 6 m 간격으로 가로등을 세우려고 합니다. 그림과 같이 도로의 처음과 끝에도 가로등을 세운다면 필요한 가로등은 모두 몇 개인가요? (단, 가로등의 두께는 생각하지 않습니다.)

✏ 해결 비법

(가로등 사이의 간격 수)

■

=(도로의 길이)
  ÷(가로등 사이의 간격)
➜ (필요한 가로등의 수)=■+1

💡 문제 해결

❶ (가로등 사이의 간격 수)=(도로의 길이)÷(가로등 사이의 간격)

=54÷☐=☐(군데)

❷ (필요한 가로등의 수)=☐+1=☐(개)

답 ________________

쌍둥이 유형 **3-1**

🖍 위의 문제 해결 방법을 따라 풀어 보세요.

길이가 56 m인 도로의 양쪽에 7 m 간격으로 나무를 심으려고 합니다. 그림과 같이 도로의 처음과 끝에도 나무를 심는다면 필요한 나무는 모두 몇 그루인가요? (단, 나무의 두께는 생각하지 않습니다.)

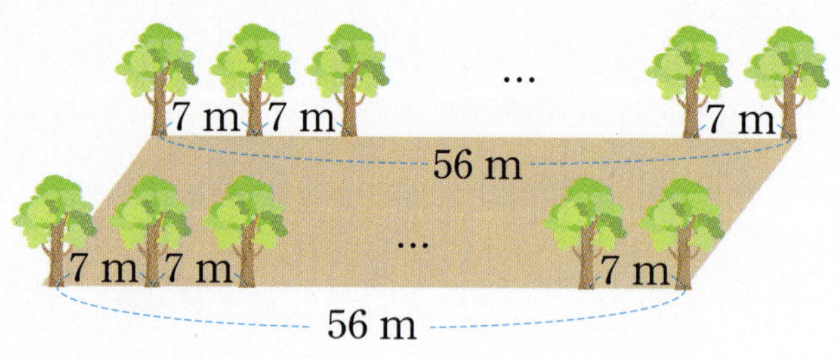

따라 풀기

답 ________________

3 나눗셈

공부한 날   월   일

독해력 유형 ❹ 몫이 될 수 있는 수 구하기

🖊 구하려는 것에 밑줄을 긋고 풀어 보세요.

1◻÷6은 (두 자리 수)÷(한 자리 수)의 나눗셈입니다. 1부터 9까지의 수 중 몫이 될 수 있는 수를 모두 구하세요.

💡 해결 비법

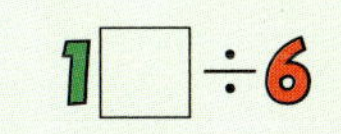

6단 곱셈구구에서 곱의 십의 자리 숫자가 **1**인 경우를 찾아 몫이 될 수 있는 수를 구합니다.

💡 문제 해결

❶ 6단 곱셈구구에서 곱의 십의 자리 숫자가 1인 경우 찾기:

6×2=◻ , 6×3=◻

❷ 곱셈구구로 나눗셈식 만들기: 12÷6=◻ , 18÷6=◻

❸ 몫이 될 수 있는 수: ◻ , ◻

답 ___________________

3

나눗셈

🖊 위의 문제 해결 방법을 따라 풀어 보세요.

쌍둥이 유형 ❹-1

3◻÷5는 (두 자리 수)÷(한 자리 수)의 나눗셈입니다. 1부터 9까지의 수 중 몫이 될 수 있는 수를 모두 구하세요.

따라 풀기

답 ___________________

쌍둥이 유형 ❹-2

2◻÷3은 (두 자리 수)÷(한 자리 수)의 나눗셈입니다. 1부터 9까지의 수 중 몫이 될 수 있는 가장 작은 수를 구하세요.

따라 풀기

답 ___________________

유형 TEST

1 그림을 보고 □ 안에 알맞은 수를 써넣으세요.

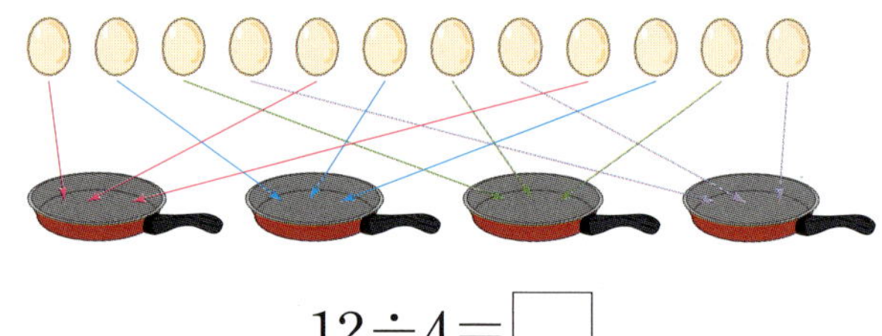

$$12 \div 4 = \boxed{}$$

2 나눗셈식을 보고 몫을 찾아 쓰세요.

$$21 \div 3 = 7$$

( )

3 뺄셈식을 나눗셈식으로 나타내 보세요.

$$24 - 6 - 6 - 6 - 6 = 0$$

$$\rightarrow 24 \div \boxed{} = \boxed{}$$

4 나눗셈의 몫을 곱셈식으로 구하세요.

(1) $5 \times \boxed{} = 30 \rightarrow 30 \div 5 = \boxed{}$

(2) $6 \times \boxed{} = 42 \rightarrow 42 \div 6 = \boxed{}$

5 곱셈식을 나눗셈식으로 나타내 보세요.

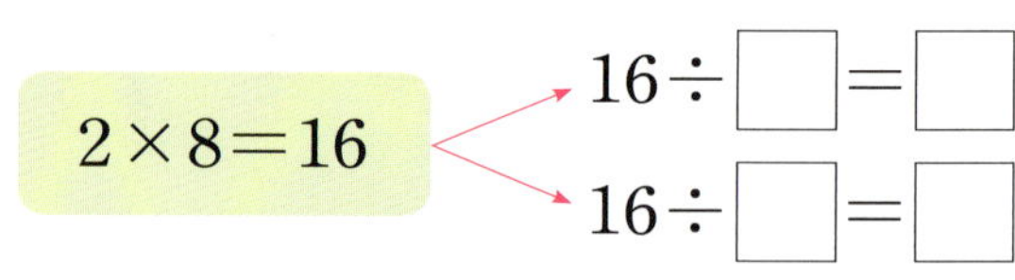

$$2 \times 8 = 16$$

$$16 \div \boxed{} = \boxed{}$$

$$16 \div \boxed{} = \boxed{}$$

6 $48 \div 8$의 몫을 구할 때 필요한 곱셈식을 찾아 기호를 쓰세요.

$$\bigcirc\ 4 \times 2 \qquad \bigcirc\ 8 \times 6 \qquad \bigcirc\ 8 \times 8$$

( )

7 곱셈식을 이용하여 몫을 구하려고 합니다. 관계있는 것끼리 이어 보세요.

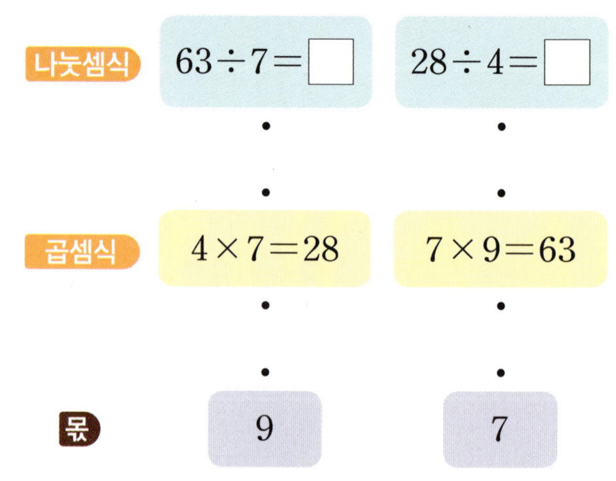

3 나눗셈

공부한 날   월   일

8 연필 15자루를 연필꽂이 한 개에 3자루씩 꽂으려고 합니다. 연필꽂이는 몇 개 필요한지 나눗셈식으로 나타내 보세요.

$$15 \div \boxed{} = \boxed{}$$

9 그림을 보고 곱셈식과 나눗셈식으로 나타내 보세요.

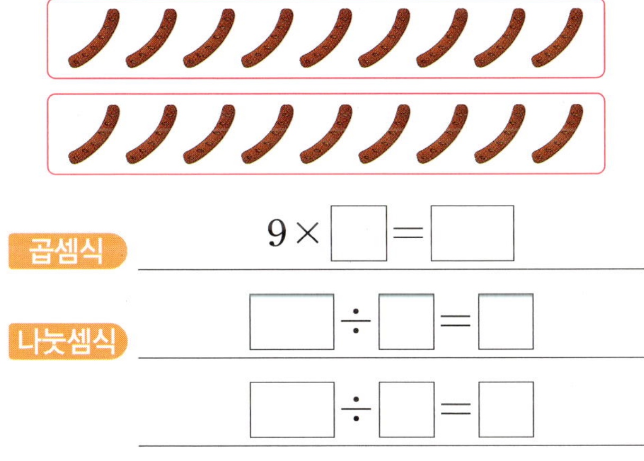

곱셈식 $9 \times \boxed{} = \boxed{}$

나눗셈식 $\boxed{} \div \boxed{} = \boxed{}$

$\boxed{} \div \boxed{} = \boxed{}$

10 빈칸에 알맞은 수를 써넣으세요.

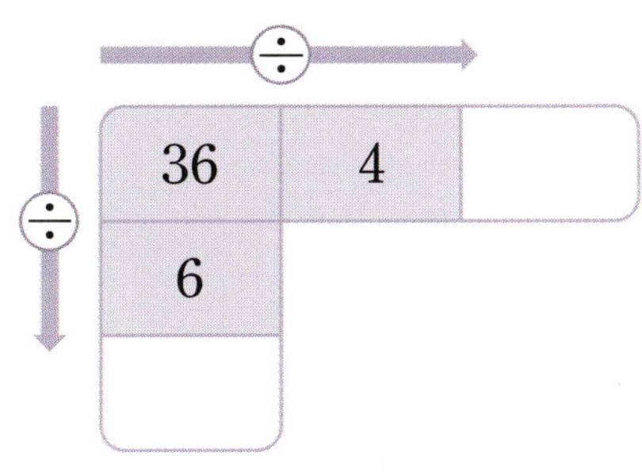

11 몫이 같은 것끼리 이어 보세요.

$18 \div 2$ •

$20 \div 4$ •

• $35 \div 7$

• $24 \div 6$

• $45 \div 5$

12 몫의 크기를 비교하여 ○ 안에 >, =, < 중 알맞은 것을 써넣으세요.

$42 \div 6$ 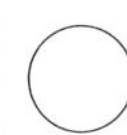 $56 \div 7$

13 □ 안에 알맞은 수를 써넣으세요.

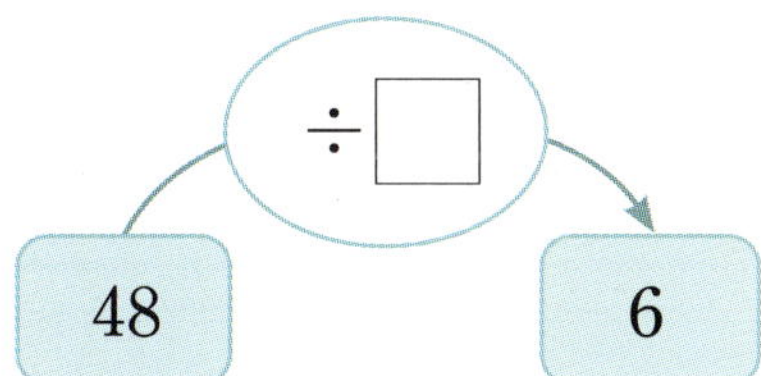

문제 해결

14 조각 케이크 30개를 접시 한 개에 6개씩 담으려고 합니다. 접시는 몇 개 필요한가요?

 식 _______________________

 답 _______________________

15 가장 큰 수를 가장 작은 수로 나눈 몫을 구하세요.

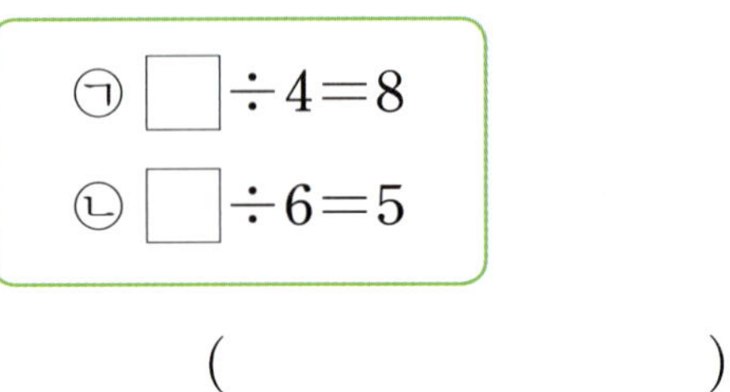

( )

16 □ 안에 알맞은 수가 더 큰 것의 기호를 쓰세요.

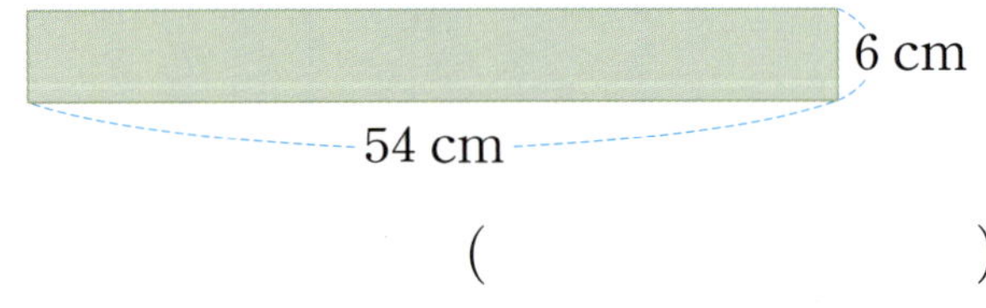

( )

17 직사각형 모양의 종이입니다. 종이의 긴 변의 길이는 짧은 변의 길이의 몇 배인지 구하세요.

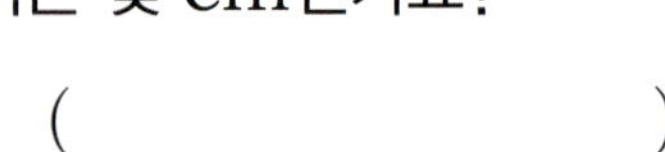

( )

18 길이가 32 cm인 철사를 남김없이 사용하여 가장 큰 정사각형을 만들었습니다. 만든 정사각형의 한 변의 길이는 몇 cm인가요?

( )

19 한 상자에 4개씩 들어 있는 야구공이 6상자 있습니다. 이 야구공을 8명에게 똑같이 나누어 주려고 합니다. 한 명에게 몇 개씩 줄 수 있는지 구하세요.

( )

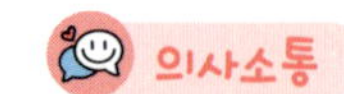

20 고구마와 감자 중 한 봉지에 더 많이 들어 있는 것은 어느 것인가요?

( )

21 그림과 같은 직사각형 모양의 도화지가 있습니다. 이 도화지를 잘라서 한 변의 길이가 3 cm인 정사각형을 몇 개까지 만들 수 있는지 구하세요.

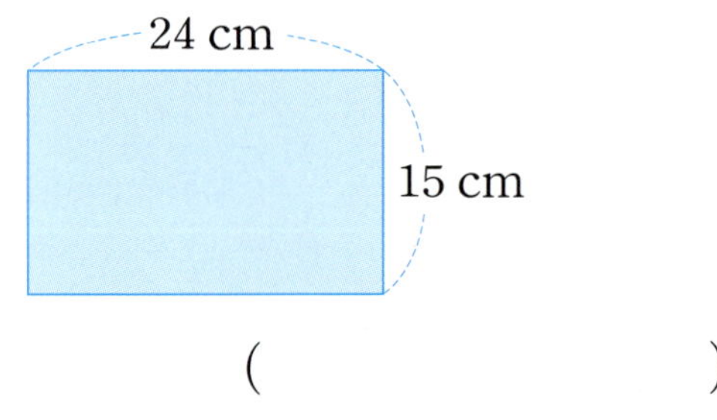

( )

22 길이가 72 m인 도로의 한쪽에 9 m 간격으로 가로등을 세우려고 합니다. 그림과 같이 도로의 처음과 끝에도 가로등을 세운다면 필요한 가로등은 모두 몇 개인지 구하세요. (단, 가로등의 두께는 생각하지 않습니다.)

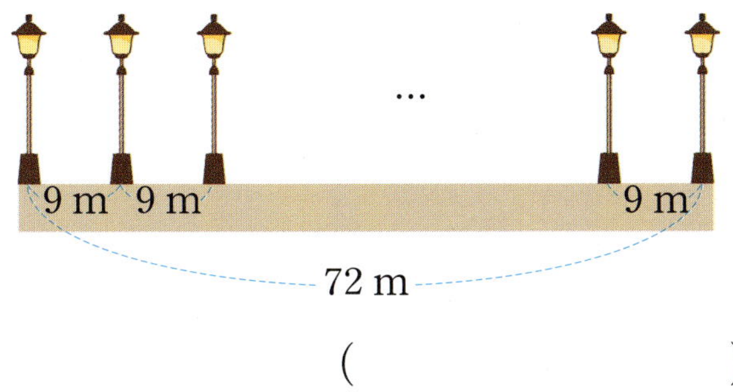

(   )

23 통에 사탕 50개가 들어 있었는데 그중 수빈이가 14개를 먹었습니다. 남은 사탕을 한 봉지에 9개씩 담으려면 봉지는 몇 장 필요한지 풀이 과정을 쓰고 답을 구하세요.

풀이 ____________________

답 ____________________

24 어떤 수를 6으로 나누어야 할 것을 잘못하여 9로 나누었더니 몫이 2가 되었습니다. 바르게 계산한 몫을 구하는 풀이 과정을 쓰고 답을 구하세요.

풀이 ____________________

답 ____________________

25 3장의 수 카드 중에서 2장을 골라 한 번씩만 사용하여 만들 수 있는 두 자리 수 중에서 8로 똑같이 나눌 수 있는 수를 모두 구하려고 합니다. 풀이 과정을 쓰고 답을 구하세요.

$\boxed{5}$ $\boxed{4}$ $\boxed{6}$

풀이 ____________________

답 ____________________

4

곱셈

큐알 코드를 찍으면 개념 학습
영상을 볼 수 있어요.

심부름 좀 다녀 올래?
네~

뚜벅
하나마트
뚜벅

응료
그럼 달걀부터 사 볼까?

음... 달걀은 10개씩 6상자를 사야 하네.
달걀
10개씩
6상자

헉! 달걀을 30개씩 묶어서 팔잖아!
툭!
30개 묶음 판매

30개씩 몇 상자를 사야 하지?
30개 묶음 판매

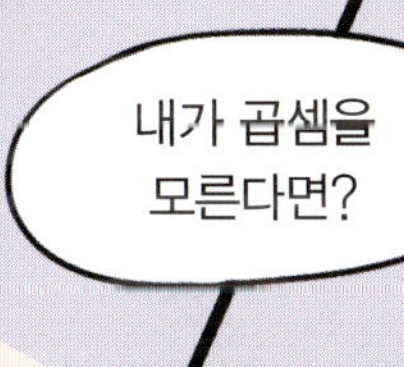
?
!

내가 곱셈을 모른다면?
내가 곱셈을 잘 안다면?

10개씩 6상자 였으니까 그냥 6상자 사야겠다.
30개 묶음 판매

깜짝!
?!?!
달걀을 너무 많이 사 왔어.

$10 \times 6 = 60$이고
$30 \times 2 = 60$이니까 2상자면 되겠다!
30개 묶음 판매

우와아~
엄청 맛있겠다!
심부름을 잘 해 와서 솜씨 좀 발휘했지.

개념 **1** (몇십) × (몇)

예 30 × 2의 계산

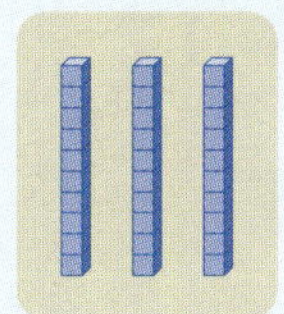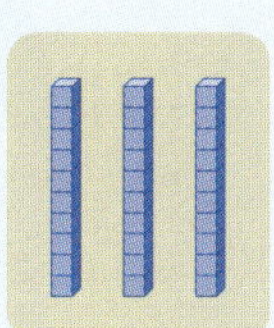

십 모형의 수는 $3 \times 2 = 6$(개)이므로 60을 나타냅니다.

→ $30 \times 2 = 60$

10배
$$3 \times 2 = 6 \rightarrow 30 \times 2 = 60$$
10배

곱해지는 수가 10배가 되면 **계산 결과도** 10배가 됩니다.

▶ 개념 동영상

1 수 모형을 보고 □ 안에 알맞은 수를 써넣으세요.

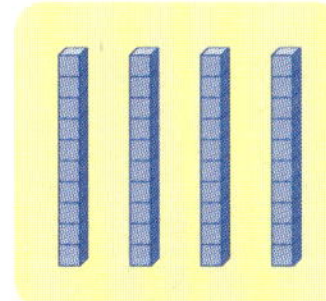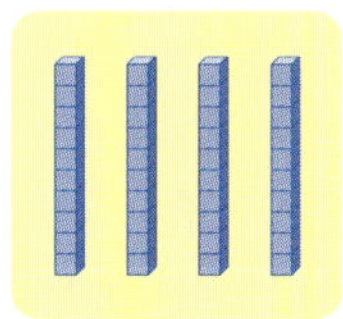

(1) 십 모형의 수는 $4 \times \boxed{} = \boxed{}$(개)이므로 $\boxed{}$을/를 나타냅니다.

(2) $40 \times 2 = \boxed{}$

2 □ 안에 알맞은 수를 써넣으세요.

10배
$$2 \times 4 = \boxed{} \rightarrow 20 \times 4 = \boxed{}$$
$$\boxed{} \text{배}$$

3 빈칸에 알맞은 수를 써넣으세요.

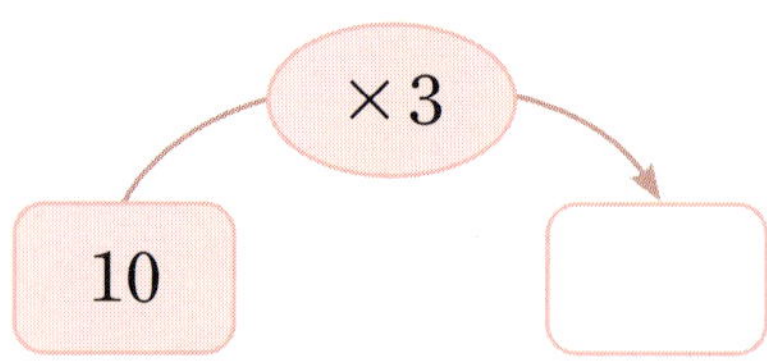

4 수직선을 보고 □ 안에 알맞은 수를 써넣으세요.

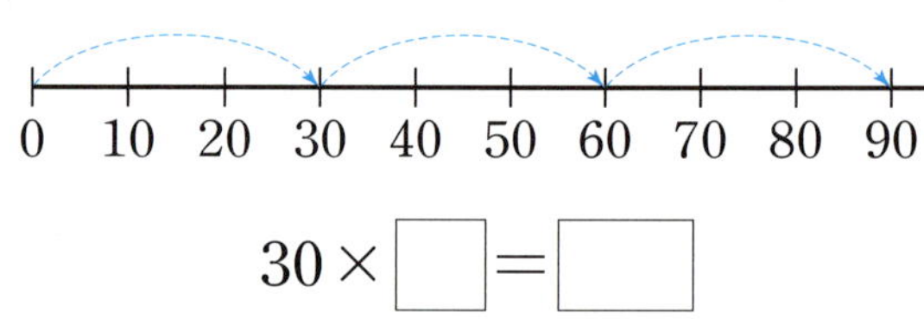

$$30 \times \boxed{} = \boxed{}$$

정보처리

5 계산 결과가 같은 것끼리 이어 보세요.

10×8 •

20×2 •

• 40×2

• 30×2

• 10×4

6 북어 20마리를 한 쾌라고 합니다. 북어 3쾌는 모두 몇 마리인가요?

식 

답

개념**2** 올림이 없는 (몇십몇) × (몇)

예 14×2의 계산

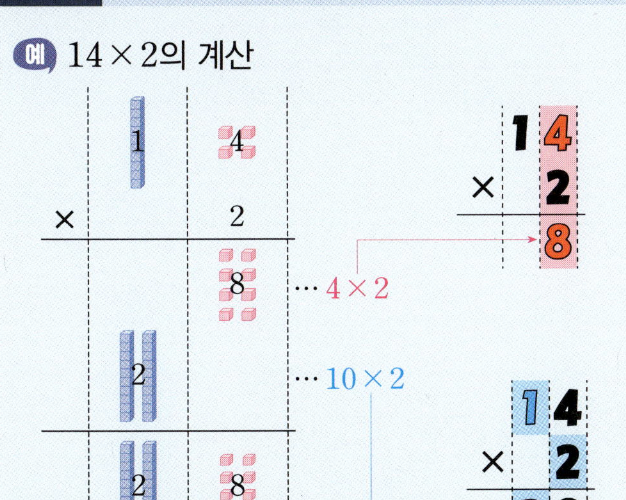

4에 2를 곱한 **8**을 일의 자리에 쓰고,
10에 2를 곱한 20의 **2**를 십의 자리에 씁니다.

➜ $14 \times 2 = 20 + 8 = 28$

▶ 개념 동영상

7 수 모형을 보고 □ 안에 알맞은 수를 써넣으세요.

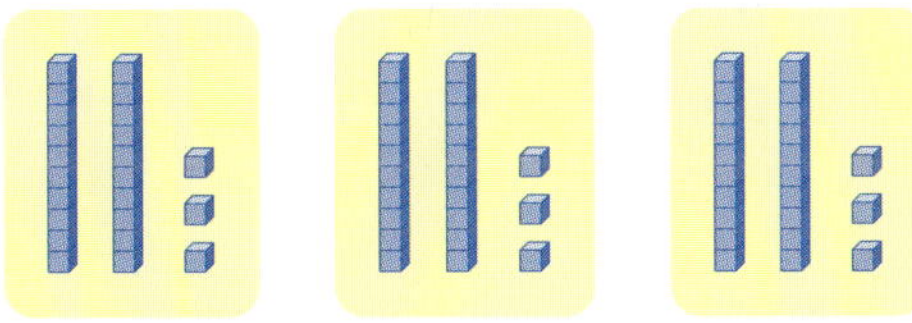

(1) 일 모형의 수는 $3 \times \boxed{} = \boxed{}$(개)입니다.

(2) 십 모형의 수는 $2 \times \boxed{} = \boxed{}$(개)이므로 $\boxed{}$을/를 나타냅니다.

(3) $23 \times 3 = \boxed{}$

8 □ 안에 알맞은 수를 써넣으세요.

$$31 \times 3 = \overset{30 \times 3}{\boxed{}} + \overset{1 \times 3}{\boxed{}} = \boxed{}$$

9 오른쪽 곱셈식을 보고 파란색 숫자 6이 나타내는 수를 **보기** 와 같이 쓰세요.

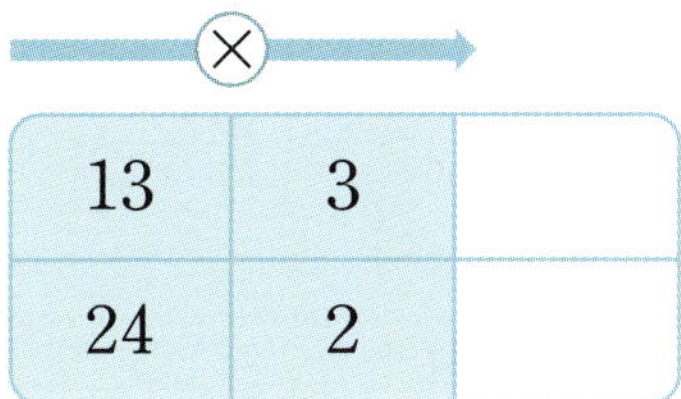

보기
빨간색 숫자 8은 $4 \times 2 = 8$을 나타냅니다.

파란색 숫자 6은 $\boxed{} \times 2 = \boxed{}$을/를 나타냅니다.

10 빈칸에 알맞은 수를 써넣으세요.

×		
13	3	
24	2	

11 □ 안에 알맞은 수를 써넣으세요.

$$\begin{array}{r} 3\ 3 \\ \times\ \boxed{} \\ \hline 6\ 6 \end{array}$$

12 자두가 한 줄에 12개씩 4줄 있습니다. 자두는 모두 몇 개인가요?

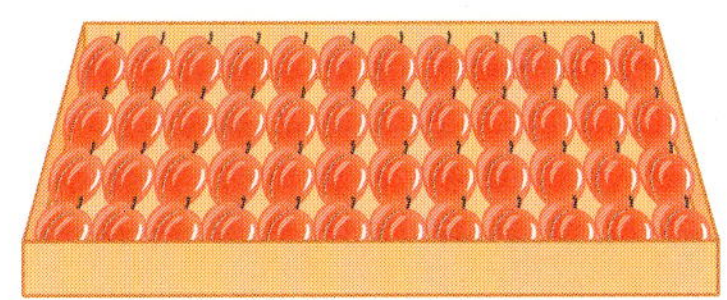

식 ____________________

답 ____________________

4
곱
셈

84

개념 3 십의 자리에서 올림이 있는
(몇십몇) × (몇)

예 42×3의 계산

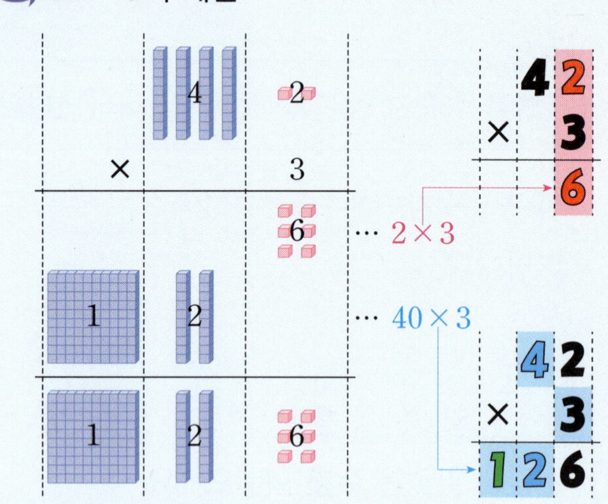

2에 3을 곱한 **6**을 일의 자리에 쓰고,
40에 3을 곱한 120의 **2**는 십의 자리에, **1**은
백의 자리에 씁니다.

→ $42 \times 3 = 120 + 6 = 126$

▶ 개념 동영상

---

13 수 모형을 보고 □ 안에 알맞은 수를 써넣으
세요.

(1) 일 모형의 수는 $1 \times \boxed{} = \boxed{}$(개)입니다.

(2) 십 모형의 수는 $5 \times \boxed{} = \boxed{}$(개)이

므로 $\boxed{}$을/를 나타냅니다.

(3) $51 \times 3 = \boxed{}$

14 계산해 보세요.

(1) $\begin{array}{r} 4\ 2 \\ \times\ \ 4 \\ \hline \end{array}$ 　　(2) $\begin{array}{r} 7\ 1 \\ \times\ \ 2 \\ \hline \end{array}$

---

15 빈칸에 알맞은 수를 써넣으세요.

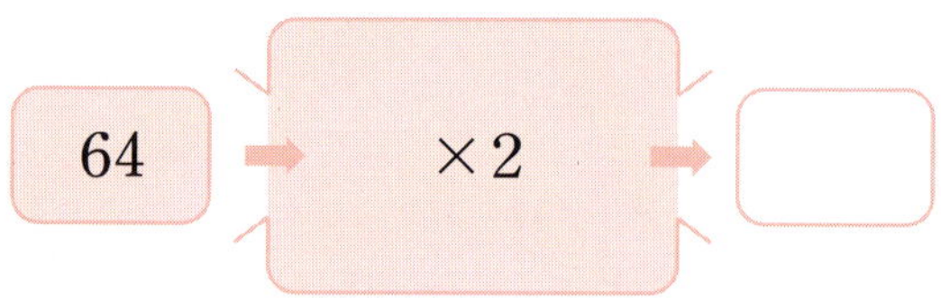

16 두 수의 곱을 구하세요.

41　　5

(　　　　　　　　)

17 바르게 계산한 것을 찾아 ◯표 하세요.

$31 \times 4 = 124$	$62 \times 3 = 618$
(　　　)	(　　　)

🔧 문제 해결

18 탁구공이 한 상자에 21개씩 7상자 있습니다.
탁구공은 모두 몇 개인가요?

식 ________________________________

답 ________________________________

개념 4 일의 자리에서 올림이 있는 (몇십몇) × (몇)

예 16 × 3의 계산

$$\begin{array}{r} {}^{1} \\ 1\,6 \\ \times\ \ 3 \\ \hline 8 \end{array} \rightarrow \begin{array}{r} {}^{1} \\ 1\,6 \\ \times\ \ 3 \\ \hline 4\,8 \end{array}$$

6×3=18의 8을 일의 자리에 쓰고 1을 십의 자리로 올림합니다.

10×3=30의 3에 올림한 수 1을 더합니다.

$$\begin{array}{r} 1\,6 \\ \times\ \ 3 \\ \hline 1\,8 \\ 3\,0 \\ \hline 4\,8 \end{array}$$

1 8 → 6×3
3 0 → 10×3

일의 자리를 계산한 값과 십의 자리를 계산한 값을 더해서 곱을 구해.

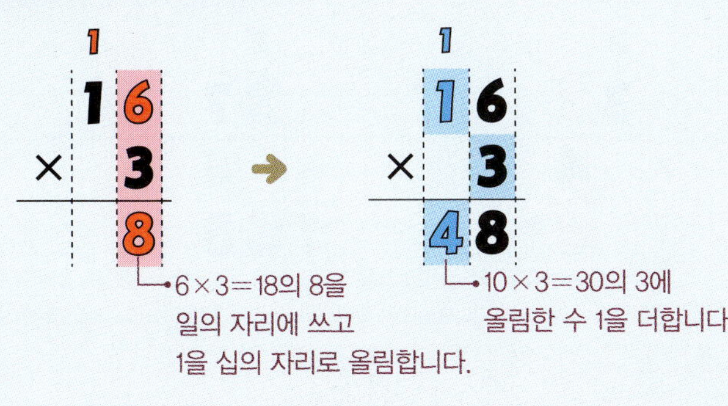

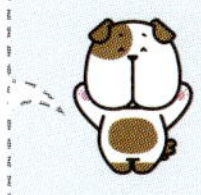

개념 동영상

19 수 모형을 보고 □ 안에 알맞은 수를 써넣으세요.

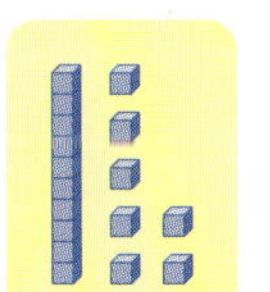

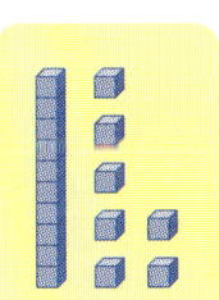

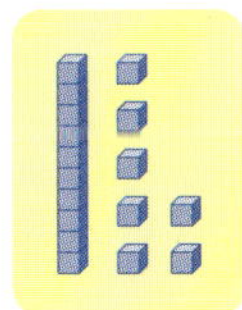

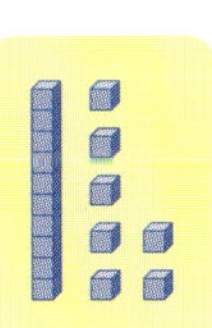

(1) 일 모형의 수는 7 × □ = □(개)입니다.

(2) 십 모형의 수는 1 × □ = □(개)이므로 □을/를 나타냅니다.

(3) 17 × 4 = □

20 보기 와 같이 계산해 보세요.

보기

$$\begin{array}{r} {}^{1} \\ 1\,2 \\ \times\ \ 6 \\ \hline 7\,2 \end{array}$$

$$\begin{array}{r} 2\,5 \\ \times\ \ 3 \\ \hline \end{array}$$

21 계산 결과를 찾아 이어 보세요.

16×5 •		• 61
27×3 •		• 80
		• 81

22 빈칸에 알맞은 수를 써넣으세요.

정보처리

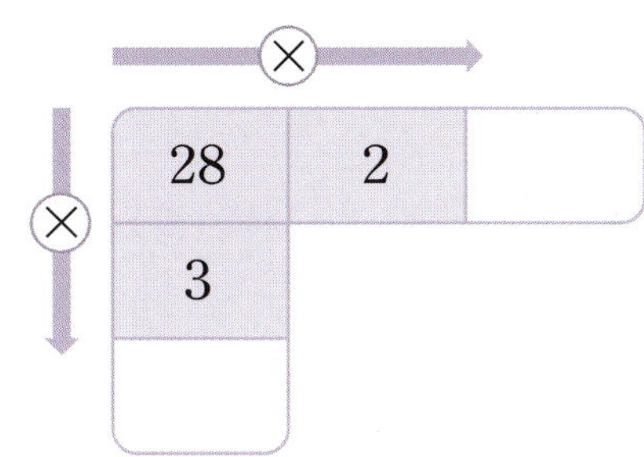

23 나타내는 수가 다른 하나를 찾아 기호를 쓰세요.

㉠ 15+15+15+15
㉡ 15씩 5묶음
㉢ 15씩 4번 뛰어 센 수
㉣ 15×4

( )

24 크기를 비교하여 ○ 안에 >, =, < 중 알맞은 것을 써넣으세요.

36×2 ○ 80

개념별 유형

25 같은 모양에 있는 수끼리 곱해 보세요.

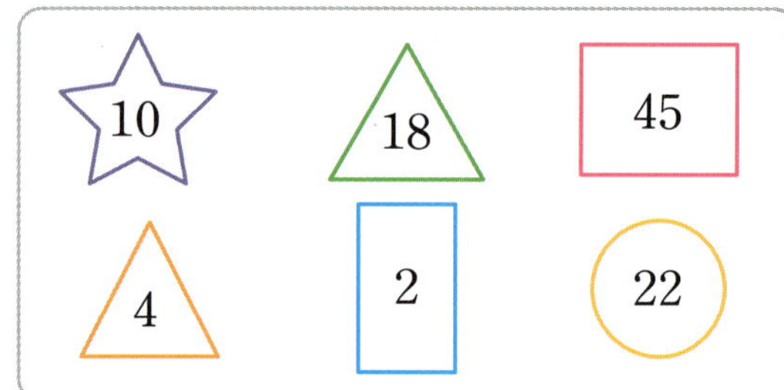

△ 모양: ☐ × ☐ = ☐

☐ 모양: ☐ × ☐ = ☐

 추론

26 의자를 한 줄에 29개씩 놓으려고 합니다. 의자를 2줄 놓으면 모두 몇 개인지 계산 결과에 더 가깝게 어림한 사람의 이름을 쓰세요.

한 줄에 29개씩 놓으니까 20×2로 생각하여 40개로 어림했어.	29는 30에 가까운 수이므로 30×2로 생각하여 60개로 어림했어.
서아	건우

( )

27 구슬이 한 봉지에 14개씩 4봉지 있습니다. 구슬은 모두 몇 개인가요?

식 _______________

답 _______________

개념 5 십의 자리와 일의 자리에서 올림이 있는 (몇십몇) × (몇)

예 37×4의 계산

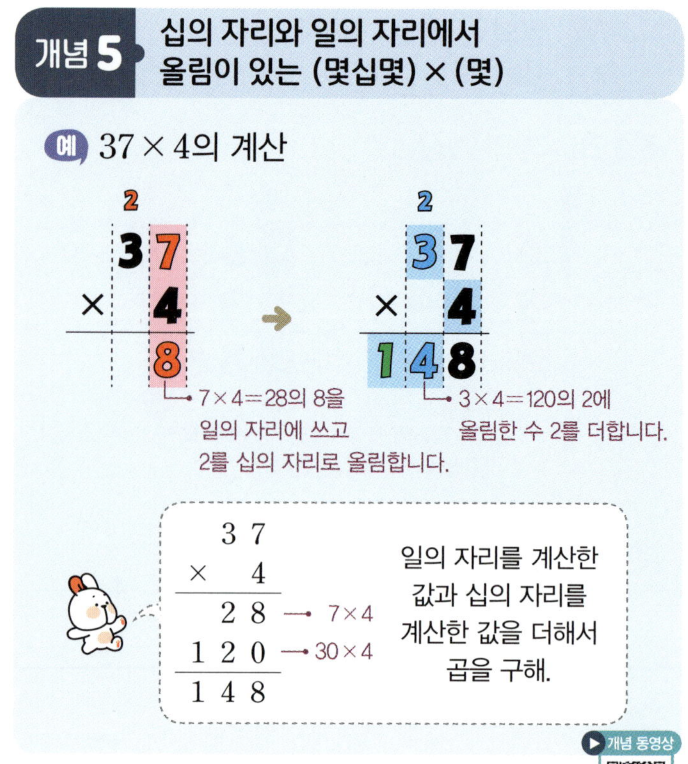

7×4=28의 8을 일의 자리에 쓰고 2를 십의 자리로 올립니다.

3×4=120의 2에 올림한 수 2를 더합니다.

$$\begin{array}{r} 3\ 7 \\ \times\quad 4 \\ \hline 2\ 8 \\ 1\ 2\ 0 \\ \hline 1\ 4\ 8 \end{array}$$

→ 7×4
→ 30×4

일의 자리를 계산한 값과 십의 자리를 계산한 값을 더해서 곱을 구해.

▶ 개념 동영상

28 수 모형을 보고 ☐ 안에 알맞은 수를 써넣으세요.

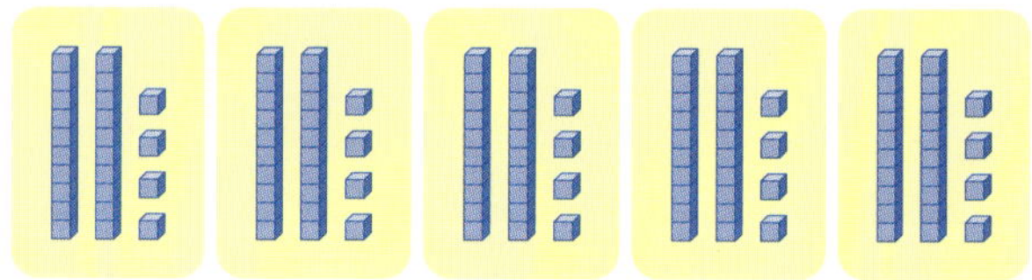

(1) 일 모형의 수는 $4 \times \boxed{} = \boxed{}$ (개)입니다.

(2) 십 모형의 수는 $2 \times \boxed{} = \boxed{}$ (개)이므로 $\boxed{}$ 을/를 나타냅니다.

(3) $24 \times 5 = \boxed{}$

29 ☐ 안에 알맞은 수를 써넣으세요.

$$25 \times 8 = \boxed{} + \boxed{} = \boxed{}$$

$20 \times 8 \qquad 5 \times 8$

30 보기 와 같이 계산해 보세요.

$$\begin{array}{r} 5\ 6 \\ \times\quad 3 \\ \hline 1\ 8 \\ 1\ 5\ 0 \\ \hline 1\ 6\ 8 \end{array}$$

$$\begin{array}{r} 3\ 5 \\ \times\quad 4 \\ \hline \end{array}$$

31 계산해 보세요.

(1)
$$\begin{array}{r} 4\ 5 \\ \times\quad 3 \\ \hline \end{array}$$

(2)
$$\begin{array}{r} 8\ 2 \\ \times\quad 7 \\ \hline \end{array}$$

32 곱셈식에서 □ 안의 수 1이 실제로 나타내는 수는 얼마인가요? （　　　　）

$$\begin{array}{r} \boxed{1}\qquad \\ 6\ 3 \\ \times\quad 4 \\ \hline 2\ 5\ 2 \end{array}$$

① 1　　　② 10　　　③ 100
④ 1000　　⑤ 50

33 빈칸에 두 수의 곱을 써넣으세요.

46	3

34 빈칸에 알맞은 수를 써넣으세요.

×	33	47	54
6	198		

35 계산 결과가 더 작은 것에 ◯표 하세요.

26×6	19×8
（　　　）	（　　　）

36 길이가 39 cm인 나무 막대 3개를 그림과 같이 겹치지 않게 이어 붙였습니다. 이어 붙인 나무 막대의 전체 길이는 몇 cm인가요?

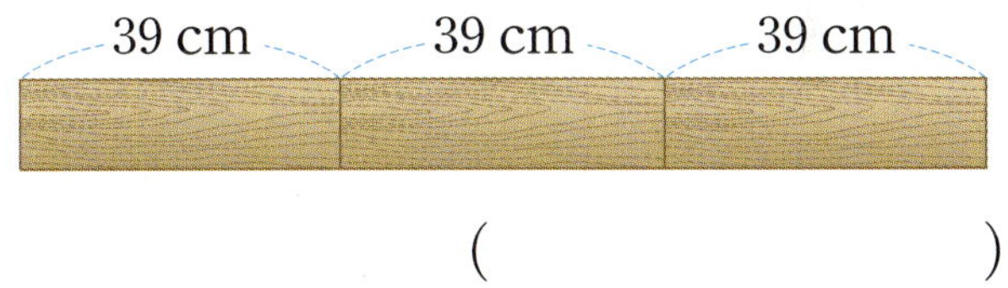

（　　　　　　　　）

37 어느 통닭집에서는 튀김 로봇이 통닭을 한 시간에 36마리 튀깁니다. 이 로봇이 4시간 동안 튀긴 통닭은 모두 몇 마리인가요?

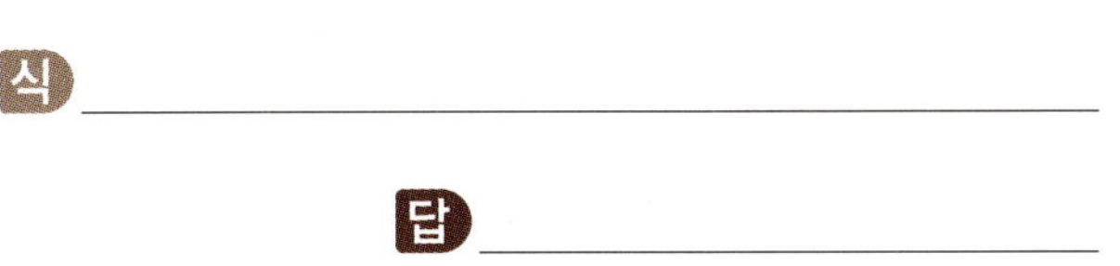

식
____

답 ____________________

4
곱
셈

➕개념 6 곱셈의 활용

예 달걀이 한 판에 15개씩 들어 있을 때, 3판에 들어 있는 달걀의 개수 구하기

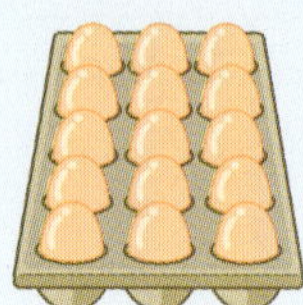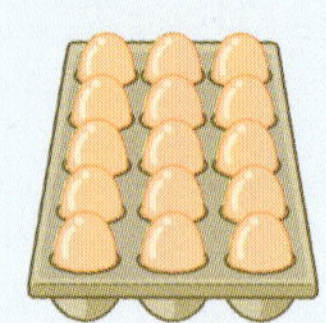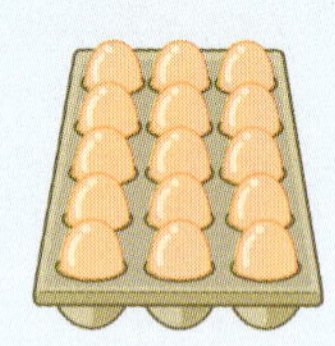

① **구하려고 하는 것** 알아보기
  ➜ 3판에 들어 있는 달걀의 수
② **알 수 있는 것** 알아보기
  ➜ 달걀이 한 판에 15개씩 들어 있습니다.
③ **곱셈식**을 만들어 답 구하기
  (3판에 들어 있는 달걀의 수)
  ＝(한 판에 들어 있는 달걀의 수)×(판 수)
  ➜ **식** $15 \times 3 = 45$ **답** 45개

38 토마토 모종이 한 판에 13포기씩 2판이 있습니다. 토마토 모종은 모두 몇 포기인가요?

식 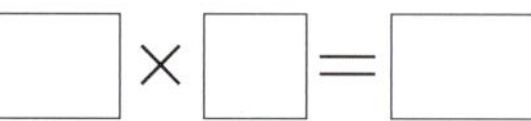

답 ______

39 사탕은 모두 몇 개인가요?

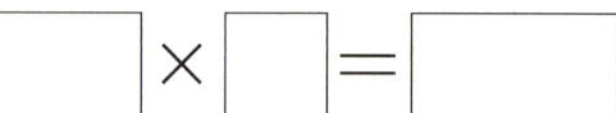

식 

답 ______

40 과녁 맞히기 놀이에서 현우가 맞힌 과녁입니다. 화살이 꽂힌 곳에 적힌 수만큼 점수를 얻는다면 현우가 얻은 점수는 몇 점인가요?

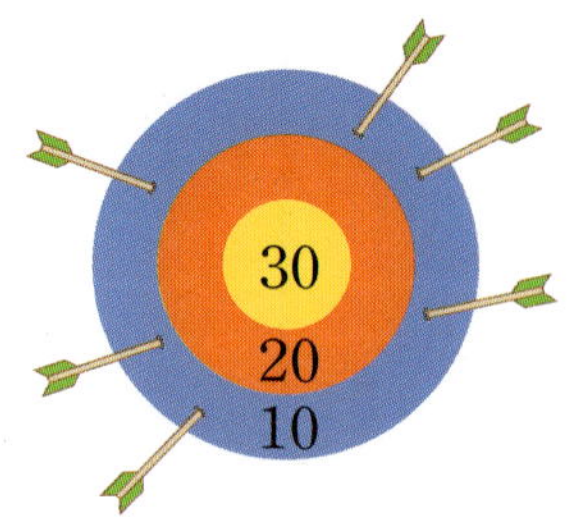

식 ______

답 ______

41 언니의 나이는 16살이고, 이모의 나이는 언니의 나이의 2배입니다. 이모의 나이는 몇 살인가요?

식 ______

답 ______

연결

42 머리에 두 개의 뿔이 난 듯 보이는 악마 혜성은 지구에서 약 71년에 한 번씩 볼 수 있습니다. 올해 지구에서 악마 혜성을 봤다면 앞으로 악마 혜성을 4번 더 보는 데 걸리는 기간은 약 몇 년인가요?

약 (   )

1~6 형성 평가

맞힌 문제 수

개 / 8개

공부한 날   월   일

1 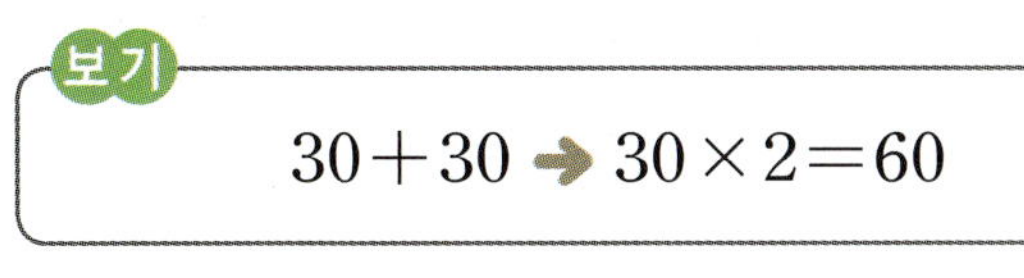 와 같이 곱셈식으로 나타내 계산해 보세요.

> **보기**
> $30+30 \ \Rightarrow \ 30 \times 2 = 60$

$10+10+10+10$

$\Rightarrow$ ____________________

2 계산 결과를 찾아 이어 보세요.

11×7 •

24×3 •

• 72

• 76

• 77

3 빈칸에 두 수의 곱을 써넣으세요.

(1)
52	4

(2)
67	7

4 크기를 비교하여 ○ 안에 >, =, < 중 알맞은 것을 써넣으세요.

$44 \bigcirc 13 \times 4$

5 빈칸에 알맞은 수를 써넣으세요.

6 바르게 계산한 사람의 이름을 쓰세요.

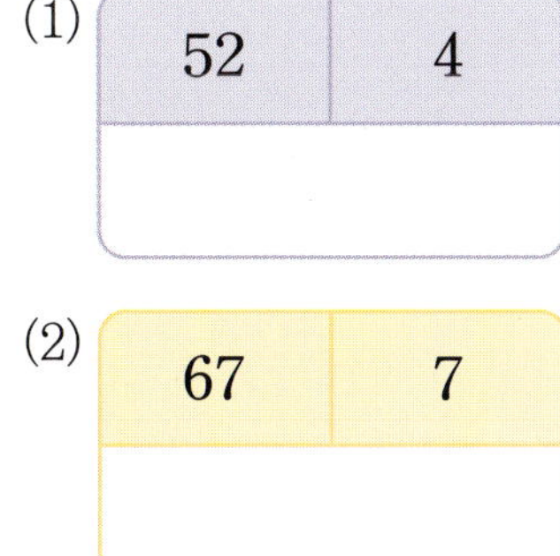

(   )

7 과일 가게에 감이 한 상자에 43개씩 2상자 있습니다. 감은 모두 몇 개인가요?

식 ____________________

답 ____________________

8 재규는 수학 문제를 매일 50개씩 풉니다. 재규가 일주일 동안 푼 수학 문제는 모두 몇 개인가요?

(   )

4 곱셈

89

꼬리를 무는 유형

1 곱셈식으로 나타내 구하기

1
기본

곱셈식으로 나타내 계산해 보세요.

32씩 3묶음

➡ ________________________

2
변형

곱셈식으로 나타내 계산해 보세요.

16의 4배

➡ ________________________

3
변형

수직선을 보고 ■에 알맞은 수를 곱셈식으로 나타내 계산해 보세요.

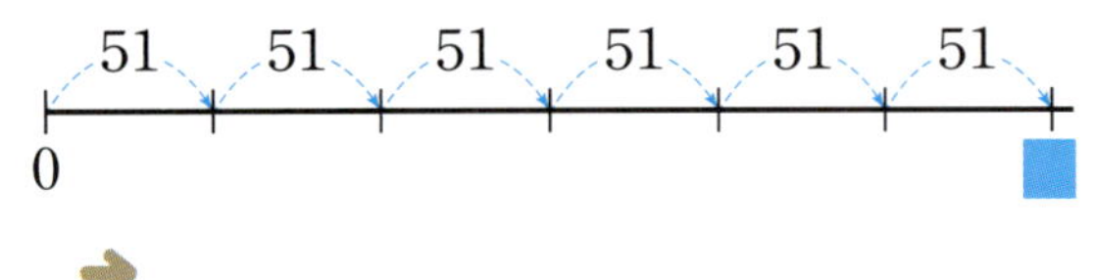

➡ ________________________

4
변형

소윤이와 민재가 가지고 있는 구슬의 수를 각각 곱셈식으로 나타내 계산해 보세요.

소윤: ________________________

민재: ________________________

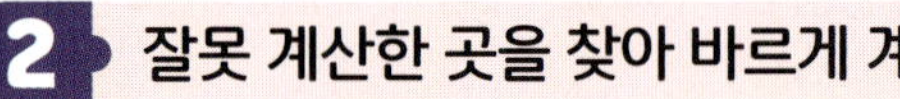

2 잘못 계산한 곳을 찾아 바르게 계산하기

5
기본

잘못 계산한 곳을 찾아 바르게 계산해 보세요.

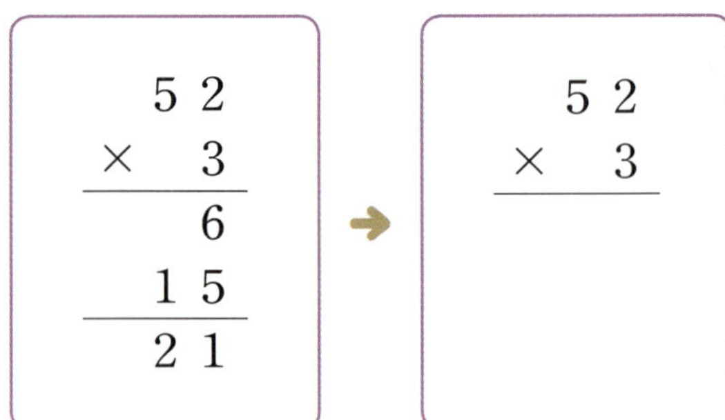

6
변형

12×8의 계산에서 잘못 계산한 곳을 찾아 바르게 계산해 보세요.

7
실생활

소미는 46×7을 계산한 값을 282이라고 써서 틀렸습니다. 잘못 계산한 곳을 찾아 바르게 계산해 보세요.

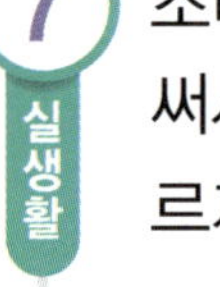

3 ■ 배가 되는 경우 찾기

8 보기에서 알맞은 두 수를 골라 □ 안에 써 넣으세요.

보기

| 41 | 5 | 82 | 18 |

□ 은/는 □ 의 2배입니다.

9 보기에서 알맞은 두 수를 골라 □ 안에 써 넣으세요.

보기

| 90 | 5 | 66 | 3 |

198은 □ 의 □ 배입니다.

10 동물의 나이를 나타낸 것입니다. □ 안에 알맞은 동물을 찾아 써넣으세요.

코끼리	코알라	거북	고래
58살	14살	116살	29살

□ 의 나이는 □ 의 나이의 4배입니다.

4 계산 결과 비교하기

11 계산 결과를 비교하여 ○ 안에 >, =, < 중 알맞은 것을 써넣으세요.

$$19 \times 3 \bigcirc 25 \times 2$$

12 계산 결과가 80보다 작은 것에 ○표 하세요.

| 14×6 | 38×2 |

13 나타내는 수가 더 큰 것의 기호를 쓰세요.

| ㉠ $62+62+62$ | ㉡ 45의 4배 |

( )

14 귤이 더 많은 쪽에 ○표 하세요.

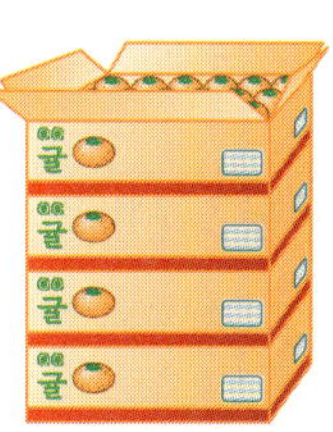

40개씩 4상자   33개씩 5상자

( )   ( )

4 곱셈

5 곱셈식 완성하기

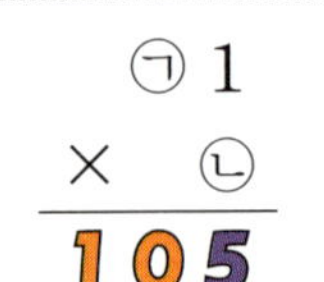

예

$$\begin{array}{r} ㉠\,1 \\ \times \quad ㉡ \\ \hline 1\,0\,5 \end{array}$$

- **일의 자리** 계산
  $1 \times ㉡ = \mathbf{5} \rightarrow ㉡ = 5$
- **십의 자리** 계산
  $㉠ \times 5 = \mathbf{10} \rightarrow ㉠ = 2$

계산 후에는 구한 수가 맞는지 확인해 봅니다.
$\rightarrow 21 \times 5 = 105\,(\bigcirc)$

6 덧셈(뺄셈)을 한 후 곱셈하기

① 문제를 읽고 상황에 맞게 **덧셈** 또는 **뺄셈**을 합니다.

더 많다, 모두, 합 ➡ **+**
더 적다, 남은, 차 ➡ **−**

② 위 ①에서 구한 값에 **곱셈**을 합니다.
한 명당 ~개씩, 한 상자에 ~개씩 ➡ **×**

---

15 (실력) □ 안에 알맞은 수를 써넣으세요.

$$\begin{array}{r} 2\,3 \\ \times \quad \square \\ \hline 9\,2 \end{array}$$

18 (실력) 은진이네 반은 여학생이 12명, 남학생이 11명입니다. 은진이네 반 학생들에게 한 사람당 빵을 2개씩 주려고 합니다. 필요한 빵은 모두 몇 개인가요?

(   )

16 (변형) 지워진 부분의 수를 구하세요.

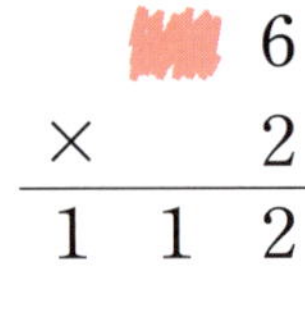

$$\begin{array}{r} \text{▩}\,6 \\ \times \quad 2 \\ \hline 1\,1\,2 \end{array}$$

(   )

19 (변형) 과일 가게에서 배 50상자 중 43상자를 팔았습니다. 한 상자에 배가 10개씩 들어 있을 때 팔고 남은 배는 몇 개인가요?

(   )

17 (레벨업) □ 안에 알맞은 수를 써넣으세요.

$$\begin{array}{r} \square\,8 \\ \times \quad \square \\ \hline 1\,9\,0 \end{array}$$

20 (레벨업) 한 상자에 파란색 색연필은 6자루, 빨간색 색연필은 파란색 색연필보다 1자루 더 많이 들어 있습니다. 7상자에 들어 있는 색연필은 모두 몇 자루인가요?

(   )

4 곱셈

7 □ 안에 들어갈 수 있는 수 구하기

□ 안에 **1**부터 **9**까지의 수를 써넣어 주어진 조건을 만족하는 수를 찾습니다.

$$13 \times \square < 30$$

□=1일 때: $13 \times 1 = 13 < 30$ (○)
□=2일 때: $13 \times 2 = 26 < 30$ (○)
□=3일 때: $13 \times 3 = 39 > 30$ (×)

➜ □ 안에 들어갈 수 있는 수: 1, 2

21  실력

1부터 9까지의 수 중에서 □ 안에 들어갈 수 있는 수를 모두 구하세요.

$$26 \times \square < 100$$

(   )

22 변형

1부터 9까지의 수 중에서 □ 안에 들어갈 수 있는 수를 모두 구하세요.

$$15 \times \square > 95$$

(   )

23 레벨업

1부터 9까지의 수 중에서 □ 안에 들어갈 수 있는 수는 모두 몇 개인지 구하세요.

$$185 > 37 \times \square$$

(   )

8 바르게 계산한 값 구하기

① 어떤 수를 □라 하여 **잘못 계산한 식**을 세웁니다.
② 위 ①의 식을 이용하여 **어떤 수**를 구합니다.
③ **바르게 계산한 값**을 구합니다.

24 실력

어떤 수에 6을 곱해야 할 것을 잘못하여 더했더니 17이 되었습니다. 바르게 계산한 값을 구하세요.

(   )

25 변형

어떤 수에 8을 곱해야 할 것을 잘못하여 뺐더니 49가 되었습니다. 바르게 계산한 값을 구하세요.

(   )

26 레벨업

바르게 계산한 값이 더 큰 사람의 이름을 쓰세요.

(   )

4
곱
셈

93

수학 독해력 유형

독해력 유형 ① 나이 구하기

✏️ 구하려는 것에 밑줄을 긋고 풀어 보세요.

🖊 해결 비법

예
- 5살보다 **2**살이 더 많습니다.
  → 5**+2**=7(살)

- 5살의 **2**배입니다.
  → 5**×2**=10(살)

💡 문제 해결

① (민재의 나이)＝10＋☐＝☐(살)

② (어머니의 나이)＝☐×☐＝☐(살)

답 ____________________

쌍둥이 유형 1-1

✏️ 위의 문제 해결 방법을 따라 풀어 보세요.

할아버지의 나이는 몇 살인지 구하세요.

따라 풀기

답 ____________________

독해력 유형 ② 모두 얼마인지 구하기

🖋 구하려는 것에 밑줄을 긋고 풀어 보세요.

현서네 학교 3학년은 한 반에 23명씩 4개 반이 있습니다. 3학년 학생들이 한 사람당 책을 3권씩 기부하기로 하였다면 기부할 책은 모두 몇 권인지 구하세요.

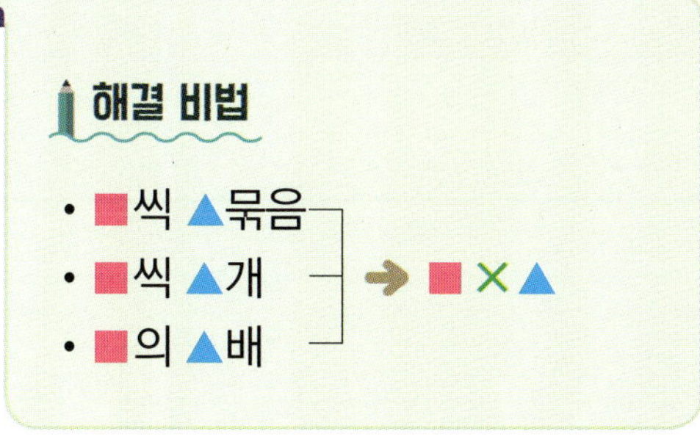

🖊 해결 비법

- ■씩 ▲묶음
- ■씩 ▲개 ➡ ■ × ▲
- ■의 ▲배

💡 문제 해결

❶ (현서네 학교 3학년 학생 수)＝23 × ☐ ＝ ☐ (명)

❷ (기부할 책의 수)＝ ☐ × 3 ＝ ☐ (권)

답 _______________

4

곱셈

🖋 위의 문제 해결 방법을 따라 풀어 보세요.

쌍둥이 유형 2-1

보검이네 학교 3학년은 한 반에 22명씩 3개 반이 있습니다. 3학년 학생들에게 한 사람당 연필을 4자루씩 주려고 합니다. 필요한 연필은 모두 몇 자루인지 구하세요.

따라 풀기

답 _______________

쌍둥이 유형 2-2

시안이네 학교 3학년은 한 반에 18명씩 5개 반이 있습니다. 3학년 학생들이 한 사람당 우유를 한 개씩 매일 마신다면 5일 동안 모두 몇 개의 우유를 마시는지 구하세요.

따라 풀기

답 _______________

독해력 유형 ③ 겹치게 이어 붙인 색 테이프의 전체 길이 구하기　　✏️ 구하려는 것에 밑줄을 긋고 풀어 보세요.

길이가 20 cm인 색 테이프 4장을 그림과 같이 3 cm씩 겹치게 이어 붙였습니다. 이어 붙인 색 테이프의 전체 길이는 몇 cm인가요?

20 cm

3 cm

🖊️ 해결 비법

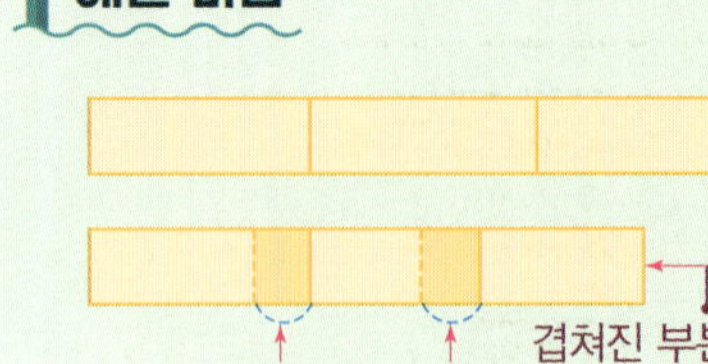

겹쳐진 부분　　겹쳐진 부분만큼 길이가 줄어듭니다.

색 테이프 3장의 겹쳐진 부분은 2군데입니다.
└→ 3−1

(이어 붙인 색 테이프의 전체 길이)
　=(색 테이프 ●장의 길이의 합)
　−(겹쳐진 부분의 길이의 합)
　　└→ (●−1) 군데

💡 문제 해결

❶ (색 테이프 4장의 길이의 합)=☐×4=☐ (cm)

❷ 겹쳐진 부분의 수: ☐−1=☐ (군데)

→ (겹쳐진 부분의 길이의 합)=3×☐=☐ (cm)
　　└→ 겹쳐진 부분의 길이

❸ (이어 붙인 색 테이프의 전체 길이)
　=☐−☐=☐ (cm)

답 ________________

96

쌍둥이 유형 3-1　　✏️ 위의 문제 해결 방법을 따라 풀어 보세요.

길이가 42 cm인 색 테이프 5장을 그림과 같이 8 cm씩 겹치게 이어 붙였습니다. 이어 붙인 색 테이프의 전체 길이는 몇 cm인가요?

42 cm

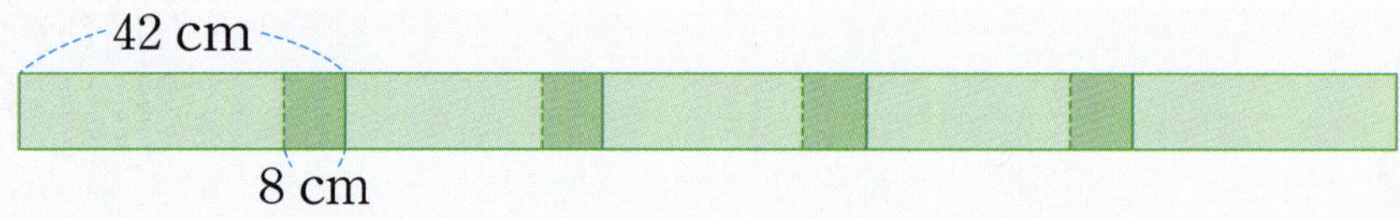

8 cm

따라 풀기

답 ________________

공부한 날   월   일

독해력 유형 ④ 수 카드로 곱이 가장 큰(작은) 곱셈식 만들기

🖊 구하려는 것에 밑줄을 긋고 풀어 보세요.

3장의 수 카드를 한 번씩만 사용하여 곱이 가장 큰 (몇십몇)×(몇)을 만들었을 때 그 곱을 구하세요.

3   5   6

🖊 해결 비법

📌 수 카드 1 , 2 , 3 으로 (몇십몇)×(몇) 만들기

- 곱이 **가장 큰** 곱셈식
  → 2 1 × 3 =63

  남은 두 수로 만든 더 큰 수 / 가장 큰 수

- 곱이 **가장 작은** 곱셈식
  → 2 3 × 1 =23

  남은 두 수로 만든 더 작은 수 / 가장 작은 수

💡 문제 해결

❶ 수 카드의 수의 크기 비교하기: 6 > ☐ > ☐

┌ 알맞은 말에 ○표 하기

❷ 곱이 가장 크려면 곱하는 수인 몇에 가장 (큰 , 작은) 수인 ☐ 을/를 쓰고, 남은 두 수로 더 큰 몇십몇인 ☐ 을/를 만듭니다.

❸ 곱이 가장 큰 (몇십몇)×(몇)
  → ☐ × ☐ = ☐

답 ________________________

4

곱
셈

🖊 위의 문제 해결 방법을 따라 풀어 보세요.

쌍둥이 유형 4-1

3장의 수 카드 6 , 8 , 2 를 한 번씩만 사용하여 곱이 가장 큰 (몇십몇)×(몇)을 만들었을 때 그 곱을 구하세요.

따라 풀기

답 ________________________

쌍둥이 유형 4-2

3장의 수 카드 2 , 7 , 4 를 한 번씩만 사용하여 곱이 가장 작은 (몇십몇)×(몇)을 만들었을 때 그 곱을 구하세요.

따라 풀기

답 ________________________

97

유형 TEST

1 수 모형을 보고 □ 안에 알맞은 수를 써넣으세요.

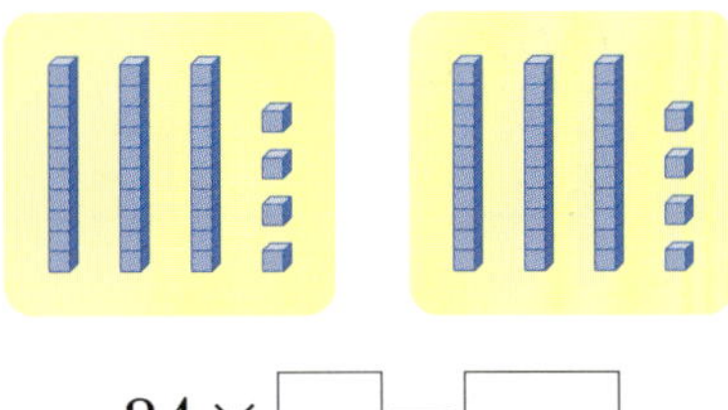

$$34 \times \boxed{} = \boxed{}$$

2 계산해 보세요.

(1)
$$\begin{array}{r} 5\ 3 \\ \times \quad 3 \\ \hline \end{array}$$

(2)
$$\begin{array}{r} 2\ 9 \\ \times \quad 3 \\ \hline \end{array}$$

3 수직선을 보고 □ 안에 알맞은 수를 써넣으세요.

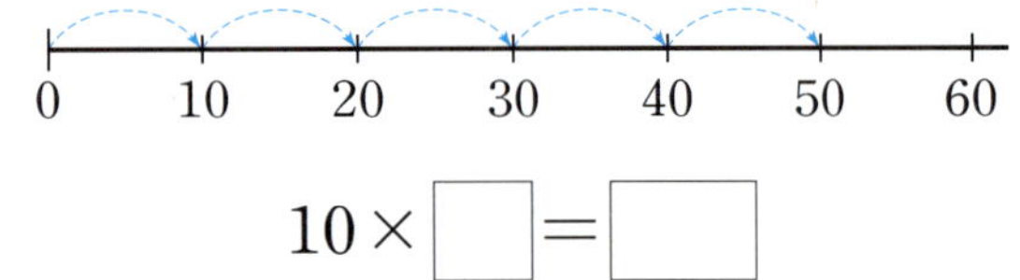

$$10 \times \boxed{} = \boxed{}$$

4 오른쪽 곱셈식에서 □ 안의 수 1이 실제로 나타내는 수는 얼마인가요?

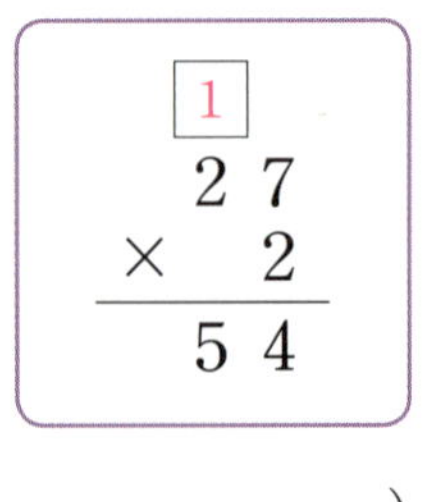

$$\begin{array}{r} \overset{\boxed{1}}{2}\ 7 \\ \times \quad 2 \\ \hline 5\ 4 \end{array}$$

(   )

5 빈 곳에 두 수의 곱을 써넣으세요.

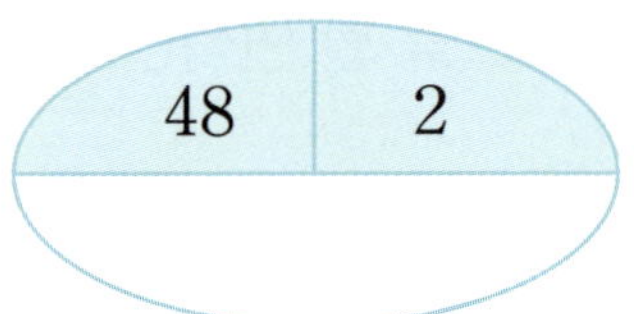

6 43×3의 계산 결과를 바르게 쓴 사람의 이름을 쓰세요.

(   )

문제 해결

7 영은이는 84×3을 계산한 값을 242라고 써서 틀렸습니다. 잘못 계산한 곳을 찾아 바르게 계산해 보세요.

8 빈칸에 알맞은 수를 써넣으세요.

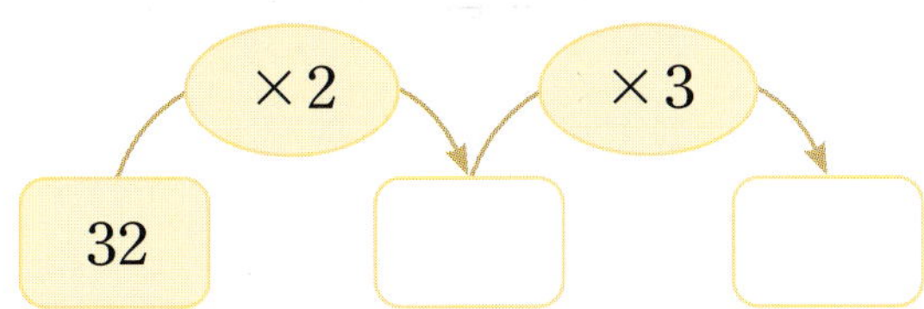

9 가장 큰 수와 가장 작은 수의 곱을 구하세요.

54	5	58

(   )

10 계산 결과를 비교하여 ○ 안에 >, =, < 중 알맞은 것을 써넣으세요.

$$46 \times 2 \bigcirc 33 \times 3$$

11 계산 결과가 같은 것끼리 이어 보세요.

11×8 ·   · 14×8

16×7 ·   · 22×4

12 영준이네 학교 3학년 학생들이 버스를 타고 현장 체험 학습을 갔습니다. 버스 한 대에 21명씩 4대에 탔다면, 버스에 탄 3학년 학생들은 모두 몇 명인가요?

(   )

🔵 연결

13 성윤이 아버지께서는 밭에서 캔 감자를 한 상자에 63개씩 담았습니다. 감자를 담은 상자가 3상자라면 상자에 담은 감자는 모두 몇 개인가요?

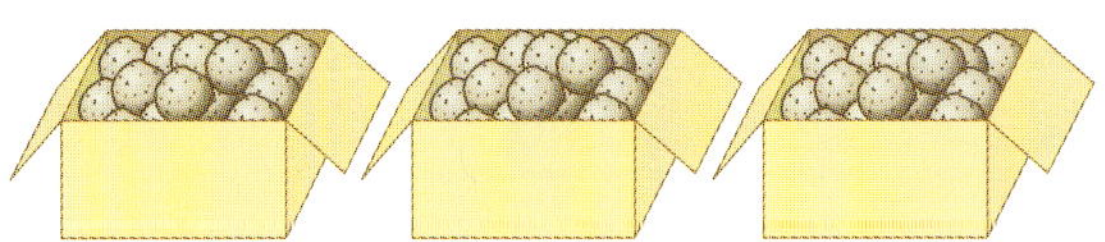

식

답 ___________________

14 ☐ 안에 알맞은 수를 써넣으세요.

$$\begin{array}{r} 2\,\square \\ \times\quad 7 \\ \hline 1\ 7\ 5 \end{array}$$

4
곱
셈

99

15 나타내는 수가 가장 큰 것을 찾아 기호를 쓰세요.

> ㉠ 32의 4배
> ㉡ 40씩 2묶음
> ㉢ 34＋34＋34

( )

16 목걸이 한 개를 만드는 데 구슬이 43개 필요합니다. 목걸이 4개를 만드는 데 필요한 구슬은 모두 몇 개인가요?

식 ______________________________

답 ______________________________

추론

17 보기 에서 규칙을 찾아 빈 곳에 알맞은 수를 써넣으세요.

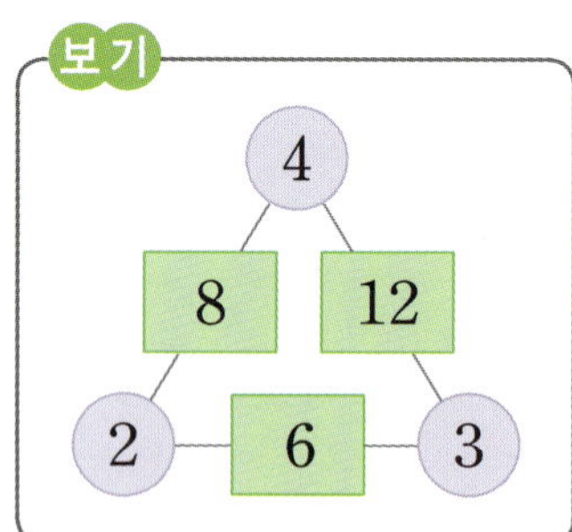

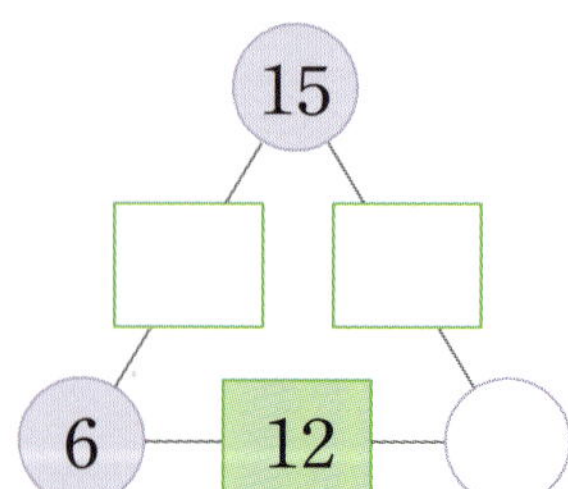

18 한 상자에 흰색 탁구공 6개와 주황색 탁구공 8개가 들어 있습니다. 5상자에 들어 있는 탁구공은 모두 몇 개인가요?

( )

19 하영이는 부모님과 함께 연극 공연을 보러 소극장에 갔습니다. 좌석이 17개씩 8줄 있는 소극장에 125명이 입장하여 좌석 한 개에 한 명씩 앉았다면 남은 좌석은 몇 개인가요?

출처: ©Vectors Bang / Shutter Stock

( )

의사소통

20 지수가 가지고 있는 붙임딱지는 몇 장인가요?

> 연수: 나는 붙임딱지를 13장 가지고 있어.
> 예진: 나는 연수가 가지고 있는 붙임딱지 수의 5배를 가지고 있어.
> 지수: 나는 예진이가 가지고 있는 붙임딱지 수의 2배를 가지고 있어.

( )

4 곱셈

21 가와 나 상자 중에서 색종이가 어느 상자에 몇 장 더 많은가요?

> • 가 상자: 30장씩 3묶음
> • 나 상자: 39장씩 2묶음

(,   )

22 3장의 수 카드를 한 번씩만 사용하여 곱이 가장 큰 (몇십몇)×(몇)을 만들었을 때 그 곱을 구하세요.

2   5   8

(   )

서술형

23 1부터 9까지의 수 중에서 □ 안에 들어갈 수 있는 수를 모두 구하려고 합니다. 풀이 과정을 쓰고 답을 구하세요.

$$126 > 42 \times \square$$

풀이 ____________________

____

____

____

답 ____________________

서술형

24 어떤 수에 9를 곱해야 할 것을 잘못하여 더했더니 52가 되었습니다. 바르게 계산한 값은 얼마인지 풀이 과정을 쓰고 답을 구하세요.

풀이 ____________________

____

____

____

____

답 ____________________

서술형

25 주희네 학교 3학년은 한 반에 19명씩 4개 반이 있습니다. 3학년 학생들이 신환경 화분을 만들기 위해 한 사람당 페트병을 2개씩 모았습니다. 모은 페트병은 모두 몇 개인지 풀이 과정을 쓰고 답을 구하세요.

풀이 ____________________

____

____

____

____

____

답 ____________________

4

곱셈

5. 길이와 시간

큐알 코드를 찍으면 개념 학습
영상을 볼 수 있어요.

이 단원을 왜 배우는지 알아봐요.

자~ 내일 늦지 않도록 오세요!
네~

다음 날
쨍
쨍~

안녕~
안녕~

놀이공원까지 거리가 얼마야?
15 km 정도?

약속 시간까지 30분 남았어!
깜짝!

허둥
어떻게 갈지 빨리 결정해야 해!
지둥

km?
!
?
mm?
내가 km를 모른다면?

내가 km를 잘 안다면?

1 km는 10 m였던가?
그럼 걸어가도 충분하겠네!
그런가..

헥헥~ 도대체 언제 도착하는 거야!
으아~!

부릉 부릉..
15 km는 걷기에 너무 먼 거리니까 버스를 타자.
다다다—
Fresh

도착했다! 역시 버스를 타길 잘했어!
놀이공원

개념별 유형

개념 **1** 1 cm보다 작은 단위

1. 1 mm 알아보기

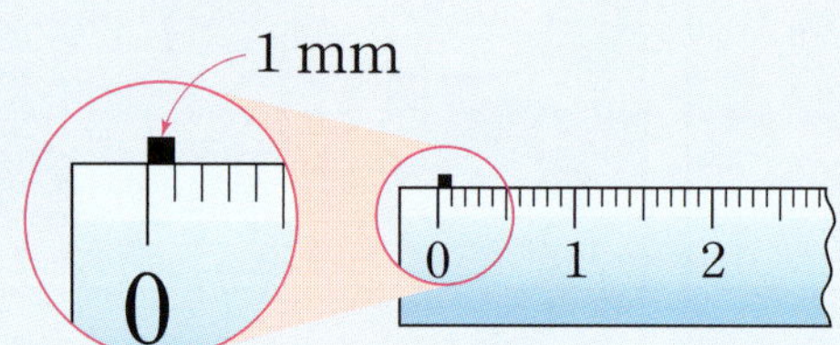

1 cm(⌐)를 10칸으로 똑같이 나누었을 때(⊓⊓⊓) 그림과 같은 작은 눈금 한 칸의 길이(•)를 **1 mm**라 쓰고 **1** 밀리미터라고 읽습니다.

$$1 \text{ mm}$$

1 cm＝10 mm

2. 몇 cm 몇 mm와 몇 mm로 나타내기

예 3 cm보다 7 mm 더 긴 것

→ 쓰기 **3 cm 7 mm**

읽기 **3** 센티미터 **7** 밀리미터

3 cm 7 mm＝37 mm

3 cm 7 mm＝3 cm＋7 mm
＝30 mm＋7 mm＝37 mm

▶ 개념 동영상

---

1 □ 안에 알맞은 수를 써넣으세요.

1 cm＝□ mm

2 주어진 길이를 쓰고, 읽어 보세요.

2 cm 8 mm

쓰기 ____________________

읽기 ____________________

---

3 클립의 길이를 쓰세요.

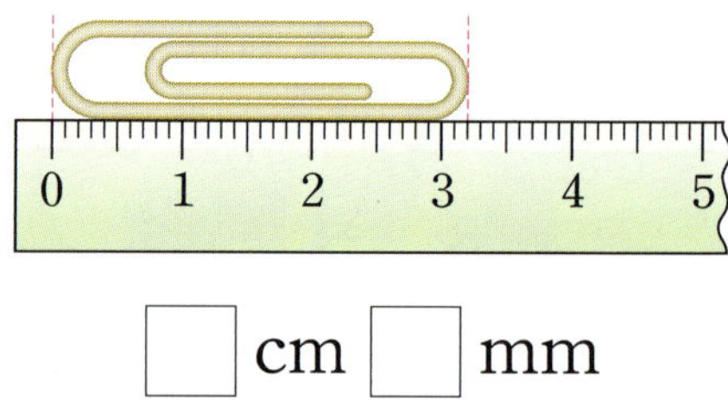

□ cm □ mm

4 □ 안에 알맞은 수를 써넣으세요.

96 mm＝90 mm＋□ mm

＝□ cm＋□ mm

＝□ cm □ mm

정보처리

5 물건에서 표시한 부분의 길이를 자로 재어 보세요.

(1)

연필심의 길이는 □ mm입니다.

(2)
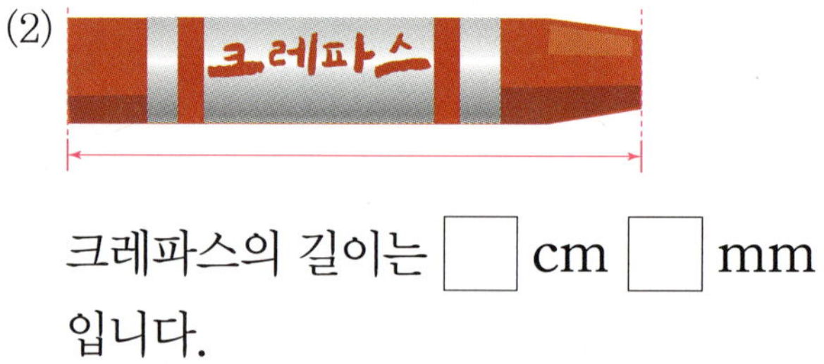

크레파스의 길이는 □ cm □ mm 입니다.

6 자를 사용하여 주어진 길이를 그어 보세요.

4 cm 5 mm

7 □ 안에 알맞은 수를 써넣으세요.

(1) 7 cm 4 mm = ☐ mm

(2) 26 mm = ☐ cm ☐ mm

8 지우개의 길이를 자로 재어 □ 안에 알맞은 수를 써넣으세요.

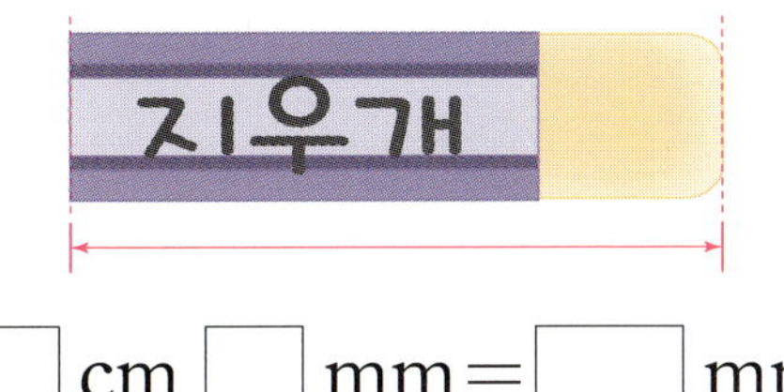

☐ cm ☐ mm = ☐ mm

9 계산기 긴 쪽의 길이를 재어 보니 167 mm 였습니다. 계산기 긴 쪽의 길이는 몇 cm 몇 mm인가요?

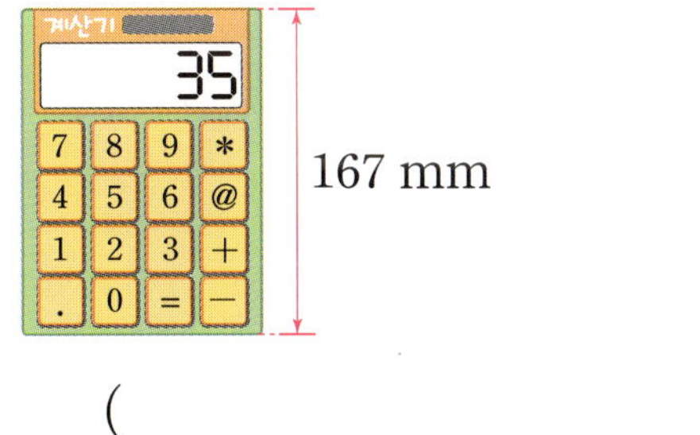

(   )

 의사소통

10 길이를 <u>잘못</u> 말한 문장의 기호를 쓰세요.

> ㉠ 12 cm는 1200 mm와 길이가 같습니다.
> ㉡ 13 cm보다 8 mm 더 긴 길이는 138 mm입니다.

(   )

개념 2   1 m보다 큰 단위

1. **1 km 알아보기**

1000 m를 **1 km**라 쓰고 **1 킬로미터**라고 읽습니다.

$$1\,km$$

1000 m = 1 km

2. **몇 km 몇 m와 몇 m로 나타내기**

예 2 km보다 300 m 더 긴 것

→ (쓰기) **2 km 300 m**

(읽기) **2 킬로미터 300 미터**

2 km 300 m = 2300 m

2 km 300 m = 2 km + 300 m
= 2000 m + 300 m = 2300 m

> 길이의 단위를 작은 단위부터 차례로 쓰면 mm, cm, m, km야.

▶ 개념 동영상

5

길이와 시간

11 □ 안에 알맞은 수를 써넣으세요.

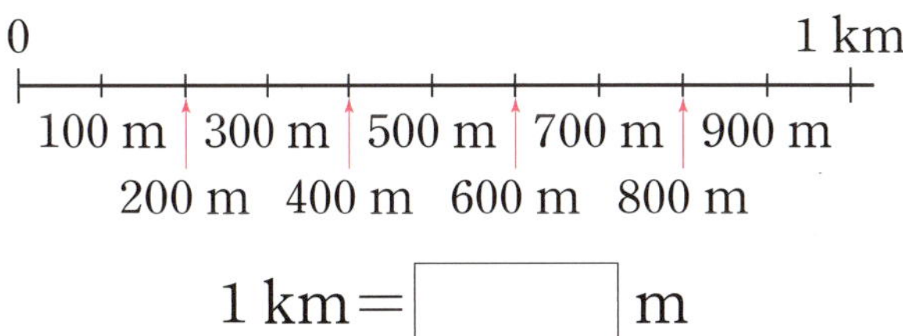

1 km = ☐ m

12 주어진 길이를 쓰고, 읽어 보세요.

5 km 400 m

쓰기 ______________________

읽기 ______________________

개념별 유형

13 □ 안에 알맞은 수를 써넣으세요.

> 3 km보다 280 m 더 긴 길이

→ □ km □ m

14 집에서 경찰서를 지나 도서관까지 가는 거리는 얼마인지 □ 안에 알맞은 수를 써넣으세요.

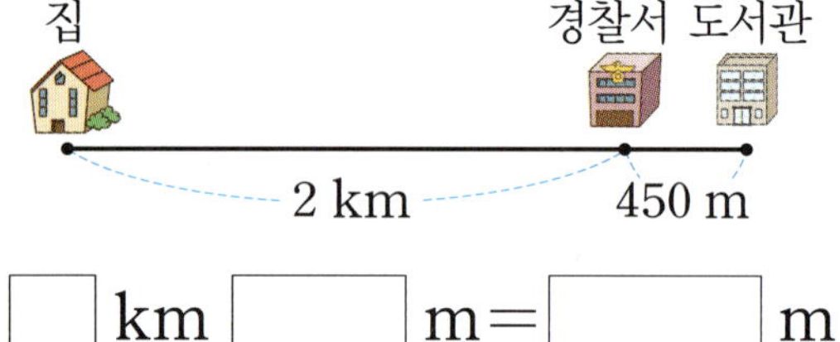

□ km □ m = □ m

15 □ 안에 알맞은 수를 써넣으세요.

(1) 4 km 190 m = □ m

(2) 7300 m = □ km □ m

16 원효대교의 길이는 1 km보다 470 m 더 깁니다. 원효대교의 길이는 몇 m인가요?

( )

17 같은 길이끼리 이어 보세요.

8000 m	•	•	2 km 8 m
2 km 80 m	•	•	2080 m
2008 m	•	•	8 km

18 수직선을 보고 □ 안에 알맞은 수를 써넣으세요.

(1) 2 km 200 m

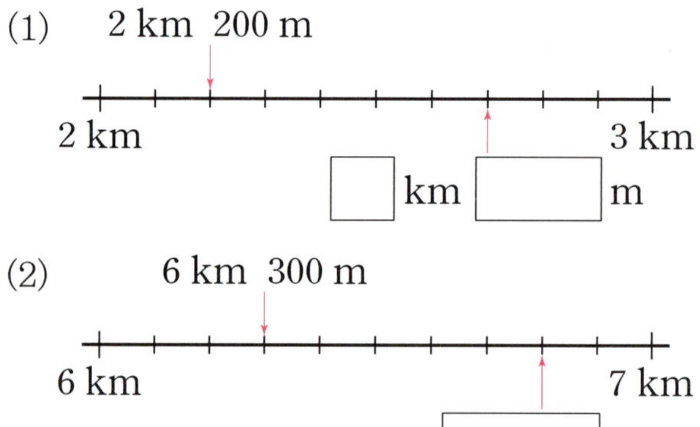

2 km ～ 3 km

□ km □ m

(2) 6 km 300 m

6 km ～ 7 km

□ m

19 표지판에 적힌 거리를 km를 사용하여 각각 나타내고, m대신 km를 사용하여 길이를 나타내면 어떤 점이 좋은지 쓰세요.

정상: □ km

천재봉: □ km

좋은 점 _______________

개념 3 길이를 어림하고 재어 보기

예 색연필의 길이를 어림하고 재어 보기

(1) 어림한 길이

클립의 길이는 약 2 cm인데 색연필의 길이는 클립 3개의 길이와 비슷하므로 **약 6 cm**입니다.

(2) 자로 잰 길이

6 cm보다 3 mm 더 긴 길이이므로 **6 cm 3 mm**입니다.

▶ 개념 동영상

[20~21] 연필의 길이를 어림하여 □ 안에 알맞은 수를 써넣으세요.

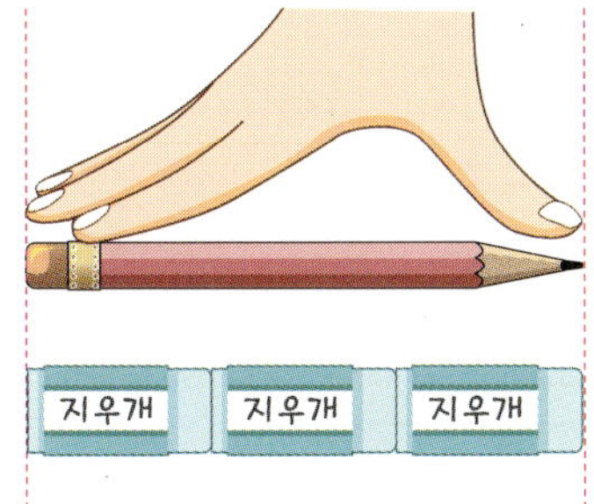

20 손 한 뼘의 길이가 약 15 cm인데 이 길이와 비슷하므로 연필의 길이는 약 □ cm입니다.

21 지우개 한 개의 길이가 약 5 cm인데 이 지우개 3개의 길이와 비슷하므로 연필의 길이는 약 □ cm입니다.

[22~23] 물건의 길이를 어림하고, 자로 재어 보세요.

22

어림한 길이	잰 길이
약	

23

어림한 길이	잰 길이
약	

🖊 문제 해결

24 자석의 길이를 자로 재어 쓰고, 건우와 서아 중 실제 길이에 더 가깝게 어림한 사람의 이름을 쓰세요.

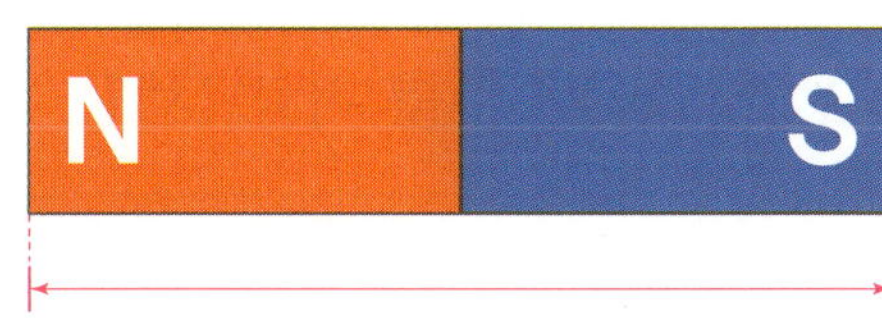

자로 잰 길이: □ cm □ mm

건우

서아

(   )

개념 4 거리를 어림하고 재어 보기

예 집에서 병원까지의 거리를 어림하기

약 500 m
집 학교 병원

집에서 병원까지의 거리는 집에서 학교까지의 거리의 약 2배이므로 **약 1 km**입니다.
└→ 약 500 m

[25~27] 그림을 보고 매표소에서 각 장소까지의 거리를 어림하려고 합니다. 물음에 답하세요.

약 1 km
매표소 놀이터 매점 전망대

25 매표소에서 매점까지의 거리는 매표소에서 놀이터까지 거리의 약 몇 배 정도 되나요?

약 (   )

26 □ 안에 알맞은 수를 써넣으세요.

매표소에서 놀이터까지의 거리가 약 □ km이므로 매표소에서 매점까지의 거리는 약 □ km 입니다.

27 매표소에서 약 3 km 떨어진 곳에 있는 장소는 어디인가요?

(   )

28 길이가 1 km보다 긴 것의 기호를 쓰세요.

㉠ 축구장 긴 쪽의 길이
㉡ 한라산의 높이

(   )

[29~30] 그림을 보고 물음에 답하세요.

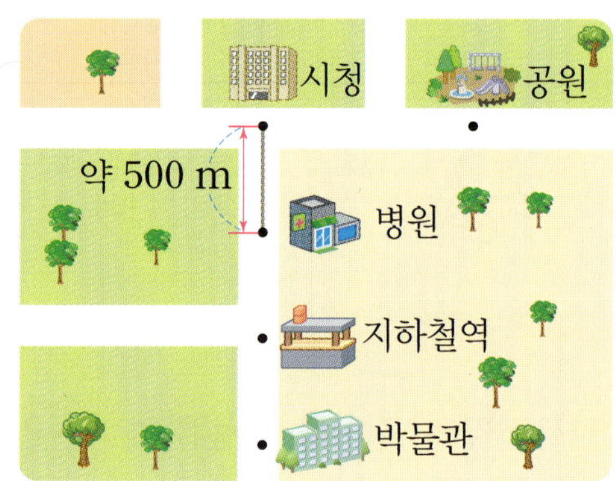

29 시청에서 약 1 km 떨어진 곳에는 어떤 장소가 있는지 모두 찾아 쓰세요.

(   )

정보처리

30 거리를 어림하여 문장을 완성해 보세요.

(1) 병원에서 박물관까지의 거리는
약 □ 입니다.

(2) 시청에서 거리가 약 1 km 500 m 떨어진 곳에는 □ 이 있습니다.

길이와 시간

5

➕개념 **5** 알맞은 단위 선택하기

1 cm＝10 mm, 1 m＝100 cm이고,
1 km＝1000 m임을 생각하며 상황에 알맞은 단위를 선택합니다.

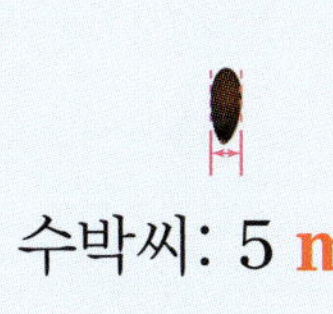
수박씨: 5 **mm**

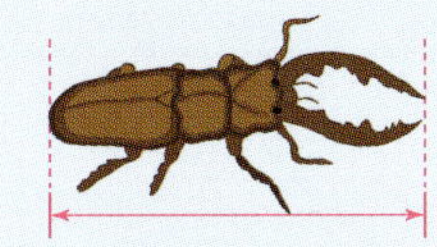
사슴벌레: 5 **cm**

야자나무: 5 **m**

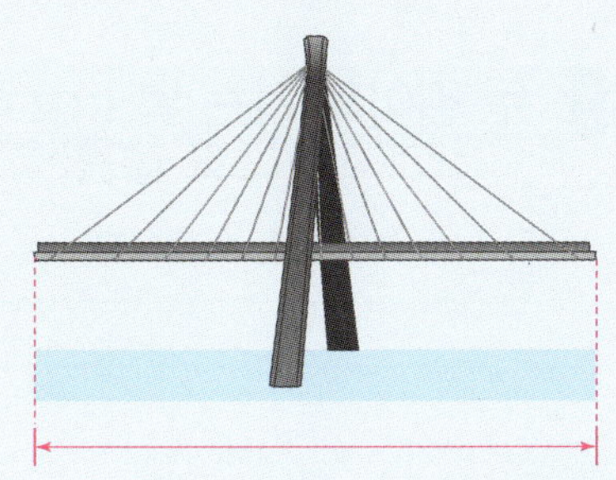
다리의 길이: 5 **km**

31 알맞은 단위에 ◯표 하세요.

(1) 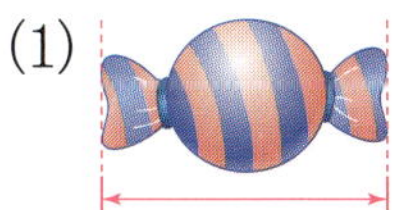 사탕의 길이는
약 4 (mm , cm)입니다.

(2)  공원의 호수 둘레는
약 4 (m , km)입니다.

🔋 추론

32 보기 에서 알맞은 길이를 골라 문장을 완성해 보세요.

보기

| 2 km 400 m   5 mm   1 m 80 cm |

(1) 책의 두께는 [   ]입니다.

(2) 병원에서 학교까지의 거리는
[   ]입니다.

➕개념 **6** 길이 단위 사이의 관계

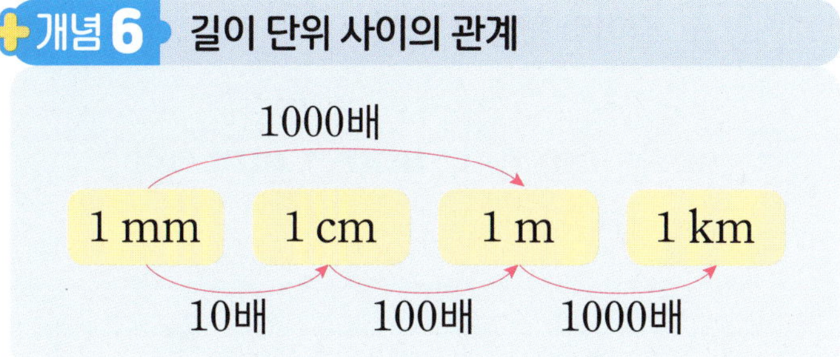

33 □ 안에 알맞은 수를 써넣으세요.

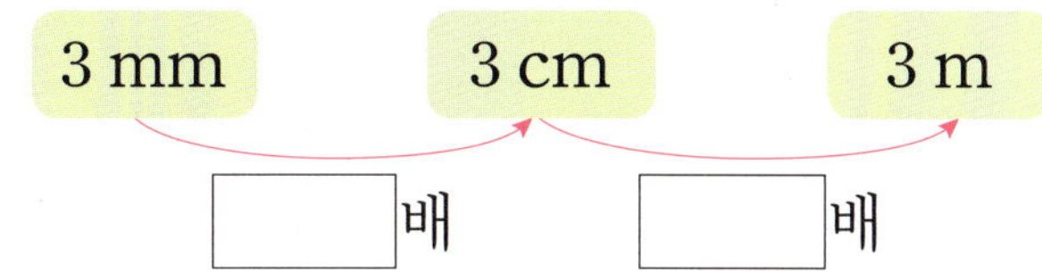

[   ]배   [   ]배

34 ㉠과 ㉡에 알맞은 수를 각각 구하세요.

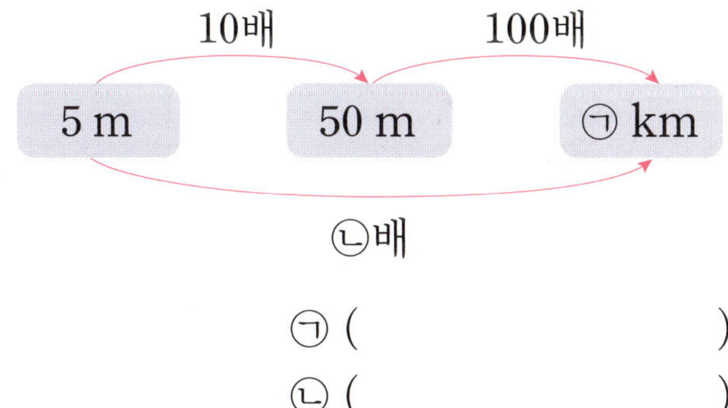

㉠ (   )
㉡ (   )

🔧 문제 해결

35 하준이네 집에서 할머니 댁까지의 거리는 2 m의 1000배입니다. 하준이네 집에서 할머니 댁까지의 거리는 몇 km인가요?

(   )

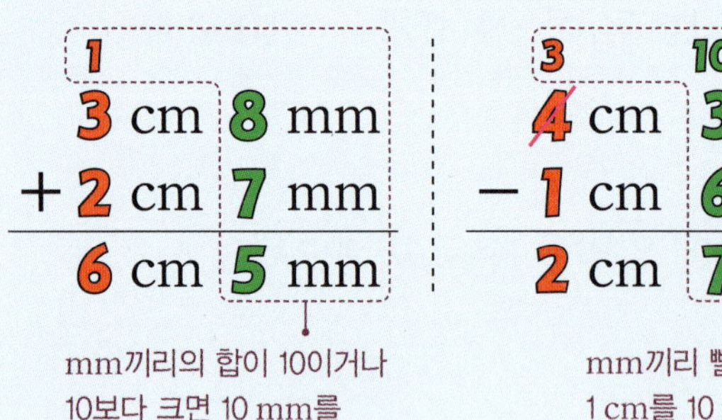 개념 **7** 길이의 덧셈과 뺄셈

cm는 cm끼리, mm는 mm끼리 계산합니다.

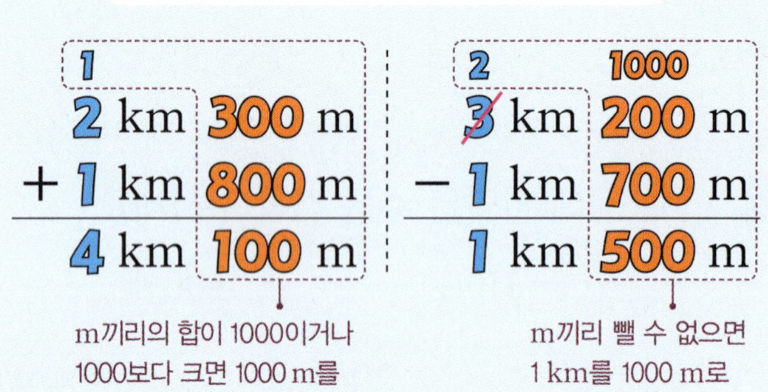

mm끼리의 합이 10이거나 10보다 크면 10 mm를 1 cm로 받아올림합니다.

mm끼리 뺄 수 없으면 1 cm를 10 mm로 받아내림합니다.

km는 km끼리, m는 m끼리 계산합니다.

m끼리의 합이 1000이거나 1000보다 크면 1000 m를 1 km로 받아올림합니다.

m끼리 뺄 수 없으면 1 km를 1000 m로 받아내림합니다.

5
길이와 시간

110

---

36 □ 안에 알맞은 수를 써넣으세요.

(1) 3 cm 2 mm + 4 cm 6 mm
= □ cm □ mm

(2) 5 cm 7 mm − 2 cm 4 mm
= □ cm □ mm

37 계산해 보세요.

(1) 6 km 800 m + 2 km 100 m

(2) 9 km 400 m − 5 km 200 m

---

38 □ 안에 알맞은 수를 써넣으세요.

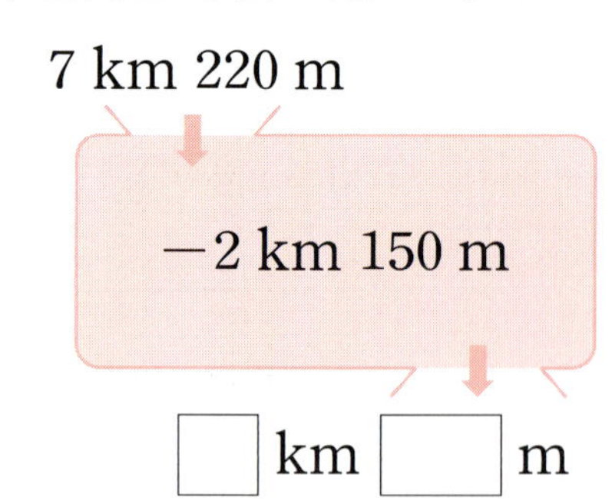

7 km 220 m

− 2 km 150 m

□ km □ m

39 두 길이의 차는 몇 cm 몇 mm인가요?

| 8 cm 3 mm | 3 cm 6 mm |

( )

40 잘못 계산한 것의 기호를 쓰세요.

```
㉠    12 cm   6 mm
    +  3 cm   5 mm
      16 cm   1 mm

㉡     8 km   850 m
    +  4 km   300 m
      12 km   150 m
```

( )

41 지우네 집에서 버스 정류장을 지나 학교까지 가려면 몇 km 몇 m를 가야 하나요?

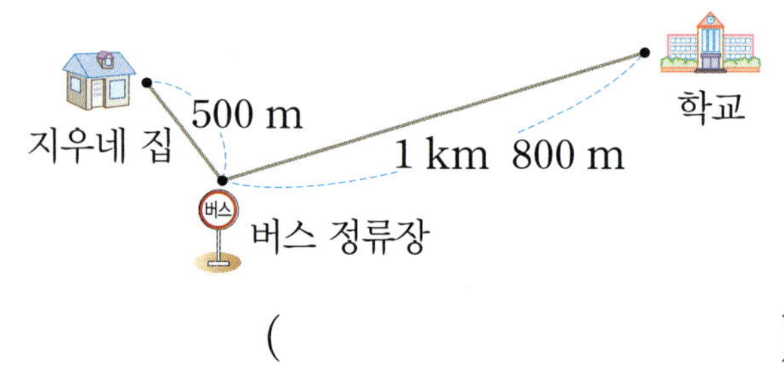

( )

1~7 형성 평가

맞힌 문제 수 　　개 / 8개

공부한 날　　월　　일

---

1 옷핀의 길이를 쓰세요.

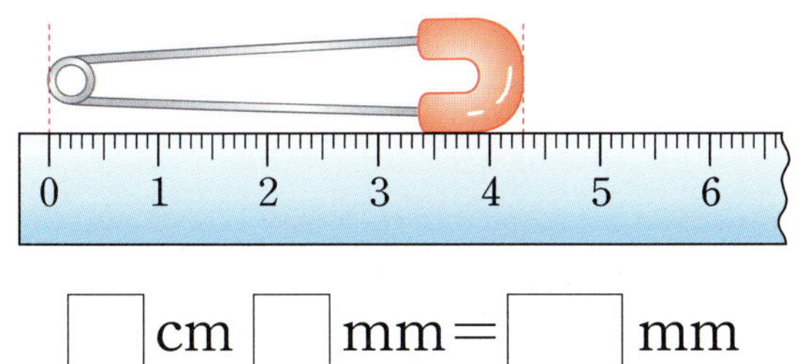

□ cm □ mm = □ mm

---

2 알맞은 단위에 ○표 하세요.

(1) 둘레길의 전체 길이는
　　약 5 (cm , m , km)입니다.

(2) 공책의 두께는
　　약 3 (mm , cm , m)입니다.

---

3 □ 안에 알맞은 수를 써넣으세요.

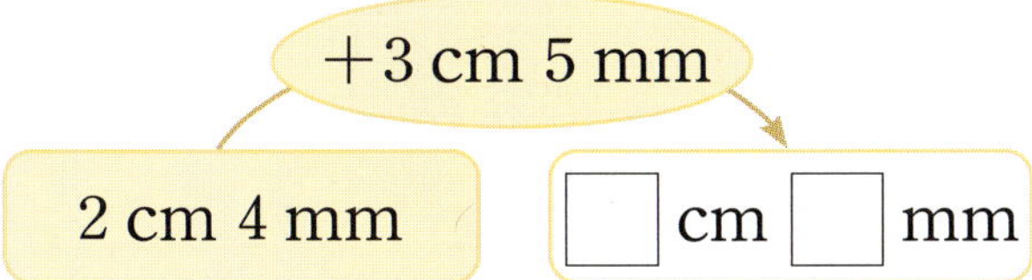

---

4 계산해 보세요.

$$\begin{array}{r} 7\ \text{km}\ \ 200\ \text{m} \\ -\ 3\ \text{km}\ \ 400\ \text{m} \\ \hline \end{array}$$

---

5 색 테이프의 길이를 어림하고, 자로 재어 보세요.

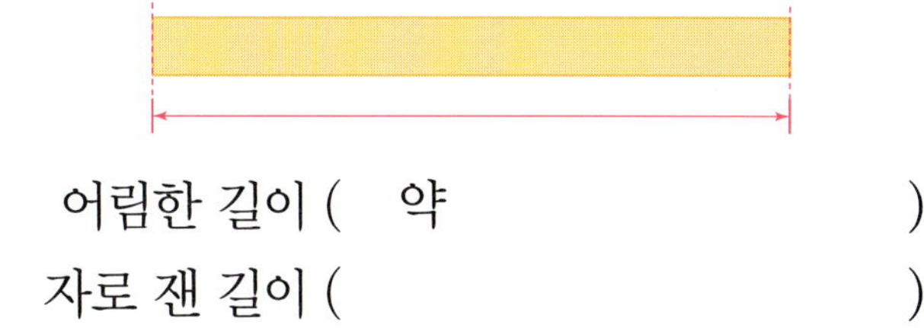

어림한 길이 (약　　　　　　　　)

자로 잰 길이 (　　　　　　　　　　)

---

6 길이가 1 km보다 긴 것은 어느 것인가요?

(　　　　)

① 의자의 높이　　② 버스의 길이

③ 우산의 길이　　④ 농구 골대의 높이

⑤ 서울과 제주특별자치도 사이의 거리

---

7 □ 안에 알맞은 수를 써넣으세요.

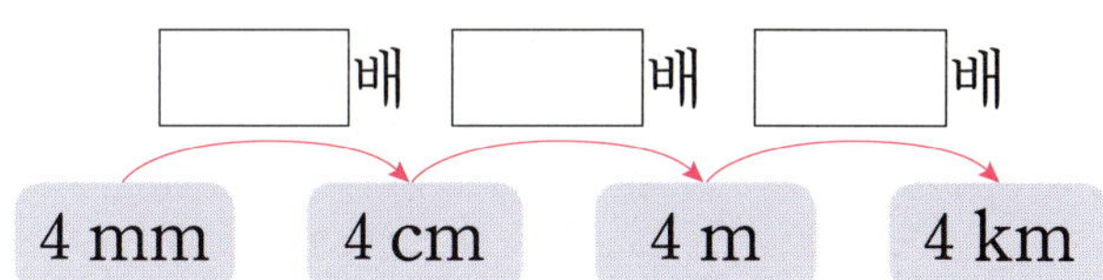

---

8 수호네 집에서 피아노 학원까지의 거리는 700 m보다 300 m 더 멉니다. 수호네 집에서 피아노 학원까지의 거리는 몇 km인가요?

(　　　　　　　　)

5 길이와 시간

개념 **8** 1분보다 작은 단위

1. **1초**: 초바늘이 작은 눈금 한 칸을 가는 동안 걸리는 시간

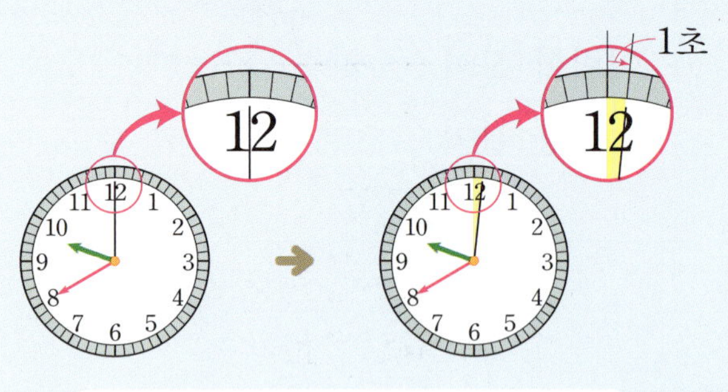

2. **60초**: 초바늘이 시계를 한 바퀴 도는 데 걸리는 시간

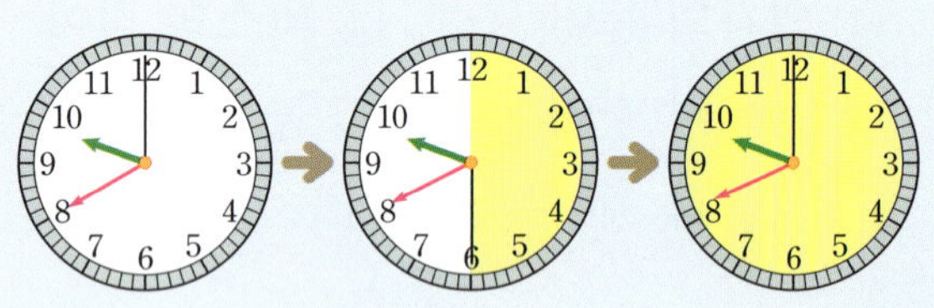

▶ 개념 동영상

112

1 □ 안에 알맞은 수를 써넣으세요.

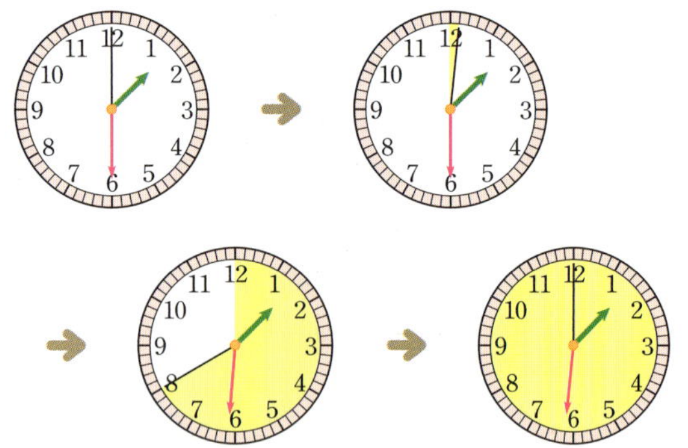

(1) 초바늘이 작은 눈금 한 칸을 가는 동안 걸리는 시간은 □ 초입니다.

(2) 초바늘이 시계를 한 바퀴 도는 데 걸리는 시간은 □ 초입니다.

2 1초 동안 할 수 있는 일을 찾아 기호를 쓰세요.

> ㉠ 일기 쓰기 ㉡ 숙제 하기
> ㉢ 책 1쪽 넘기기 ㉣ 교실 청소하기

( )

3 □ 안에 알맞은 수를 써넣으세요.

(1) 1분 30초= □ 초

(2) 110초= □ 분 □ 초

 추론

4 분, 초 중에서 알맞은 단위를 골라 □ 안에 써넣으세요.

(1) 100 m 달리기를 하는 데 걸리는 시간

→ 19 □

(2) 애국가 4절까지 듣는 데 걸리는 시간

→ 4 □

5 □ 안에 알맞은 수를 써넣으세요.

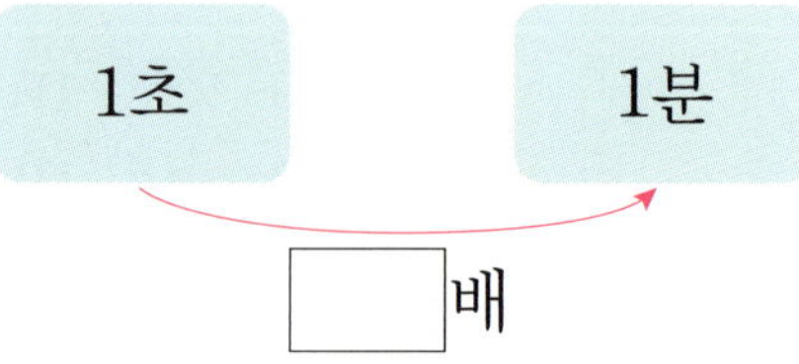

6 시간의 단위를 잘못 사용하여 말한 사람은 누구인가요?

(   )

7 같은 시간끼리 이어 보세요.

2분	·	·	120초
3분 20초	·	·	160초
		·	200초

8 윤서가 옷을 갈아입는 데 172초가 걸렸습니다. 윤서가 옷을 갈아입는 데 걸린 시간은 몇 분 몇 초인가요?

(   )

🔍 **정보처리**

9 민아의 오래 매달리기 기록은 4분 38초입니다. 민아와 오래 매달리기 기록이 같은 사람은 선호와 현우 중 누구인가요?

선호	현우
278초	438초

(   )

＋ 개념 9 초 단위 시각 읽기

시각을 읽을 때에는 시 ➡ 분 ➡ 초의 순서로 읽습니다.

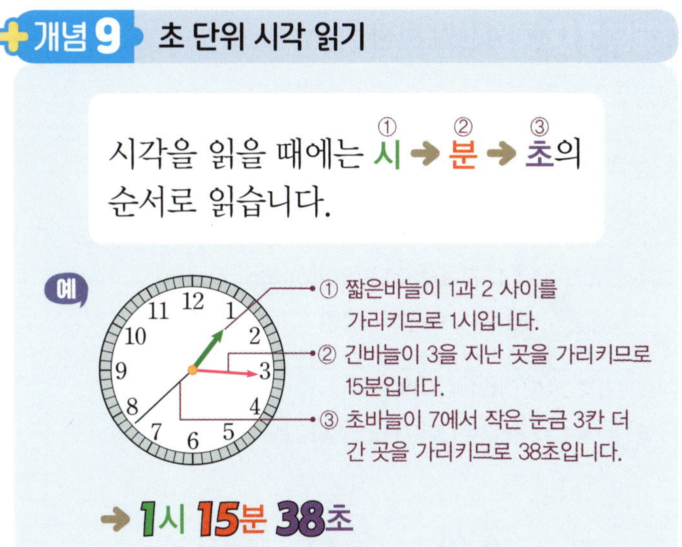

10 시각을 읽어 보세요.

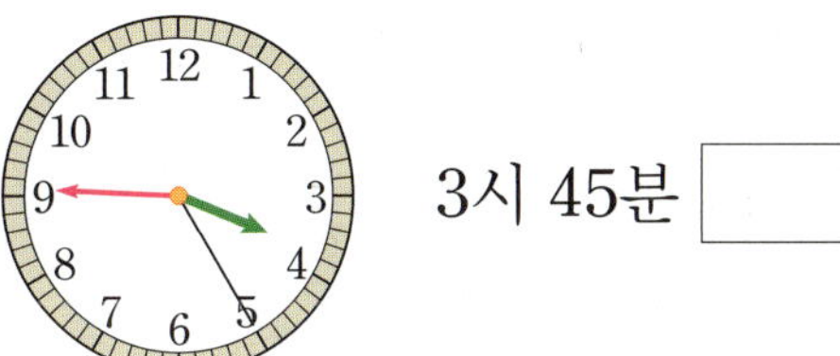

3시 45분 ☐ 초

11 시각에 맞게 초바늘을 그려 넣으세요.

5시 15분 40초

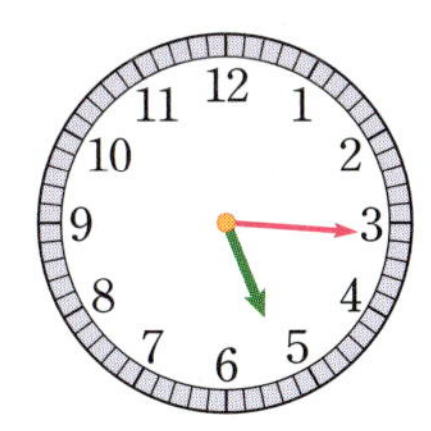

12 오른쪽은 성연이가 일어난 시각입니다. 성연이가 일어난 시각을 읽어 보세요.

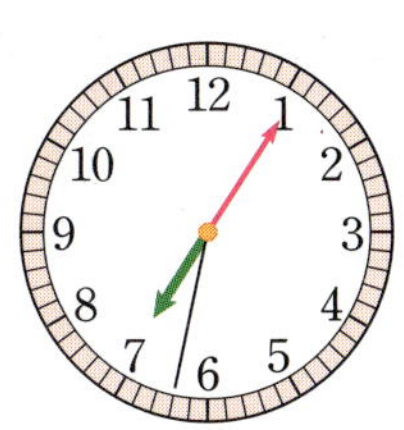

☐ 시 ☐ 분 ☐ 초

개념 **10** 시간의 덧셈

시는 **시**끼리, **분**은 **분**끼리, **초**는 **초**끼리 더합니다.

같은 단위끼리의 합이 60이거나 60보다 크면 60초를 1분으로, 60분을 1시간으로 받아올림해.

예 · (시각)＋(시간)＝(시각)

$$
\begin{array}{r}
2\text{시} \quad 40\text{분} \quad \overset{1}{55}\text{초} \\
+\ 1\text{시간} \quad 8\text{분} \quad 15\text{초} \\
\hline
3\text{시} \quad 49\text{분} \quad 10\text{초}
\end{array}
$$

55＋15＝70＝60＋10

· (시간)＋(시간)＝(시간)

$$
\begin{array}{r}
3\text{시간} \quad \overset{1}{45}\text{분} \quad 12\text{초} \\
+\ \qquad 30\text{분} \quad 10\text{초} \\
\hline
4\text{시간} \quad 15\text{분} \quad 22\text{초}
\end{array}
$$

45＋30＝75＝60＋15

시각은 어느 한 시점을 나타내고, 시간은 어떤 시각과 어떤 시각 사이를 나타내.

참고 '~후'의 시각은 덧셈을 이용하여 구합니다.

▶ 개념 동영상

13 □ 안에 알맞은 수를 써넣으세요.

(1)
$$
\begin{array}{r}
6\ \text{분} \quad 10\ \text{초} \\
+\ 5\ \text{분} \quad 40\ \text{초} \\
\hline
\boxed{}\ \text{분} \quad \boxed{}\ \text{초}
\end{array}
$$

(2)
$$
\begin{array}{r}
\boxed{} \\
3\ \text{시} \quad 30\ \text{분} \quad 25\ \text{초} \\
+\ 2\ \text{시간} \quad 50\ \text{분} \quad 15\ \text{초} \\
\hline
\boxed{}\ \text{시} \quad \boxed{}\ \text{분} \quad \boxed{}\ \text{초}
\end{array}
$$

14 두 시간의 합은 몇 시간 몇 분 몇 초인가요?

2시간 15분 18초	1시간 30분 32초

(   )

15 9시 30분 50초에서 10초 후의 시각은 몇 시 몇 분인가요?

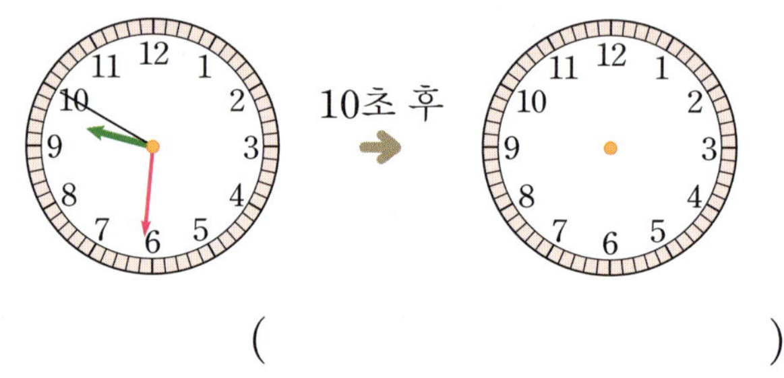

(   )

연결

16 은지는 9시 30분 10초에 양치질을 시작하여 2분 45초 동안 양치질을 했습니다. 은지가 양치질을 끝낸 시각을 구하세요.

$$
\begin{array}{r}
9\ \text{시} \quad 30\ \text{분} \quad 10\ \text{초} \\
+\ \qquad \boxed{}\ \text{분} \quad \boxed{}\ \text{초} \\
\hline
\boxed{}\ \text{시} \quad \boxed{}\ \text{분} \quad \boxed{}\ \text{초}
\end{array}
$$

양치질을 끝낸 시각

5 길이와 시간

17 6시 35분＋38분 20초를 바르게 계산한 사람의 이름을 쓰세요.

> • 하진: 44분 55초
>
> • 우종: 7시 13분 20초

(　　　　　　　　　)

18 시간의 합이 더 긴 쪽에 ◯표 하세요.

5분 25초	12분 50초
＋ 32분 13초	＋ 21분 6초

（　　　　）　　　（　　　　）

19 동우가 운동한 시간을 나타낸 것입니다. 축구와 수영을 한 시간은 모두 몇 분 몇 초인가요?

(　　　　　　　　　)

20 만화 영화가 3시 25분 30초에 시작합니다. 이 만화 영화의 재생 시간이 48분 20초일 때 만화 영화가 끝나는 시각은 몇 시 몇 분 몇 초인가요?

(　　　　　　　　　)

개념 11　시간의 뺄셈

> **시**는 **시**끼리, **분**은 **분**끼리, **초**는 **초**끼리 뺍니다.

> 같은 단위끼리 뺄 수 없으면 1분을 60초로, 1시간을 60분으로 받아내림해.

예 • (시각)－(시간)＝(시각)

$$
\begin{array}{rrrr}
& 2\,\text{시} & 20\,\text{분} & 32\,\text{초} \\
- & 1\,\text{시간} & 5\,\text{분} & 20\,\text{초} \\
\hline
& 1\,\text{시} & 15\,\text{분} & 12\,\text{초}
\end{array}
$$

• (시각)－(시각)＝(시간)

$$
\begin{array}{rrrr}
& 5\,\text{시} & \overset{17}{\cancel{18}}\,\text{분} & \overset{60}{25}\,\text{초} \\
- & 2\,\text{시} & 10\,\text{분} & 30\,\text{초} \\
\hline
& 3\,\text{시간} & 7\,\text{분} & 55\,\text{초}
\end{array}
$$

→ 60＋25＝85, 85－30＝55

• (시간)－(시간)＝(시간)

$$
\begin{array}{rrrr}
& \overset{2}{\cancel{3}}\,\text{시간} & \overset{60}{26}\,\text{분} & 30\,\text{초} \\
- & 1\,\text{시간} & 40\,\text{분} & 10\,\text{초} \\
\hline
& 1\,\text{시간} & 46\,\text{분} & 20\,\text{초}
\end{array}
$$

→ 60＋26＝86, 86－40＝46

참고　'〜전'의 시각과 '걸린 시간'은 뺄셈을 이용하여 구합니다.

▶ 개념 동영상

21 □ 안에 알맞은 수를 써넣으세요.

(1)
$$
\begin{array}{rrr}
& 4\,\text{분} & 50\,\text{초} \\
- & 2\,\text{분} & 25\,\text{초} \\
\hline
& \boxed{}\,\text{분} & \boxed{}\,\text{초}
\end{array}
$$

(2)
$$
\begin{array}{rrrr}
& 8\,\text{시} & \overset{44}{\cancel{45}}\,\text{분} & \boxed{}\;\;10\,\text{초} \\
- & 5\,\text{시} & 11\,\text{분} & 40\,\text{초} \\
\hline
& \boxed{}\,\text{시간} & \boxed{}\,\text{분} & \boxed{}\,\text{초}
\end{array}
$$

개념별 유형

22 계산해 보세요.

(1) 2시 40분 15초 − 30분 7초

(2) 3시 27분 40초 − 3시 10분 35초

23 두 시간의 차는 몇 분 몇 초인가요?

| 38분 7초 | 19분 36초 |

( )

24 □ 안에 알맞은 수를 써넣으세요.

2시간 30분 20초

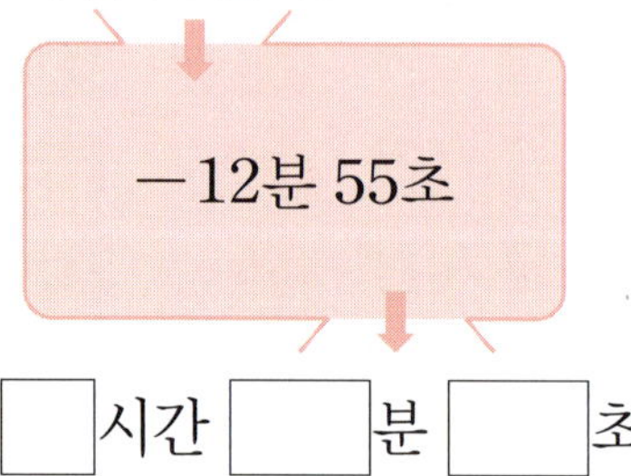

□ 시간 □ 분 □ 초

25 지금은 5시 10분 30초입니다. 25분 15초 전의 시각은 몇 시 몇 분 몇 초인가요?

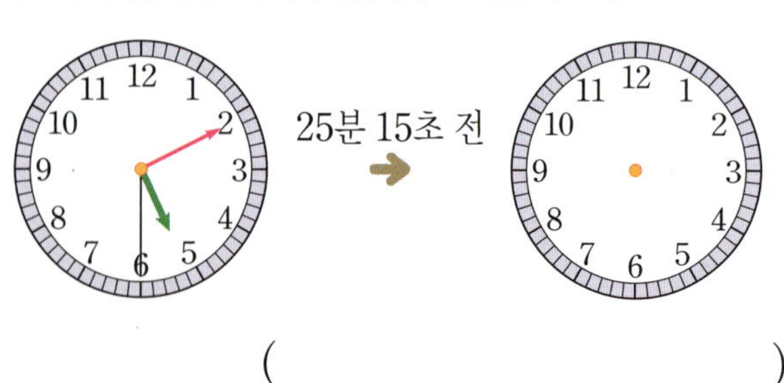

( )

26 잘못 계산한 것의 기호를 쓰세요.

㉠ 3시 15분 − 1시간 5분 3초
 = 2시 10분 3초
㉡ 6시 5초 − 3시 30분
 = 2시간 30분 5초

( )

27 우영이가 그림 그리기를 시작한 시각과 끝낸 시각을 나타낸 것입니다. 우영이가 그림을 그린 시간은 몇 시간 몇 분인가요?

시작한 시각	4시 40분
끝낸 시각	5시 55분

( )

문제 해결

28 가희가 책을 다 읽은 시각은 5시 26분 48초였습니다. 가희가 50분 32초 동안 책을 읽었다면 책을 읽기 시작한 시각은 몇 시 몇 분 몇 초인가요?

( )

8 ~ 11 형성 평가

맞힌 문제 수

개 / 8개

1 시각을 읽어 보세요.

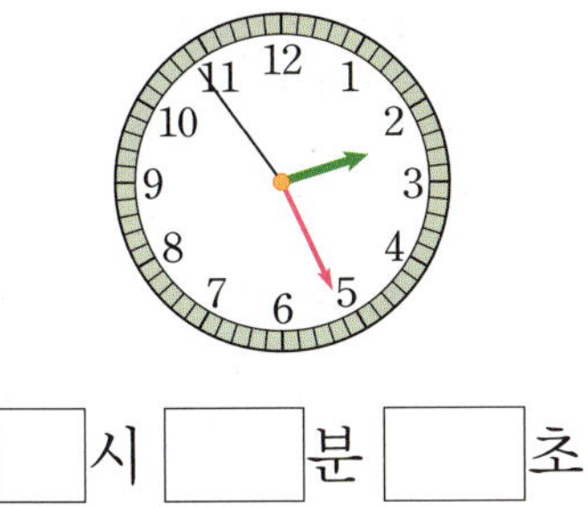

□ 시 □ 분 □ 초

2 □ 안에 알맞은 수를 써넣으세요.

(1) 2분 20초 = □ 초

(2) 115초 = □ 분 □ 초

[3~4] 계산해 보세요.

3
```
  12 분  26 초
+  5 분  17 초
```

4
```
  4시간  33 분  50 초
- 2시간   9 분  35 초
```

5 보기와 같이 분, 초 중에서 알맞은 단위를 골라 □ 안에 써넣으세요.

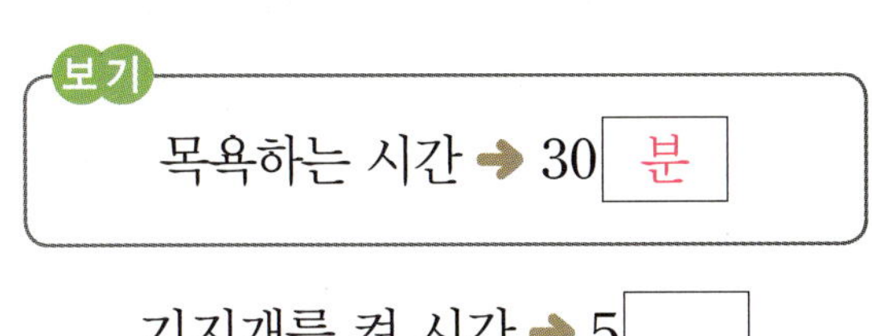

보기

목욕하는 시간 ➜ 30 분

기지개를 켄 시간 ➜ 5 □

6 □ 안에 알맞은 수를 써넣으세요.

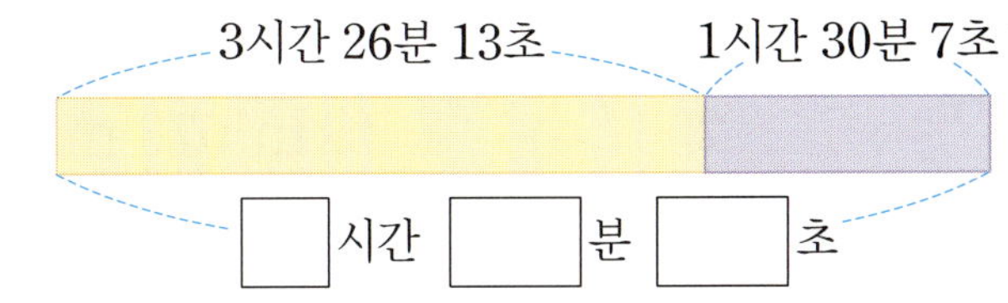

□ 시간 □ 분 □ 초

7 양치질을 세수보다 몇 분 몇 초 더 했는지 구하세요.

양치질을 한 시간	세수를 한 시간
3분 25초	1분 40초

(　　　　　　　)

8 왼쪽 시계의 시각에서 50분 30초 후의 시각은 몇 시 몇 분 몇 초인가요?

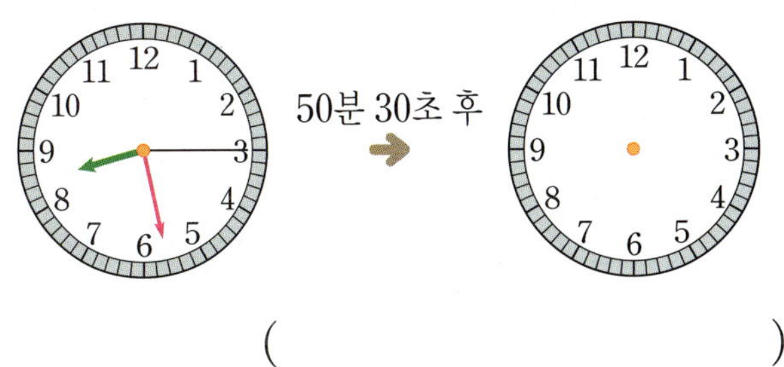

(　　　　　　　)

꼬리를 무는 유형

1 단위가 다른 길이 비교하기

1 기본
길이를 비교하여 ○ 안에 >, =, < 중 알맞은 것을 써넣으세요.

8 cm 6 mm ◯ 79 mm

2 변형
길이를 비교하여 ○ 안에 >, =, < 중 알맞은 것을 써넣으세요.

2057 m ◯ 2 km 570 m

3 변형
동물원과 식물원 중 세호네 집에서 더 먼 곳은 어디인가요?

세호네 집

4 km 20 m   3800 m

동물원   식물원

(   )

4 실생활
우석이가 키우는 장수풍뎅이의 몸길이는 5 cm 3 mm이고, 사슴벌레의 몸길이는 50 mm입니다. 장수풍뎅이와 사슴벌레 중 몸길이가 더 긴 곤충은 무엇인가요?

(   )

2 단위를 잘못 쓴 문장 찾기

5 기본
단위를 잘못 쓴 문장을 찾아 기호를 쓰세요.

> ㉠ 콩 한 알의 길이는 약 9 mm입니다.
> ㉡ 책상 긴 쪽의 길이는 약 120 km입니다.
> ㉢ 자동차의 길이는 약 4 m입니다.

(   )

6 변형
단위를 잘못 쓴 문장입니다. 바르게 고쳐 보세요.

> 눈을 한 번 깜박이는 데 걸리는 시간은 1분입니다.

바르게 고치기

____

____

7 변형
단위를 잘못 사용한 사람의 이름을 쓰고, 문장을 바르게 고쳐 보세요.

현서   소윤   민재

(   )

바르게 고치기

____

3　단위가 다른 시간 비교하기

8 기본
시간이 더 짧은 것의 기호를 쓰세요.

> ㉠ 146초　　　㉡ 2분 18초

(　　　　　　　　)

9 변형
시간이 더 긴 것의 기호를 쓰세요.

> ㉠ 3분 20초　　　㉡ 264초

(　　　　　　　　)

10 실생활
만화 영화 주제가와 피아노 연주곡 중에서 재생 시간이 더 짧은 음악은 무엇인가요?

 만화 영화 주제가　　재생 시간 2분 50초

 피아노 연주곡　　재생 시간 202초

(　　　　　　　　)

11 실생활
음식을 전자레인지에 조리하는 데 걸리는 시간입니다. 조리 시간이 가장 긴 음식은 무엇인가요?

음식	스파게티	도시락	핫도그
조리 시간	1분 40초	2분 30초	130초

(　　　　　　　　)

4　잘못 계산한 곳 바르게 고치기

12 기본
1시간 25분＋5분 18초를 잘못 계산하였습니다. 바르게 계산해 보세요.

```
  1시간  25분
＋ 5분     18초
─────────────
  6시간  43초
```

→ [　　　　　　　　]

13 변형
6시간 10분 30초－4분 22초를 잘못 계산하였습니다. 바르게 계산해 보세요.

```
  6시간  10분  30초
－ 4분      22초
───────────────────
  1시간  48분  30초
```

→ [　　　　　　　　]

14 서술형
2시 58분－3분 16초를 잘못 계산한 까닭을 쓰고, 바르게 계산한 시각을 쓰세요.

```
  2시  58분
－      3분  16초
─────────────────
  2시  55분  16초
```

까닭 _______________________________

____

(　　　　　　　　)

---

5 가장 긴 길이와 가장 짧은 길이의 덧셈과 뺄셈

단위를 같게 만들어 문제를 해결합니다.

예 2 cm 3 mm와 34 mm의 합

방법 1 몇 cm 몇 mm로 구하기
2 cm 3 mm + 34 mm
= 2 cm 3 mm + 3 cm 4 mm
= 5 cm 7 mm

방법 2 몇 mm로 구하기
2 cm 3 mm + 34 mm
= 23 mm + 34 mm
= 57 mm

6 낮(밤)의 길이 구하기

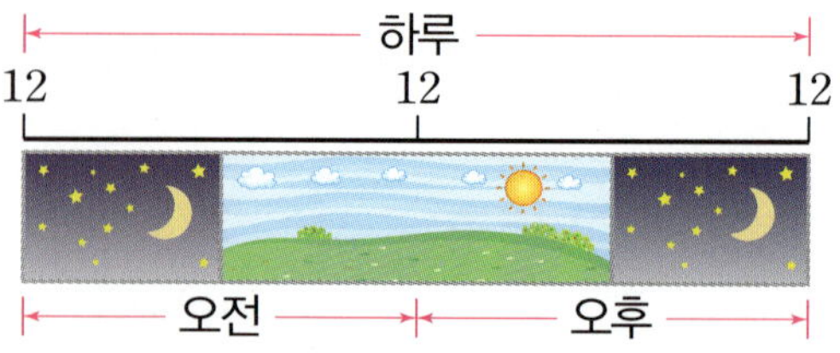

하루 = **24**시간
(낮의 길이) + (밤의 길이) = **24**시간
→ (낮의 길이) = **24**시간 − (밤의 길이)
(밤의 길이) = **24**시간 − (낮의 길이)

15 실력 가장 긴 길이와 가장 짧은 길이의 합은 몇 cm인가요?

38 mm	5 cm 9 mm

8 cm 2 mm

(   )

16 레벨업 학교에서 가장 먼 곳까지의 거리와 가장 가까운 곳까지의 거리의 차는 몇 m인가요?

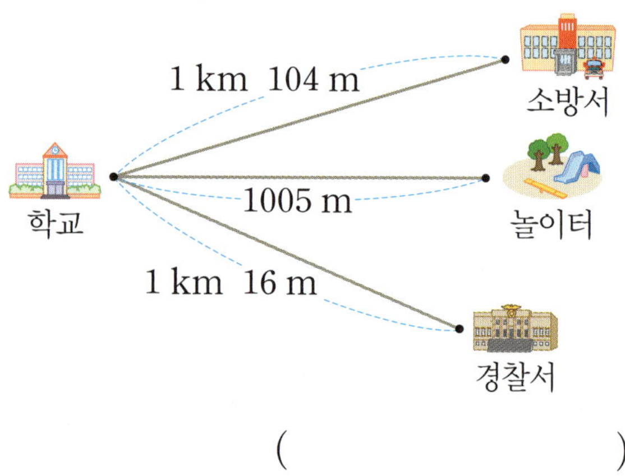

(   )

17 실력 어느 날 밤의 길이는 12시간 25분이었습니다. 이 날 낮의 길이는 몇 시간 몇 분인가요?

(   )

18 변형 어느 날 낮의 길이는 10시간 58분 24초였습니다. 이 날 밤의 길이는 몇 시간 몇 분 몇 초인가요?

(   )

19 레벨업 어느 날 밤의 길이는 11시간 18분이었습니다. 이 날 낮의 길이는 밤의 길이보다 몇 시간 몇 분 더 길었나요?

(   )

5 길이와 시간

7 시간의 계산식 완성하기

초, 분, 시 단위의 계산 순서로 받아올림, 받아내림이 있는지 살펴보면서 □의 값을 구합니다.

예

$$\begin{array}{r} 1\,\text{시} \quad ⓛ\,\text{분} \quad 50\,\text{초} \\ +\ 2\,\text{시간} \quad 20\,\text{분} \quad ㉠\,\text{초} \\ \hline 3\,\text{시} \quad 36\,\text{분} \quad 20\,\text{초} \end{array}$$

① (50+㉠)초=60초+20초=80초 ➡ ㉠=30

② (1+ⓛ+20)분=36분 ➡ ⓛ=15

20 실력 □ 안에 알맞은 수를 써넣으세요.

$$\begin{array}{r} \boxed{}\,\text{분} \quad 32\,\text{초} \\ +\ 21\,\text{분} \quad \boxed{}\,\text{초} \\ \hline 37\,\text{분} \quad 51\,\text{초} \end{array}$$

21 변형 ㉠과 ⓛ에 알맞은 수를 각각 구하세요.

$$\begin{array}{r} 5\,\text{시} \quad \boxed{ⓛ}\,\text{분} \\ -\ \boxed{㉠}\,\text{시간} \quad 17\,\text{분} \\ \hline 3\,\text{시} \quad 25\,\text{분} \end{array}$$

㉠ (   )

ⓛ (   )

22 레벨업 □ 안에 알맞은 수를 써넣으세요.

$$\begin{array}{r} 3\,\text{시} \quad \boxed{}\,\text{분} \quad 14\,\text{초} \\ +\ 1\,\text{시간} \quad 49\,\text{분} \quad \boxed{}\,\text{초} \\ \hline \boxed{}\,\text{시} \quad 9\,\text{분} \quad 19\,\text{초} \end{array}$$

8 수업이 끝나는(시작하는) 시각 구하기

1교시 수업이 시작하는 시각부터 구하려는 시각까지 수업 시간이 몇 번, 쉬는 시간이 몇 번인지 알아보고 그 시간을 모두 더해서 구합니다.

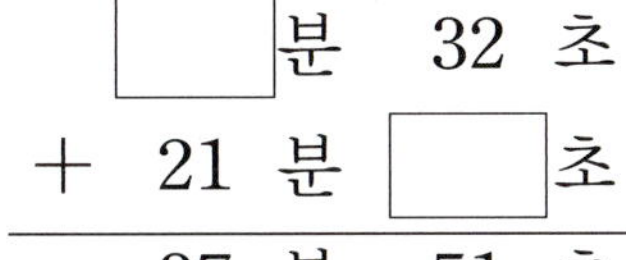

23 실력 나래네 학교는 오전 9시에 1교시 수업을 시작하고 40분씩 수업을 한 후 10분씩 쉽니다. 2교시 수업이 끝나는 시각은 오전 몇 시 몇 분인가요?

(   )

24 레벨업 성모네 학교는 오전 8시 40분에 1교시 수업을 시작하고 40분씩 수업을 한 후 10분씩 쉽니다. 4교시 수업이 시작하는 시각은 오전 몇 시 몇 분인가요?

(   )

수학 독해력 유형

독해력 유형 1 색 테이프의 길이의 합 구하기

✏️ 구하려는 것에 밑줄을 긋고 풀어 보세요.

색 테이프 가와 나의 길이의 합은 몇 cm 몇 mm인지 구하세요.

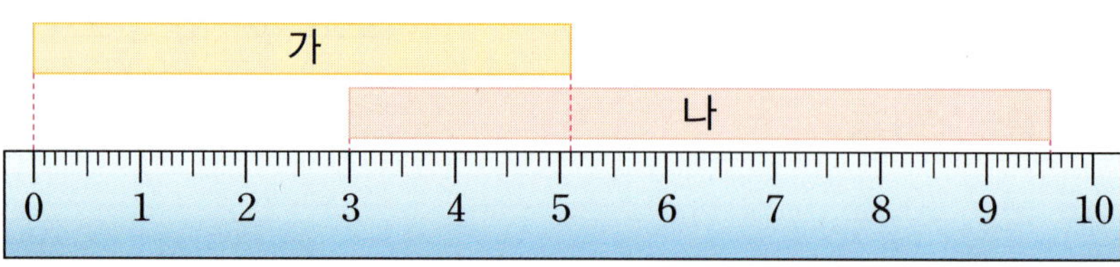

🖊️ 해결 비법

예 색 테이프의 길이 구하기

① 

2 cm보다 3 mm더 긴 길이
➜ 2 cm 3 mm

② 

1 cm가 3번, 1 mm가 4번
➜ 3 cm 4 mm

💡 문제 해결

❶ 색 테이프 가의 길이:

5 cm보다 1 mm 더 긴 길이 ➜ 5 cm ☐ mm

❷ 색 테이프 나의 길이:

1 cm가 6번, 1 mm가 6번 ➜ ☐ cm ☐ mm

❸ 색 테이프 가와 나의 길이의 합:

$$5 \text{ cm } \square \text{ mm}$$
$$+ \square \text{ cm } \square \text{ mm}$$
$$\overline{\quad \square \text{ cm } \square \text{ mm}}$$

답 _______________

5 길이와 시간

✏️ 위의 문제 해결 방법을 따라 풀어 보세요.

쌍둥이 유형 1-1

색 테이프 가와 나의 길이의 합은 몇 cm 몇 mm인지 구하세요.

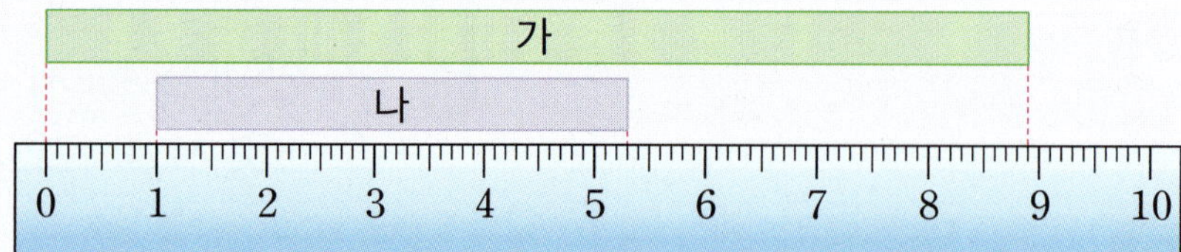

따라 풀기

답 _______________

독해력 유형 ② 걸린 시간 구하기

✏️ 구하려는 것에 밑줄을 긋고 풀어 보세요.

하영이가 숙제를 하는 데 걸린 시간은 몇 시간 몇 분 몇 초인지 구하세요.

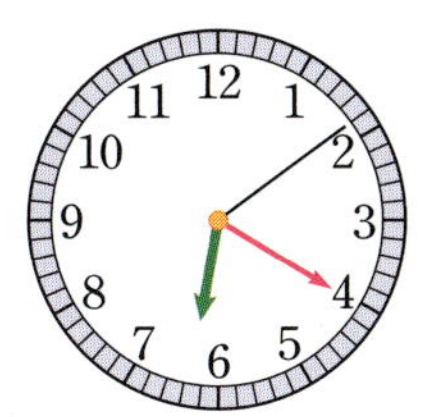

숙제를 시작한 시각

숙제를 끝낸 시각

📏 해결 비법

걸린 시간

시작한 시각   끝낸 시각

(걸린 시간)
=(끝낸 시각)−(시작한 시각)

💡 문제 해결

❶ 숙제를 시작한 시각: 6시 □ 분 □ 초

❷ 숙제를 끝낸 시각: □ 시 □ 분 □ 초

❸ 숙제를 하는 데 걸린 시간:

□ 시 □ 분 □ 초 ← 숙제를 끝낸 시각
− 6 시 □ 분 □ 초 ← 숙제를 시작한 시각
□ 시간 □ 분 □ 초

답 ______________________

✏️ 위의 문제 해결 방법을 따라 풀어 보세요.

쌍둥이 유형 2-1

유진이가 어머니와 함께 김밥을 만드는 데 걸린 시간은 몇 시간 몇 분 몇 초인지 구하세요.

김밥 만들기를 시작한 시각

김밥 만들기를 끝낸 시각

따라 풀기

답 ______________________

수학 독해력 유형

독해력 유형 ③ 기록을 비교하여 이긴 모둠 구하기

✏️ 구하려는 것에 밑줄을 긋고 풀어 보세요.

두 명이 한 모둠이 되어 이어달리기 경주를 했습니다. 가 모둠과 나 모둠 중에서 어느 모둠이 경주에서 이겼는지 구하세요.

모둠	이름	달리기 기록
가	수정	2분 16초
	동민	1분 58초

모둠	이름	달리기 기록
나	지수	122초
	진환	170초

✒️ **해결 비법**

모둠별로 두 명의 기록의 합을 구한 후 '몇 분 몇 초' 또는 '몇 초'로 단위를 같게 하여 비교합니다.

➜ 달리기는 시간이 짧을수록 더 빨리 달린 것이므로 기록의 합이 더 짧은 모둠이 이깁니다.

💡 **문제 해결**

❶ (가 모둠의 달리기 기록의 합)

=2분 16초＋1분 58초=☐분☐초

❷ (나 모둠의 달리기 기록의 합)

=122초＋170초=☐초=☐분☐초

❸ 경주에서 이긴 모둠: ☐모둠

답 ____________

✏️ 위의 문제 해결 방법을 따라 풀어 보세요.

쌍둥이 유형 3-1

두 명이 한 모둠이 되어 이어달리기 경주를 했습니다. 가 모둠과 나 모둠 중에서 어느 모둠이 경주에서 이겼는지 구하세요.

모둠	이름	달리기 기록
가	서현	1분 15초
	원희	86초

모둠	이름	달리기 기록
나	종우	55초
	태호	1분 37초

따라 풀기

답 ____________

독해력 유형 4 어느 길이 얼마나 더 가까운지 구하기

🖊 구하려는 것에 밑줄을 긋고 풀어 보세요.

성규는 집에서 출발하여 병원까지 가려고 합니다. 공원과 시청 중에서 어느 곳을 지나가는 것이 몇 m 더 가까운지 구하세요.

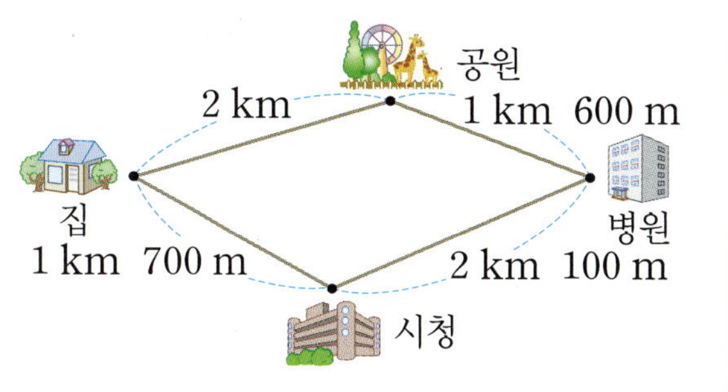

✏ 해결 비법

예

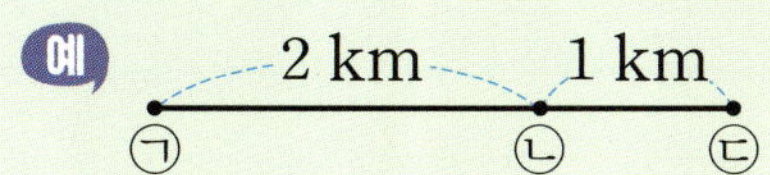

① ㉠에서 ㉡을 지나 ㉢까지 가는 거리 구하기
→ 2＋1＝3 (km)

② ㉡에서 ㉢까지의 거리는 ㉡에서 ㉠까지의 거리보다 얼마나 더 가까운지 구하기
→ 2－1＝1 (km) 더 가깝습니다.

💡 문제 해결

❶ (집에서 공원을 지나 병원까지 가는 거리)
＝2 km＋1 km 600 m＝☐ km ☐ m

❷ (집에서 시청을 지나 병원까지 가는 거리)
＝1 km 700 m＋2 km 100 m＝☐ km ☐ m

┌→ ＞, ＜ 중 알맞은 것 쓰기

❸ 3 km 600 m ◯ 3 km 800 m이므로

☐ 을 지나가는 것이 ☐ m 더 가깝습니다.
└→ ❷－❶

답 _________________ , _________________

5 길이와 시간

쌍둥이 유형 4-1

🖊 위의 문제 해결 방법을 따라 풀어 보세요.

혜지는 집에서 출발하여 수영장까지 가려고 합니다. 소방서와 박물관 중에서 어느 곳을 지나가는 것이 몇 m 더 가까운지 구하세요.

따라 풀기

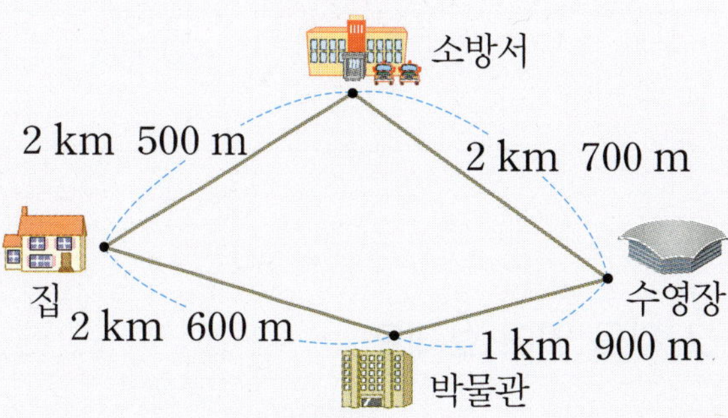

답 _________________ , _________________

유형 TEST

1 길이를 읽어 보세요.

$$1 \text{ mm}$$

(   )

2 ☐ 안에 알맞은 수를 써넣으세요.

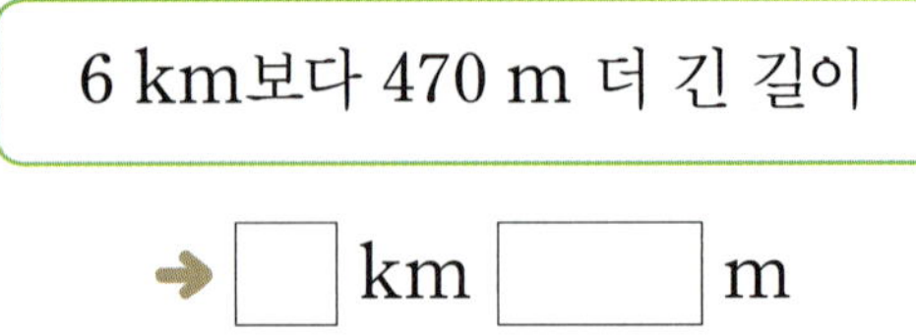

→ ☐ km ☐ m

3 cm와 mm 중 알맞은 단위를 골라 ☐ 안에 써넣으세요.

(1) 클립의 짧은 쪽의 길이는 약 8 ☐ 입니다.

(2) 연필의 길이는 약 15 ☐ 입니다.

4 시각을 읽어 보세요.

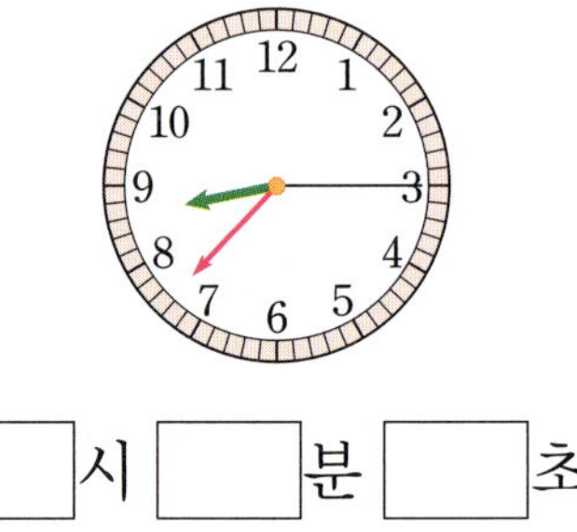

☐ 시 ☐ 분 ☐ 초

5 같은 시간끼리 이어 보세요.

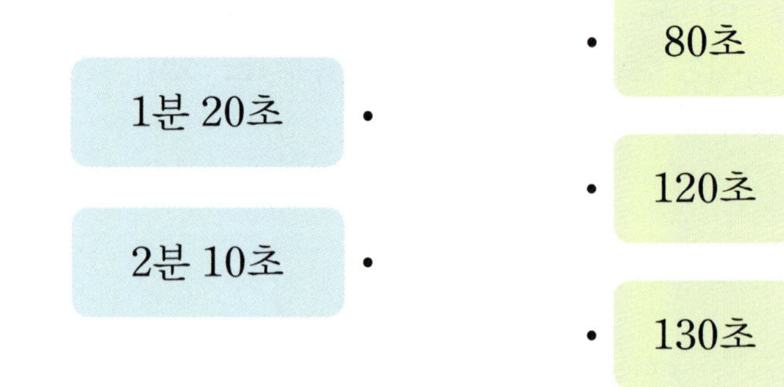

6 반창고의 길이를 자로 재어 보세요.

☐ cm ☐ mm

7 수직선을 보고 ☐ 안에 알맞은 수를 써넣으세요.

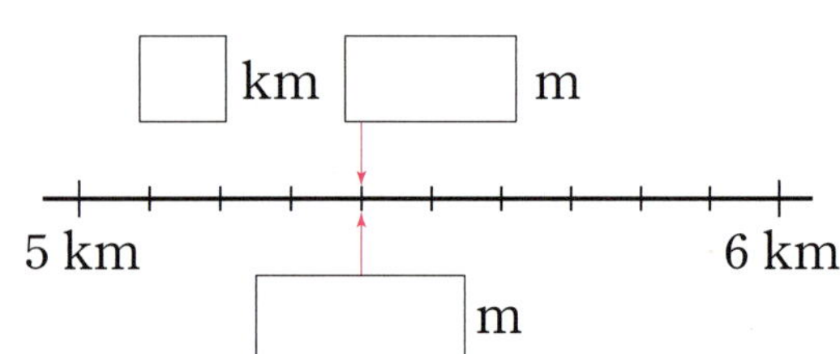

8 보기와 같이 잘못 쓴 단위를 바르게 고쳐 보세요.

> 보기
> 아침 식사를 하는 데 걸리는 시간은 20초입니다.
> 분

⑴ 신발을 신는 데 걸리는 시간은 5시간입니다.

⑵ 자동차를 타고 서울에서 대전까지 가는 데 3분이 걸렸습니다.

9 계산해 보세요.

⑴ 　2시　　16분　47초
　 ＋4시간　23분　10초

⑵ 5시 26분 55초 － 12분 30초

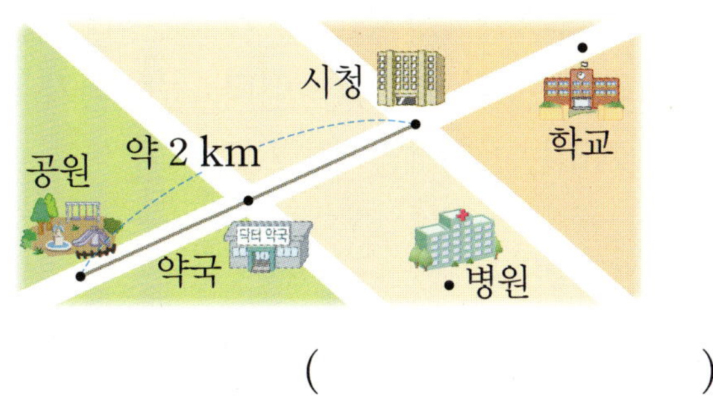

정보처리

10 공원에서 약 1 km 떨어진 곳에는 어떤 장소가 있는지 쓰세요.

(　　　　　　　)

11 건전지의 길이를 쓰세요.

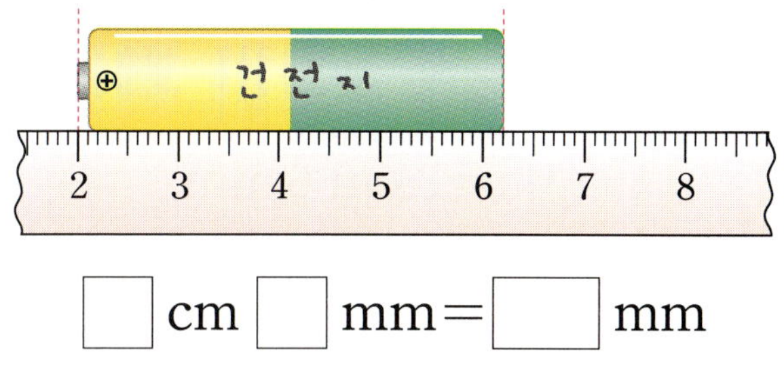

□ cm □ mm ＝ □ mm

12 두 시간의 합은 몇 시간 몇 분 몇 초인가요?

| 4시간 25분 50초 | 1시간 13분 25초 |

(　　　　　　　)

5

길이와 시간

127

13 시간이 더 짧은 것의 기호를 쓰세요.

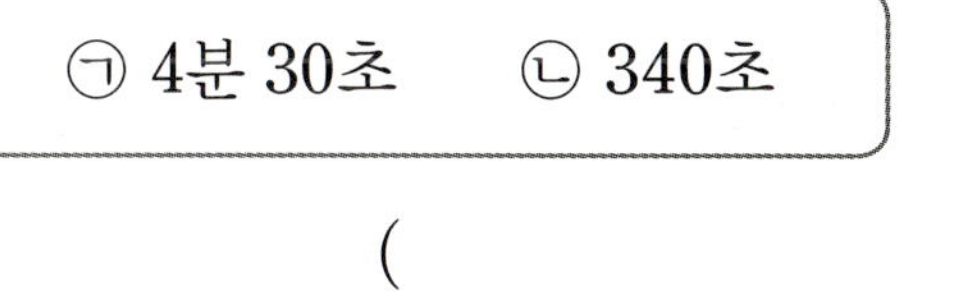

(　　　　　　　)

14 광안대교의 길이는 7 km 420 m이고, 서해대교의 길이는 7310 m입니다. 광안대교와 서해대교 중 길이가 더 긴 것은 무엇인가요?

(　　　　　　　)

15 단위 사이의 관계를 잘못 나타낸 것은 어느 것인가요? (   )

① 2 cm 5 mm＝25 mm
② 36 mm＝3 cm 6 mm
③ 7 km＝7000 m
④ 1 km 200 m＝1020 m
⑤ 5008 m＝5 km 8 m

18 가장 긴 길이와 가장 짧은 길이의 차는 몇 cm 몇 mm인가요?

3 cm 4 mm	92 mm

2 cm 1 mm

(   )

정보처리

16 텔레비전 방송 시간표입니다. '꼬마 요리사' 는 '천재 뉴스'보다 방송 시간이 몇 분 몇 초 더 긴가요?

방송	방송 시간
꼬마 요리사	1시간 20분 40초
천재 뉴스	1시간 13분 20초

(   )

19 왼쪽 시계의 시각에서 15분 28초 후의 시각 은 몇 시 몇 분 몇 초인가요?

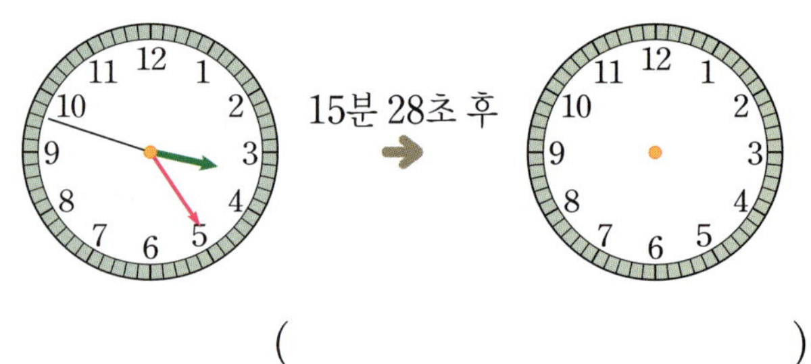

(   )

17 공항에서 해수욕장까지의 거리는 130 m의 10배입니다. 공항에서 해수욕장까지의 거리 는 몇 km 몇 m인가요?

(   )

20 윤성이는 40 km 떨어져 있는 할머니 댁에 갔습니다. 39 km 700 m는 버스를 타고 나 머지는 걸어서 갔습니다. 윤성이가 걸어서 간 거리는 몇 m인가요?

(   )

21 서울에서 동대구까지 가는 데 기차표에 표시된 시각보다 15분 더 늦게 동대구에 도착했습니다. 서울에서 동대구까지 가는 데 걸린 시간을 구하세요.

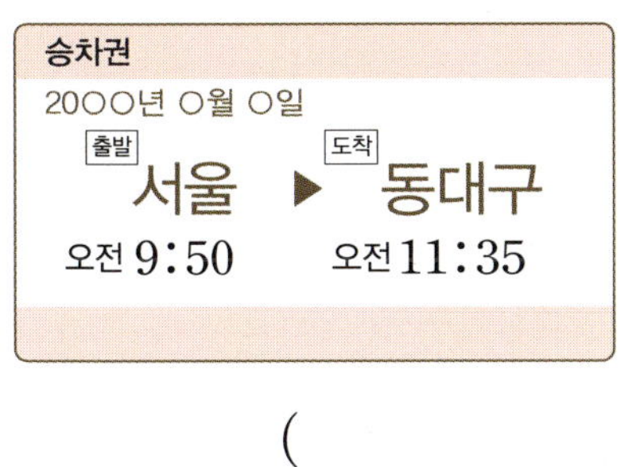

(   )

22 □ 안에 알맞은 수를 각각 구하세요.

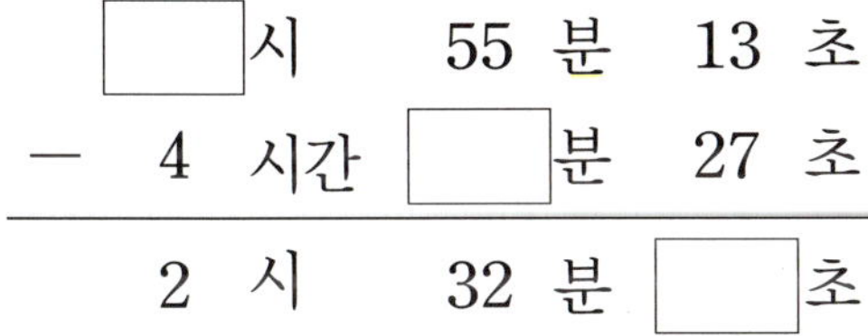

	시	55	분	13	초
−	4 시간		분	27	초
	2 시	32	분		초

서술형

23 어느 날 밤의 길이는 10시간 46분이었습니다. 이 날 낮의 길이는 몇 시간 몇 분인지 풀이 과정을 쓰고 답을 구하세요.

풀이

답

서술형

24 경호네 학교는 오전 8시 30분에 1교시 수업을 시작하고 50분씩 수업을 한 후 15분씩 쉽니다. 2교시 수업이 끝나는 시각은 오전 몇 시 몇 분인지 풀이 과정을 쓰고 답을 구하세요.

풀이

답

서술형

25 집에서 미술관까지 갈 때 시청과 경찰서 중에서 어느 곳을 지나가는 것이 더 가까운지 풀이 과정을 쓰고 답을 구하세요.

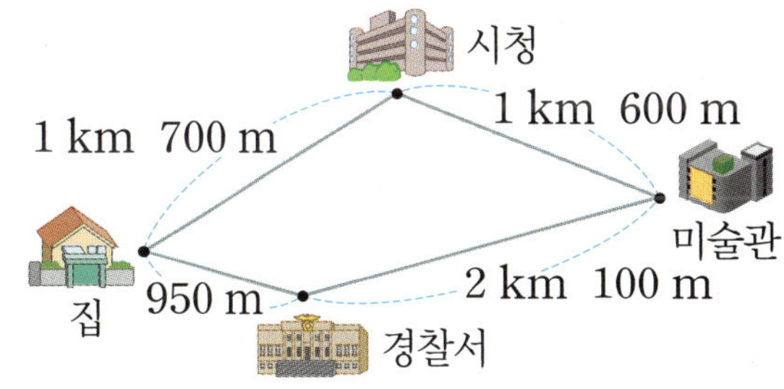

풀이

답

6. 분수와 소수

큐알 코드를 찍으면 개념 학습
영상을 볼 수 있어요.

이 단원을 왜 배우는지 알아봐요.

얘들아~ 와서 간식 먹으렴.
야호!
와아아~
와~! 맛있겠다~

냠 냠
쩝쩝

덩그
러니

남은 것은 똑같이 나눠서 먹을까?
좋아!

$\frac{1}{2}$로 나누어 줄게!

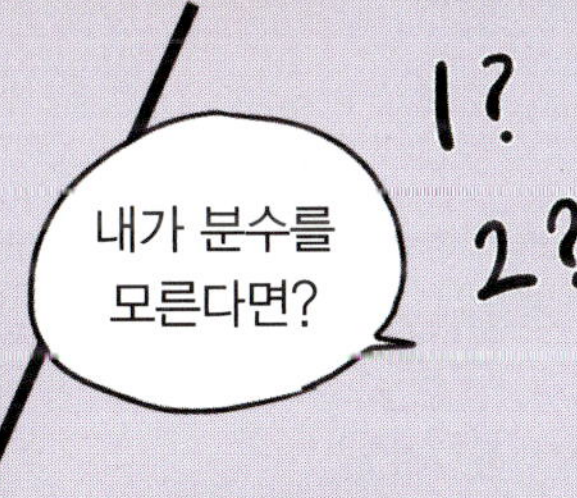

내가 분수를 모른다면?

1?
2?
$\frac{1}{2}$
!

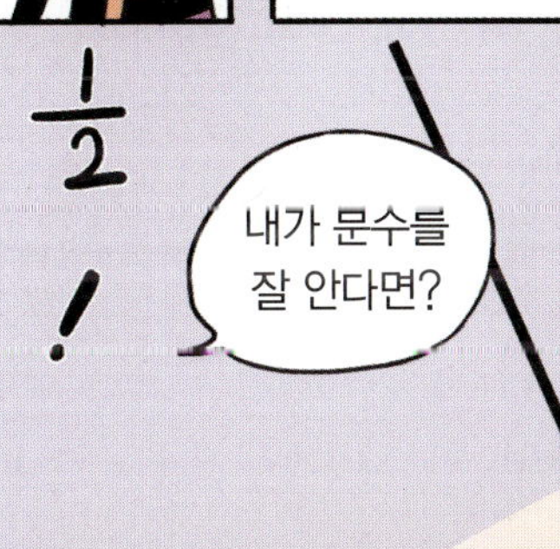

내가 분수를 잘 안다면?

자, 이거 먹어.
쓱

똑같다고 ……?
냠 냠
내가 더 적은 것 같은데...

형! $\frac{1}{2}$이면 이렇게 잘라야지!
오 …

쳇... 똑똑해서 속이지도 못하겠네.
에휴~
이 정도는 기본이지!
훗~

개념별 유형

개념 1 ▸ 똑같이 나누기

도형을 똑같이 나누면 나누어진 조각의 **모양**과 **크기**가 **같습니다**.

예 똑같이 둘로 나누기

여러 가지 방법으로 도형을 똑같이 나눌 수 있어.

예

▶ 개념 동영상

1 똑같이 나누어진 파이에 ◯표 하세요.

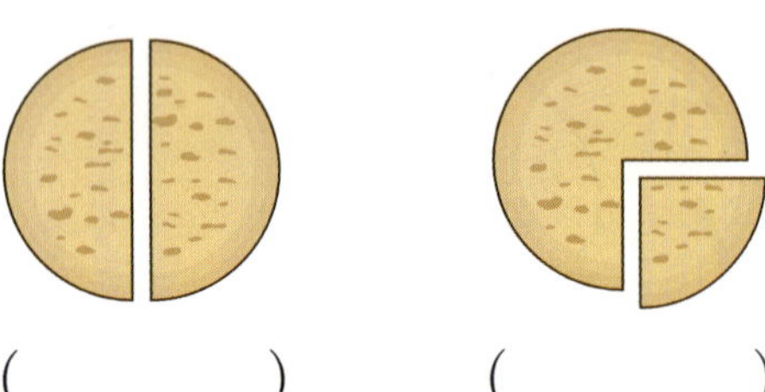

(　　　)　　　(　　　)

2 똑같이 나누어진 도형을 모두 찾아 기호를 쓰세요.

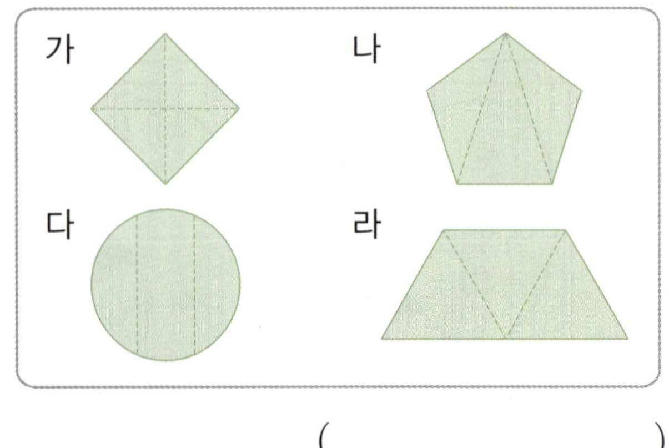

(　　　　　　　　　)

3 똑같이 몇 조각으로 나누었는지 ☐ 안에 알맞은 수를 써넣으세요.

(1)　　　　　　　(2)

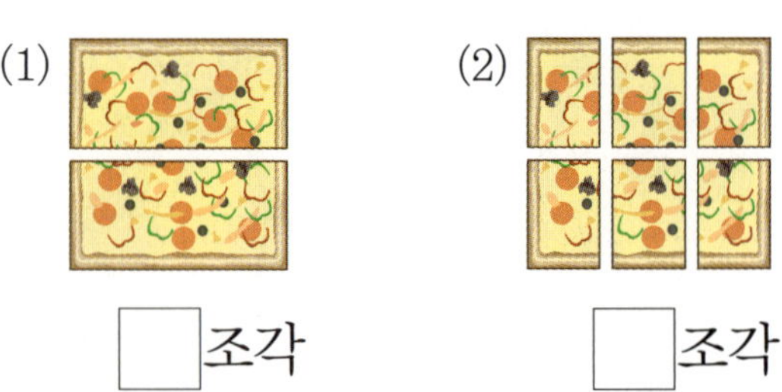

☐조각　　　　☐조각

4 똑같이 셋으로 나누어진 도형을 찾아 기호를 쓰세요.

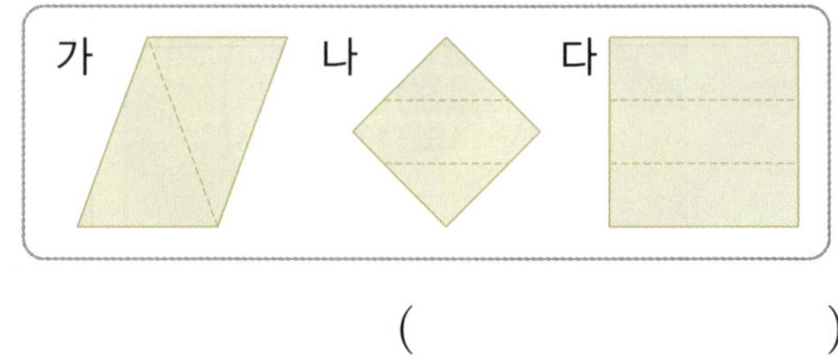

(　　　　　　　　　)

5 점을 이용하여 도형을 똑같이 넷으로 나누어 보세요.

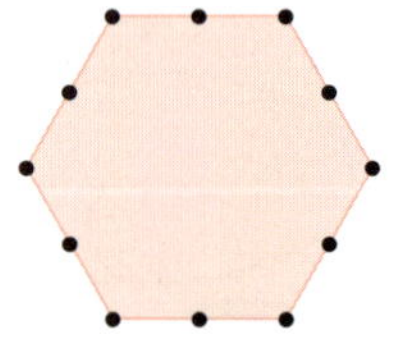

의사소통

6 바르게 설명한 사람의 이름을 쓰세요.

(　　　　　　　　　)

개념 2 부분은 전체의 얼마인지 알아보기

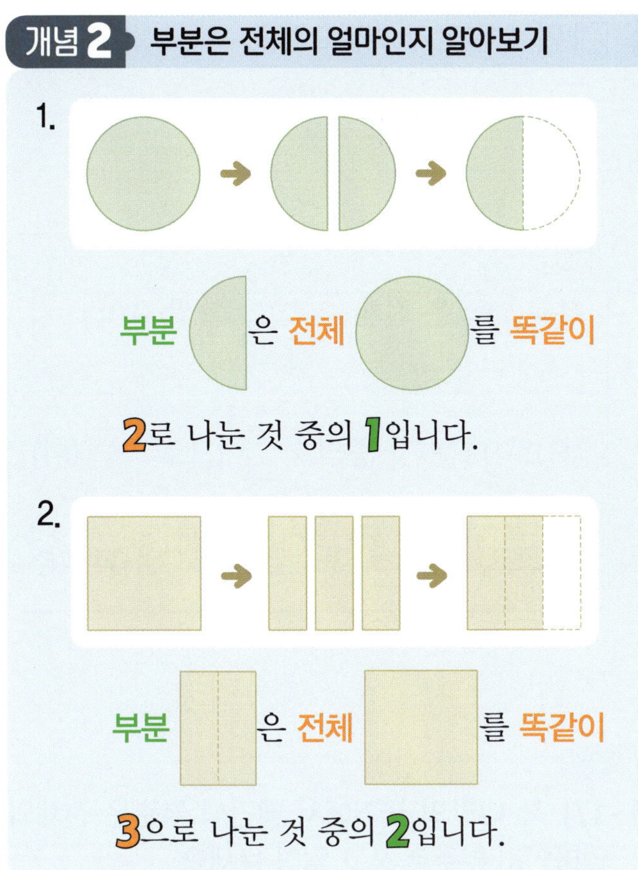

1.

부분 은 전체 를 **똑같이**

2로 나눈 것 중의 **1**입니다.

2.

부분 은 전체 를 **똑같이**

3으로 나눈 것 중의 **2**입니다.

[7~8] □ 안에 알맞은 수를 써넣으세요.

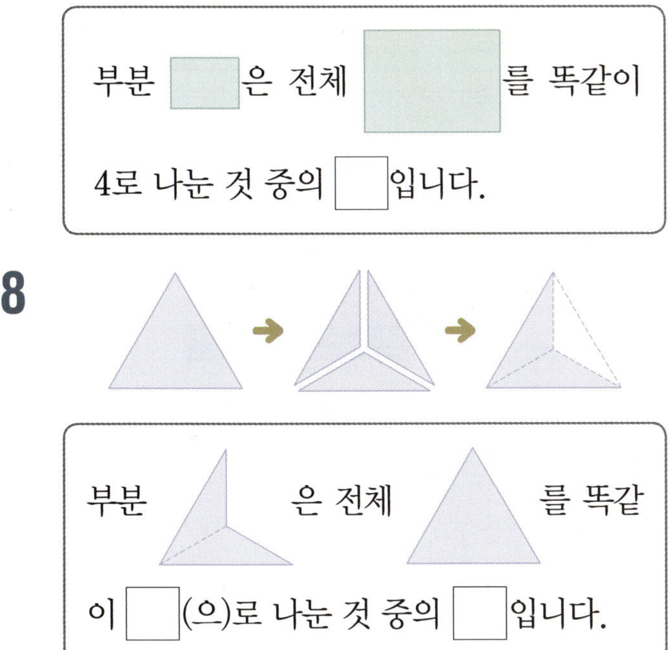

7

부분 은 전체 를 똑같이

4로 나눈 것 중의 □입니다.

8

부분 은 전체 를 똑같

이 □(으)로 나눈 것 중의 □입니다.

[9~10] 색칠한 부분을 보고 □ 안에 알맞은 수를 써넣으세요.

9

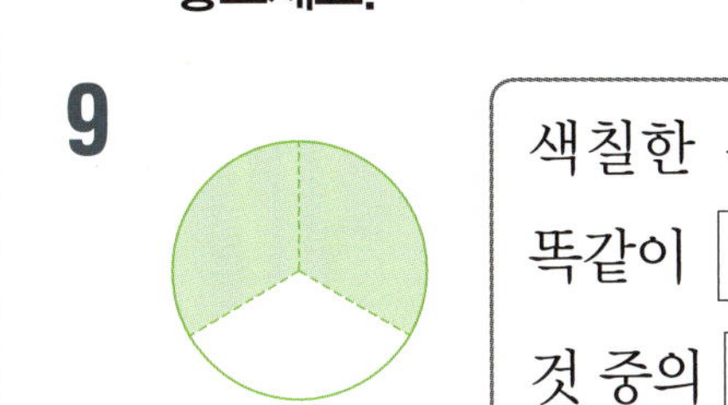

색칠한 부분은 전체를 똑같이 □(으)로 나눈 것 중의 □입니다.

10

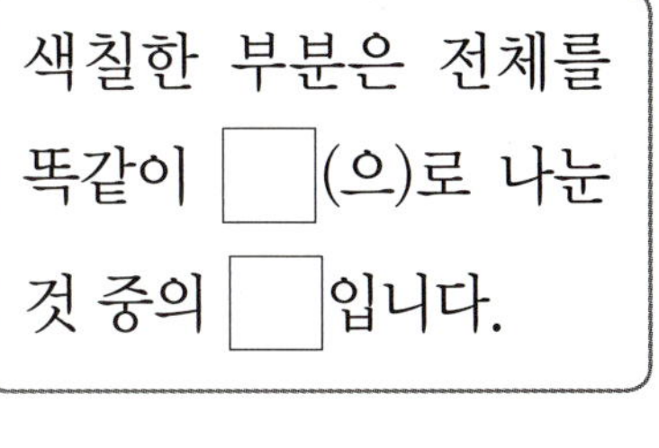

색칠한 부분은 전체를 똑같이 □(으)로 나눈 것 중의 □입니다.

추론

11 전체 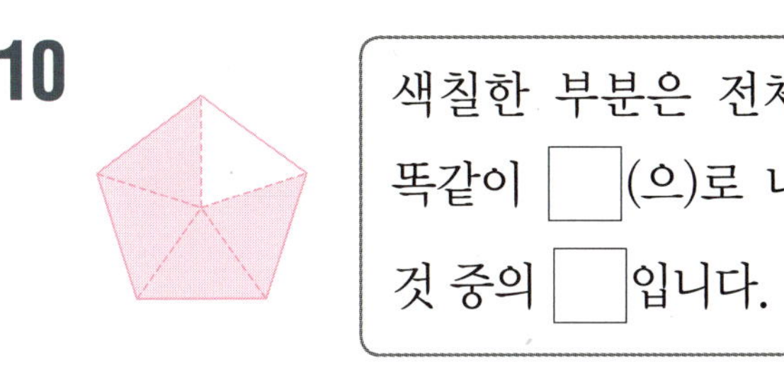 를 똑같이 4로 나눈 것 중의 2인

부분을 찾아 ◯표 하세요.

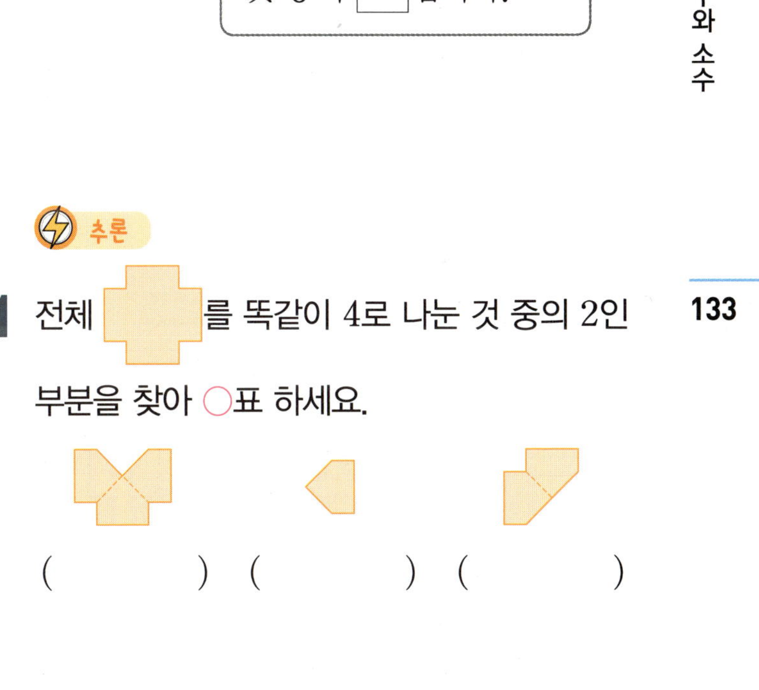

(   ) (   ) (   )

12 부분 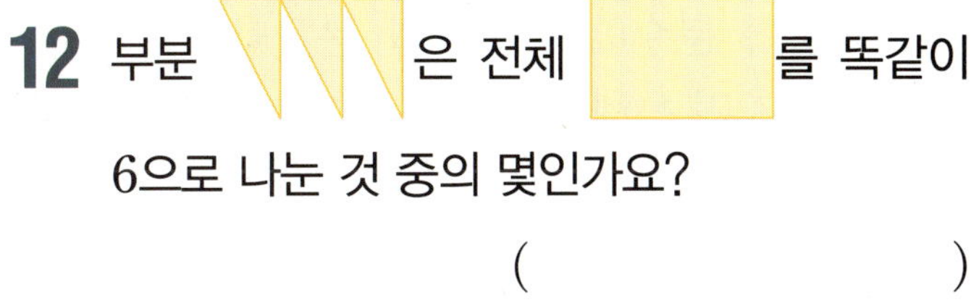 은 전체 를 똑같이

6으로 나눈 것 중의 몇인가요?

(   )

개념 **3** 분수

예 전체를 똑같이 **2**로 나눈 것 중의 **1**

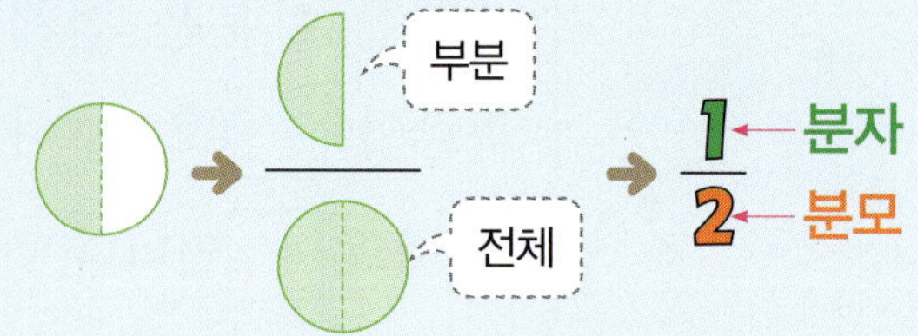

| 쓰기 | $\dfrac{1}{2}$ | 읽기 | **2**분의 **1** |

예 전체를 똑같이 **3**으로 나눈 것 중의 **2**

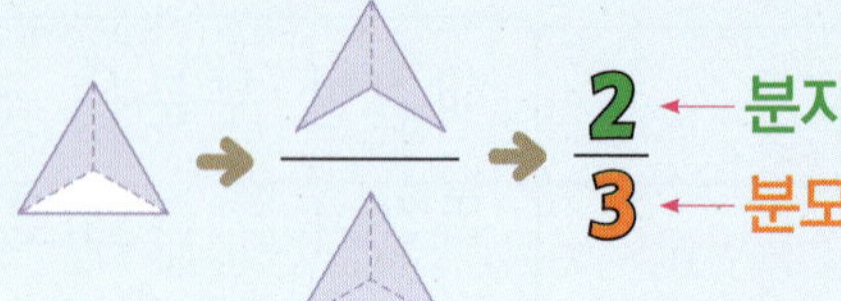

| 쓰기 | $\dfrac{2}{3}$ | 읽기 | **3**분의 **2** |

$\dfrac{1}{2}$, $\dfrac{2}{3}$와 같은 수를 **분수**라고 합니다.

▶ 개념 동영상

134

6 분수와 소수

---

13 □ 안에 알맞은 수를 써넣으세요.

전체를 똑같이 4로 나눈 것 중의 3을 $\dfrac{\square}{\square}$(이)라 쓰고, □분의 □(이)라고 읽습니다.

14 오른쪽 분수에서 분모와 분자를 각각 찾아 쓰세요.

$\dfrac{5}{6}$

분모 (   )

분자 (   )

---

15 □ 안에 알맞게 써넣으세요.

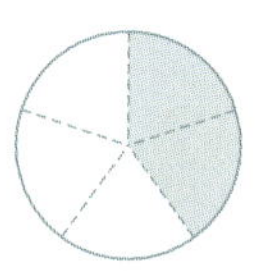

부분  은 전체 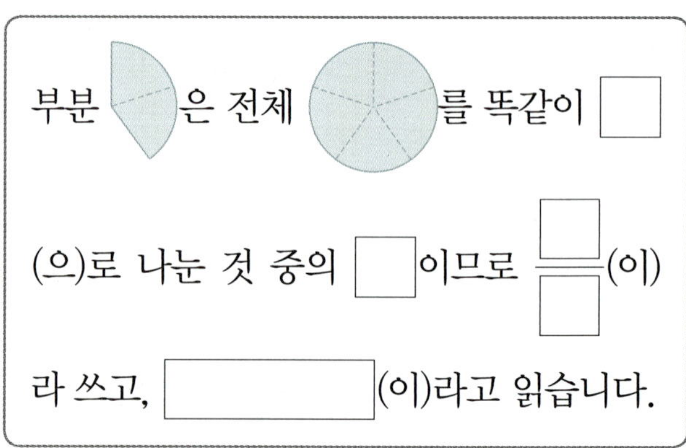 를 똑같이 □ (으)로 나눈 것 중의 □ 이므로 $\dfrac{\square}{\square}$(이)라 쓰고, □ (이)라고 읽습니다.

🔵 연결

[16~17] 각 나라의 국기에서 빨간색 부분은 전체의 얼마인지 분수로 쓰고 읽어 보세요.

16

프랑스

쓰기 $\dfrac{\square}{\square}$ 읽기 ________________

17

모리셔스

쓰기 $\dfrac{\square}{\square}$ 읽기 ________________

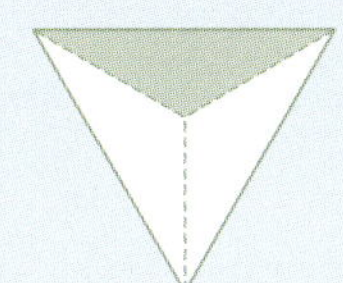

개념 4   색칠한(색칠하지 않은) 부분을 분수로 나타내기

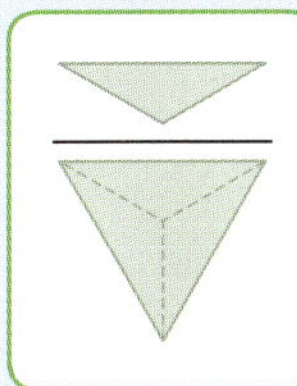

- 색칠한 부분을 분수로 나타내기

  전체를 **똑같이 3**으로 나눈 것 중의 **1**이므로 $\dfrac{1}{3}$입니다.

- 색칠하지 않은 부분을 분수로 나타내기

  전체를 **똑같이 3**으로 나눈 것 중의 **2**이므로 $\dfrac{2}{3}$입니다.

18 오른쪽 그림에서 색칠한 부분은 전체의 얼마인지 분수로 쓰고 읽어 보세요.

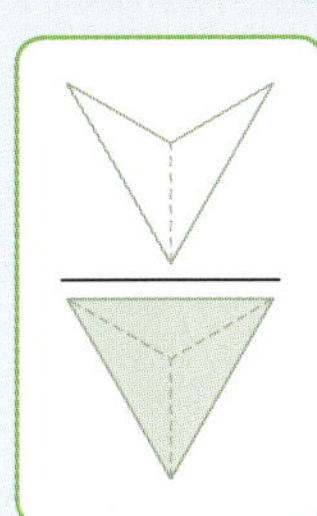

쓰기 □/□   읽기 ___________

19 오른쪽 그림에서 색칠하지 않은 부분은 전체의 얼마인지 분수로 쓰고 읽어 보세요.

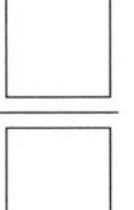

쓰기 □/□   읽기 ___________

[20~21] 색칠한 부분과 색칠하지 않은 부분을 각각 분수로 나타내 보세요.

20

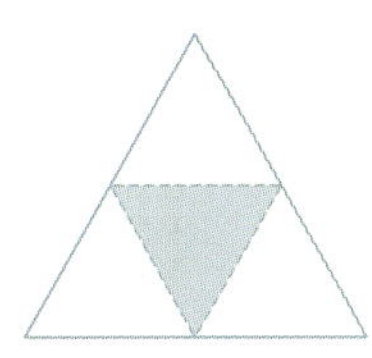

색칠한 부분   색칠하지 않은 부분

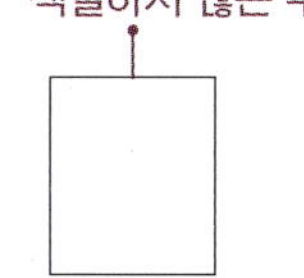

21

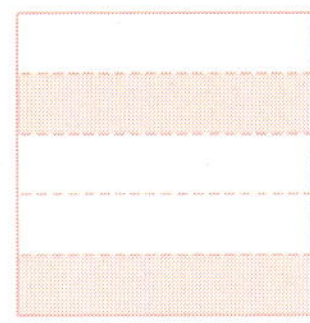  

22 분수만큼 색칠한 것을 찾아 ◯표 하세요.

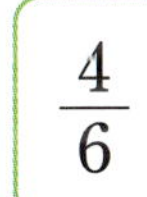 $\dfrac{4}{6}$ 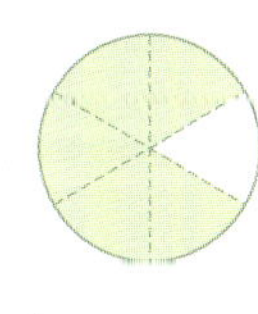 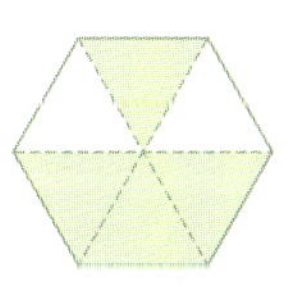 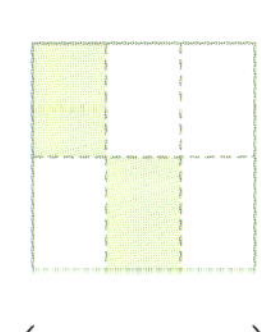

(   ) (   ) (   )

의사소통

23 현승이가 형에게 주어야 할 초콜릿은 전체의 얼마인지 분수로 나타내 보세요.

(   )

개념별 유형

개념 5 분수만큼 색칠하기

예 $\frac{1}{4}$만큼 색칠하기

전체를 **똑같이 4**로 나눈 것 중의 **1**만큼 **색칠**합니다.

 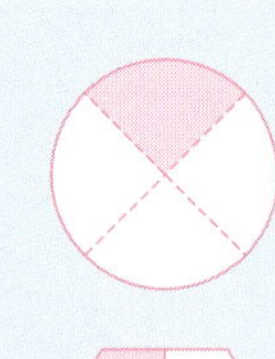 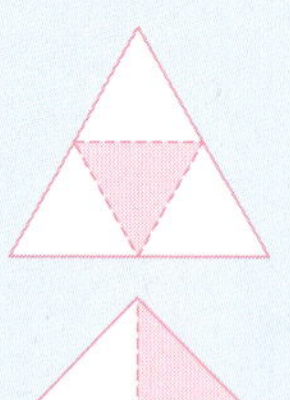
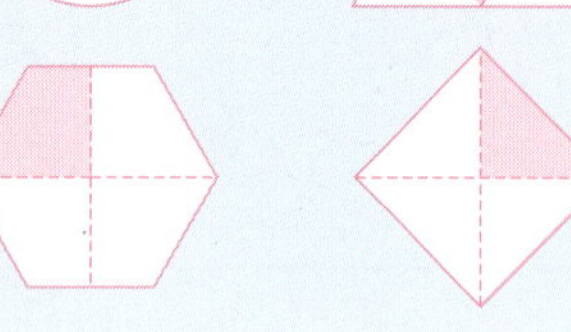

[24~25] 서준이가 도형을 똑같이 나누어 $\frac{2}{3}$만큼 색칠하려고 합니다. 물음에 답하세요.

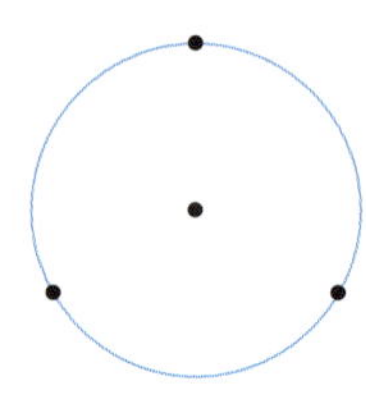

24 점을 이용하여 전체를 똑같이 3으로 나누어 보세요.

정보처리

25 ☐ 안에 알맞은 수를 써넣고, 위에 있는 그림에 $\frac{2}{3}$만큼 색칠해 보세요.

[26~27] 주어진 분수만큼 색칠해 보세요.

26 $\frac{3}{5}$ 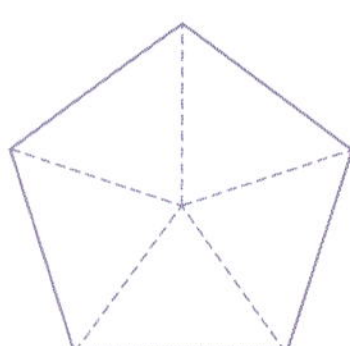

27 $\frac{5}{9}$ 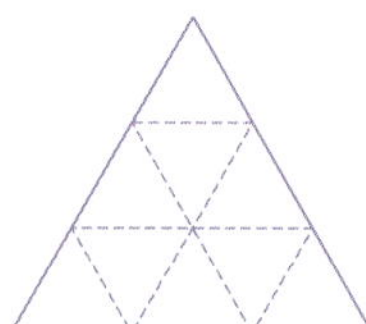

28 주어진 분수만큼 색칠한 것을 찾아 이어 보세요.

$\frac{1}{4}$ ·

$\frac{3}{8}$ ·

$\frac{5}{6}$ ·

· 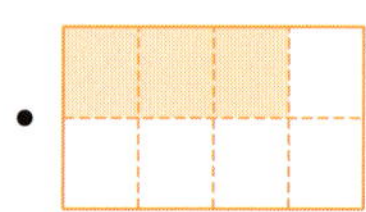

· 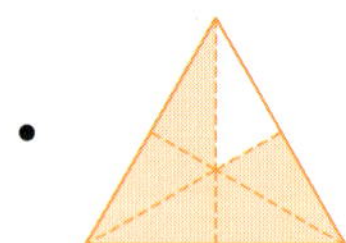

· 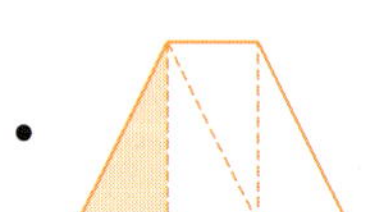

29 지안이와 건우가 말한 분수만큼 각각 색칠해 보세요.

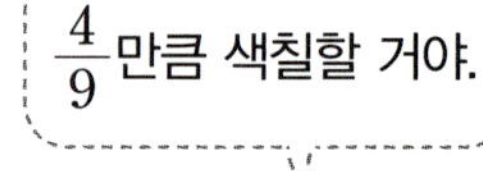

 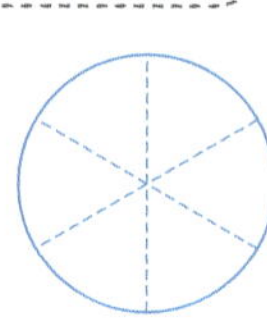

지안

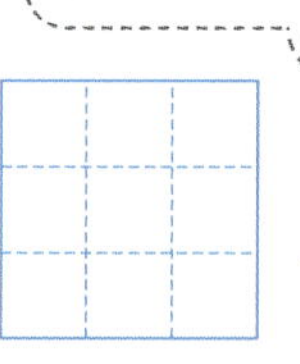

건우

1~5 형성 평가

맞힌 문제 수 　개 / 8개

공부한 날　　월　　일

1 똑같이 넷으로 나누어진 도형에 ◯표 하세요.

(　　　　)　　　(　　　　)

2 □ 안에 알맞은 수를 써넣으세요.

부분  은 전체 를 똑같이

□(으)로 나눈 것 중의 □입니다.

3 색칠한 부분은 전체의 얼마인지 분수로 쓰고 읽어 보세요.

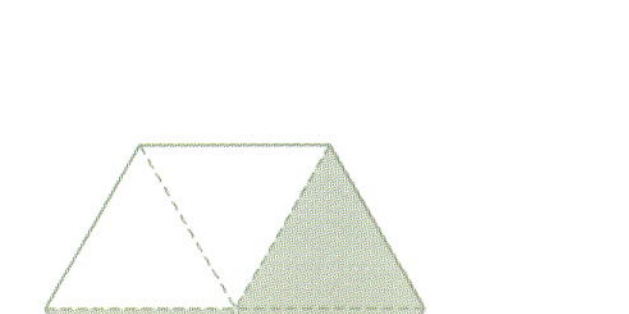

쓰기 □/□　　읽기 _______________

4 색칠한 부분과 색칠하지 않은 부분을 각각 분수로 나타내 보세요.

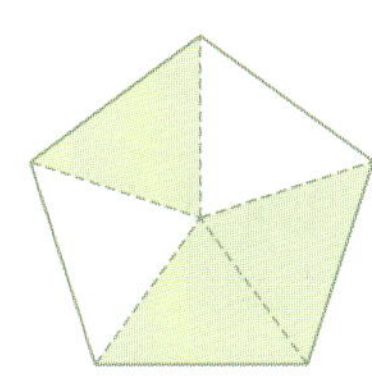

[5~6] 주어진 분수만큼 색칠해 보세요.

5 $\dfrac{4}{5}$

6 $\dfrac{5}{8}$

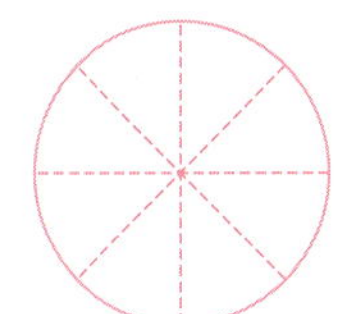

7 보기와 다른 방법으로 도형을 똑같이 넷으로 나누어 보세요.

8 색칠한 부분을 분수로 나타냈을 때 나타낸 수가 <u>다른</u> 것에 ×표 하세요.

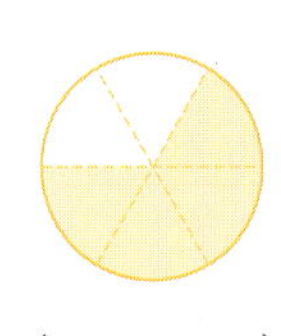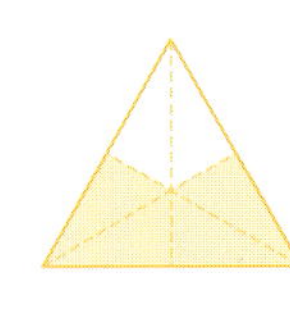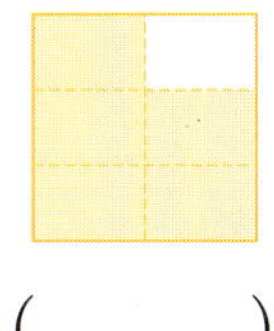

(　　　)　(　　　)　(　　　)

개념별 유형

개념 6 ▸ 단위분수

1. **단위분수**: 분수 중에서 $\frac{1}{2}$, $\frac{1}{3}$, $\frac{1}{4}$, ...과 같이

   분자가 1인 분수

2. 분수와 단위분수의 관계 알아보기

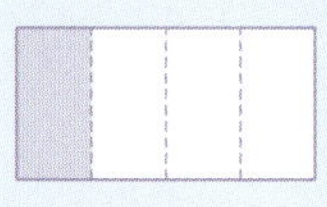
$\frac{1}{4}$ → 단위분수

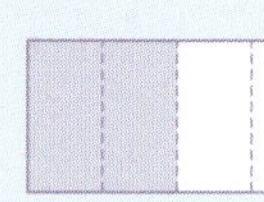
$\frac{2}{4}$ 는 $\frac{1}{4}$ 이 2개입니다.

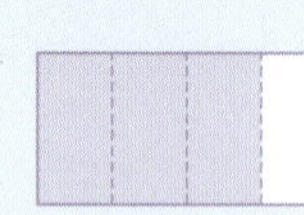
$\frac{3}{4}$ 은 $\frac{1}{4}$ 이 3개입니다.

▶ 개념 동영상

1 색칠한 부분을 단위분수로 나타내 보세요.

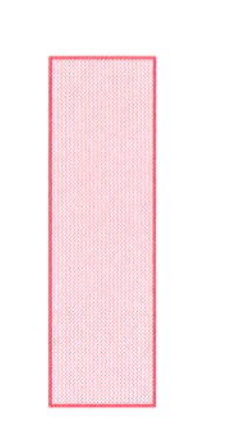 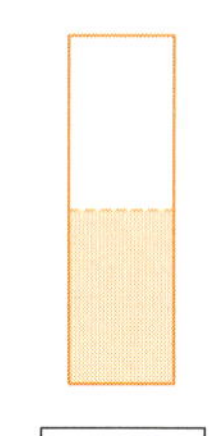 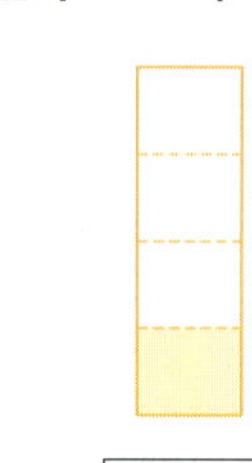 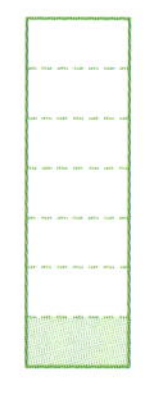

1         

2 주어진 분수만큼 색칠해 보세요.

(1) $\frac{1}{3}$
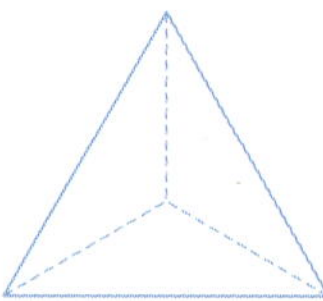

(2) $\frac{1}{6}$
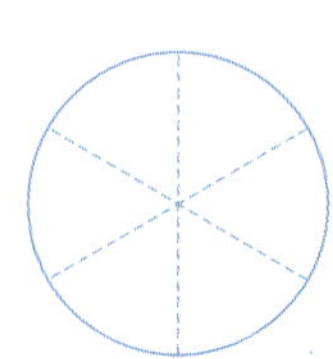

3 주어진 분수는 단위분수가 몇 개인지 □ 안에 알맞은 수를 써넣으세요.

(1) $\frac{2}{5}$ 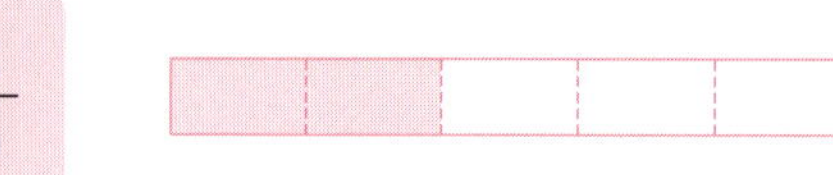

→ $\frac{2}{5}$ 는 $\frac{1}{5}$ 이 □ 개입니다.

(2) $\frac{5}{8}$ 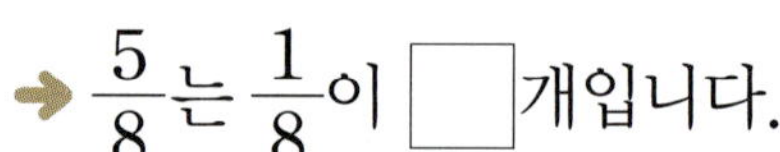

→ $\frac{5}{8}$ 는 $\frac{1}{8}$ 이 □ 개입니다.

정보처리

4 관계있는 것끼리 이어 보세요.

$\frac{1}{7}$ 이 6개 •

$\frac{1}{9}$ 이 7개 •

• $\frac{7}{9}$

• $\frac{6}{9}$

• $\frac{6}{7}$

5 □ 안에 알맞은 분수를 써넣으세요.

(1) $\frac{1}{5}$ 이 4개이면 □ 입니다.

(2) $\frac{3}{7}$ 은 □ 이/가 3개입니다.

개념 **7** 단위분수의 크기 비교하기

예 $\dfrac{1}{3}$과 $\dfrac{1}{4}$의 크기 비교하기

$\dfrac{1}{3}$이 $\dfrac{1}{4}$보다 색칠한 부분이 더 넓으므로

$\dfrac{1}{3} > \dfrac{1}{4}$입니다. → 3<4이므로 $\dfrac{1}{3}$>$\dfrac{1}{4}$입니다.

분모가 크면 전체를 똑같이 분모만큼 나눈 것 중 하나의 크기는 작아져.

단위분수는 **분모가 작을수록 더 큽니다**.

▶개념 동영상

6 수직선을 보고 알맞은 말에 ◯표 하세요.

$\dfrac{1}{4}$은 $\dfrac{1}{5}$보다 더 (큽니다 , 작습니다).

7 주어진 분수만큼 각각 색칠하고, ◯ 안에 >, =, <중 알맞은 것을 써넣으세요.

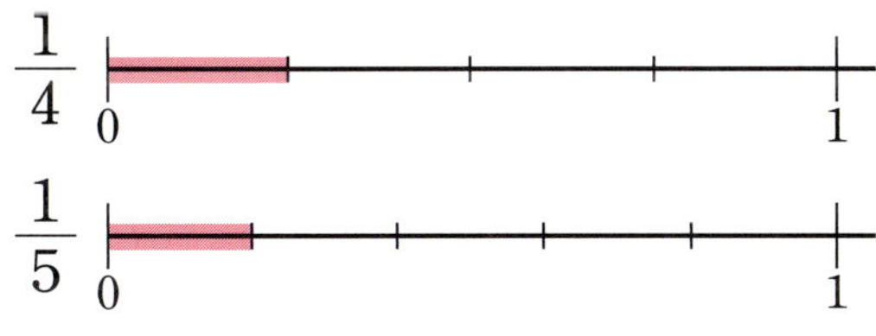

$\dfrac{1}{6} \bigcirc \dfrac{1}{3}$

8 도형을 똑같이 나누어 주어진 분수만큼 각각 색칠하고, ◯ 안에 >, =, <중 알맞은 것을 써넣으세요.

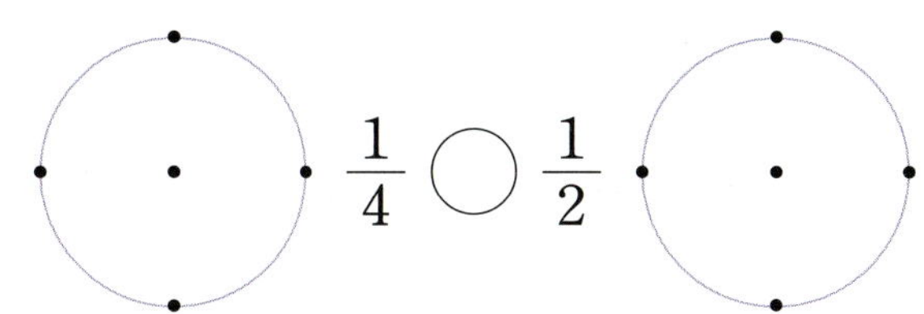

$\dfrac{1}{4} \bigcirc \dfrac{1}{2}$

9 두 분수의 크기를 비교하여 ◯ 안에 >, =, <중 알맞은 것을 써넣으세요.

(1) $\dfrac{1}{7} \bigcirc \dfrac{1}{8}$ (2) $\dfrac{1}{9} \bigcirc \dfrac{1}{5}$

10 □ 안에 들어갈 수 있는 수를 모두 찾아 ◯표 하세요.

$$\dfrac{1}{6} < \dfrac{1}{\square}$$

(4 , 5 , 6 , 7 , 8)

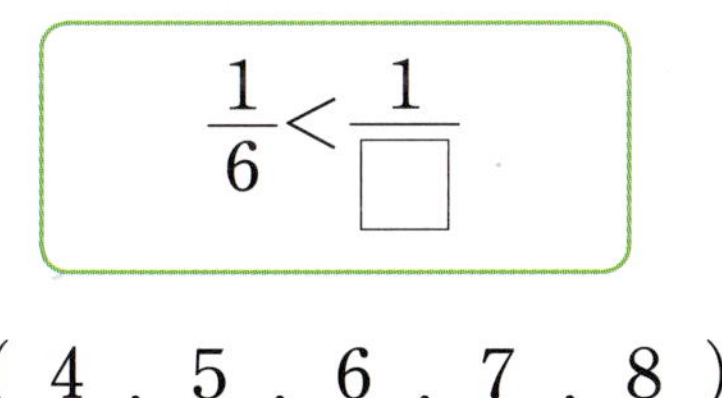 연결

11 피자 한 판을 시켜서 상진이는 전체의 $\dfrac{1}{8}$만큼 먹었고, 려원이는 전체의 $\dfrac{1}{4}$만큼 먹었습니다. 상진이와 려원이 중에서 피자를 더 적게 먹은 사람은 누구인가요?

(   )

6 분수와 소수

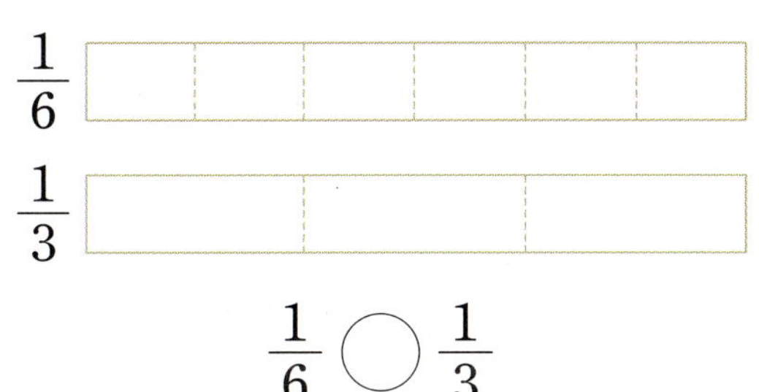

개념 **8** ▸ 분모가 같은 분수의 크기 비교하기

(예) $\dfrac{3}{5}$과 $\dfrac{2}{5}$의 크기 비교하기

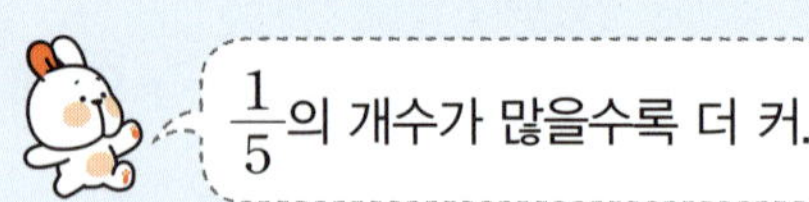

$\dfrac{3}{5}$은 $\dfrac{1}{5}$이 3개, $\dfrac{2}{5}$는 $\dfrac{1}{5}$이 2개입니다.

➜ $3>2$이므로 $\dfrac{3}{5}>\dfrac{2}{5}$입니다.

분모가 같은 분수는 분자가 클수록 더 큽니다.

▶ 개념 동영상

12 그림을 보고 □ 안에 알맞은 수를 써넣고, 알맞은 말에 ○표 하세요.

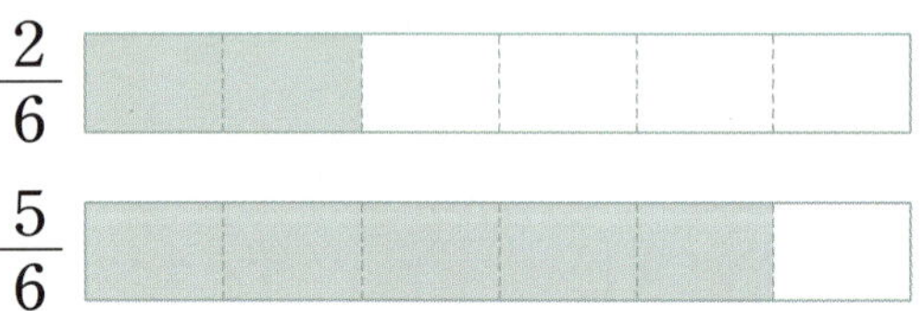

$\dfrac{2}{6}$는 $\dfrac{1}{6}$이 2개, $\dfrac{5}{6}$는 $\dfrac{1}{6}$이 □개이므로

$\dfrac{2}{6}$는 $\dfrac{5}{6}$보다 더 (큽니다 , 작습니다).

13 주어진 분수만큼 각각 색칠하고, ○ 안에 >, =, < 중 알맞은 것을 써넣으세요.

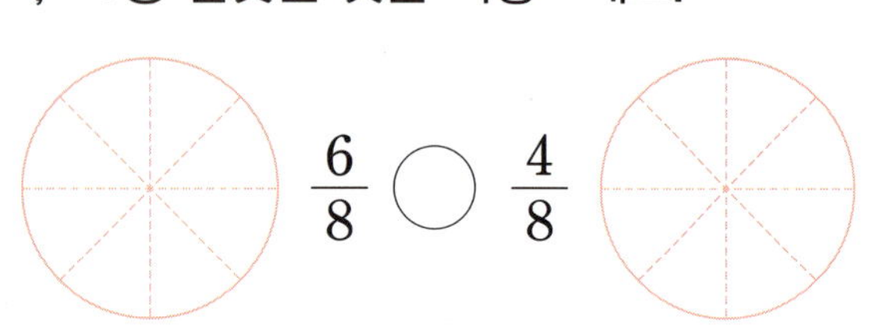

$\dfrac{6}{8} \bigcirc \dfrac{4}{8}$

14 □ 안에 알맞은 수를 써넣고, ○ 안에 >, =, < 중 알맞은 것을 써넣으세요.

$\dfrac{8}{9}$은 $\dfrac{1}{9}$이 □개, $\dfrac{3}{9}$은 $\dfrac{1}{9}$이 □개입니다.

➜ $\dfrac{8}{9} \bigcirc \dfrac{3}{9}$

15 두 분수의 크기를 비교하여 ○ 안에 >, =, < 중 알맞은 것을 써넣으세요.

(1) $\dfrac{2}{4} \bigcirc \dfrac{3}{4}$　　　　(2) $\dfrac{5}{7} \bigcirc \dfrac{4}{7}$

16 분수의 크기를 바르게 비교한 것의 기호를 쓰세요.

> ㉠ $\dfrac{2}{5}<\dfrac{4}{5}$　　　㉡ $\dfrac{3}{8}>\dfrac{7}{8}$

(　　　　　　)

🗒 문제 해결

17 리본을 민희는 $\dfrac{9}{10}$ m, 상호는 $\dfrac{7}{10}$ m 가지고 있습니다. 민희와 상호 중에서 가지고 있는 리본의 길이가 더 긴 사람은 누구인가요?

(　　　　　　)

6 ~ 8 형성 평가

맞힌 문제 수
개 / 7개

공부한 날 　 월 　 일

1 □ 안에 알맞은 분수를 써넣으세요.

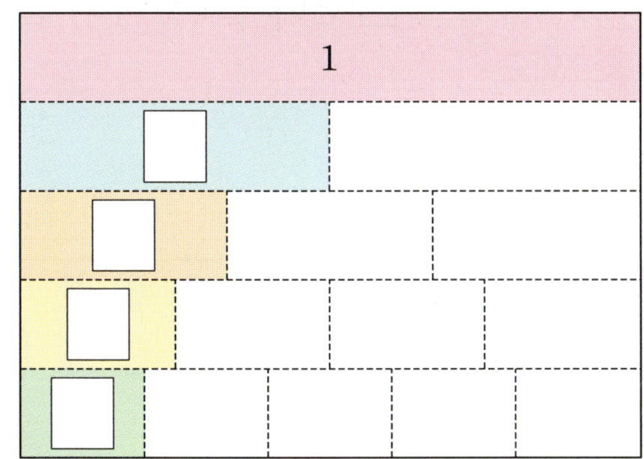

2 그림을 보고 알맞은 말에 ◯표 하세요.

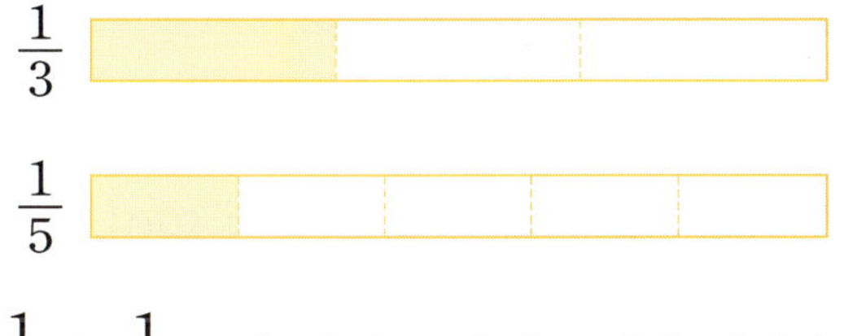

$\dfrac{1}{3}$ 은 $\dfrac{1}{5}$ 보다 더 (큽니다 , 작습니다).

3 □ 안에 알맞은 수를 써넣으세요.

(1) $\dfrac{4}{6}$ 는 $\dfrac{1}{6}$ 이 □ 개입니다.

(2) $\dfrac{7}{9}$ 은 □ 이/가 7개입니다.

4 □ 안에 알맞은 분수를 써넣고, ◯ 안에 >, =, < 중 알맞은 것을 써넣으세요.

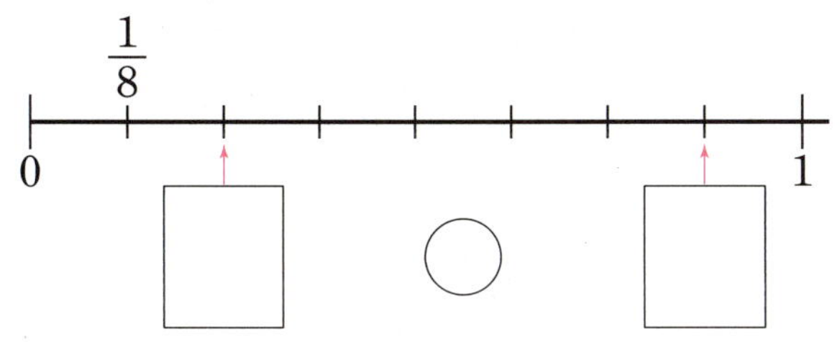

5 두 분수의 크기를 비교하여 ◯ 안에 >, =, < 중 알맞은 것을 써넣으세요.

(1) $\dfrac{2}{5}$ ◯ $\dfrac{3}{5}$　　　(2) $\dfrac{1}{6}$ ◯ $\dfrac{1}{8}$

6 두 분수의 크기를 비교하여 더 큰 분수를 아래쪽 빈칸에 각각 써넣으세요.

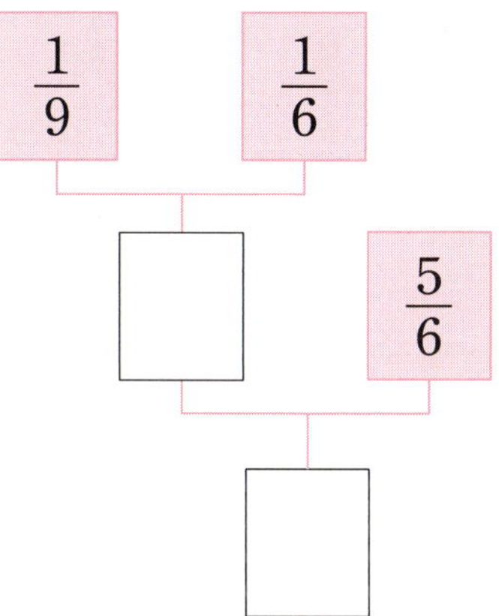

7 지안이와 유찬이가 말하는 내용을 모두 만족하는 분수를 구하세요.

(　　　　　　)

개념 **9** ▸ 1보다 작은 소수

1. 소수 알아보기

(1) 전체를 똑같이 10으로 나눈 것 중의 1은 $\dfrac{1}{10}$ 이고 **0.1** 이라 씁니다.

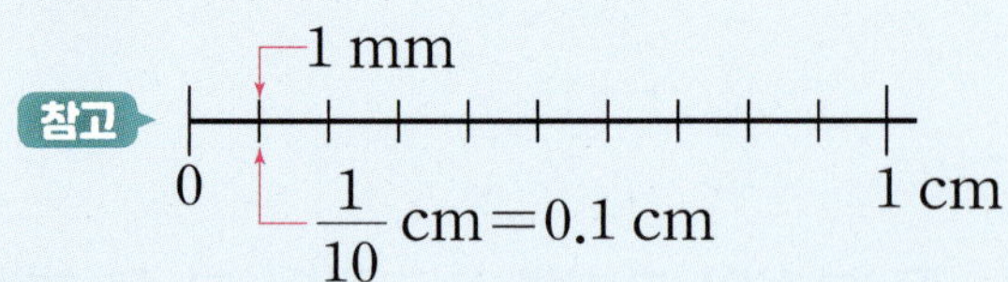

참고

$\dfrac{1}{10}$ cm $= 0.1$ cm

(2) 분수 $\dfrac{1}{10}$, $\dfrac{2}{10}$, $\dfrac{3}{10}$, …, $\dfrac{9}{10}$ 를 **0.1**, **0.2**, **0.3**, …, **0.9** 라 쓰고, **영 점 일**, **영 점 이**, **영 점 삼**, …, **영 점 구** 라고 읽습니다.

- **소수**: 0.1, 0.2, 0.3과 같은 수
- **소수점**: 소수에서 '**.**'

2. 수직선에서 분수와 소수의 관계 알아보기

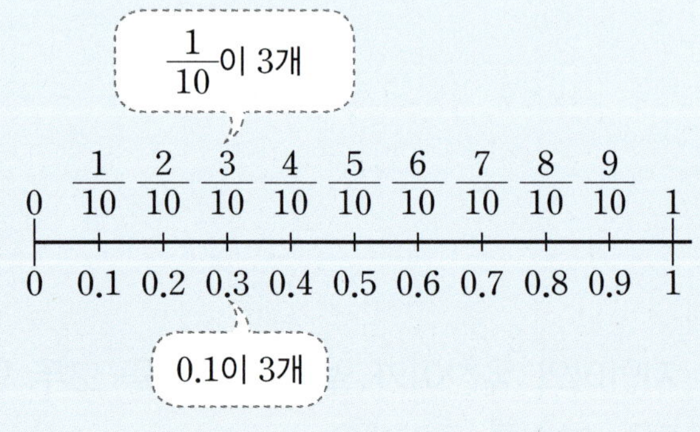

$$\frac{1}{10} = 0.1 \;\Rightarrow\; \frac{\blacktriangle}{10} = 0.\blacktriangle$$

$\dfrac{1}{10}$ 이 ▲개 0.1이 ▲개

▶ 개념 동영상

1 □ 안에 알맞은 분수나 소수를 써넣으세요.

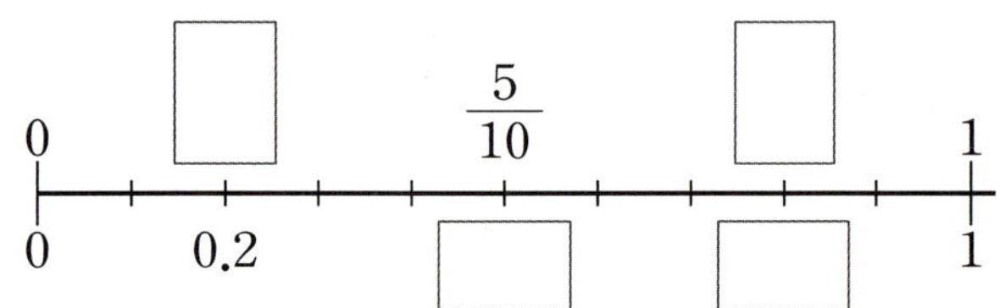

2 그림을 보고 □ 안에 알맞은 수나 말을 써넣으세요.

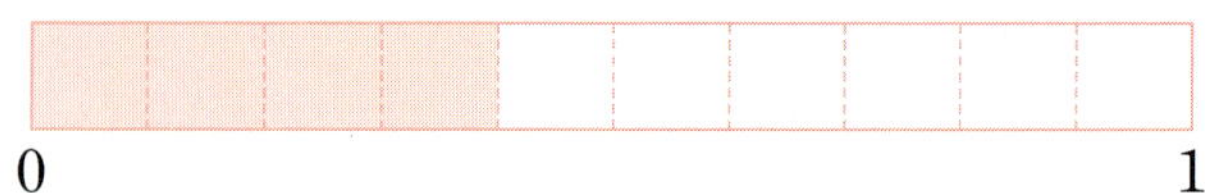

(1) 색칠한 부분을 분수로 나타내면 $\dfrac{\square}{\square}$ 입니다.

(2) 색칠한 부분을 소수로 나타내면 □ (이)라 쓰고 □ (이)라고 읽습니다.

3 색칠한 부분을 소수로 쓰고 읽어 보세요.

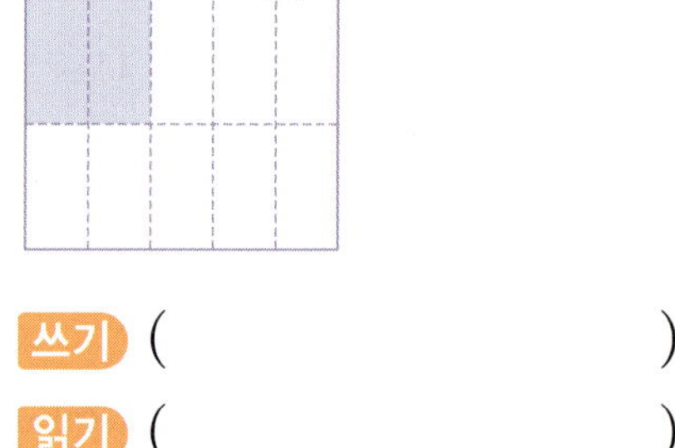

쓰기 (   )

읽기 (   )

[4~5] 색칠한 부분을 분수와 소수로 나타내 보세요.

4 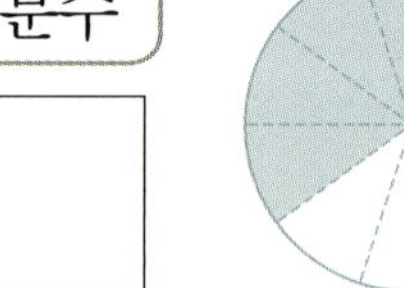

5

6 분수와 소수

6 관계있는 것끼리 이어 보세요.

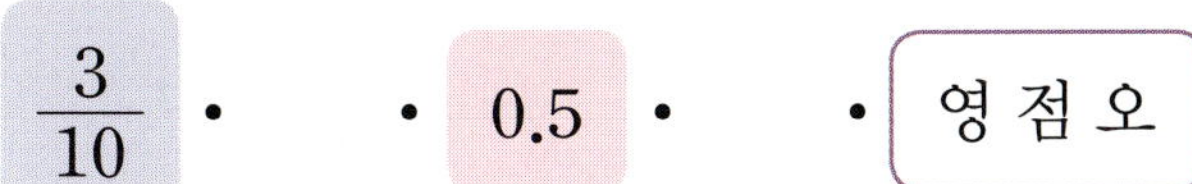

$\dfrac{3}{10}$ •   • 0.5 •   • 영 점 오

$\dfrac{5}{10}$ •   • 0.7 •   • 영 점 삼

$\dfrac{7}{10}$ •   • 0.3 •   • 영 점 칠

7 □ 안에 알맞은 수를 써넣으세요.

⑴ 0.8은 0.1이 □ 개입니다.

⑵ 0.1이 9개이면 □ 입니다.

⑶ $\dfrac{1}{10}$이 □ 개이면 0.2입니다.

추론

8 □ 안에 알맞은 수를 써넣으세요.

⑴ 4 mm = □ cm

⑵ 0.9 cm = □ mm

연결

9 지율이는 빵 한 개를 똑같이 10조각으로 나 눈 것 중 6조각을 먹었습니다. 지율이가 먹은 빵의 양을 소수로 나타내 보세요.

(   )

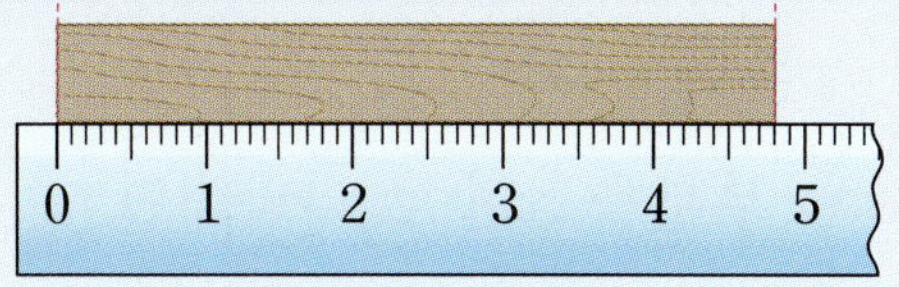

개념 10 1보다 큰 소수

1. 막대의 길이를 소수로 나타내기

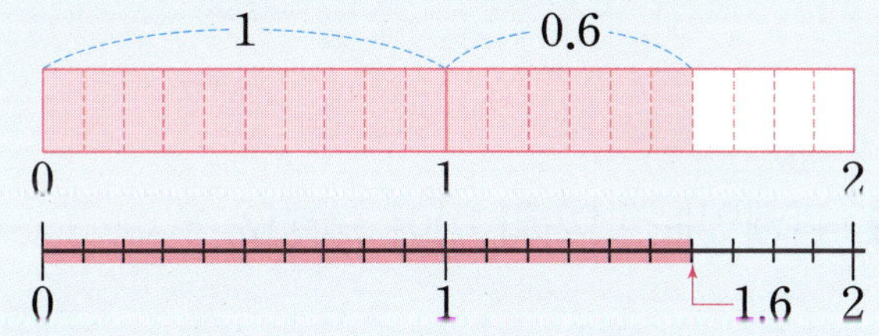

⑴ 막대는 4 cm보다 8 mm 더 깁니다.

⑵ 1 mm = 0.1 cm이므로
    8 mm = 0.8 cm입니다.

⑶ 막대의 길이는 4 cm와 0.8 cm이므로
    4.8 cm입니다.

> 4와 0.8만큼
> → 쓰기 **4.8**   읽기 **사 점 팔**

2. 색칠한 부분을 소수로 나타내기

• 1과 0.6만큼이므로 **1.6**이라 쓰고
  일 점 육이라고 읽습니다.

• 1.6은 **0.1**이 **16**개입니다.

▶ 개념 동영상

10 색칠한 부분을 소수로 쓰고 읽어 보세요.

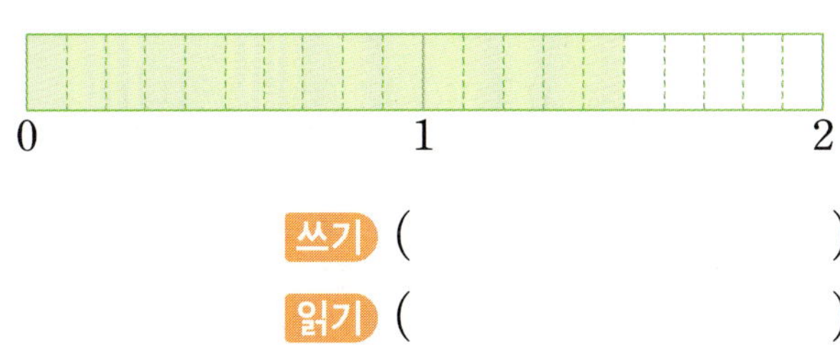

쓰기 (   )

읽기 (   )

개념별 유형

11 수직선을 보고 □ 안에 알맞은 수나 말을 써넣으세요.

━━ 부분을 소수로 나타내면 □ (이)라 쓰고 □ (이)라고 읽습니다.

12 □ 안에 알맞은 수를 써넣으세요.

(1) 3.4는 0.1이 □ 개입니다.

(2) 0.1이 29개이면 □ 입니다.

정보처리

13 관계있는 것끼리 이어 보세요.

2와 0.7만큼	•	•	8.6
0.1이 72개	•	•	7.2
팔 점 육	•	•	2.7

14 ㉠과 ㉡에 알맞은 수를 각각 쓰세요.

> • 0.1이 ㉠개이면 1입니다.
> • 6.8은 ㉡이 68개입니다.

㉠ ( )

㉡ ( )

15 □ 안에 알맞은 소수를 써넣으세요.

(1) 1 cm 7 mm = □ cm

(2) 42 mm = □ cm

16 □ 안에 알맞은 소수를 써넣으세요.

> 5와 □ 만큼인 수는 5.4입니다.

문제 해결

17 주스가 모두 몇 컵인지 소수로 나타내 보세요.

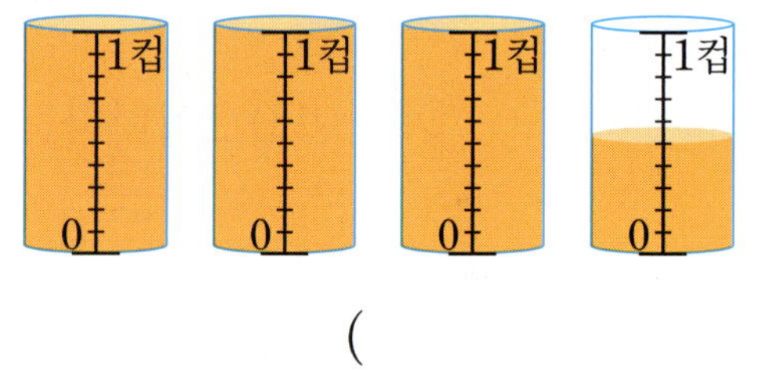

( )

18 □ 안에 알맞은 소수를 써넣으세요.

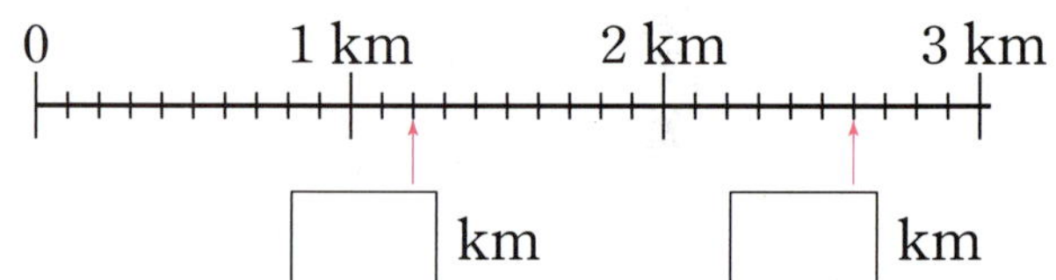

□ km □ km

19 몸길이가 6 cm 3 mm인 왕사슴벌레가 있습니다. 이 왕사슴벌레의 몸길이는 몇 cm인지 소수로 나타내 보세요.

( )

개념 11 소수의 크기 비교하기

예 0.5와 0.7의 크기 비교하기

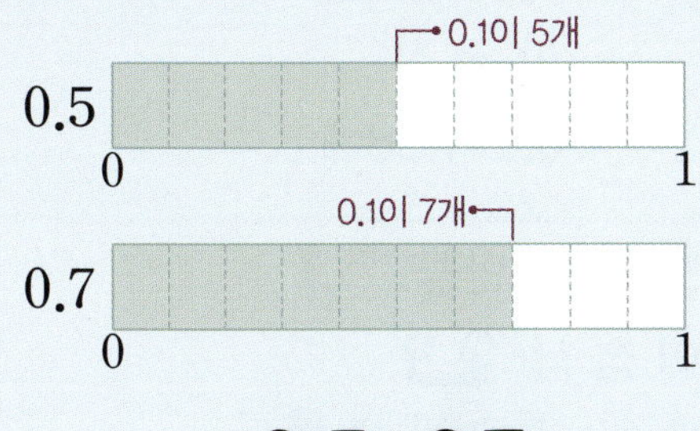

→ **0.5 < 0.7**

예 1.8과 1.2의 크기 비교하기

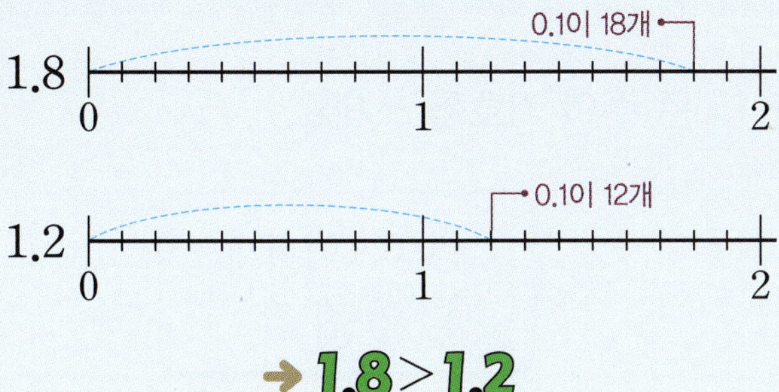

→ **1.8 > 1.2**

소수의 크기를 비교하는 방법

① 0.1이 몇 개인지 알아보고 **0.1**이 **많을수록** 더 큽니다.

② 수직선에서 **오른쪽으로 갈수록** 수가 커집니다.

③ 소수점을 기준으로 왼쪽에 있는 수가 클수록 더 크고, 왼쪽에 있는 수가 같으면 소수점 오른쪽에 있는 수가 클수록 더 큽니다.

▶ 개념 동영상

20 그림을 보고 알맞은 말에 ◯표 하세요.

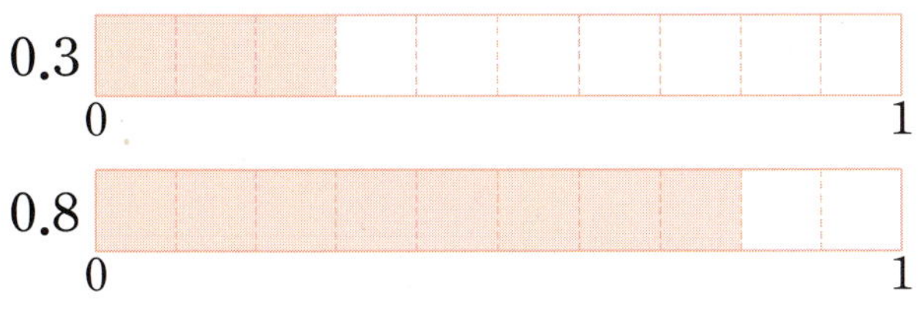

0.3은 0.8보다 더 (큽니다 , 작습니다).

21 1.5와 1.9를 수직선에 나타내고, ◯ 안에 >, =, < 중 알맞은 것을 써넣으세요.

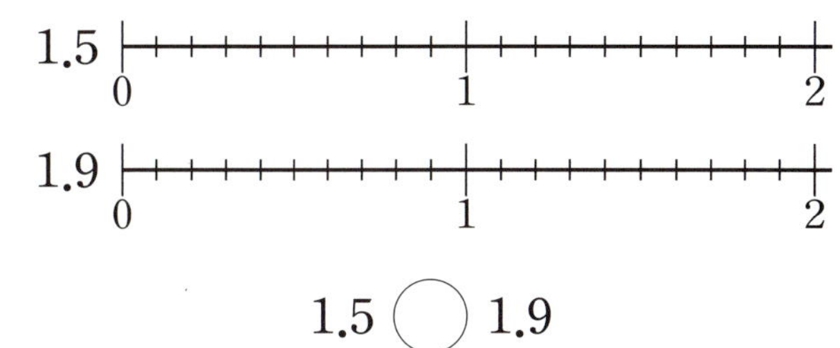

1.5 ◯ 1.9

22 □ 안에 알맞은 수를 써넣고, ◯ 안에 >, =, < 중 알맞은 것을 써넣으세요.

(1) 0.6은 0.1이 6개, 0.2는 0.1이 □개입니다. → 0.6 ◯ 0.2

(2) 2.4는 0.1이 □개, 3.5는 0.1이 35개입니다. → 2.4 ◯ 3.5

6

분수와 소수

145

[23~24] 더 작은 수가 적혀 있는 칠판에 △표 하세요.

23
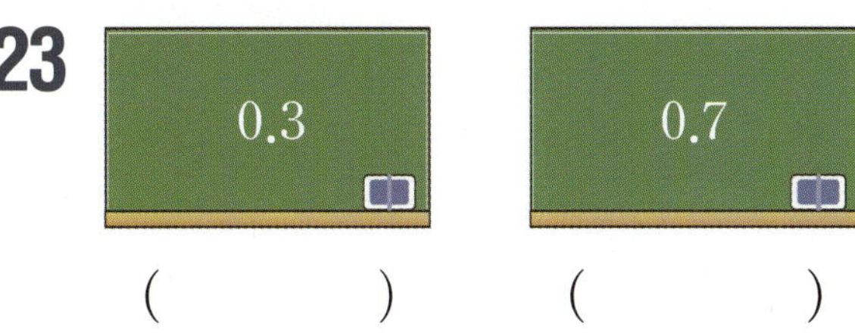

(　　　)　　(　　　)

24
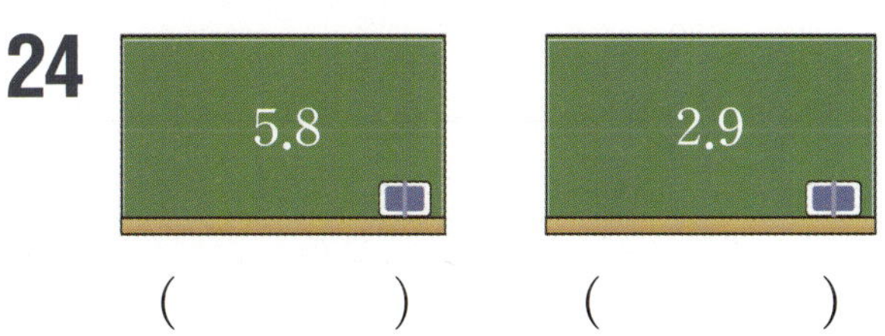

(　　　)　　(　　　)

개념별 유형

25 소수의 크기를 바르게 비교한 것에 ◯표 하세요.

9.3 > 9.6	0.7 < 0.9
( )	( )

26 4.8보다 큰 수를 찾아 쓰세요.

4.7	5.2	0.9

( )

27 은정이네 집에서 공원까지의 거리는 1.2 km 이고, 지하철역까지의 거리는 2.3 km입니다. 공원과 지하철역 중 은정이네 집에서 더 가까운 곳은 어디인가요?

( )

연결

28 어느 지역의 4월부터 6월까지 내린 비의 양입니다. 4월, 5월, 6월 중 비가 가장 적게 내린 달은 몇 월인가요?

월	4월	5월	6월
비의 양(mm)	3.4	1.7	2.8

( )

➕ 개념 12 소수로 나타내어 크기 비교하기

예

> ㉠ 3과 0.1만큼
> ㉡ 이 점 삼
> ㉢ 0.1이 28개

㉠ **3과 0.1만큼: 3.1**
㉡ 이 점 삼: **2.3**
㉢ **0.1이 28개: 2.8**
➜ ㉠ 3.1 > ㉢ 2.8 > ㉡ 2.3

29 더 큰 수의 기호를 쓰세요.

> ㉠ 0.1이 6개
> ㉡ 영 점 팔

( )

30 더 작은 수를 말한 사람은 누구인가요?

( )

31 큰 수부터 차례로 기호를 쓰세요.

> ㉠ 팔 점 사
> ㉡ 0.1이 91개
> ㉢ 5와 0.7만큼

( )

9~12 형성 평가

맞힌 문제 수
개 / 8개

공부한 날   월   일

1 다음을 소수로 쓰고 읽어 보세요.

> 0.1이 7개

쓰기 (   )

읽기 (   )

2 빈칸에 알맞게 써넣으세요.

소수	3.8		1.9
읽기		육 점 삼	

3 색 테이프의 길이는 몇 cm인지 소수로 나타내 보세요.

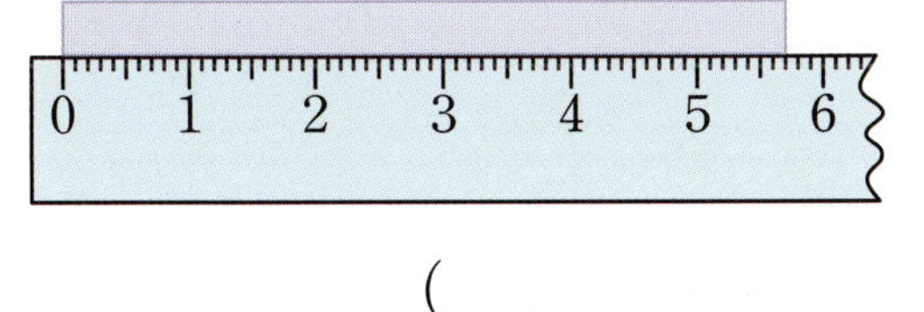

(   )

4 두 소수의 크기를 비교하여 ○ 안에 >, =, < 중 알맞은 것을 써넣으세요.

(1) 0.5 ◯ 0.6   (2) 3.4 ◯ 1.8

5 □ 안에 알맞은 소수를 써넣으세요.

(1) 2 cm 4 mm = [ ] cm

(2) 79 mm = [ ] cm

6 나타내는 수가 <u>다른</u> 하나를 찾아 기호를 쓰세요.

> ㉠ 4와 0.5만큼
> ㉡ 사 점 오
> ㉢ 0.1이 54개

(   )

7 ㉠과 ㉡에 알맞은 수의 합을 구하세요.

> • 0.1이 ㉠개이면 0.8입니다.
> • $\frac{1}{10}$이 ㉡개이면 0.3입니다.

(   )

8 체육 시간에 멀리뛰기를 했습니다. 재석이는 0.9 m, 소라는 1.1 m를 뛰었습니다. 둘 중 더 멀리 뛴 사람은 누구인가요?

(   )

6 분수와 소수

147

1 색칠한 부분이 나타내는 분수 알아보기

1 기본 색칠한 부분이 나타내는 분수가 다른 하나를 찾아 ×표 하세요.

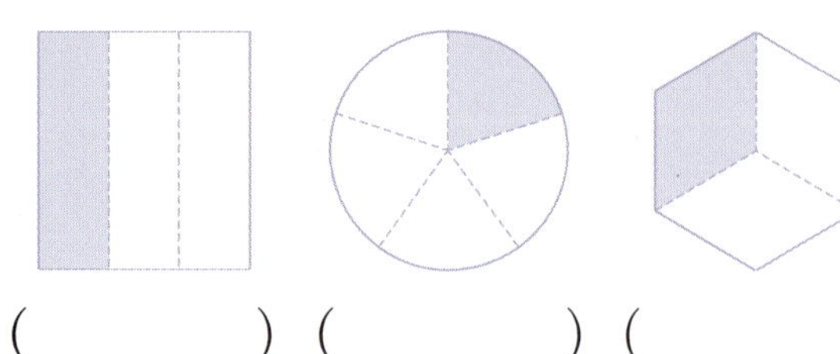

( )　( )　( )

2 변형 **보기** 에서 색칠한 부분이 나타내는 분수만큼 색칠해 보세요.

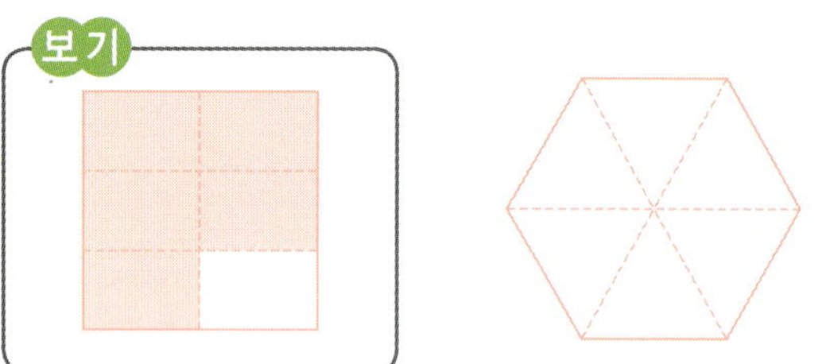

3 변형 은우, 지안, 현서가 각각 도형을 똑같이 나누어 색칠했습니다. 색칠한 부분이 나타내는 분수가 다른 사람은 누구인가요?

( )

2 부분을 보고 전체 알아보기

4 기본 부분을 보고 전체를 완성해 보세요.

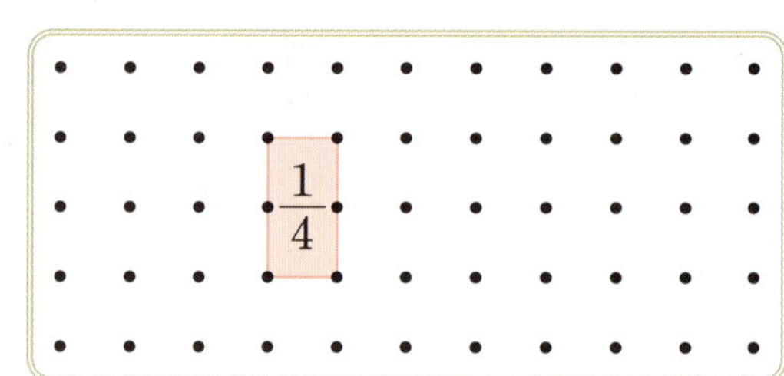

5 변형 전체에 알맞은 도형이 아닌 것을 찾아 기호를 쓰세요.

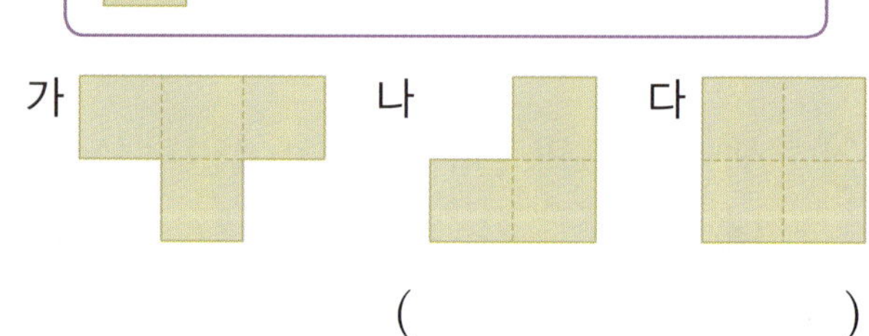

( )

6 실생활 집에서 체육관까지 거리의 $\dfrac{1}{5}$ 만큼이 3 km 입니다. 집에서 체육관까지의 거리는 몇 km인가요?

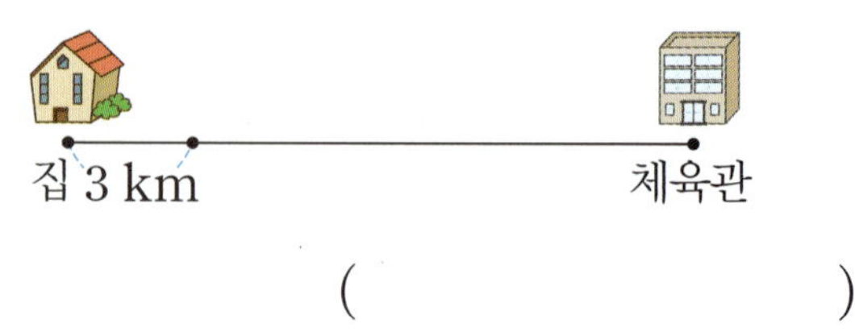

( )

3 세 분수의 크기 비교하기

7 기본　가장 큰 분수에 ○표 하세요.

$$\frac{8}{13} \qquad \frac{5}{13} \qquad \frac{9}{13}$$

8 변형　가장 작은 분수에 △표 하세요.

$$\frac{1}{8} \qquad \frac{1}{12} \qquad \frac{1}{17}$$

9 변형　세 분수 $\frac{6}{15}$, $\frac{13}{15}$, $\frac{10}{15}$ 의 크기를 비교하여 큰 수부터 차례로 쓰세요.

(　　　　　　　　　　　)

10 실생활　서연, 동주, 미나가 조립한 태양열 자동차가 간 거리는 각각 다음과 같습니다. 태양열 자동차가 간 거리가 가장 짧은 사람은 누구인가요?

서연	동주	미나
$\frac{1}{2}$ m	$\frac{1}{4}$ m	$\frac{1}{3}$ m

(　　　　　　　　　　　)

4 분수와 소수의 크기 비교하기

11 기본　가장 큰 수를 쓰세요.

(1)
$$0.8 \qquad \frac{2}{10} \qquad 6.1$$

(　　　　　　　　　　　)

(2)
$$\frac{7}{10} \qquad 0.3 \qquad \frac{5}{10}$$

(　　　　　　　　　　　)

12 변형　$\frac{6}{10}$ 보나 너 큰 소수를 모두 쓰세요.

$$0.9 \qquad 0.5 \qquad 1.4$$

(　　　　　　　　　　　)

13 실생활　학교, 농구장, 소방서 중 연준이네 집에서 가장 먼 곳은 어디인가요?

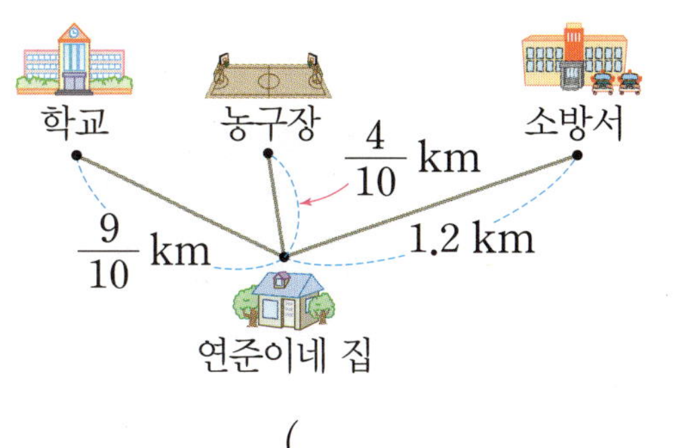

(　　　　　　　　　　　)

STEP 2 꼬리를 무는 유형

5 먹은 조각의 수 구하기

예 전체를 똑같이 10조각으로 나누어 전체의 $\frac{1}{2}$만큼 먹었을 때 먹은 조각의 수 구하기

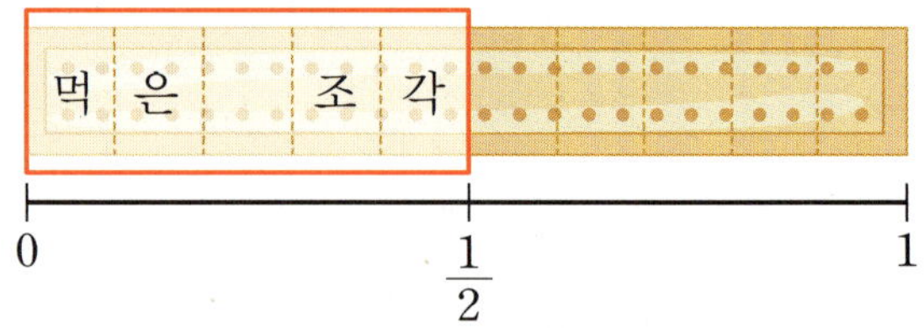

➜ 먹은 조각의 수는 전체를 똑같이 2로 나눈 것 중의 1인 5조각입니다.

14 실력 명수는 피자를 똑같이 8조각으로 나누어 전체의 $\frac{1}{4}$만큼 먹었습니다. 명수가 먹은 피자는 몇 조각인가요?

( )

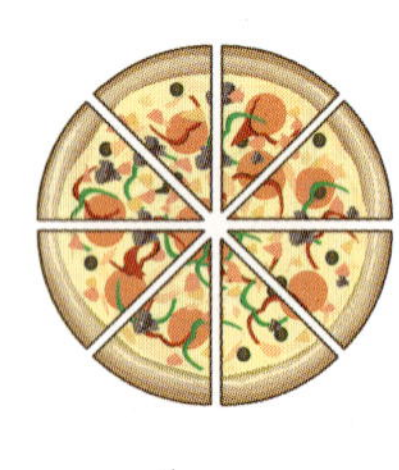

15 레벨업 민우는 시루떡을 똑같이 10조각으로 나누어 전체의 $\frac{1}{5}$만큼 먹었습니다. 민우가 먹고 남은 시루떡은 몇 조각인가요?

( )

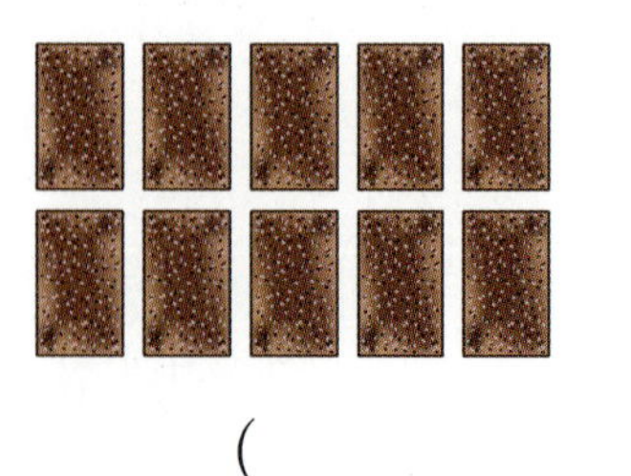

6 □ 안에 들어갈 수 있는 수 구하기

- 소수점 왼쪽에 있는 수가 다르면 소수점 왼쪽에 있는 수가 클수록 더 큽니다.

  예 $3.4 > 2.7$ ($3>2$)

- 소수점 왼쪽에 있는 수가 같으면 소수점 오른쪽에 있는 수가 클수록 더 큽니다.

  예 $2.3 < 2.5$ ($3<5$)

16 실력 1부터 9까지의 수 중에서 □ 안에 들어갈 수 있는 수를 모두 구하세요.

$0.6 < 0.\square$

( )

17 변형 1부터 9까지의 수 중에서 □ 안에 들어갈 수 있는 수는 모두 몇 개인가요?

$8.3 < \square.5$

( )

18 레벨업 1부터 9까지의 수 중에서 □ 안에 들어갈 수 있는 수를 모두 구하세요.

$7.3 < 7.\square < 7.8$

( )

6 분수와 소수

7　남은 부분은 얼마인지 소수로 나타내기

전체를 **똑같이 10**으로 나누었을 때
남은 도막 수는 **10**−(사용한 도막 수)입니다.
전체를 똑같이 10으로 나눈 것 중의 ▲개를 소수
로 나타내면 **0.▲**입니다.

19 실력
리본 1 m를 똑같이 10도막으로 나누어 그
중 1도막을 사용했습니다. 남은 리본의 길
이는 몇 m인지 소수로 나타내 보세요.

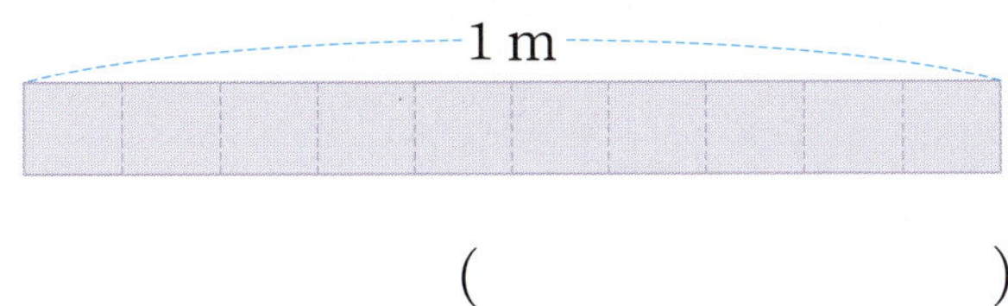

(　　　　　　　　)

20 변형
색 테이프 1 m를 똑같이 10도막으로 나누
어 그중 7도막을 사용했습니다. 남은 색 테
이프의 길이는 몇 m인지 소수로 나타내 보
세요.

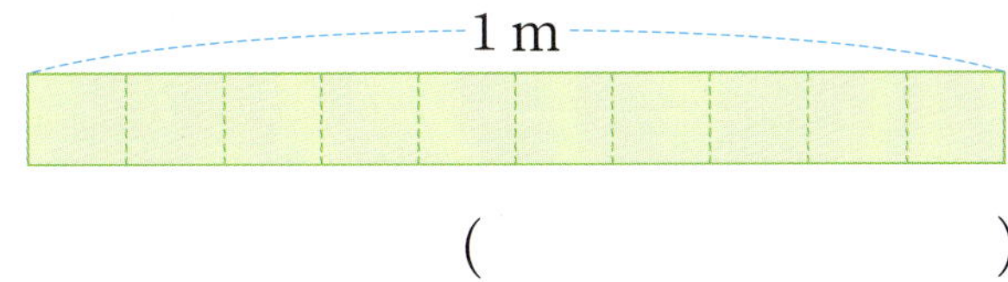

(　　　　　　　　)

21 레벨업
찰흙을 똑같이 10도막으로 나누어 진아가
3도막, 수호가 1도막을 사용했습니다. 진아
와 수호가 사용하고 남은 찰흙은 전체의 얼
마인지 소수로 나타내 보세요.

(　　　　　　　　)

8　수 카드로 가장 큰(작은) 분수 만들기

예 3장의 수 카드 1 , 2 , 3 으로 분모
가 5인 분수 만들기
➜ 수 카드의 수의 크기 비교: $3 > 2 > 1$
　　　　　　　　가장 큰 수┘　　　가장 작은 수┘
가장 큰 분수: $\dfrac{3}{5}$, 가장 작은 분수: $\dfrac{1}{5}$

22 실력
3장의 수 카드 3 , 6 , 5 중에서 한
장을 골라 그 수를 분자로 하는 분모가 8인
분수를 만들려고 합니다. 만들 수 있는 분수
중에서 가장 큰 분수를 구하세요.

(　　　　　　　　)

23 변형
3장의 수 카드 7 , 2 , 4 중에서 한
장을 골라 그 수를 분자로 하는 분모가 9인
분수를 만들려고 합니다. 만들 수 있는 분수
중에서 가장 작은 분수를 구하세요.

(　　　　　　　　)

24 레벨업
3장의 수 카드 4 , 5 , 1 중에서 한
장을 골라 그 수를 분자로 하는 분모가 7인
분수를 만들려고 합니다. 만들 수 있는 분수
를 큰 분수부터 차례로 쓰세요.

(　　　　　　　　)

6 분수와 소수

151

수학 독해력 유형

독해력 유형 1 설명하는 소수로 알맞은 것을 모두 찾기

✏️ 구하려는 것에 밑줄을 긋고 풀어 보세요.

소윤이가 설명하는 소수로 알맞은 것을 모두 찾아 쓰세요.

0.1 0.2 0.3 0.4 0.5 0.6 0.7 0.8 0.9

🕯 해결 비법

$$0 \quad \frac{1}{10} \ \frac{2}{10} \ \frac{3}{10} \ \frac{4}{10} \ \frac{5}{10} \ \frac{6}{10} \ \frac{7}{10} \ \frac{8}{10} \ \frac{9}{10} \quad 1$$

0 0.1 0.2 0.3 0.4 0.5 0.6 0.7 0.8 0.9 1

오른쪽에 있는 수가 더 큽니다.

💡 문제 해결

❶ $\frac{7}{10}$을 소수로 나타내기: ☐

❷ 위 ❶에서 구한 소수보다 큰 소수: _______________

답 _______________

✏️ 위의 문제 해결 방법을 따라 풀어 보세요.

쌍둥이 유형 1-1

현서가 설명하는 소수로 알맞은 것을 모두 찾아 쓰세요.

0.1 0.2 0.3 0.4 0.5 0.6 0.7 0.8 0.9

따라 풀기

답 _______________

쌍둥이 유형 1-2

은우가 설명하는 소수로 알맞은 것을 모두 찾아 쓰세요.

0.1 0.2 0.3 0.4 0.5 0.6 0.7 0.8 0.9

따라 풀기

답 _______________

독해력 유형 ❷ ■에 공통으로 들어갈 수 있는 수 구하기

1부터 9까지의 수 중에서 ■에 공통으로 들어갈 수 있는 수를 구하세요.

$$\frac{4}{10} < \frac{■}{10} \qquad 8.■ < 8.6$$

🖊 해결 비법

- 분모가 같은 분수는 **분자가 클수록 더 큽니다.**

  (예) $\dfrac{2}{5} < \dfrac{3}{5}$

- 소수점을 기준으로 왼쪽에 있는 수가 같으면 **소수점 오른쪽에 있는 수가 클수록 더 큽니다.**

  (예) **5.2 < 5.3**

💡 문제 해결

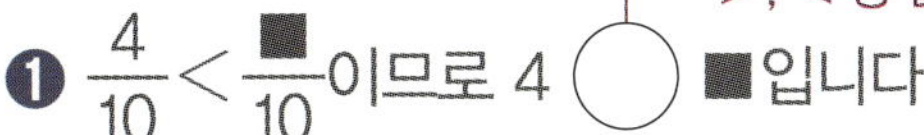

❶ $\dfrac{4}{10} < \dfrac{■}{10}$ 이므로 4 ◯ ■입니다.　　>, < 중 알맞은 것 쓰기

　➜ ■에 알맞은 수: ☐, ☐, 7, 8, 9

❷ $8.■ < 8.6$ 이므로 ■ ◯ 6입니다.

　➜ ■에 알맞은 수: ☐, ☐, 3, 4, 5

❸ ■에 공통으로 들어갈 수 있는 수: ☐

답 ______________

쌍둥이 유형 2-1

1부터 9까지의 수 중에서 ▲에 공통으로 들어갈 수 있는 수를 구하세요.

$$\frac{▲}{11} < \frac{5}{11} \qquad 4.3 < 4.▲$$

따라 풀기

답 ______________

6 분수와 소수

독해력 유형 3 수 카드로 가장 큰 소수와 가장 작은 소수 만들기

 구하려는 것에 밑줄을 긋고 풀어 보세요.

4장의 수 카드 중에서 2장을 골라 한 번씩만 사용하여 소수 ■.▲를 만들려고 합니다. 만들 수 있는 소수 중에서 가장 큰 소수와 가장 작은 소수를 각각 구하세요.

| 5 | 6 | 4 | 9 |

🖊 해결 비법

- 가장 큰 소수

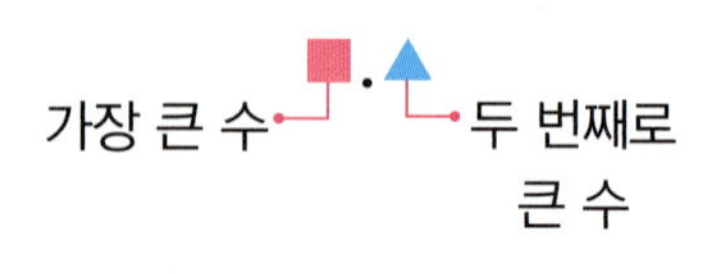

가장 큰 수 ■.▲ 두 번째로 큰 수

- 가장 작은 소수

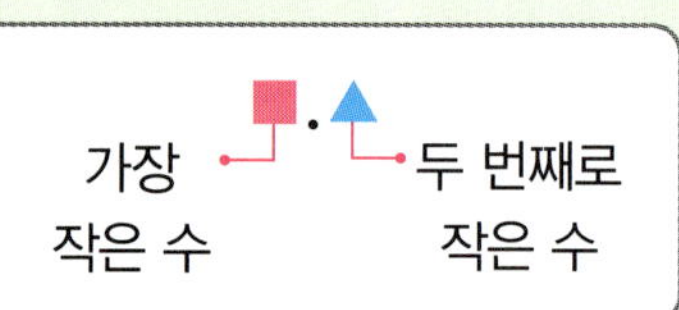

가장 작은 수 ■.▲ 두 번째로 작은 수

💡 문제 해결

❶ 수 카드의 수의 크기 비교: ☐ > ☐ > ☐ > ☐

❷ 가장 큰 소수 ■.▲는 ■에 가장 큰 수 ☐, ▲에 두 번째로 큰 수 ☐을/를 놓아 만듭니다. ➡ ☐.☐

❸ 가장 작은 소수 ■.▲는 ■에 가장 작은 수 ☐, ▲에 두 번째로 작은 수 ☐을/를 놓아 만듭니다. ➡ ☐.☐

답 가장 큰 소수: ______________________

가장 작은 소수: ______________________

6

분수와 소수

쌍둥이 유형 3-1

🖊 위의 문제 해결 방법을 따라 풀어 보세요.

4장의 수 카드 중에서 2장을 골라 한 번씩만 사용하여 소수 ■.▲를 만들려고 합니다. 만들 수 있는 소수 중에서 가장 큰 소수와 가장 작은 소수를 각각 구하세요.

| 7 | 2 | 3 | 1 |

따라 풀기

답 가장 큰 소수: ______________________

가장 작은 소수: ______________________

공부한 날   월   일

독해력 유형 ④ 조건을 만족하는 분수 구하기

✏️ 구하려는 것에 밑줄을 긋고 풀어 보세요.

조건 을 만족하는 분수를 모두 구하세요.

> 조건
> • 단위분수입니다.
> • $\frac{1}{6}$ 보다 큰 분수입니다.
> • 분모는 3보다 큽니다.

💡 해결 비법

단위분수는 분모가 작을수록 더 큽니다.

예 $2 < 3$ → $\frac{1}{2} > \frac{1}{3}$

방향이 바뀝니다.

💡 문제 해결

❶ 단위분수: 분자가 ☐ 인 분수

❷ $\frac{1}{6}$ 보다 큰 단위분수: _______________________

❸ 위 ❷에서 구한 단위분수 중 분모가 3보다 큰 분수:

____

답 _______________________

6

분수와 소수

✏️ 위의 문제 해결 방법을 따라 풀어 보세요.   **155**

쌍둥이 유형 4-1

조건 을 만족하는 분수를 모두 구하세요.

> 조건
> • 단위분수입니다.
> • $\frac{1}{5}$ 보다 작은 분수입니다.
> • 분모는 8보다 작습니다.

따라 풀기

 답 _______________________

유형TEST

1 똑같이 나누어진 도형에 ◯표 하세요.

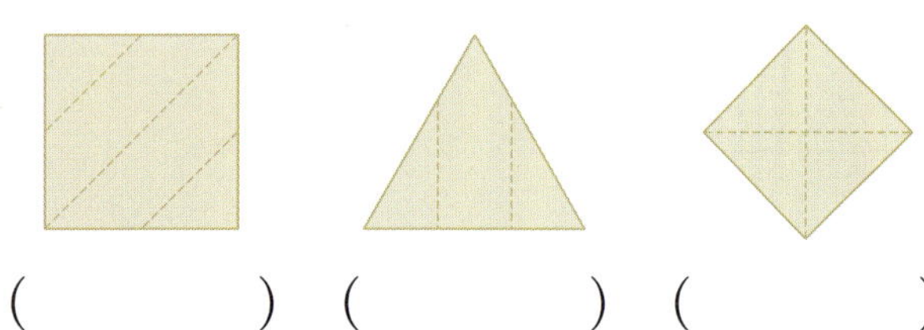

(   ) (   ) (   )

2 □ 안에 알맞은 수를 써넣으세요.

부분 ◪ 은 전체 ◈ 를 똑같이 □(으)로 나눈 것 중의 □ 이므로 □/□ 입니다.

3 색칠한 부분을 분수와 소수로 나타내 보세요.

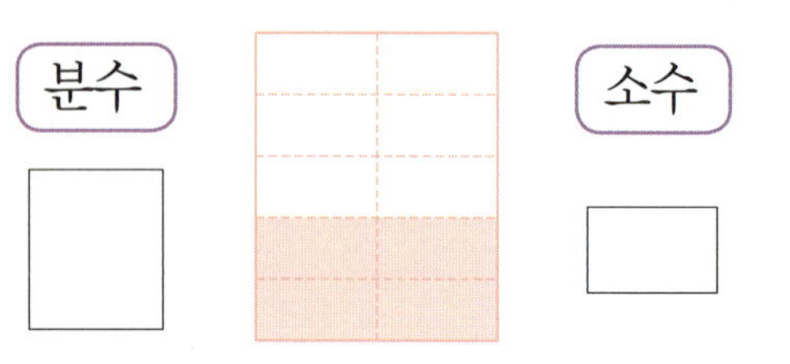

분수 □   소수 □

4 주어진 분수만큼 색칠해 보세요.

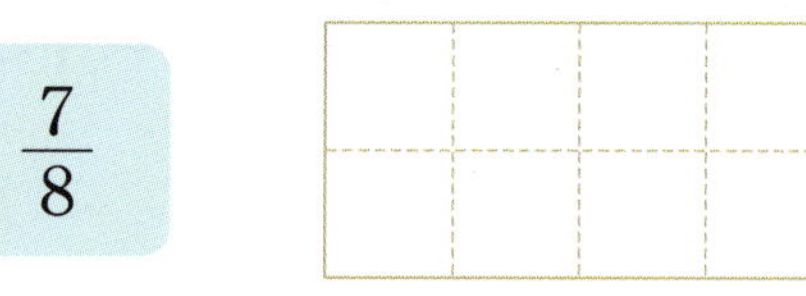

$\dfrac{7}{8}$

5 똑같이 넷으로 나누어지지 <u>않은</u> 도형을 찾아 기호를 쓰세요.

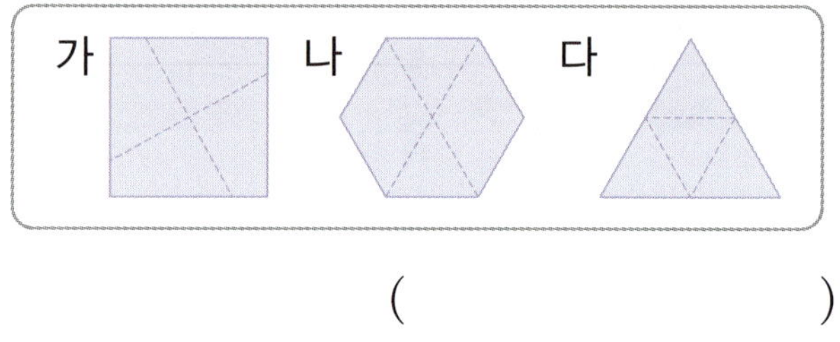

가   나   다

(   )

추론

6 부분은 전체를 똑같이 6으로 나눈 것 중의 2 입니다. 부분과 전체를 알맞게 이어 보세요.

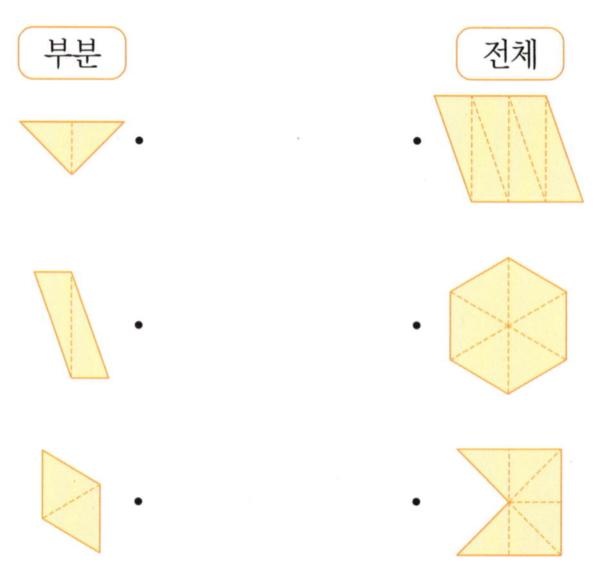

점수

점

7 색칠한 부분과 색칠하지 않은 부분을 각각 분수로 나타내 보세요.

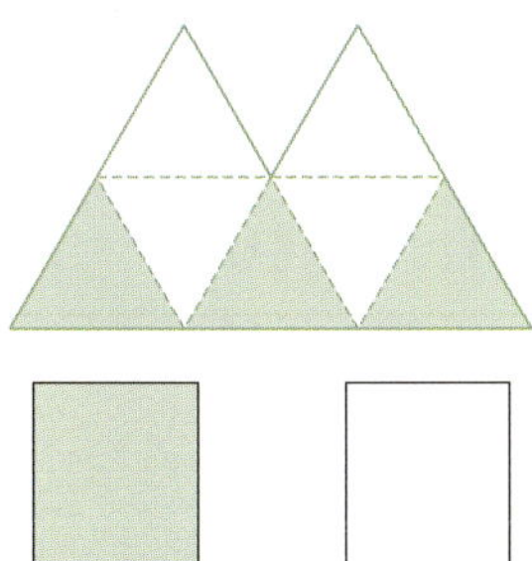

8 ☐ 안에 알맞은 수를 써넣으세요.

(1) 0.3은 0.1이 ☐개입니다.

(2) 0.1이 ☐개이면 0.6입니다.

9 <u>잘못</u> 나타낸 것을 찾아 기호를 쓰세요.

> ㉠ 2 cm 8 mm＝2.8 cm
> ㉡ 7 cm＝0.7 mm
> ㉢ 34 mm＝3.4 cm

(   )

10 두 분수의 크기를 비교하여 ○ 안에 ＞, ＝, ＜ 중 알맞은 것을 써넣으세요.

$$\frac{5}{9} \bigcirc \frac{2}{9}$$

11 나타내는 수가 <u>다른</u> 하나를 찾아 기호를 쓰세요.

> ㉠ 오 점 삼
> ㉡ 3과 0.5만큼
> ㉢ 0.1이 53개

(   )

🙂 의사소통

12 미술 작품을 만드는 데 사용한 철사의 길이를 나타낸 것입니다. 건우와 서아 중에서 사용한 철사의 길이가 더 긴 사람은 누구인가요?

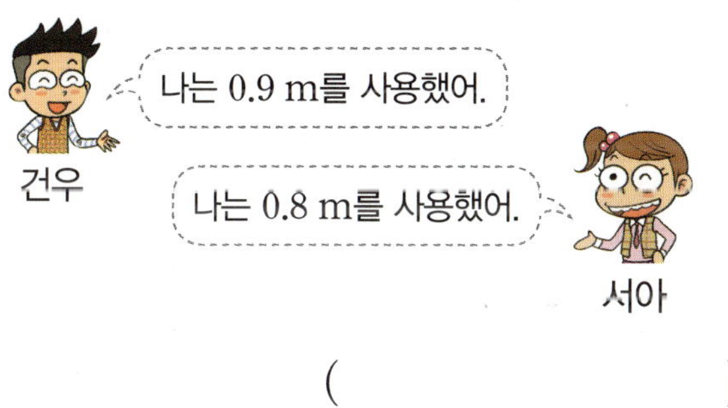

(   )

13 지우개의 길이는 몇 cm인지 소수로 나타내 보세요.

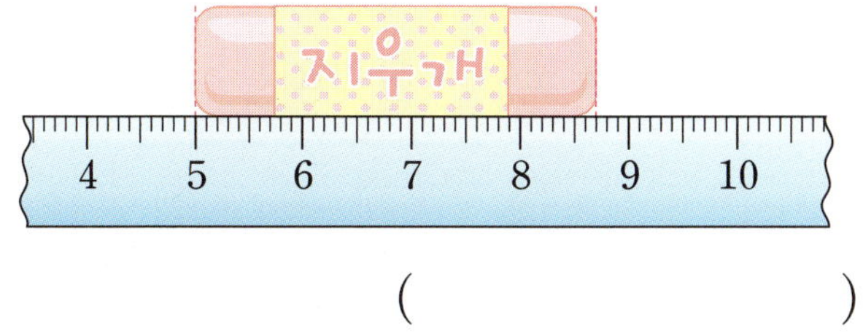

(   )

6

분수와 소수

157

14 서로 다른 방법으로 사각형을 똑같이 여섯으로 나누어 $\dfrac{3}{6}$만큼 각각 색칠해 보세요.

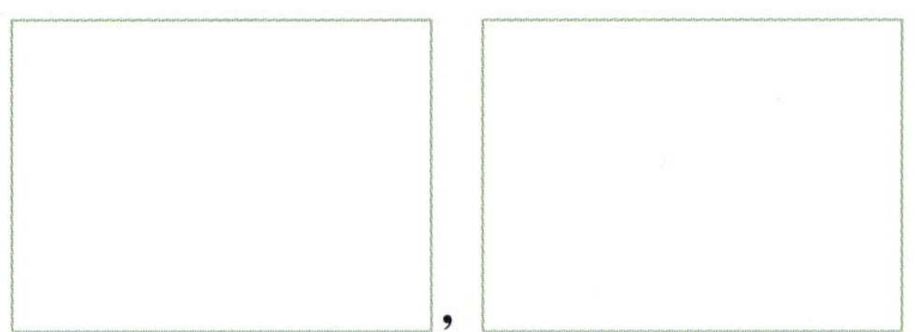

,

15 가장 큰 분수에 ○표 하세요.

$$\dfrac{1}{13} \qquad \dfrac{1}{9} \qquad \dfrac{1}{10}$$

16 ㉠＋㉡을 구하세요.

- $\dfrac{2}{7}$는 $\dfrac{1}{7}$이 ㉠개입니다.
- $\dfrac{5}{8}$는 $\dfrac{1}{8}$이 ㉡개입니다.

(   )

17 1부터 9까지의 수 중에서 □ 안에 들어갈 수 있는 수를 모두 구하세요.

$$\dfrac{\square}{12} < \dfrac{3}{12}$$

(   )

18 다음 중 분모가 10인 분수 중에서 $\dfrac{4}{10}$보다 크고 $\dfrac{9}{10}$보다 작은 분수는 모두 몇 개인가요?

$$\dfrac{7}{10} \qquad \dfrac{9}{10} \qquad \dfrac{5}{10} \qquad \dfrac{2}{10}$$

(   )

19 윤서는 와플을 똑같이 4조각으로 나누어 전체의 $\dfrac{1}{2}$만큼 먹었습니다. 윤서가 먹은 와플은 몇 조각인가요?

(   )

문제 해결

20 텃밭을 똑같이 10칸으로 나누어 2칸은 깻잎을, 3칸은 상추를, 나머지 칸은 모두 토마토를 심었습니다. 토마토를 심은 텃밭은 전체의 얼마인지 소수로 나타내 보세요.

(   )

연결

21 거미, 벌, 매미의 몸길이를 찾아 알맞게 이어 보세요.

| 2.8 cm | 2.1 cm | 19 mm |

 거미　　 벌　　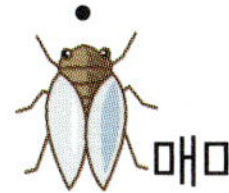 매미

22  **조건**을 만족하는 분수를 모두 구하세요.

> **조건**
> • 단위분수입니다.
> • $\frac{1}{8}$보다 큰 분수입니다.
> • 분모는 5보다 작습니다.

(　　　　　　　　　　)

서술형

23 더 작은 수의 기호를 쓰려고 합니다. 풀이 과정을 쓰고 답을 구하세요.

> ㉠ 0.1이 49개　　㉡ $\frac{1}{10}$이 42개

풀이

답

서술형

24 1부터 9까지의 수 중에서 □ 안에 들어갈 수 있는 수는 모두 몇 개인지 구하려고 합니다. 풀이 과정을 쓰고 답을 구하세요.

$$8.6 < 8.\square$$

풀이

답

서술형

25 3장의 수 카드 [2], [5], [3] 중에서 한 장을 골라 그 수를 분자로 하는 분모가 6인 분수를 만들려고 합니다. 만들 수 있는 분수 중에서 가장 큰 분수는 얼마인지 풀이 과정을 쓰고 답을 구하세요.

풀이

답

6

분수와 소수

159

率 先 垂 範

거느릴·**솔**　먼저·**선**　드리울·**수**　법·**범**

'남보다 앞장서서 행동하여 몸소 다른사람의 본보기가 됨'을
이르는 말이다.

#차원이_다른_클라쓰
#강의전문교재
#초등교재

수학 교재

●수학리더 시리즈
- 수학리더 [연산]   예비초~6학년/A·B단계
- 수학리더 [개념]   1~6학년/학기별
- 수학리더 [기본]   1~6학년/학기별
- 수학리더 [유형]   1~6학년/학기별
- 수학리더 [기본+응용]   1~6학년/학기별
- 수학리더 [응용·심화]   1~6학년/학기별
- 수학리더 [최상위]   3~6학년/학기별

●독해가 힘이다 시리즈 *문제해결력
- 수학도 독해가 힘이다   1~6학년/학기별
- 초등 문해력 독해가 힘이다 문장제 수학편   1~6학년/단계별

●수학의 힘 시리즈
- 수학의 힘   1~2학년/학기별
- 수학의 힘 알파[실력]   3~6학년/학기별
- 수학의 힘 베타[유형]   3~6학년/학기별

●Go! 매쓰 시리즈
- Go! 매쓰(Start) *교과서 개념   1~6학년/학기별
- Go! 매쓰(Run A/B/C) *교과서+사고력   1~6학년/학기별
- Go! 매쓰(Jump) *유형 사고력   1~6학년/학기별

●계산박사   1~12단계

●수학 더 익힘   1~6학년/학기별

월간 교재

●NEW 해법수학   1~6학년

●해법수학 단원평가 마스터   1~6학년/학기별

●월간 우등생평가   1~6학년

전과목 교재

●리더 시리즈
- 국어   1~6학년/학기별
- 사회   3~6학년/학기별
- 과학   3~6학년/학기별

수학리더 유형

보충북

BOOK 2

3-1

리더가 되기 위한
공부 비법

응용력 향상 집중 연습
응용력을 키우는 핵심 유형
반복 연습

창의·융합·코딩 학습
수학 교과 역량 강화 학습

천재교육

보충북 포인트 3가지

▶ 응용 유형을 풀기 위한 워밍업 유형 수록

▶ 응용력 향상 핵심 유형 반복 학습

▶ 수학 교과 역량을 키우는 창의·융합형 문제 수록

수학 리더 유형 3-1

BOOK **2**

보충북 **차례**

응용력 향상 집중 연습

▶ 정답과 해설 39쪽

● 주어진 수 카드 중 2장을 골라 덧셈식과 뺄셈식 만들기

1 | 163 | 262 | 282 |

덧셈식

☐ + ☐ = 445

2 | 325 | 547 | 335 |

덧셈식

☐ + ☐ = 882

3 | 405 | 658 | 415 |

뺄셈식

☐ − ☐ = 253

4 | 461 | 167 | 775 |

뺄셈식

☐ − ☐ = 314

5 | 574 | 368 | 643 | 759 |

덧셈식

☐ + ☐ = 1127

6 | 914 | 426 | 855 | 475 |

뺄셈식

☐ − ☐ = 439

● 사다리를 타고 가다가 만나는 수를 계산하여 빈칸에 알맞은 수 써넣기

1
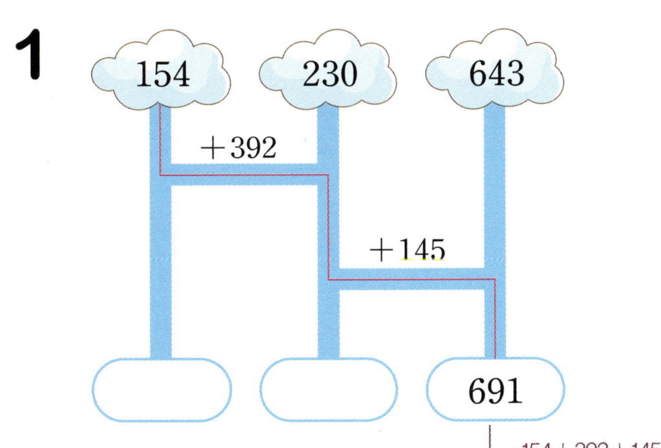

2
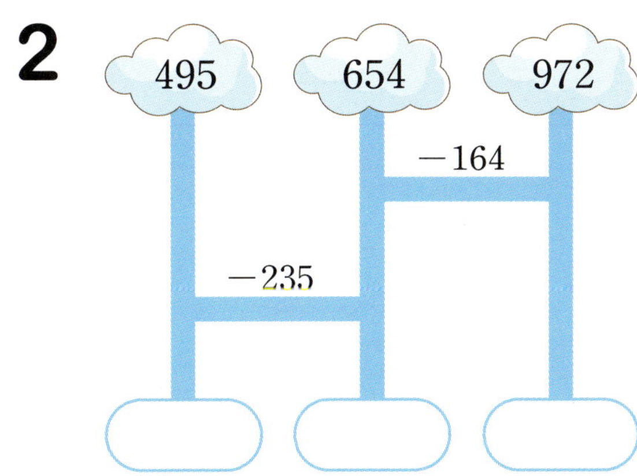

3
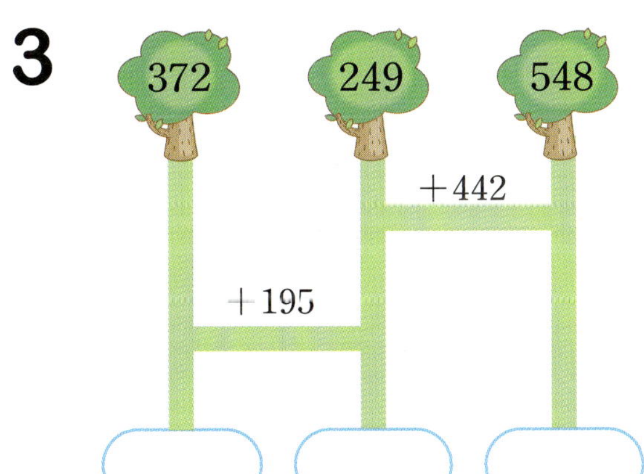

4
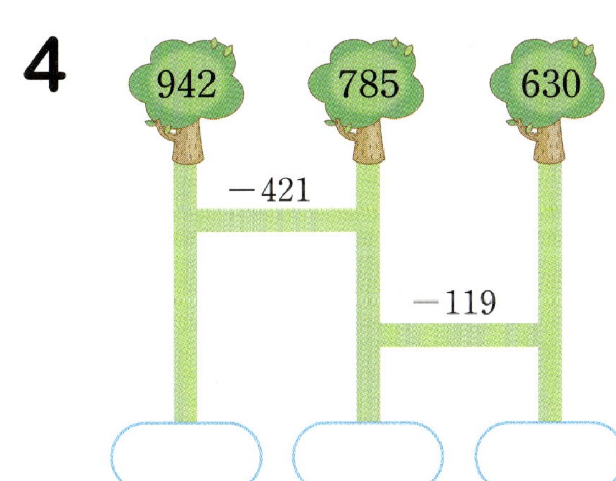

5
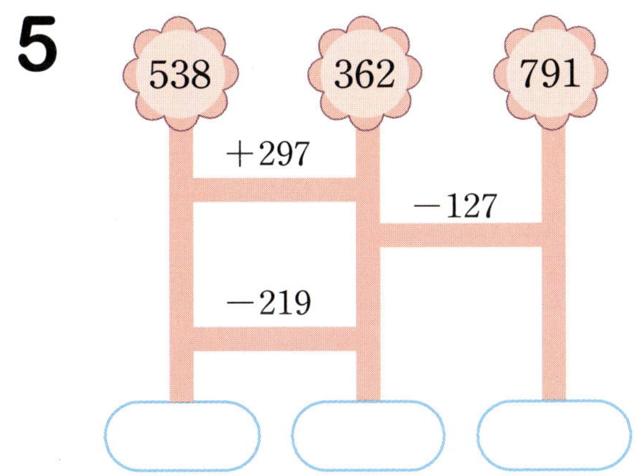

6
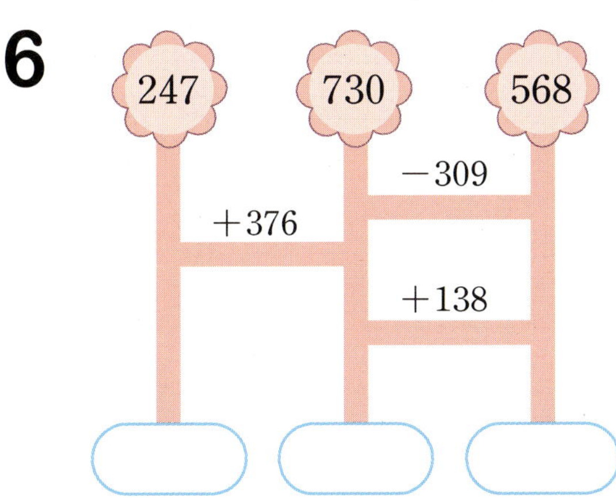

① 응용력 향상 집중 연습

◐ 이어 붙인 색 테이프를 보고 ☐ 안에 알맞은 수 구하기

1

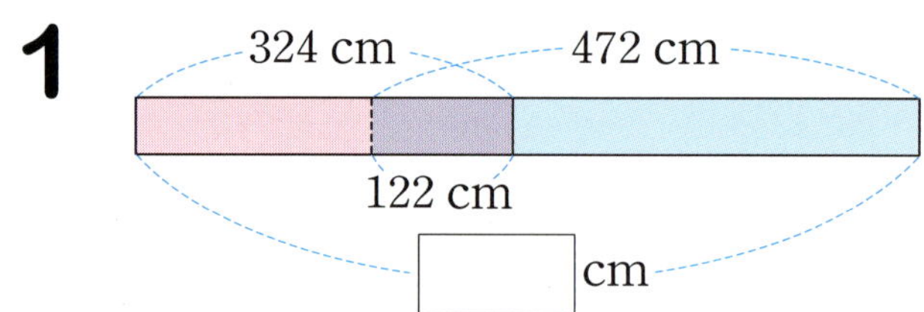

2

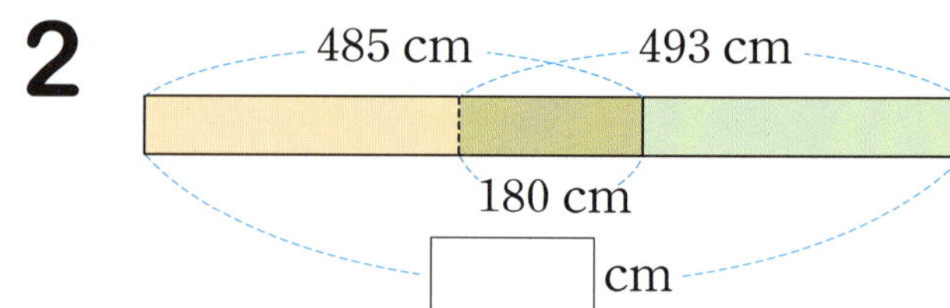

3

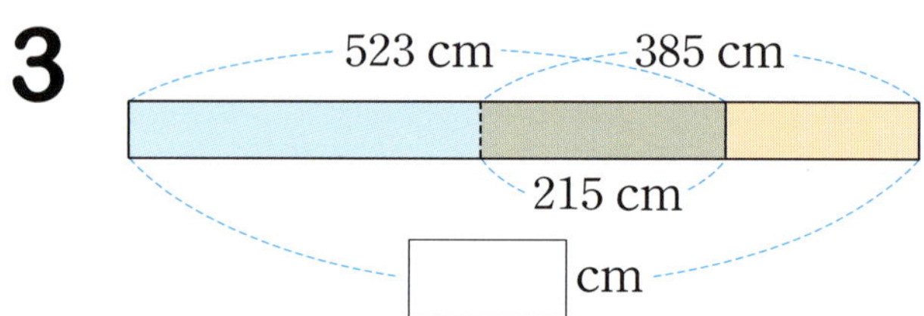

4

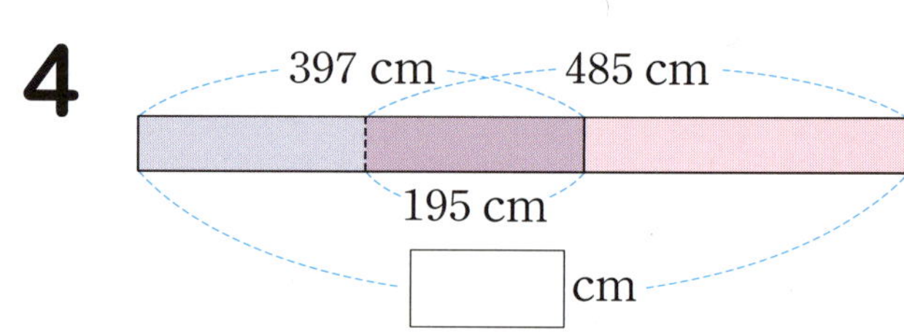

5

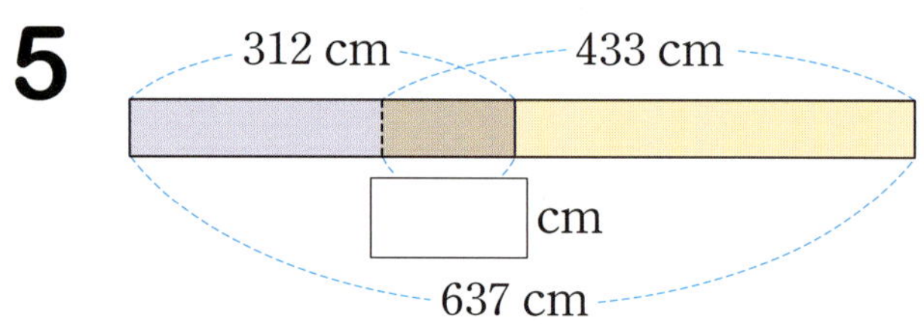

6

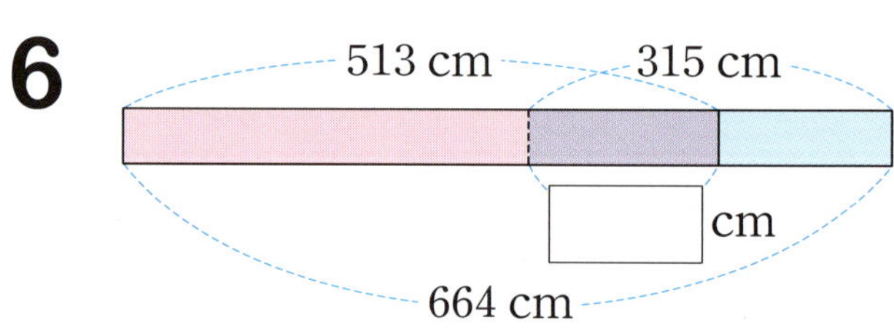

7

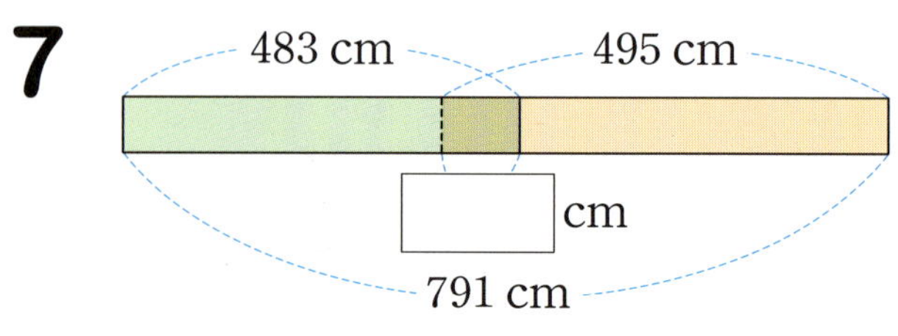

8

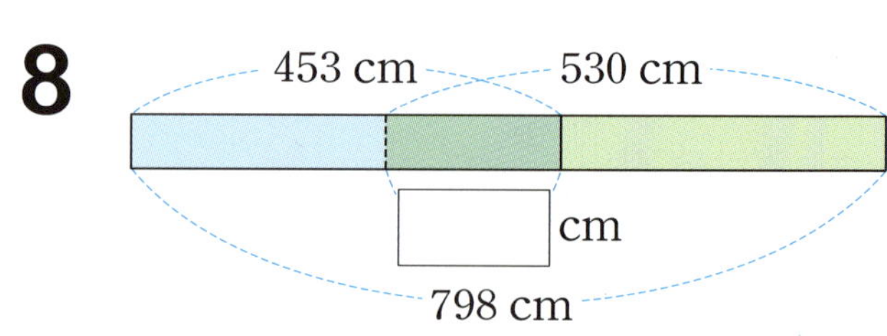

응용력 향상 집중 연습

▶ 정답과 해설 **39**쪽

● 주어진 수 카드 중 2장을 골라 합과 차가 가장 큰 식 만들기

1

| 198 | 403 | 354 | 472 |

합이 가장 큰 식

☐ + ☐ = ☐

2

| 333 | 281 | 496 | 613 |

차가 가장 큰 식

☐ − ☐ = ☐

3

| 597 | 350 | 472 | 718 |

합이 가장 큰 식

☐ + ☐ = ☐

4

| 193 | 711 | 652 | 703 |

차가 가장 큰 식

☐ ☐ = ☐

5

| 585 | 404 | 194 | 339 |

합이 가장 큰 식

☐ + ☐ = ☐

차가 가장 큰 식

☐ − ☐ = ☐

6

| 559 | 735 | 159 | 185 |

합이 가장 큰 식

☐ + ☐ = ☐

차가 가장 큰 식

☐ − ☐ = ☐

1 창의·융합·코딩 학습

코딩 1 명령에 따라 나오는 수를 구해 봐!

보기와 같이 순서도에 수를 넣으면 명령에 따라 계산되어 수가 나옵니다. 친구들이 만든 순서도에 수를 넣었을 때 나오는 수를 쓰세요.

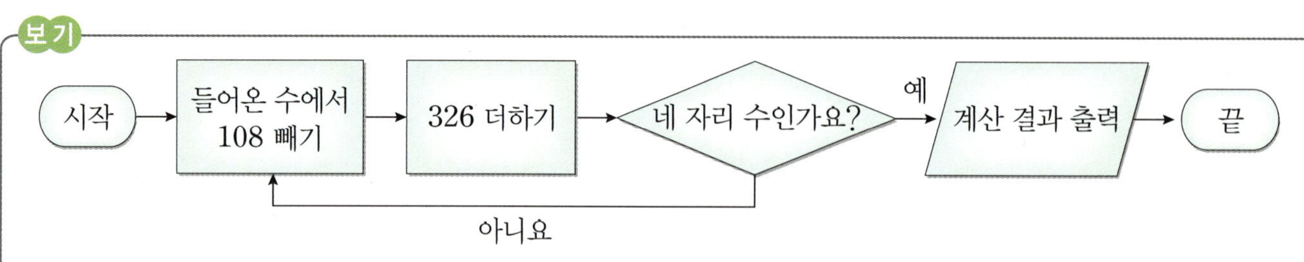

$574 - 108 = 466,\ 466 + 326 = 792$ ➡ 네 자리 수가 아닙니다.

$792 - 108 = 684,\ 684 + 326 = 1010$ ➡ 네 자리 수입니다.

나오는 수: 1010

1
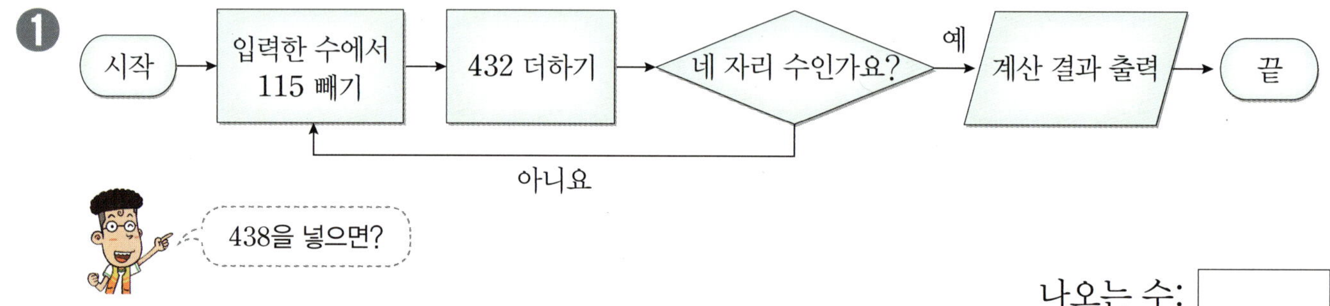

나오는 수:

2
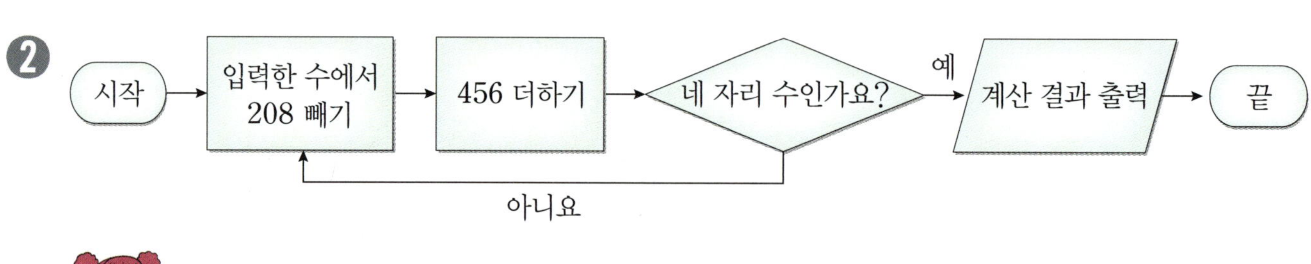

나오는 수:

창의 **2** 먹은 음식의 열량을 구해 봐!

주어진 음식의 열량을 보고 각 친구들이 먹은 음식의 열량은 모두 몇 킬로칼로리인지 구하세요.

음식의 열량

떡볶이	샌드위치	우유	김밥	치킨	콜라
1인분	1개	1컵	1줄	1조각	1캔
304 킬로칼로리	437 킬로칼로리	122 킬로칼로리	485 킬로칼로리	218 킬로칼로리	136 킬로칼로리

❶ 

☐ 킬로칼로리

❷ 

☐ 킬로칼로리

❸ 

☐ 킬로칼로리

덧셈과 뺄셈

▶ 정답과 해설 **40**쪽

● 2개의 점을 이어서 그을 수 있는 선분, 직선, 반직선의 개수 구하기

1 4개의 점 중에서 2개의 점을 이어 그을 수 있는 선분의 개수

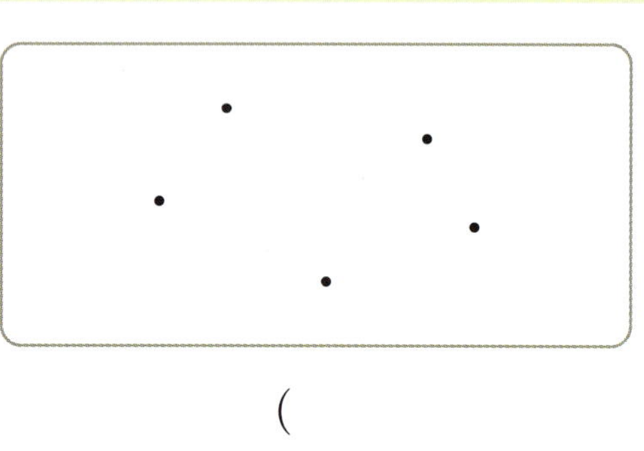

( )

2 5개의 점 중에서 2개의 점을 이어 그을 수 있는 선분의 개수

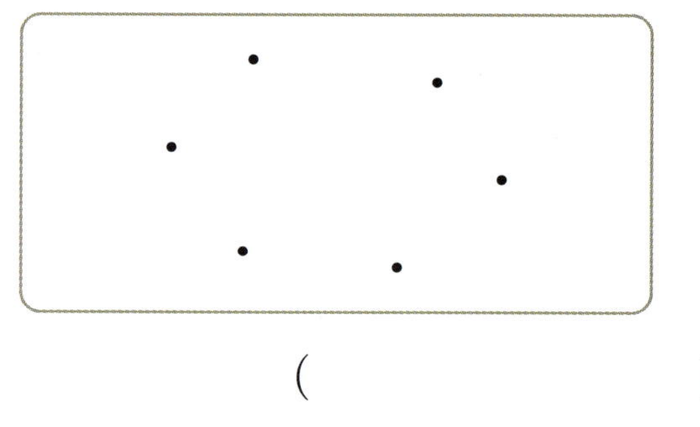

( )

3 5개의 점 중에서 2개의 점을 이어 그을 수 있는 직선의 개수

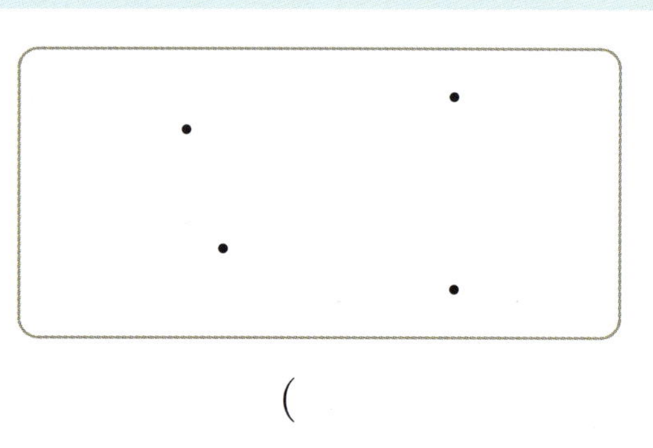

( )

4 6개의 점 중에서 2개의 점을 이어 그을 수 있는 직선의 개수

( )

5 4개의 점 중에서 2개의 점을 이어 그을 수 있는 반직선의 개수

( )

6 5개의 점 중에서 2개의 점을 이어 그을 수 있는 반직선의 개수

( )

2 응용력 향상 집중 연습

▶ 정답과 해설 40쪽

● 직사각형과 정사각형 모양에서 □ 안에 알맞은 수 구하기

1 직사각형의 네 변의 길이의 합: 50 cm

10 cm

□ cm

2 직사각형의 네 변의 길이의 합: 56 cm

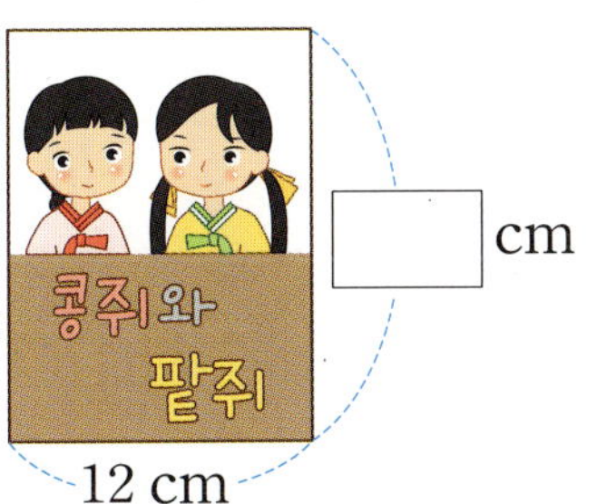

□ cm

12 cm

3 정사각형의 네 변의 길이의 합: 64 cm

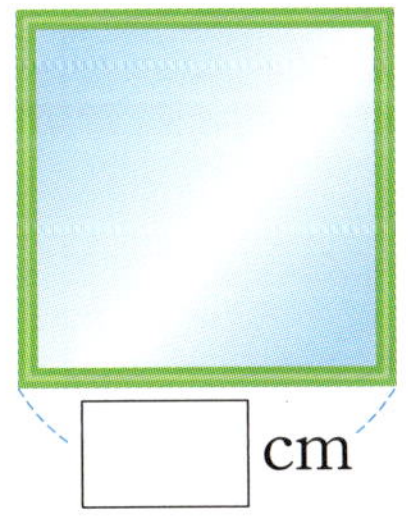

□ cm

4 정사각형의 네 변의 길이의 합: 80 cm

□ cm

5 직사각형의 네 변의 길이의 합: 150 m

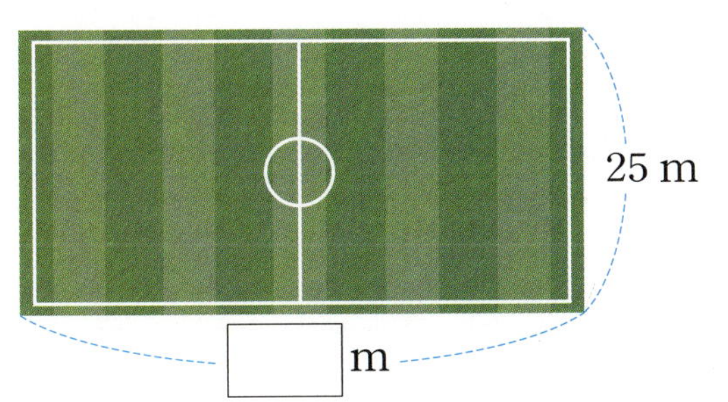

25 m

□ m

6 직사각형의 네 변의 길이의 합: 140 m

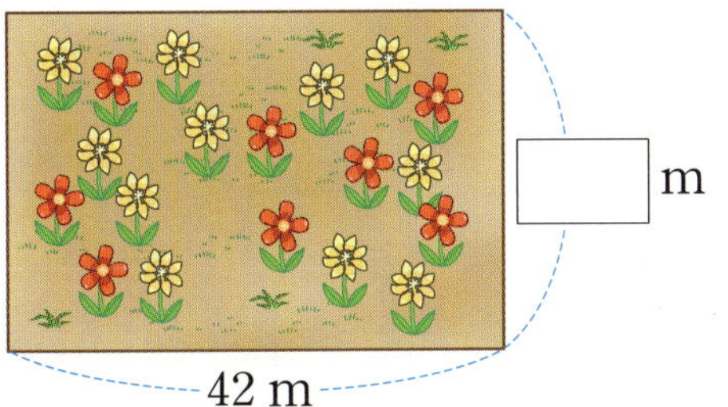

□ m

42 m

응용력 향상 집중 연습

▶ 정답과 해설 41쪽

● 도형에서 찾을 수 있는 크고 작은 도형의 개수 구하기

1 도형에서 찾을 수 있는 크고 작은 직각삼각형의 개수 구하기

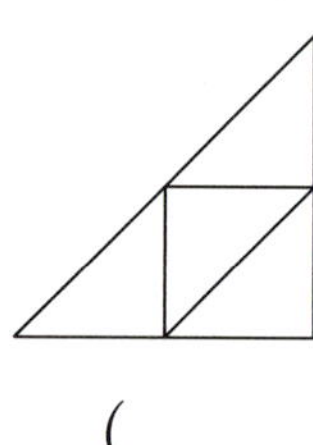

( )

2 도형에서 찾을 수 있는 크고 작은 정사각형의 개수 구하기

( )

3 도형에서 찾을 수 있는 크고 작은 직사각형의 개수 구하기

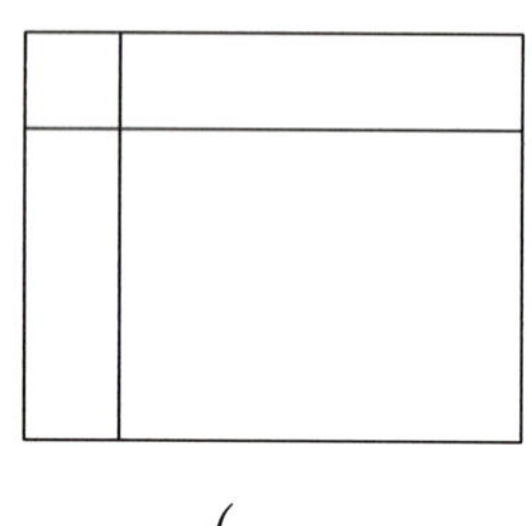

( )

4 도형에서 찾을 수 있는 크고 작은 직사각형의 개수 구하기

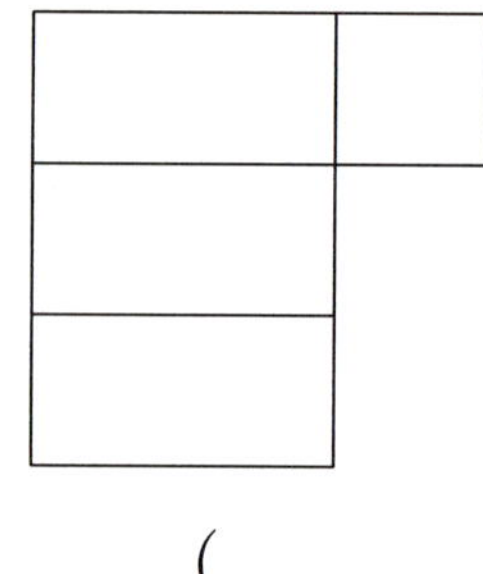

( )

5 도형에서 찾을 수 있는 크고 작은 직각삼각형의 개수 구하기

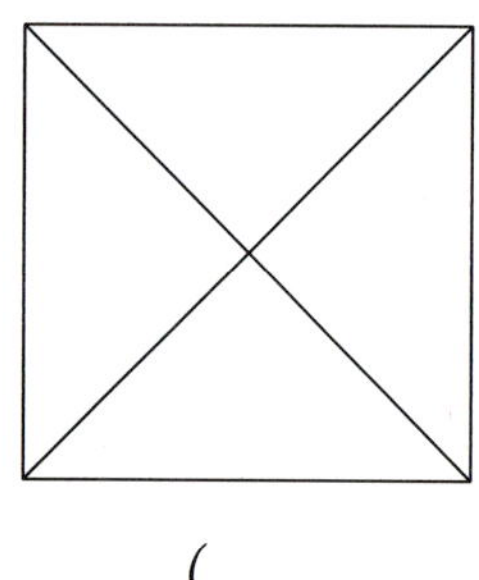

( )

6 도형에서 찾을 수 있는 크고 작은 정사각형의 개수 구하기

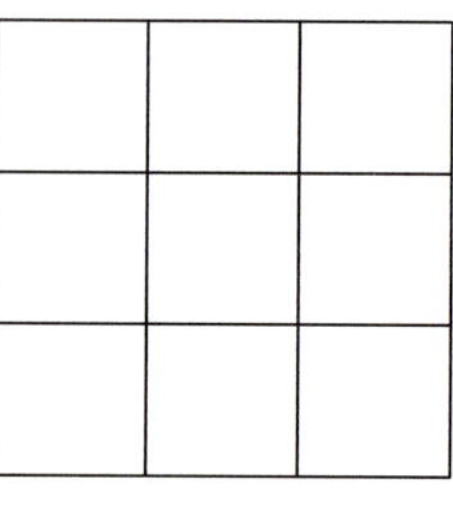

( )

🔴 정사각형을 이어 붙인 도형에서 도형을 둘러싼 굵은 선의 길이 구하기

1

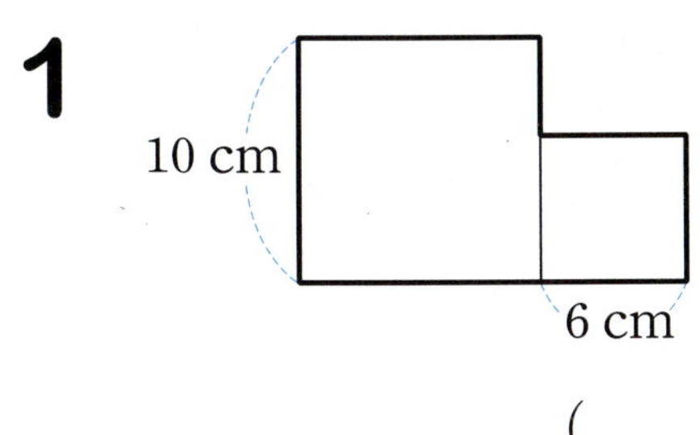

(   )

2

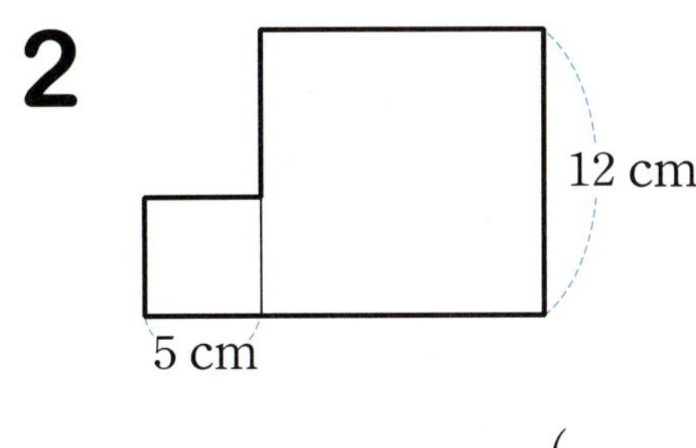

(   )

3

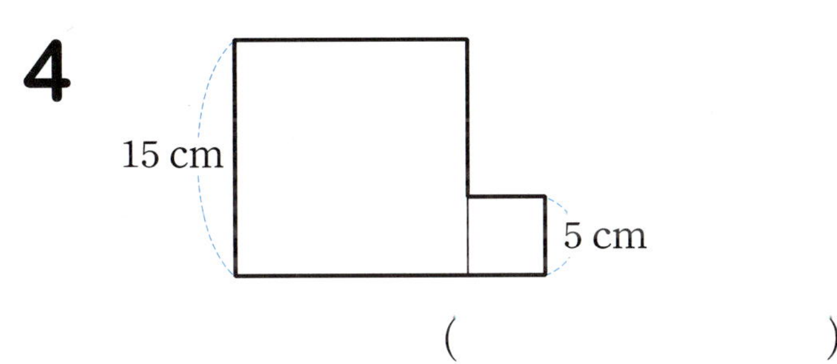

(   )

4

(   )

5

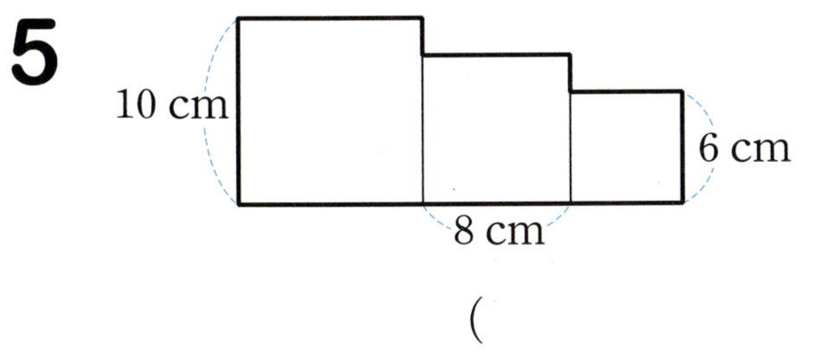

(   )

6

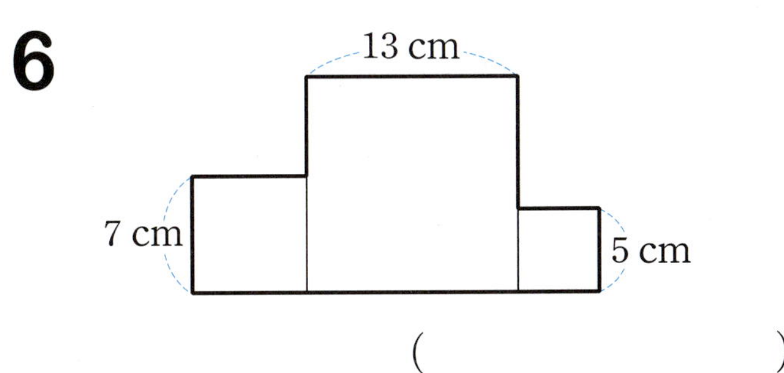

(   )

창의·융합·코딩 학습

창의 1 모양과 크기가 같은 직사각형으로 나누어 봐!

보기와 같이 동물이 한 마리씩 들어가도록 목장을 모양과 크기가 같은 직사각형으로 나누려고 합니다. 물음에 답하세요.

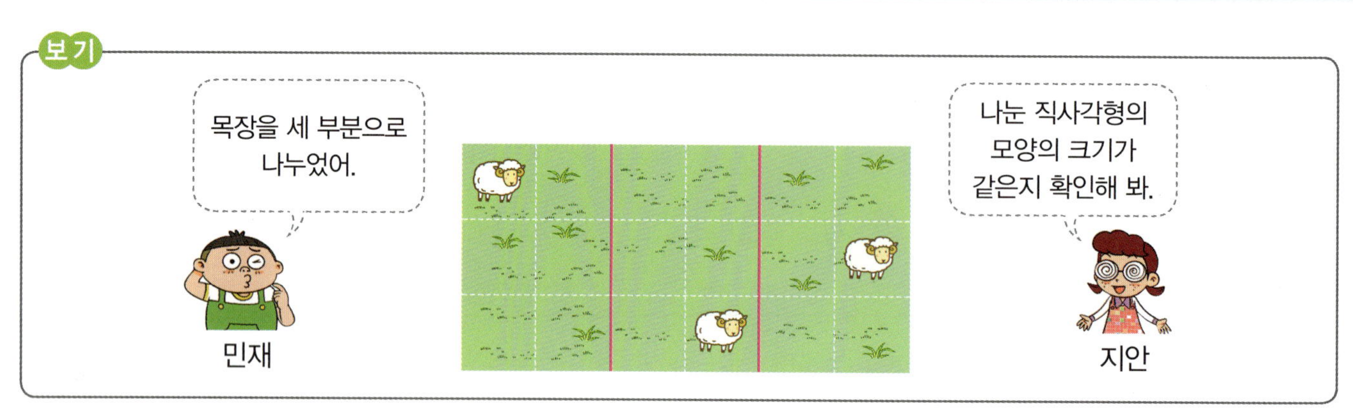

❶ 말이 한 마리씩 들어가도록 목장을 세 부분으로 나누려고 합니다. 모양과 크기가 같은 직사각형으로 나누어지도록 점선을 따라 목장을 나누는 선을 그어 보세요.

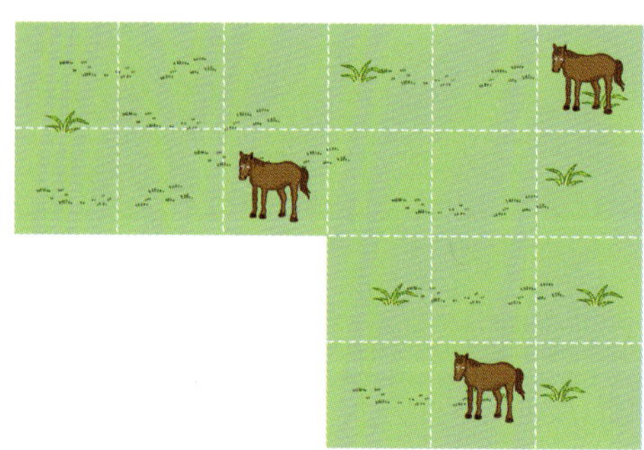

❷ 염소가 한 마리씩 들어가도록 목장을 네 부분으로 나누려고 합니다. 모양과 크기가 같은 정사각형으로 나누어지도록 점선을 따라 목장을 나누는 선을 그어 보세요.

융합 **2** 칠교판으로 만든 모양에서 크고 작은 도형의 수를 구해 봐!

칠교판으로 도형을 만들려고 합니다. 물음에 답하세요.

❶ 칠교판으로 사각형 모양을 만들었습니다. 크고 작은 직사각형은 몇 개인지 구하세요.

(   )

❷ 칠교판으로 삼각형 모양을 만들었습니다. 크고 작은 직각삼각형은 몇 개인지 구하세요.

(   )

▶ 정답과 해설 42쪽

◑ 몫이 같은 것끼리 이어서 미로 탈출하기

1

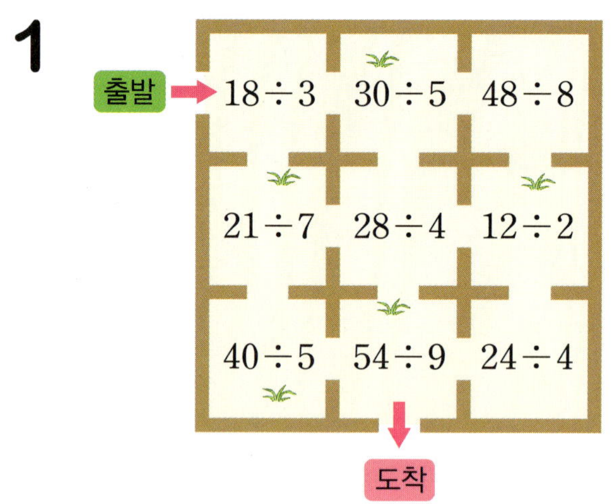

2

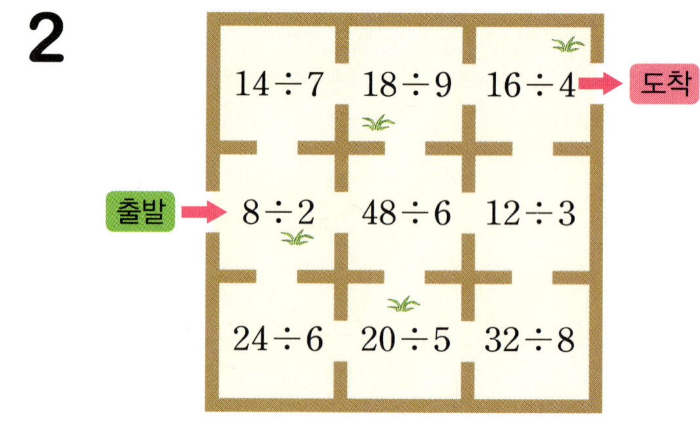

3

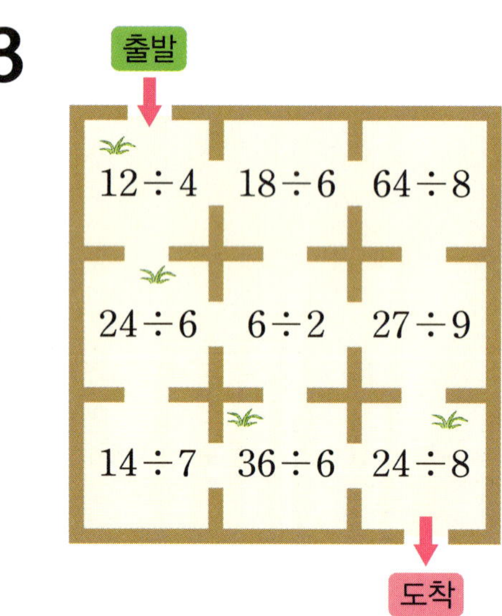

4

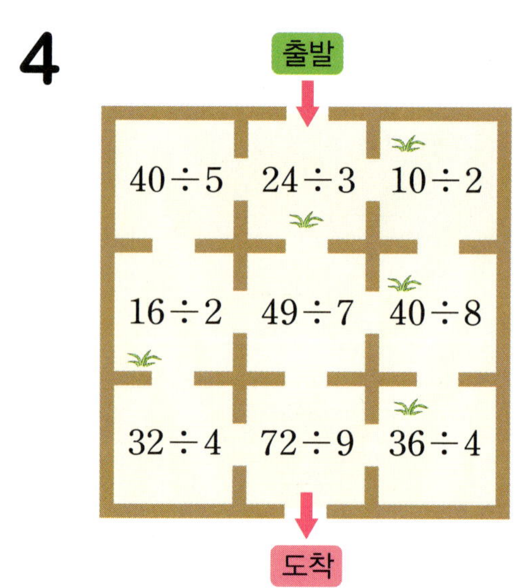

5

6

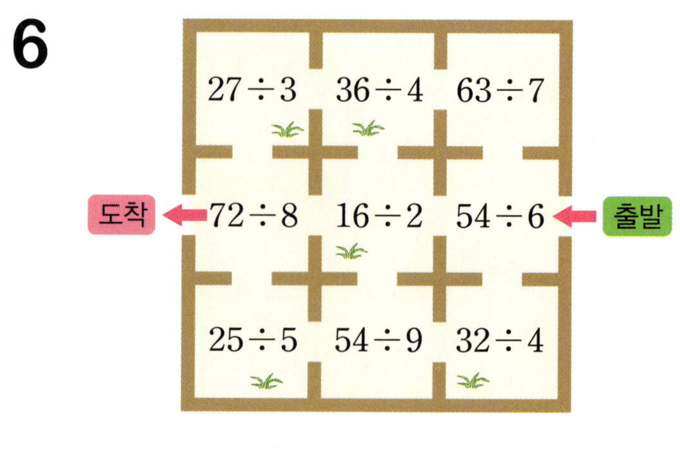

3 **응용력** 향상 **집중 연습**

● 주어진 수 카드 중 3장을 골라 한 번씩만 사용하여 곱셈식과 나눗셈식을 2개씩 만들기

1 [6] [32] [4] [8] [25]

곱셈식 □ × □ = □
□ × □ = □

나눗셈식 □ ÷ □ = □
□ ÷ □ = □

2 [9] [3] [16] [5] [27]

곱셈식 □ × □ = □
□ × □ = □

나눗셈식 □ ÷ □ = □
□ ÷ □ = □

3 [8] [30] [6] [35] [5]

곱셈식 □ × □ = □
□ × □ = □

나눗셈식 □ ÷ □ = □
□ ÷ □ = □

4 [8] [42] [40] [6] [7]

곱셈식 □ × □ = □
□ × □ = □

나눗셈식 □ ÷ □ = □
□ ÷ □ = □

5 [8] [48] [7] [56] [9]

곱셈식 □ × □ = □
□ × □ = □

나눗셈식 □ ÷ □ = □
□ ÷ □ = □

6 [9] [36] [7] [63] [5]

곱셈식 □ × □ = □
□ × □ = □

나눗셈식 □ ÷ □ = □
□ ÷ □ = □

3 응용력 향상 집중 연습

▶ 정답과 해설 **42**쪽

● 성냥개비가 [ ] 안의 수만큼 있을 때 주어진 모양을 서로 겹치지 않게 몇 개 만들 수 있는지 구하기

1

성냥개비의 수: 20개

(   )

2

성냥개비의 수: 35개

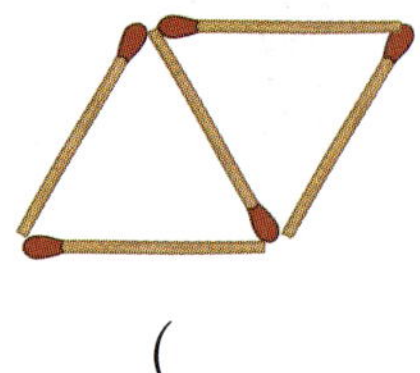

(   )

3

성냥개비의 수: 48개

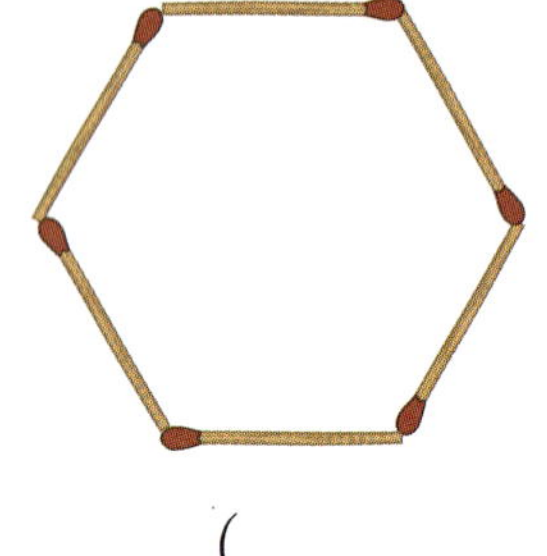

(   )

4

성냥개비의 수: 42개

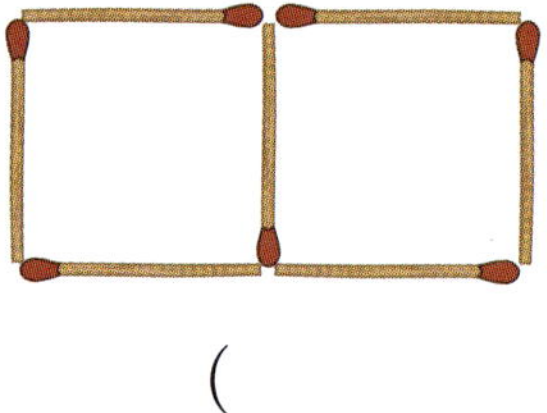

(   )

5

성냥개비의 수: 64개

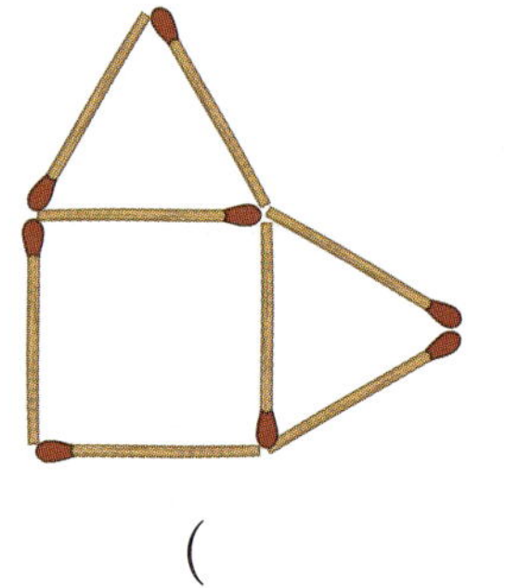

(   )

6

성냥개비의 수: 81개

(   )

3 응용력 향상 집중 연습

◐ 같은 모양은 같은 수를 나타낼 때 주어진 모양이 나타내는 수 구하기

1 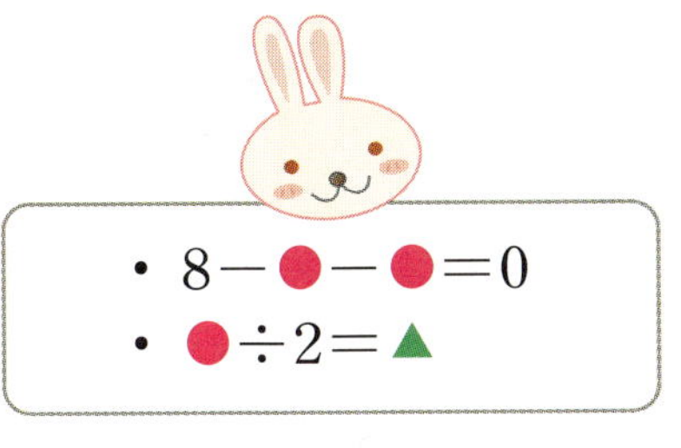

- $8 - ● - ● = 0$
- $● ÷ 2 = ▲$

● (   )

▲ (   )

2 

- $12 - ▲ - ▲ = 0$
- $▲ ÷ 2 = ■$

▲ (   )

■ (   )

3 

- $27 - ■ - ■ - ■ = 0$
- $■ ÷ 3 = ●$

■ (   )

● (   )

4 

- $16 - ♥ - ♥ - ♥ - ♥ = 0$
- $★ ÷ 9 = ♥$

♥ (   )

★ (   )

5 

- $30 - ▲ - ▲ - ▲ - ▲ - ▲ = 0$
- $♥ ÷ 4 = ▲$

▲ (   )

♥ (   )

6 

- $48 - ★ - ★ - ★ - ★ - ★ - ★ = 0$
- $◆ ÷ 5 = ★$

★ (   )

◆ (   )

코딩 1 특수 계산 버튼을 누르면 출력되는 수는?

수영이는 특수 계산 버튼 ♡ 를 만들었습니다. 어떤 수를 입력한 다음 ♡ 를 누르면 다음과 같은 규칙으로 수가 출력됩니다. 주어진 수를 입력한 다음 ♡ 를 누르면 출력되는 수를 각각 구하세요.

입력한 수	출력되는 수
1	1
2	2
3	1
4	4
5	5
6	2
7	7
8	8
9	3
10	10

❶ 입력 14 → 출력

❷ 입력 15 → 출력

❸ 입력 21 → 출력

❹ 입력 23 → 출력

▶ 정답과 해설 42쪽

창의 2 나눗셈식 완성하기

빈칸에 알맞은 수를 써넣어 → 방향과 ↓ 방향의 나눗셈식을 완성해 보세요.

❶

48 ÷ □ = 6

❷

40

응용력 향상 집중 연습

▶ 정답과 해설 43쪽

● 크레파스에 쓰여진 곱셈과 계산 결과가 같은 곱셈을 찾아 색칠하기

1

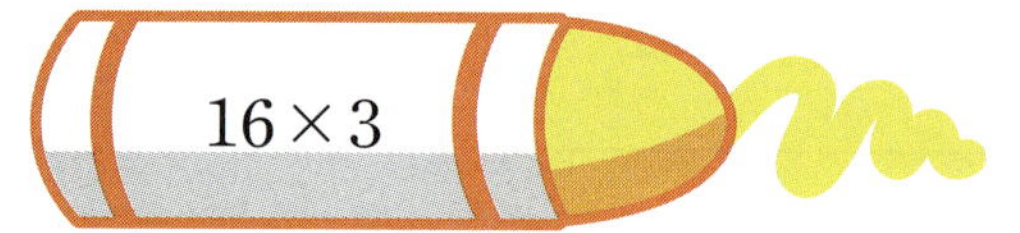

| 12 × 4 | 13 × 6 | 18 × 2 |

2

| 21 × 6 | 27 × 5 | 35 × 3 |

3

26 × 9

| 28 × 8 | 39 × 6 | 61 × 4 |

4

| 59 × 6 | 64 × 6 | 91 × 4 |

5

| 18 × 5 | 20 × 6 | 25 × 6 |

6

| 54 × 8 | 66 × 7 | 74 × 3 |

곱셈

4 응용력 향상 집중 연습

◗ 규칙을 찾아 빈 곳에 알맞은 수 써넣기

보기

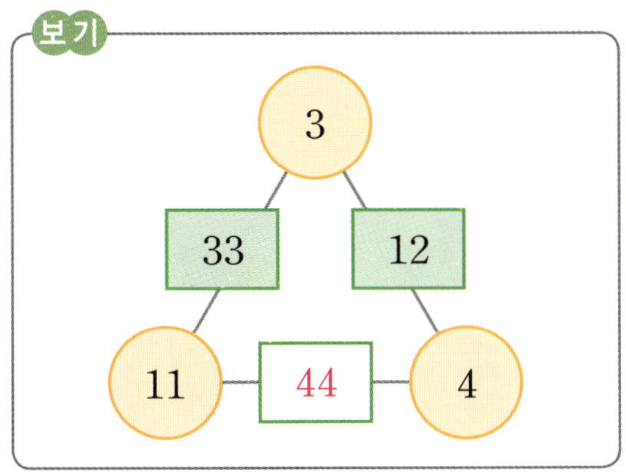

1

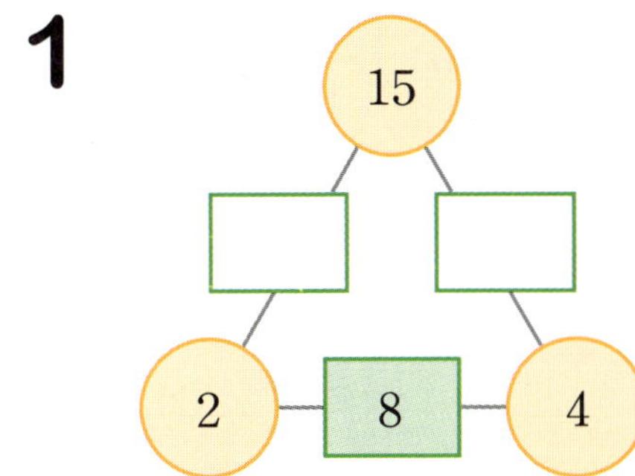

2

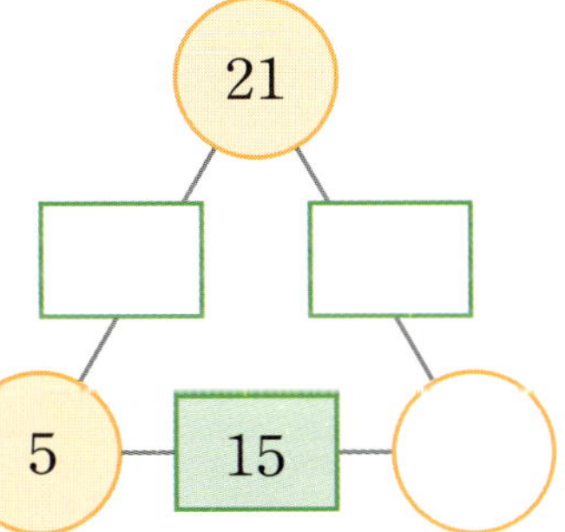

3

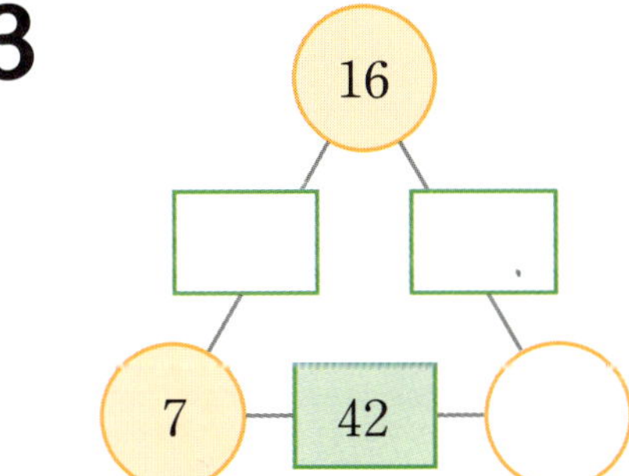

4

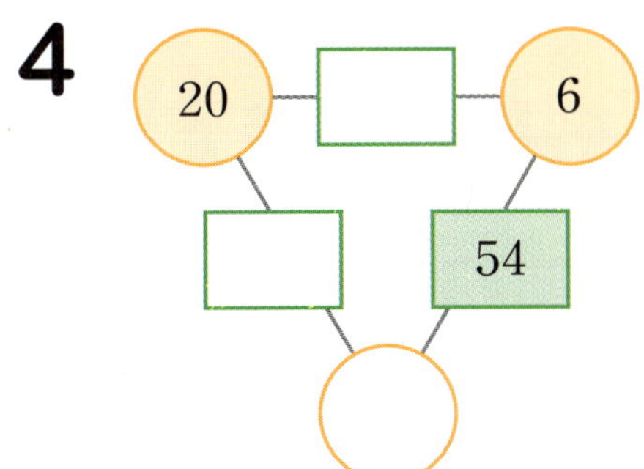

5

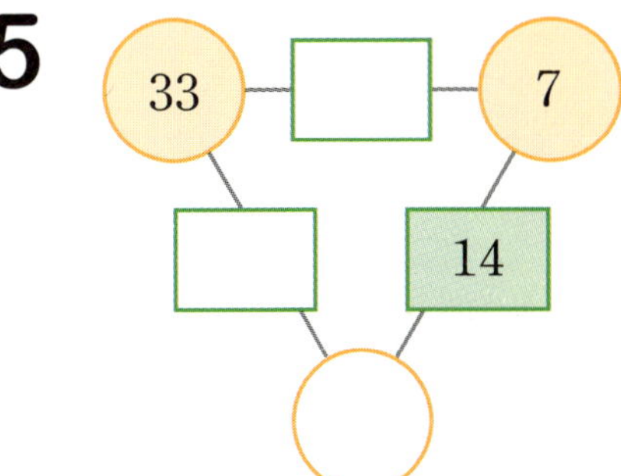

곱
셈

21

응용력 향상 집중 연습

▶ 정답과 해설 44쪽

수 카드 3장을 골라 □ 안에 한 번씩 써넣어 (몇십몇)×(몇)의 곱셈식 만들기

1 2 62 104 124

□×□=□

2 3 23 69 96

□×□=□

3 7 14 19 98

□×□=□

4 3 6 36 216

□×□=□

5 5 15 16 55 80

□×□=□

6 4 7 58 232 356

□×□=□

7 3 75 81 225 245

□×□=□

8 8 9 47 326 423

□×□=□

4 응용력 향상 집중 연습

● 곱셈식을 보고 ☐ 안에 알맞은 수 구하기

1

```
    4  ㉠
  ×    2
  ───────
    9  8
```

㉠ (   )

2

```
    ㉠  4
  ×    6
  ───────
  1 4  4
```

㉠ (   )

3

```
    ㉠  3
  ×    ㉡
  ───────
  1 6  1
```

㉠ (   )
㉡ (   )

4

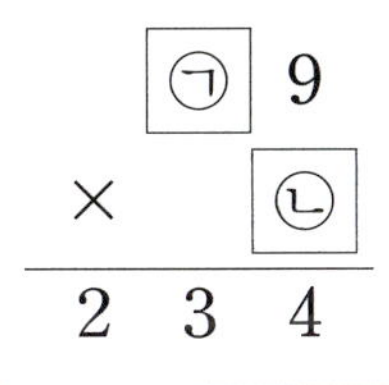

```
    ㉠  9
  ×    ㉡
  ───────
  2 3  4
```

㉠ (   )
㉡ (   )

5

```
    ㉠  6
  ×    ㉡
  ───────
  4 4  8
```

㉠ (   )
㉡ (   )

6

```
    ㉠  8
  ×    ㉡
  ───────
  6 1  2
```

㉠ (   )
㉡ (   )

창의·융합·코딩 학습

창의 1 곱셈을 이용해서 미로를 탈출하자.

바르게 계산한 곱셈식을 따라 미로를 탈출하려고 합니다. 자동차가 지나가야 하는 길에 선을 그어 보세요.

창의2 문살 곱셈법으로 곱셈을 해 봐!

창살문의 문살 모양을 이용한 '문살 곱셈법'은 만나는 점의 수를 세어 곱셈을 하는 방법입니다.
문살 곱셈법을 이용하여 계산해 보세요.

예 13×2를 문살 곱셈법을 이용하여 구하기

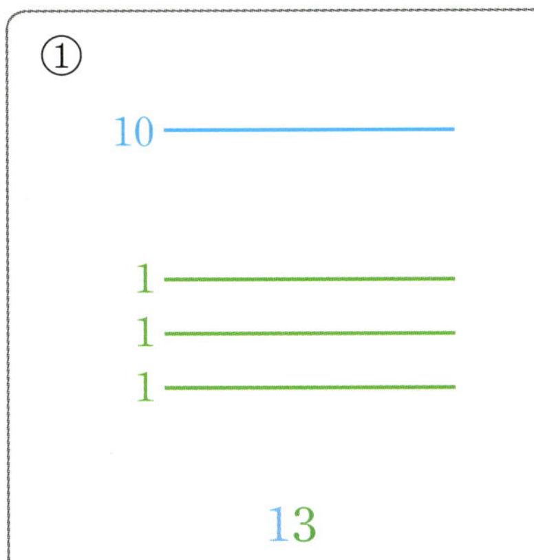

13의 각 자릿수에 맞게 위쪽부터 가로로 1줄과 3줄을 각각 긋습니다.

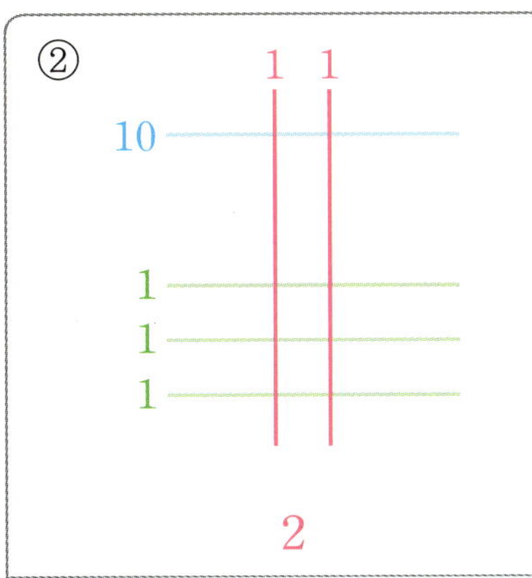

곱하는 수 2는 ①에서 그은 선과 겹치도록 세로로 2줄을 긋습니다.

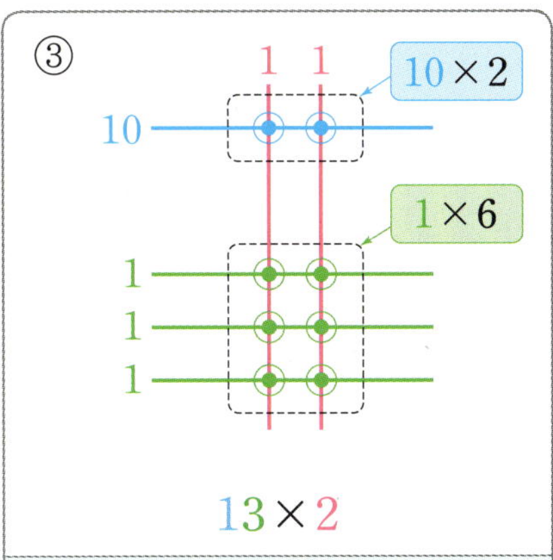

①과 ②에서 그은 선이 만나는 점의 수를 세어 구합니다.

$$10 \times 2 \qquad 1 \times 6$$

$$13 \times 2 = 20 + 6 = 26$$

4

곱
셈

25

❶ 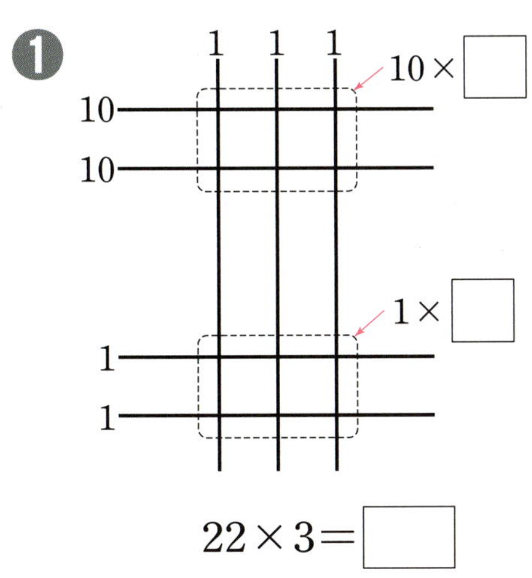

$$22 \times 3 = \boxed{}$$

❷ 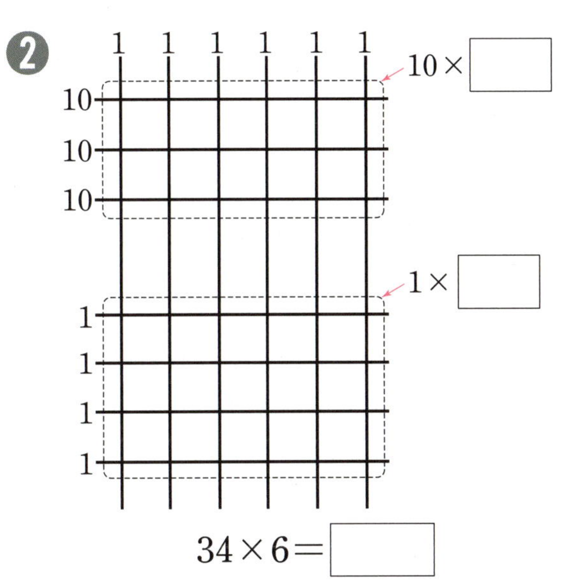

$$34 \times 6 = \boxed{}$$

5 응용력 향상 집중 연습

▶ 정답과 해설 45쪽

◑ 길이가 긴 것부터 차례로 기호 쓰기

1
- ㉠ 5 cm 7 mm
- ㉡ 60 mm
- ㉢ 6 cm 5 mm

( )

2
- ㉠ 82 mm
- ㉡ 98 mm
- ㉢ 2 cm 9 mm

( )

3
- ㉠ 4 km
- ㉡ 3060 m
- ㉢ 3 km 650 m

( )

4
- ㉠ 7 km 110 m
- ㉡ 7001 m
- ㉢ 7010 m

( )

5
- ㉠ 43 mm
- ㉡ 4 cm 6 mm
- ㉢ 58 mm
- ㉣ 5 cm 4 mm

( )

6
- ㉠ 5 km
- ㉡ 6200 m
- ㉢ 6 km 10 m
- ㉣ 5020 m

( )

5 응용력 향상 집중 연습

● 분과 초 사이의 관계를 바르게 나타낸 표지판을 찾아 색칠하기

1
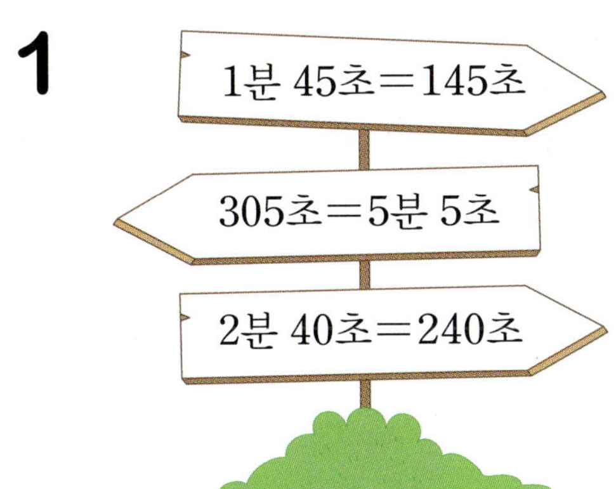

2
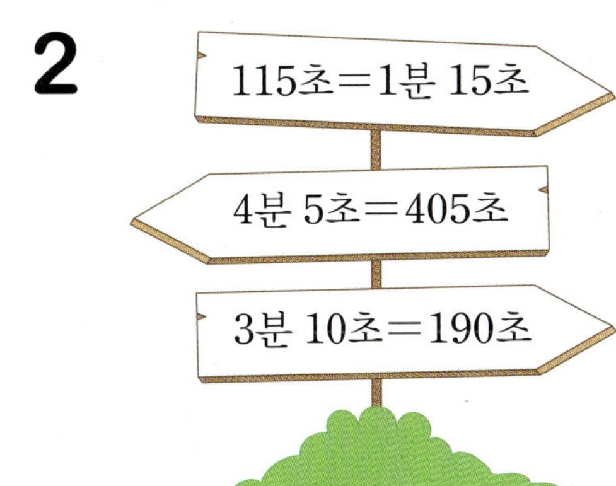

3
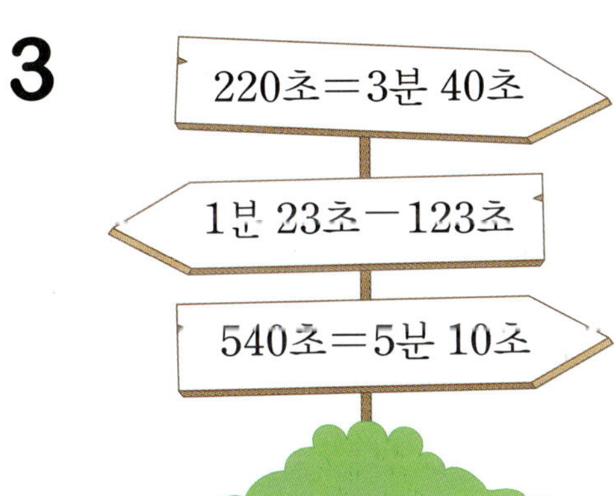

4
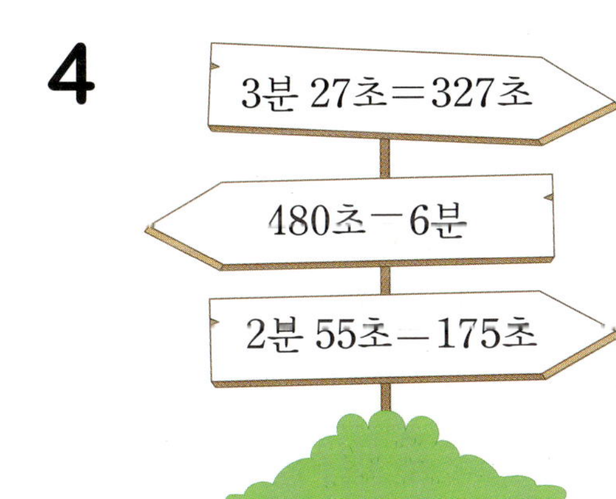

5
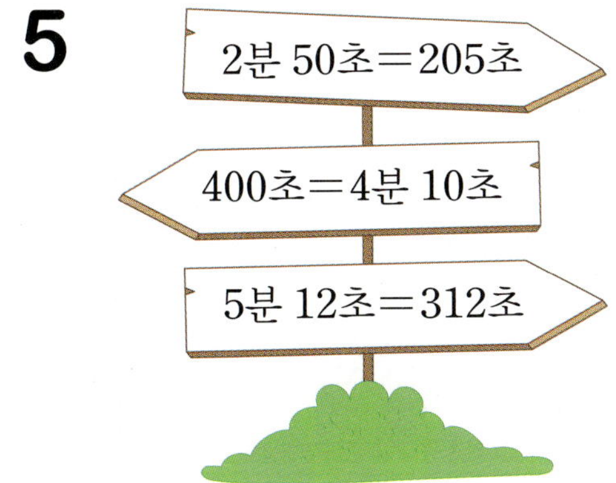

6
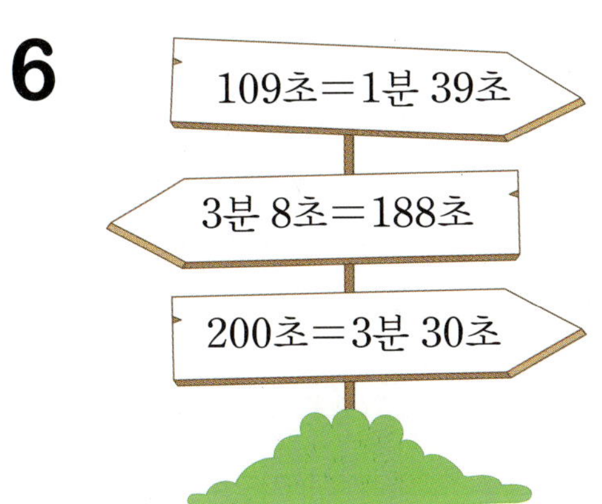

5 응용력 향상 집중 연습

▶ 정답과 해설 45쪽

◑ 어느 길이 얼마나 더 가까운지 구하기

1

알맞은 것에 ○표 하기

➜ (집~서점~학교 , 집~학교)의 길이

[ ] m 더 가깝습니다.

2

➜ (지하철역~집 , 지하철역~우체국~집)

의 길이 [ ] m 더 가깝습니다.

3

➜ (매표소~천재봉~정상 , 매표소~정상)

의 길이 [ ] m 더 가깝습니다.

4

➜ (정류장~ 캠핑장 , 정류장~수영장~캠핑장)

의 길이 [ ] m 더 가깝습니다.

5

➜ (집~공원~도서관 , 집~문구점~도서관)

의 길이 [ ] m 더 가깝습니다.

6

➜ (입구~식물원~전망대 , 입구~ 매점~전망대)

의 길이 [ ] m 더 가깝습니다.

단원 5 응용력 향상 집중 연습

▶ 정답과 해설 45쪽

출발에서 도착까지 걸린 시간 구하기

1

승차권
20○○년 ○월 ○일
출발 서울 ▶ 도착 대전
오전 06:05 오전 07:58

(　　　　　　　　　　)

2

승차권
20○○년 ○월 ○일
출발 서울 ▶ 도착 부산
오후 7:42 오후 10:15

(　　　　　　　　　　)

3

오후 1:25:20	오후 3:32:40
출발 시각	도착 시각

(　　　　　　　　　　)

4

오전 10: 10:50	오후 2: 18: 15
출발 시각	도착 시각

(　　　　　　　　　　)

오전과 오후에 걸쳐서 걸린 시간은
오후 시각에 12시를 더해 나타낸 후 계산해.
예 오후 5시−오전 9시=17시−9시=8시간
+12

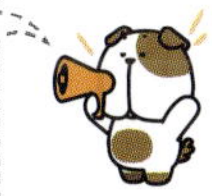

5

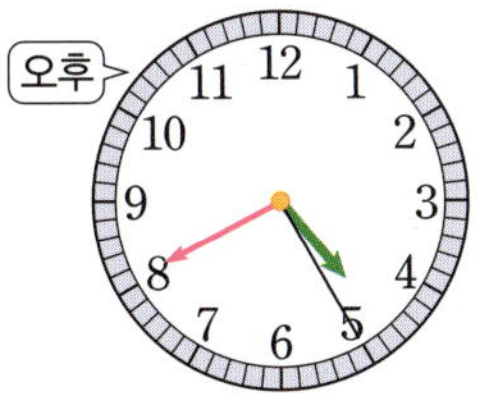

출발 시각

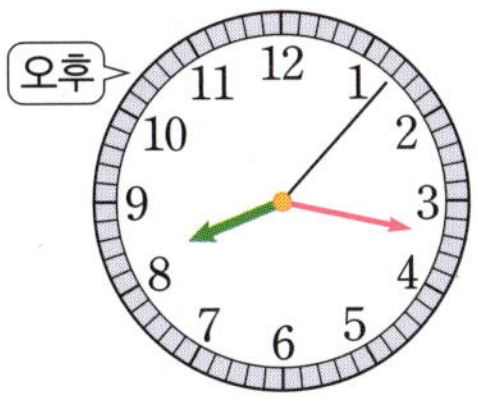

도착 시각

(　　　　　　　　　　)

6

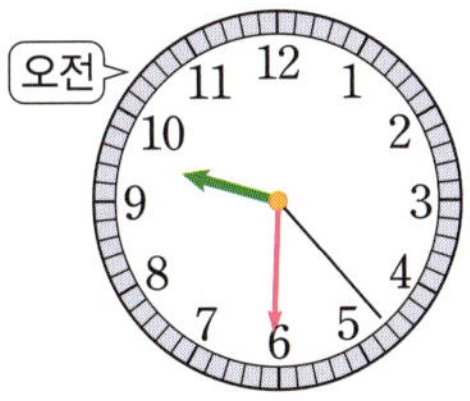

출발 시각

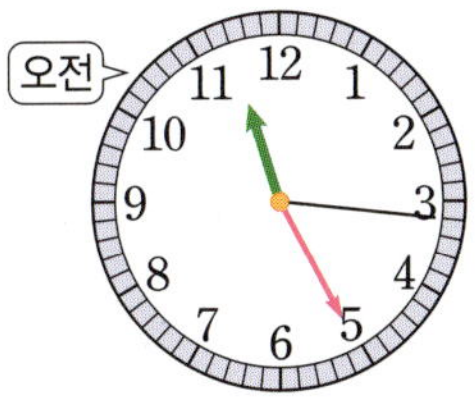

도착 시각

(　　　　　　　　　　)

5 단원 창의·융합·코딩 학습

코딩 1 버튼에 따라 변하는 길이의 알맞은 단위를 구해 봐!

버튼의 모양에 따라 다음과 같은 규칙으로 길이가 변합니다. ☐ 안에 알맞은 길이의 단위를 써넣으세요.

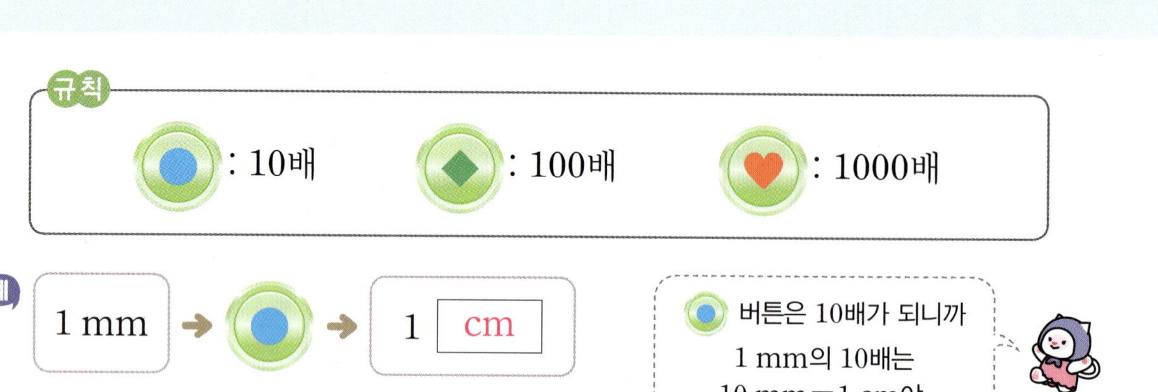

❶ 

❷
1 mm → 🔶 → 10 ☐

❸
10 cm → 🔵 → 1 ☐

창의 **2** 백설 공주가 깨어나는 시각을 구해 봐!

백설 공주에게 독사과를 준 마녀는 세상에서 누가 가장 아름다운지 묻고 있습니다. 거울과 마녀의 대화를 읽고 물음에 답하세요.

❶ 거울에 비친 시계입니다. 시각을 읽어 보세요.

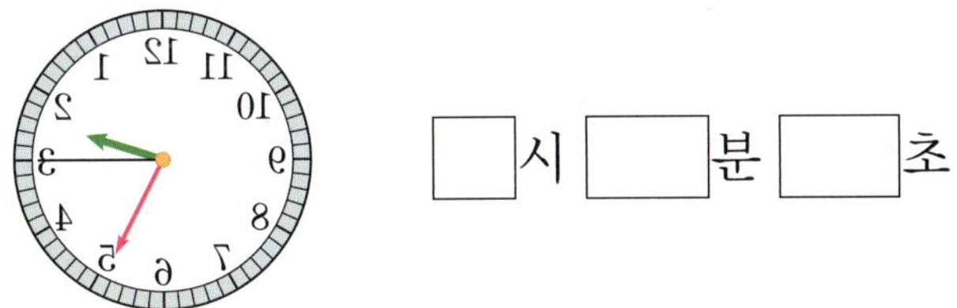

☐ 시 ☐ 분 ☐ 초

❷ 백설 공주가 깨어나는 시각은 몇 시 몇 분 몇 초인지 구하세요.

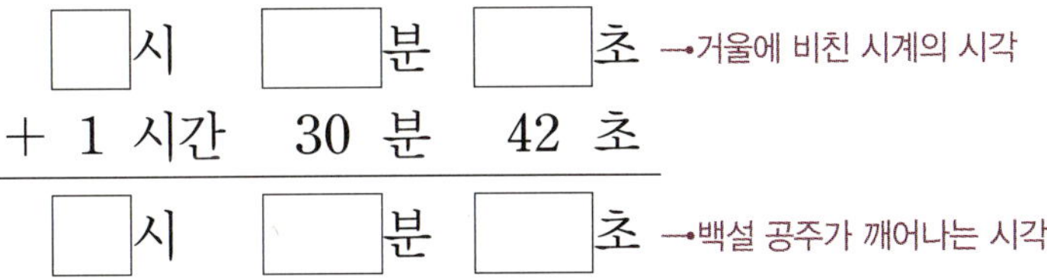

```
    ☐ 시   ☐ 분   ☐ 초   → 거울에 비친 시계의 시각
+   1 시간  30 분  42 초
─────────────────────────
    ☐ 시   ☐ 분   ☐ 초   → 백설 공주가 깨어나는 시각
```

단원 6

응용력 향상 집중 연습

▶ 정답과 해설 46쪽

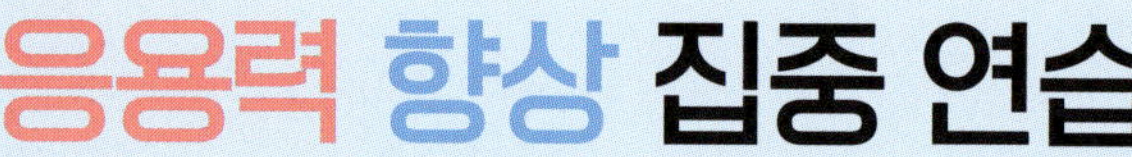

부분을 보고 전체 완성하기

1

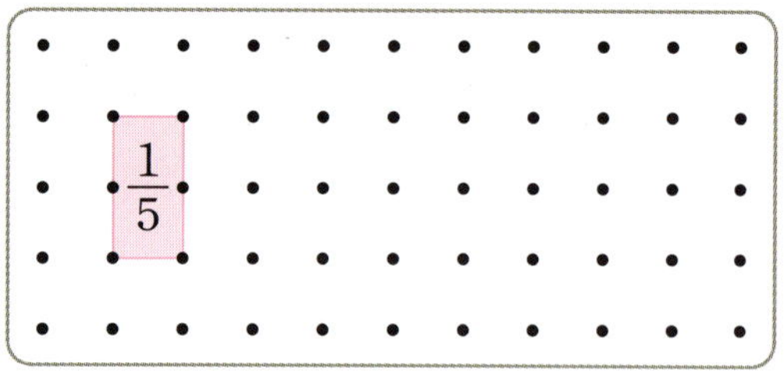

2

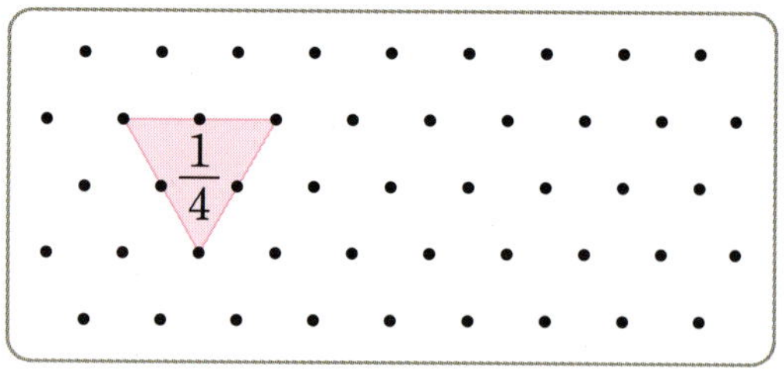

3

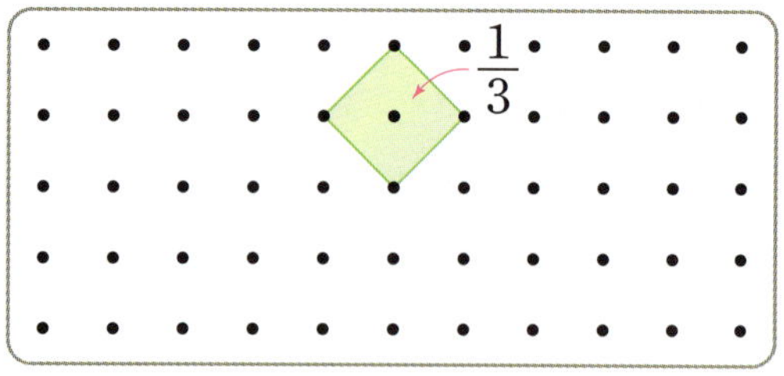

4

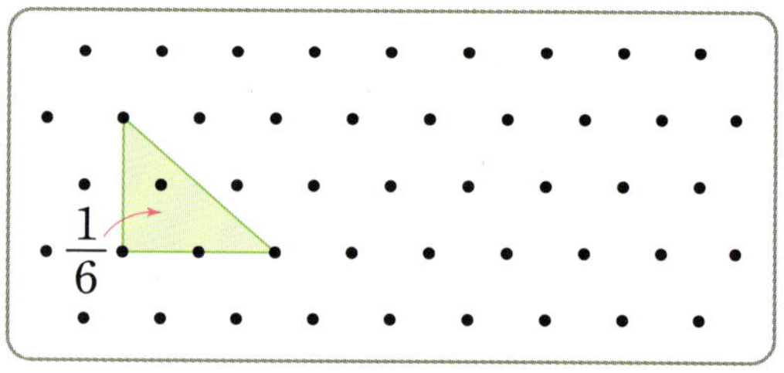

5

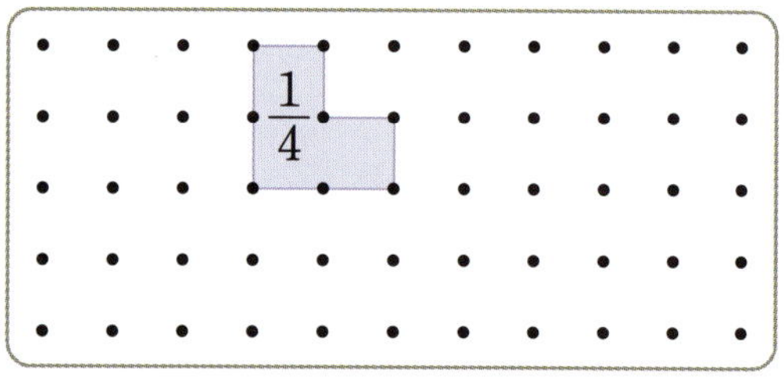

6

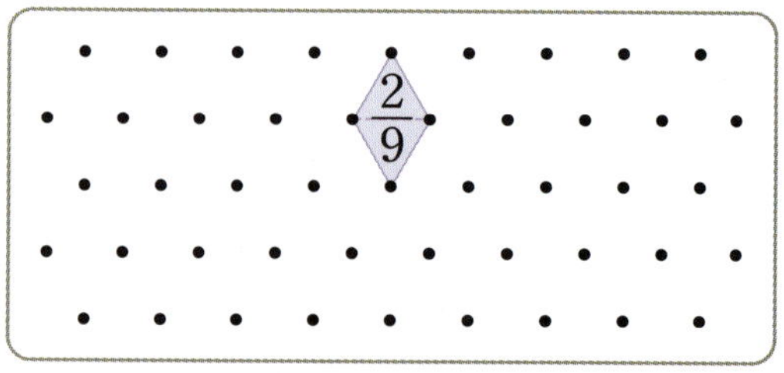

◑ 남은 부분은 전체의 얼마인지 소수로 나타내기

1 

( )

2 

( )

3 

( )

4 

( )

5 

( )

6 

( )

● 가장 긴 길이를 찾아 기호 쓰기

1
㉠ 3.3 cm
㉡ 2.3 cm
㉢ 3 cm 2 mm

( )

2
㉠ 18 mm
㉡ 2.1 cm
㉢ 1.2 cm

( )

3
㉠ 6.8 cm
㉡ 86 mm
㉢ 8 cm보다 2 mm 더 긴 길이

( )

4
㉠ 4 cm 5 mm
㉡ 5.6 cm
㉢ 6 cm보다 4 mm 더 긴 길이

( )

5
㉠ 27 mm
㉡ 3.1 cm
㉢ 3 cm 4 mm
㉣ 1 cm보다 9 mm 더 긴 길이

( )

6
㉠ 10.5 cm
㉡ 9 cm 8 mm
㉢ 96 mm
㉣ 10 cm보다 2 mm 더 긴 길이

( )

▶ 정답과 해설 47쪽

◐ 부분의 길이를 이용하여 전체 길이 구하기

1

전체 철사의 $\frac{1}{3}$만큼의 길이가 5 cm입니다.

(   )

2

전체 철사의 $\frac{1}{5}$만큼의 길이가 4 cm입니다.

(   )

3

전체의 $\frac{5}{6}$만큼 사용하고 남은 색 테이프의 길이가 3 cm입니다.

(   )

4

전체의 $\frac{9}{10}$만큼 사용하고 남은 색 테이프의 길이가 6 cm입니다.

(   )

5

전체 리본의 $\frac{3}{8}$만큼의 길이가 15 cm입니다.

(   )

6

전체 끈의 $\frac{7}{9}$만큼의 길이가 42 cm입니다.

(   )

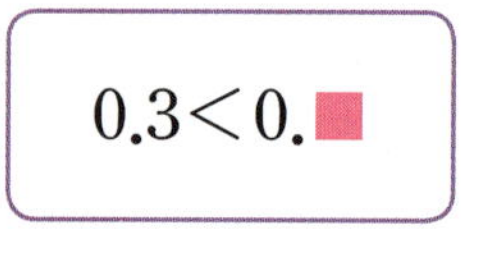

● 1부터 9까지의 수 중에서 ■에 공통으로 들어갈 수 있는 수 모두 구하기

1

$0.3 < 0.■$

$0.■ < 0.7$

(   )

2

$4.5 > 4.■$

$■.2 > 2.2$

(   )

3

$\dfrac{6}{10} < 0.■$

$■.4 < 9.3$

(   )

4

$\dfrac{4}{10} < 0.■$

$6.■ < 6.8$

(   )

5

$\dfrac{2}{10} < 0.■ < 0.6$

$7.3 < 7.■ < 7.8$

(   )

6

0.1이 5개인 수 $< 0.■ < 0.9$

$3.2 < 3.■ < \dfrac{1}{10}$이 38개인 수

(   )

응용력 향상 집중 연습

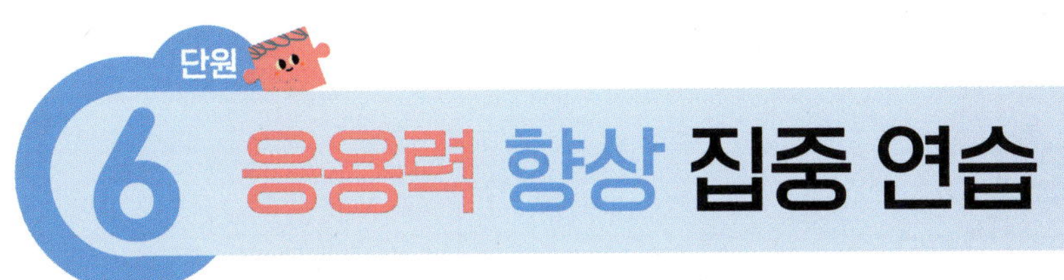

▶ 정답과 해설 **48**쪽

● 4장의 수 카드 중에서 한 장을 골라 알맞은 분수 만들기

1 　2　　5　　8　　3

가장 큰 단위분수	가장 작은 단위분수

2 　4　　9　　6　　7

가장 큰 단위분수	가장 작은 단위분수

3 　5　　3　　1　　6

분모가 7인 가장 큰 분수	분모가 7인 가장 작은 분수

4 　7　　3　　2　　4

분모가 9인 가장 큰 분수	분모가 9인 가장 작은 분수

5 　3　　9　　4　　7

가장 큰 단위분수	두 번째로 큰 단위분수

6 　4　　5　　1　　2

분모가 6인 가장 작은 분수	분모가 6인 두 번째로 작은 분수

창의·융합·코딩 학습

코딩 1 화살표 방향에 따라 변하는 길이를 소수로 나타내 봐!

화살표 방향에 따라 주어진 **규칙**으로 길이가 변합니다. 빈칸에 알맞은 길이는 각각 몇 cm인지 소수로 나타내 보세요.

❶ **규칙**

→: 1 cm 늘어납니다.　　↓: 2 cm 줄어듭니다.

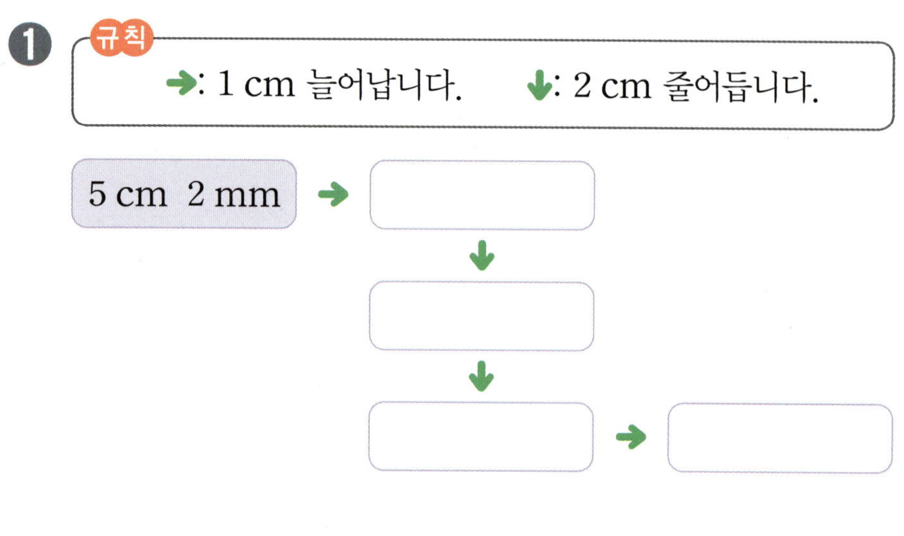

5 cm 2 mm →

❷ **규칙**

→: 5 mm 늘어납니다.　　↓: 1 mm 줄어듭니다.　　↘: 3 cm 늘어납니다.

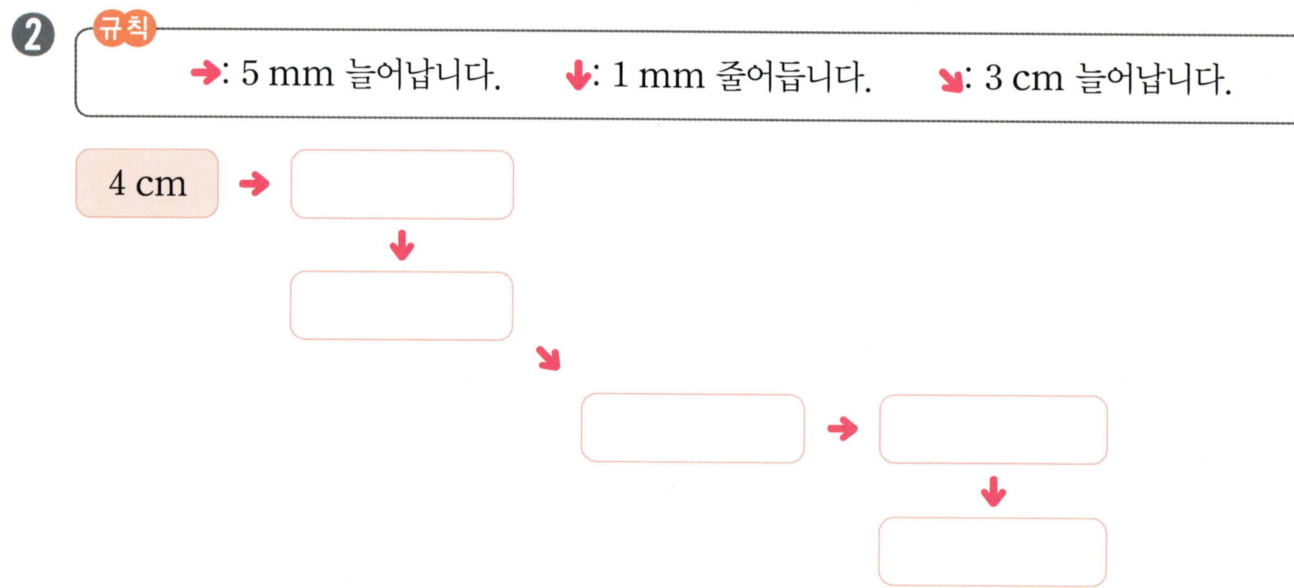

4 cm →

창의 2 남은 색종이는 전체의 얼마인지 분수로 나타내 봐!

색종이 한 장을 다음과 같이 접은 후 접힌 선을 따라 잘랐습니다. 그중 주어진 조각만큼 사용하였을 때 남은 색종이는 전체의 얼마인지 분수로 나타내 보세요.

색종이를 접힌 선을 따라 자르면 똑같이 4조각으로 나누어져.

사용한 조각: 1조각 ➡ 사용하고 남은 색종이는 전체를 똑같이 4조각으로 나눈 것 중의 $4-1=3$(조각)이므로 전체의 $\dfrac{3}{4}$입니다.

6

분수와 소수

❶ 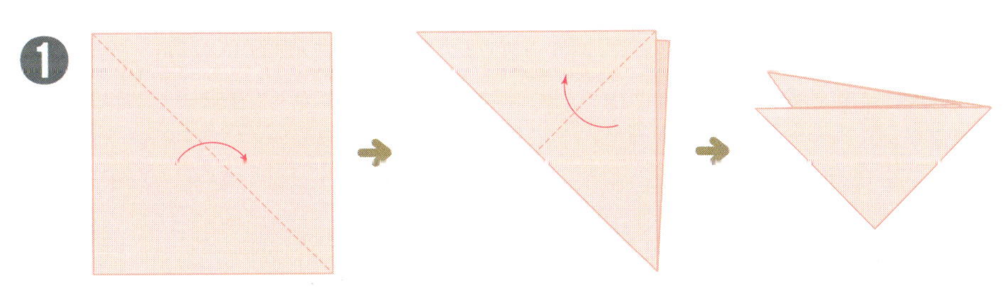

사용한 조각: 2조각

(   )

39

❷ 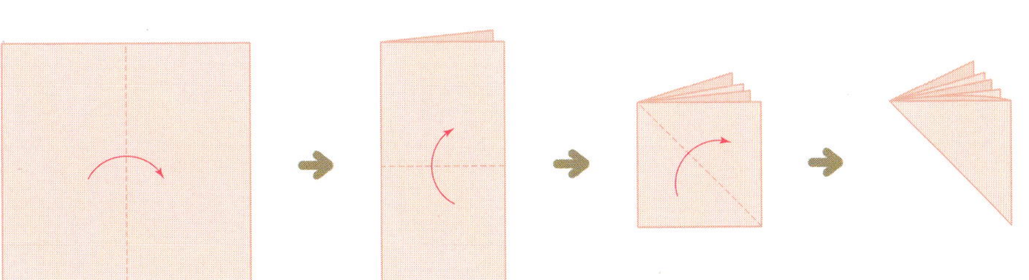

사용한 조각: 3조각

(   )

MEMO

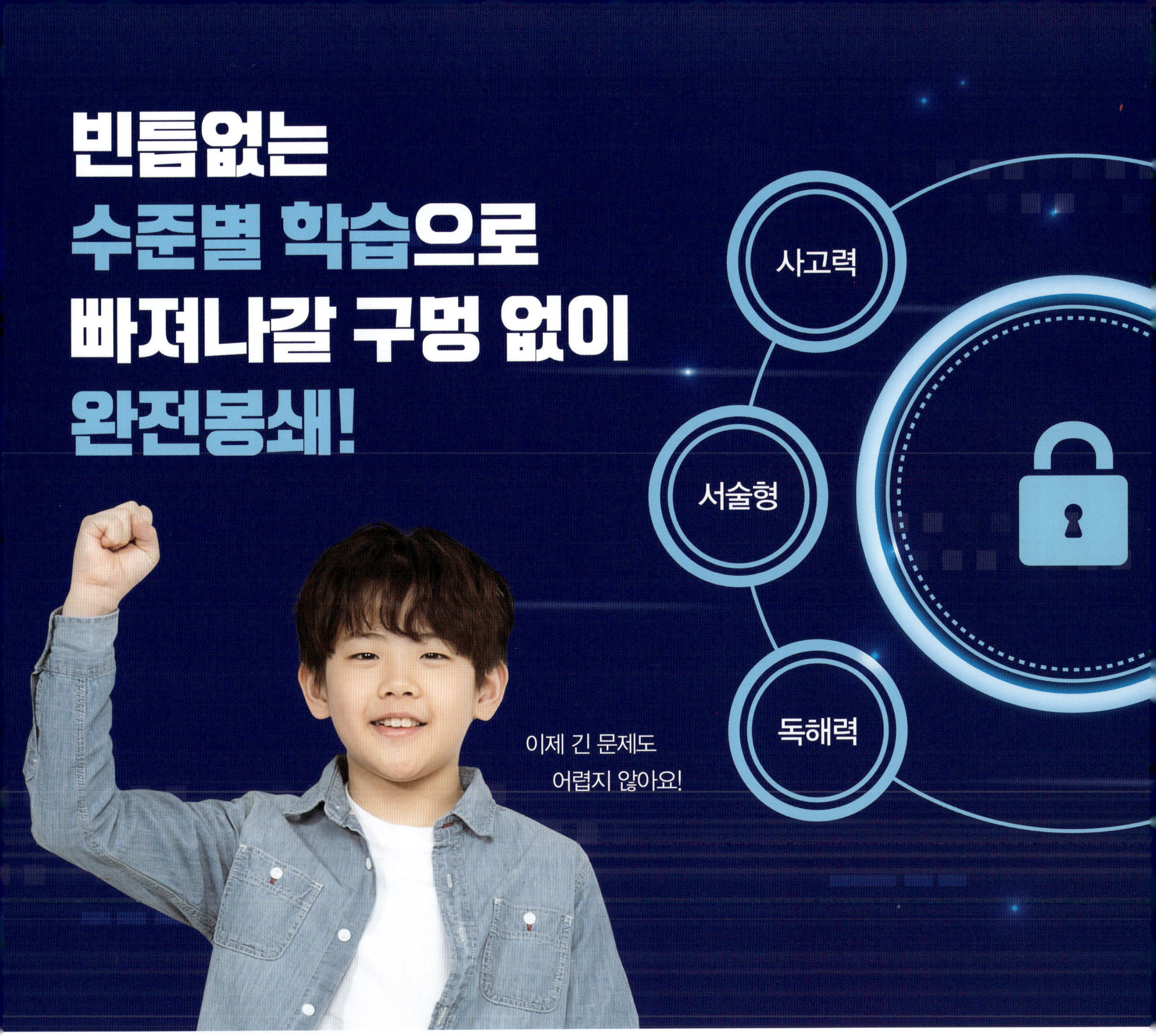

기본기와 서술형을 한 번에, 확실하게
수학 자신감은 덤으로!

수학리더 시리즈 (초1～6 / 학기용)

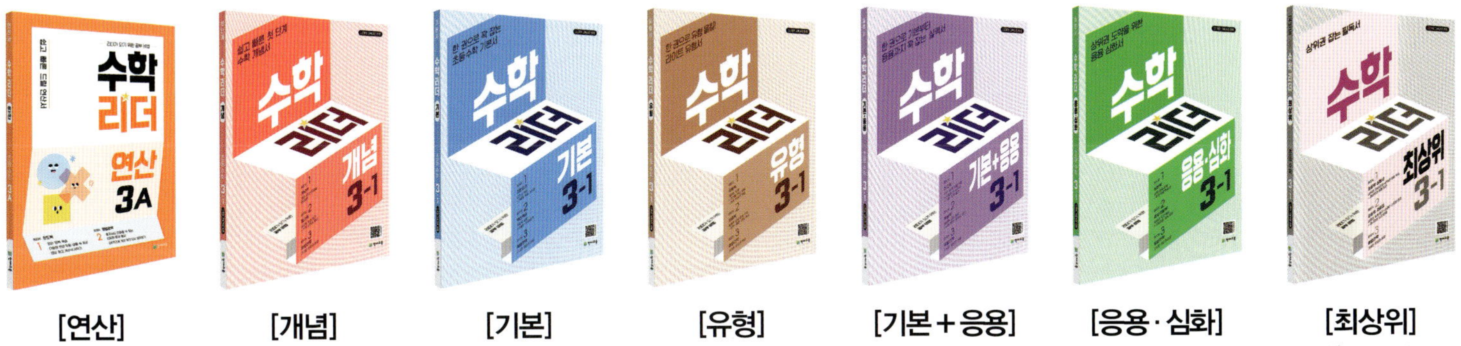

[연산] (*예비초～초6/총14단계) [개념] [기본] [유형] [기본＋응용] [응용·심화] [최상위] (*초3～6)

book.chunjae.co.kr

교재 내용 문의 ·········· 교재 홈페이지 ▶ 초등 ▶ 교재상담
교재 내용 외 문의 ·········· 교재 홈페이지 ▶ 고객센터 ▶ 1:1문의
발간 후 발견되는 오류 ·········· 교재 홈페이지 ▶ 초등 ▶ 학습지원 ▶ 학습자료실

수학의 자신감을 키워 주는 **초등 수학 교재**

난이도 한눈에 보기!

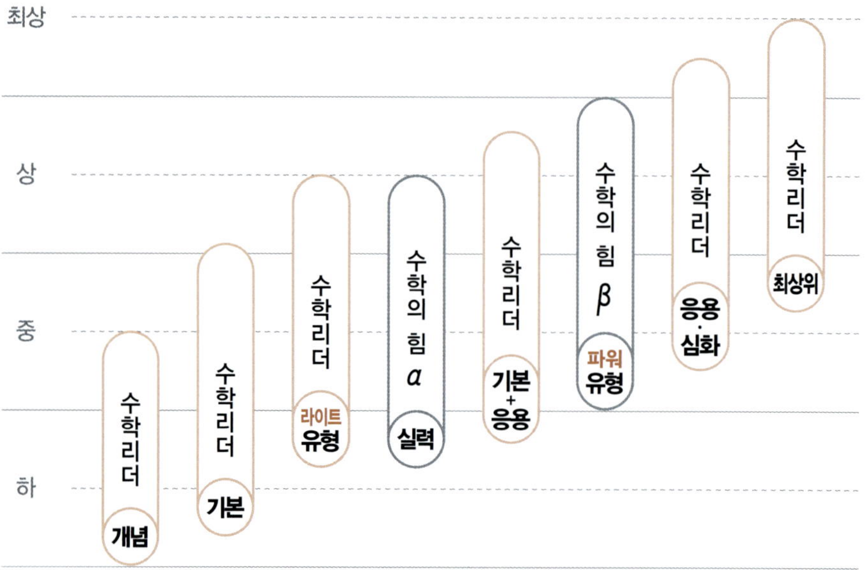

차세대 리더

시험 대비 교재

●올백 전과목 단원평가	1~6학년/학기별 (1학기는 2~6학년)
●HME 수학 학력평가	1~6학년/상·하반기용
●HME 국어 학력평가	1~6학년

한자 교재

●천재 NEW 한자능력검정시험 자격증 한번에 따기	8~5급(총 7권)/4급~3급(총 2권)

영어 교재

●Listening Pop	Level 1~3
●Grammar, ZAP!	
– 입문	1, 2단계
– 기본	1~4단계
– 심화	1~4단계
●Let's Go to the English World!	
– Conversation	1~5단계, 단계별 3권
– Phonics	총 4권

예비 중학 교재

●천재 신입생 시리즈	수학/영어
●천재 반편성 배치고사 기출 & 모의고사	

좋은 책을 읽는 것은 과거 몇 세기의
가장 훌륭한 사람들과 이야기를 나누는 것과 같다.

**The reading of all good books is like a conversation with
the finest men of past centuries.**

르네 데카르트 Rene Descartes · 프랑스의 철학자, 수학자, 물리학자

수학리더 유형

해법 전략

리더가 되기 위한
공부 비법

BOOK 3

3-1

BOOK 1
유형북
개념별 유형
+ 꼬리를 무는 유형
+ 수학 독해력 유형

BOOK 2
보충북
응용력 향상 집중 연습
+ 창의·융합·코딩 학습

천재교육

1. 덧셈과 뺄셈

1 STEP 개념별 유형　6~10쪽

1 378
2 (1) 586　(2) 775
3 (　)(○)
4
5 369 cm
6 353＋232＝585 / 585개
7 (1) (위에서부터) 1, 482　(2) (위에서부터) 1, 609
8 471
9 919
10 서아
11 709
12 295＋314＝609 / 609권

13 (　)(○)
14 100
15 801
16 (위에서부터) 826, 611
17 503 m
18 (○)(　)
19 148＋176＝324 / 324그루
20 (1) (위에서부터) 1, 1, 1321
　　(2) (위에시부터) 1, 1, 1520
21 1400
22 1241
23
$$\begin{array}{r} {\scriptstyle 1\ 1}\\ 3\,8\,9 \\ +\,7\,5\,4 \\ \hline 1\,1\,4\,3 \end{array}$$

24

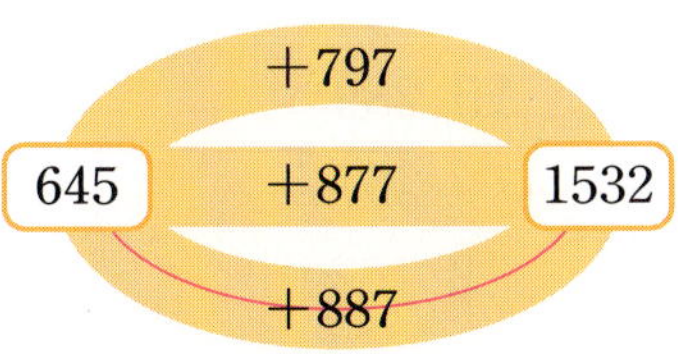

25 코알라
26 568＋689＝1257 / 1257명

27 (1) 753　(2) 1345
28 955
29 1080 m
30 473＋440＝913 / 913명
31 341＋284＝625 / 625권
32 632＋895＝1527 / 1527명

1 일 모형: 5＋3＝8(개), 십 모형: 3＋4＝7(개),
백 모형: 2＋1＝3(개)
➡ 235＋143＝378

---

3 ・304＋292에서 304는 300쯤, 292는 300쯤으로 어
림하여 계산하면 300＋300＝600쯤입니다.
・473＋223에서 473은 500쯤, 223은 200쯤으로 어
림하여 계산하면 500＋200＝700쯤입니다.

4 283＋315＝598, 152＋426＝578

5 156＋213＝369 (cm)

6 (사과의 수)＋(배의 수)＝353＋232＝585(개)

8
$$\begin{array}{r} {\scriptstyle 1}\\ 3\,1\,2 \\ +\,1\,5\,9 \\ \hline 4\,7\,1 \end{array}$$

10 민재: 일의 자리에서 십의 자리로 받아올림이 있습니다.
$$\begin{array}{r} {\scriptstyle 1}\\ 3\,6\,8 \\ +\,4\,2\,6 \\ \hline 7\,9\,4 \end{array}$$

11 수 모형이 나타내는 수는 백 모형이 3개, 십 모형이 4개,
일 모형이 1개이므로 341입니다.
➡ 341＋368＝709

12 (청군에게 나누어 줄 공책 수)
＋(백군에게 나누어 줄 공책 수)
＝295＋314＝609(권)

13
$$\begin{array}{r} {\scriptstyle 1\ 1}\\ 3\,6\,5 \\ +\,1\,7\,8 \\ \hline 5\,4\,3 \end{array}$$

14 □ 안의 1은 십의 자리 계산 1＋4＋6＝11에서 10을
백의 자리로 받아올림한 것을 백의 자리 위에 쓴 것이
므로 실제로는 100을 나타냅니다.

15 456＋345＝801

16 359＋467＝826, 359＋252＝611

17 (예준이가 뛴 거리)＋(민호가 뛴 거리)
＝236＋267＝503 (m)

18 447＋358＝805, 588＋184＝772

19 (오전에 심은 나무 수)＋(오후에 심은 나무 수)
＝148＋176＝324(그루)

21
$$\begin{array}{r} {\scriptstyle 1\ 1}\\ 4\,5\,7 \\ +\,9\,4\,3 \\ \hline 1\,4\,0\,0 \end{array}$$

22 접시에 써 있는 수: 483, 758 ➡ 483+758=1241

23 (전략)
같은 자리 수끼리 더하여 받아올림이 있으면 바로 윗자리로 받아올림하여 계산합니다.

받아올림한 수들을 더하지 않았습니다.

24 645+797=1442, 645+877=1522, 645+887=1532

25 곰: 656+559=1215, 코알라: 896+337=1233
1215<1233이므로 계산 결과가 더 큰 식을 들고 있는 동물은 코알라입니다.

26 (안경을 쓴 학생 수)+(안경을 쓰지 않은 학생 수)
=568+689=1257(명)

27 (1) 112+405+236=517+236=753
(2) 372+514+459=886+459=1345

28 239+124+592=363+592=955

29 (학교~편의점)+(편의점~문구점)+(문구점~집)
=351+486+243
=837+243=1080 (m)

30 (남학생 수)+(여학생 수)=473+440=913(명)

31 (동화책의 수)=(위인전의 수)+284
=341+284=625(권)

32 (토요일에 입장한 사람 수)+(일요일에 입장한 사람 수)
=632+895=1527(명)

❶~❻ 형성평가   11쪽

1 799   **2** 833
3 ④   **4** (◯)( )
5 825   **6** 434
7 1422
8 355+355=710 / 710 m

2 555+278=833

3
   1 1
   8 6 3
 +5 5 7
 1 4 2 0

4 524+384=908, 435+483=918

5 372+159+294=531+294=825

6 352+334=686(×)
352+434=786(◯)
352+444=796(×)

7 사각형에 적힌 수: 843, 579 ➡ 843+579=1422

(참고)
사각형은 4개의 곧은 선으로 이루어져 있습니다.

8 (운동장 한 바퀴의 거리)+(운동장 한 바퀴의 거리)
=355+355=710 (m)

1 STEP 개념별 유형   12~16쪽

1 233   **2** (1) 524   (2) 320
3 ( )(◯)   **4** 서준
5 301
6 318−106=212 / 212송이
7 (1) (위에서부터) 6, 10, 538
(2) (위에서부터) 8, 10, 475
8 428   **9** 100
10 308   **11** ( )(◯)
12 278−195=83 / 83번

---

13 (1) (위에서부터) 7, 11, 10, 472
(2) (위에서부터) 4, 13, 10, 149
14 (1) 178   (2) 185   **15** 289
16
  5 13 10
  6 4 2
 −1 8 5
  4 5 7
   17 267
   18 182 m

19 643−287=356 / 356장
20 ( )(◯)   **21** (1) 229   (2) 79
22 159
23 (계산 순서대로) 322, 322, 717 / 717
24 730   **25** 1246

---

26 덧셈에 ◯표 / 253+219=472 / 472명
27 뺄셈에 ◯표 / 596−242=354 / 354대
28 뺄셈에 ◯표 / 320−273=47 / 47상자
29 덧셈에 ◯표 / 524+198=722 / 722개
30 뺄셈에 ◯표 / 432−156=276 / 276개

1 백 모형 2개, 십 모형 3개, 일 모형 3개가 남으므로
$376-143=233$입니다.

3 • $687-415$에서 687은 700쯤, 415는 400쯤으로 어
림하여 계산하면 $700-400=300$쯤입니다.
• $425-304$에서 425는 400쯤, 304는 300쯤으로 어
림하여 계산하면 $400-300=100$쯤입니다.

4 은우: $886-334=552$

5 $732-431=301$

6 (꽃 가게에 있던 장미의 수)−(팔린 장미의 수)
$=318-106=212$(송이)

8
$$\begin{array}{r} {}^{7\ 10} \\ 6\ 8\ 5 \\ -\ 2\ 5\ 7 \\ \hline 4\ 2\ 8 \end{array}$$

9 □ 안의 10은 백의 자리에서 받아내림한 수이므로 실제로
100을 나타냅니다.

10 $551-243=308$

11 $675-249=426$, $826-391=435$
➡ $426<435$

12 (준하가 한 줄넘기 횟수)−(윤서가 한 줄넘기 횟수)
$=278-195=83$(번)

14 (1)
$$\begin{array}{r} {}^{2\ 1310} \\ 3\ 4\ 3 \\ -\ 1\ 6\ 5 \\ \hline 1\ 7\ 8 \end{array}$$
(2)
$$\begin{array}{r} {}^{5\ 1010} \\ 6\ 1\ 4 \\ -\ 4\ 2\ 9 \\ \hline 1\ 8\ 5 \end{array}$$

15
$$\begin{array}{r} {}^{7\ 1010} \\ 8\ 1\ 5 \\ -\ 5\ 2\ 6 \\ \hline 2\ 8\ 9 \end{array}$$

16 전략
같은 자리 수끼리 뺄 수 없으면 바로 윗자리에서 받아내림
하여 계산합니다.

받아내림한 수를 생각하지 않고 십의 자리와 백의 자리
를 계산했습니다.

17 $536-277=259(\times)$, $536-267=269(\bigcirc)$,
$536-257=279(\times)$

18 (집에서 은행까지의 거리)−(집에서 우체국까지의 거리)
$=540-358=182$(m)

19 (전체 색종이의 수)−(종이 접기를 하는 데 사용한 색종
이의 수)
$=643-287=356$(장)

20 세 수의 뺄셈은 앞에서부터 두 수씩 순서대로 계산합니다.

21 (1) $876-452-195=424-195=229$
(2) $913-241-593=672-593=79$

22 $749-472-118=277-118=159$

24 전략
수산물의 수만큼 더하고 뺍니다.

$384+568-222=952-222=730$(마리)

25 $900-222+568=678+568=1246$(마리)

26 (여자 승객의 수)+(남자 승객의 수)
$=253+219=472$(명)

27 (남은 자전거의 수)
$=$(전체 자전거의 수)−(빌려 간 자전거의 수)
$=596-242=354$(대)

28 (수확한 토마토의 상자 수)−(판 토마토의 상자 수)
$=320-273=47$(상자)

29 (소진이가 접은 종이배의 수)
$=$(현아가 접은 종이배의 수)$+198$
$=524+198=722$(개)

30 (만든 찹쌀떡의 수)
$=$(만든 송편의 수)-156
$=432-156=276$(개)

❼~❿ 형성평가   17쪽

1 242   **2** 388
3 371
4 지안 / 예 십의 자리로 받아내림한 수를 생각하지
않고 백의 자리를 계산했습니다.
5 (   ) (◯) (   )
6 $<$ **7** 464 cm
8 $420-289=131$ / 131개

1 $145 < 387 \rightarrow 387 - 145 = 242$

2 $710 - 322 = 388$

3 $954 - 225 - 358 = 729 - 358 = 371$

4 지안:
$$\begin{array}{r} \overset{6\ 10}{7\,2\,4} \\ -\ 3\,9\,1 \\ \hline 3\,3\,3 \end{array}$$

> **평가 기준**
> 십의 자리로 받아내림한 수를 생각하지 않고 백의 자리를 계산했다고 썼으면 정답으로 합니다.

5 $712 - 326 = 386,\ 568 - 212 = 356,$
$835 - 449 = 386$

6 $327 + 485 - 279 = 812 - 279 = 533$
$\rightarrow 533 < 540$

7 (남은 색 테이프의 길이)
$= 805 - 341 = 464 \text{ (cm)}$

8 (전체 빵의 수) $-$ (판 빵의 수)
$= 420 - 289 = 131 \text{(개)}$

BOOK ❶

17 ~ 21 쪽

4

2 STEP 꼬리를 무는 유형 18~21쪽

1 371	**2** 921
3 207개	**4** 804
5 442	**6** 265 cm
7 95	**8** 408
9 817	**10** 920
11 465개	**12** (위에서부터) 4, 2
13 (위에서부터) 2, 1	**14** 15
15 355 cm	**16** 660명
17 465개	**18** $543 + 482 = 1025$
19 $804 - 159 = 645$	**20** $681 + 268 = 949$
21 687 m	**22** 375 m
23 175 m	**24** 621
25 454	

1 100이 8개, 10이 3개, 1이 9개인 수는 839입니다.
$\rightarrow 839 - 468 = 371$

2 수 모형이 나타내는 수는 673입니다.
$\rightarrow 673 + 248 = 921$

3 지우개의 수는 426개입니다.
(풀의 수) $= 426 - 219 = 207$(개)

4 가장 큰 수: 521, 가장 작은 수: 283
$\rightarrow 521 + 283 = 804$

5 가장 큰 수: 824, 가장 작은 수: 382
$\rightarrow 824 - 382 = 442$

6 키가 가장 큰 사람의 키: 140 cm(지수)
키가 가장 작은 사람의 키: 125 cm(동주)
$\rightarrow 140 + 125 = 265 \text{ (cm)}$

7 **전략**
먼저 582, 607, 512의 크기를 비교합니다.

가장 큰 수: 607, 가장 작은 수: 512
$\rightarrow 607 - 512 = 95$

8 $\square + 183 = 591 \rightarrow \square = 591 - 183 = 408$

9 $\square - 536 = 281 \rightarrow \square = 281 + 536 = 817$

10 어떤 수를 $\square$라 하면
$\square - 524 = 396,\ \square = 396 + 524 = 920$입니다.

11 $\square + 235 = 700,\ \square = 700 - 235 = 465$
$\rightarrow$ 밤은 465개입니다.

12 일의 자리 계산: $8 + 5 = 13$
십의 자리 계산: $1 + \square + 7 = 12 \rightarrow \square = 4$
백의 자리 계산: $1 + 4 + \square = 7 \rightarrow \square = 2$

13 십의 자리 계산: $10 + \square - 8 = 4 \rightarrow \square = 2$
백의 자리 계산: $4 - 1 - \square = 2 \rightarrow \square = 1$

14 일의 자리 계산: $6 + \bigcirc = 14 \rightarrow \bigcirc = 8$
십의 자리 계산: $1 + \bigcirc + 4 = 12 \rightarrow \bigcirc = 7$
따라서 $\bigcirc + \bigcirc = 7 + 8 = 15$입니다.

15 (전체 끈의 길이) $-$ (상자를 묶는 데 사용한 길이)
$-$ (선물을 포장하는 데 사용한 길이)
$= 986 - 255 - 376 = 731 - 376 = 355 \text{ (cm)}$

16 (처음에 타고 있던 사람 수) $-$ (내린 사람 수)
$+$ (새로 탄 사람 수)
$= 524 - 215 + 351 = 309 + 351 = 660$(명)

17 전략

판 도넛의 수 ➜ 뺄셈
더 만든 도넛의 수 ➜ 덧셈

(처음에 있던 도넛의 수)−(판 도넛의 수)
＋(더 만든 도넛의 수)
＝604−415＋276＝189＋276＝465(개)

18 두 수의 합이 가장 크려면 가장 큰 수와 두 번째로 큰 수를 더하면 됩니다.
가장 큰 수: 543, 두 번째로 큰 수: 482
➜ 543＋482＝1025

19 두 수의 차가 가장 크려면 가장 큰 수에서 가장 작은 수를 빼면 됩니다.
가장 큰 수: 804, 가장 작은 수: 159
➜ 804−159＝645

20 두 수의 합이 두 번째로 크려면 가장 큰 수와 세 번째로 큰 수를 더하면 됩니다.
큰 수부터 차례로 쓰면 681, 364, 268, 175이므로 가장 큰 수는 681, 세 번째로 큰 수는 268입니다.
➜ 681＋268＝949

21 (집~학교)
＝(집~문구점)＋(편의점~학교)−(편의점~문구점)
＝476＋395−184
＝871−184＝687 (m)

22 (학교~놀이터)
＝(학교~병원)＋(병원~은행)−(놀이터~은행)
＝628＋243−496
＝871−496＝375 (m)

23 (공원~도서관)
＝(집~도서관)＋(공원~영화관)−(집~영화관)
＝458＋385−668
＝843−668＝175 (m)

24 9＞3＞0이므로 만들 수 있는 가장 큰 수는 930, 가장 작은 수는 309입니다.
➜ 930−309＝621

주의

가장 작은 수를 만들 때 0은 백의 자리에 올 수 없습니다.

25 8＞6＞4＞0이므로 만들 수 있는 가장 큰 수는 864, 두 번째로 큰 수는 860, 가장 작은 수는 406입니다.
➜ 860−406＝454

---

3 STEP 수학 독해력 유형 22～25쪽

독해력 **1** ❶ 576 ❷ 576, 147 ❸ 147, 282
답 282

쌍둥이 **1-1** 답 133

쌍둥이 **1-2** 답 911

독해력 **2** ❶ 573, 3 ❷ 작아야에 ◯표
❸ 0, 1, 2 답 0, 1, 2

쌍둥이 **2-1** 답 8, 9

쌍둥이 **2-2** 답 7, 8, 9

- -

독해력 **3** ❶ 823 ❷ 823, 506 ❸ 506, 189
답 189

쌍둥이 **3-1** 답 89

쌍둥이 **3-2** 답 1201

독해력 **4** ❶ 16 ❷ 17, 7 ❸ 16, 7, 9
답 9 / 7

쌍둥이 **4-1** 답 4 / 9

쌍둥이 **1-1** ❶ 뒤집어 놓은 카드에 적힌 수를 □로 하여 식 만들기: □＋522＝911
❷ □의 값 구하기: 911−522＝□, □＝389
❸ (두 수의 차)＝522−389＝133

쌍둥이 **1-2** ❶ 소윤이의 카드에 적힌 수를 ㉠5㉡, 건우의 카드에 적힌 수를 2㉢4라고 하면
㉠5㉡−2㉢4＝403입니다.
❷ 　㉠ 5 ㉡　　•㉡−4＝3, ㉡＝7
　−2 ㉢ 4　　•5−㉢＝0, ㉢＝5
　　4 0 3　　•㉠−2＝4, ㉠＝6
❸ (두 수의 합)＝657＋254＝911

쌍둥이 **2-1** ❶ ＜를 ＝로 바꿀 때 □의 값 구하기:
913−47□＝436이라 하면 913−436＝477이므로 □＝7입니다.
❷ 913−47□＜436이므로 □는 7보다 커야 합니다.
❸ □ 안에 들어갈 수 있는 수: 8, 9

쌍둥이 **2-2** ❶ ＞를 ＝로 바꿀 때 □의 값 구하기:
628＋31□＝944라 하면 944−628＝316이므로 □＝6입니다.
❷ 628＋31□＞944이므로 □는 6보다 커야 합니다.
❸ □ 안에 들어갈 수 있는 수: 7, 8, 9

쌍둥이 3-1 **①** 어떤 수를 □로 하여 잘못 계산한 식 만들기:
□+286=661

② 어떤 수 구하기: 661−286=□, □=375

③ (바르게 계산한 값)=375−286=89

쌍둥이 3-2 **①** 어떤 수를 □로 하여 잘못 계산한 식 만들기:
□−354=493

② 어떤 수 구하기: 493+354=□, □=847

③ (바르게 계산한 값)=847+354=1201

쌍둥이 4-1 **①** ●+▲의 값 구하기:
●+▲=3이면 백의 자리 계산 결과가 1●이 될 수 없으므로 ●+▲=13입니다.

② 백의 자리 계산에서 ●에 알맞은 수 구하기:
1+●+▲=1●에서 ●+▲=13이므로
1●=14, ●=4입니다.

③ ▲에 알맞은 수 구하기: ●+▲=13, ●=4이므로
▲=9입니다.

유형 TEST   26~29쪽

1 620 **2** 432

3 774 **4** 148

5 899 **6** ④

7 (위에서부터) 1290, 821 / 325, 144

8 ( ) (○) **9**
$$\begin{array}{r} 7\ 10 \\ 7\ 8\ 2 \\ -\ 2\ 5\ 4 \\ \hline 5\ 2\ 8 \end{array}$$

10 > **11** 1470

12 345 **13** 520 m

14 542+407=949 / 949그루

15 1121

16 500−426=74 / 74개

17 817 **18** 693+457=1150

19 415대 **20** 412번

21 (위에서부터) 6, 7 **22** 342

23 예 **①** 뒤집어 놓은 카드에 적힌 수를 □라 하면
□+252=725입니다.

② 725−252=□, □=473

③ (두 수의 차)=473−252=221 답 221

24 예 **①** 어떤 수를 □라 하면 잘못 계산한 식은
□+267=960입니다.

② 960−267=□, □=693이므로 어떤 수는
693입니다.

③ (바르게 계산한 값)=693−267=426
답 426

25 예 **①** 641−32□=318이라 하면
641−318=323입니다.

② 641−32□>318이므로 □는 3보다 작아야
합니다.

③ □ 안에 들어갈 수 있는 수: 0, 1, 2
답 0, 1, 2

---

1 일 모형: 6+4=10(개)이므로 십 모형 1개입니다.
십 모형: 1+5+6=12(개)이므로 백 모형 1개, 십 모형
2개입니다.
백 모형: 1+3+2=6(개)이므로 백 모형 6개입니다.
➡ 356+264=620

3
$$\begin{array}{r} 1 \\ 3\ 5\ 9 \\ +\ 4\ 1\ 5 \\ \hline 7\ 7\ 4 \end{array}$$

4 두 수의 차를 구할 때는 큰 수에서 작은 수를 뺍니다.
➡ 784<932이므로 932−784=148입니다.

5 357+542=899

6 □ 안의 16은 실제로는 160을 나타냅니다.

7 752+538=1290, 427+394=821
752−427=325, 538−394=144

8 406+836=1242, 665+587=1252

9 일의 자리로 받아내림한 수를 생각하지 않고 십의 자리를
계산했습니다.

10 234+328=562, 815−257=558 ➡ 562>558

11 423+252+795=675+795=1470

12 수 모형이 나타내는 수는 백 모형 5개, 십 모형 1개, 일
모형 2개이므로 512입니다. ➡ 512−167=345

13 (학교에서 마트까지의 거리)+(마트에서 도서관까지의
거리)=193+327=520 (m)

14 (사과나무의 수)＋(포도나무의 수)
＝542＋407＝949(그루)

15 사각형에 적힌 수: 668, 453
➡ 668＋453＝1121

16 (준비한 우유의 수)－(나누어 준 우유의 수)
＝500－426＝74(개)

17 ㉠－536＝281
➡ ㉠＝281＋536＝817

18 두 수의 합이 가장 크려면 가장 큰 수와 두 번째로 큰
수를 더하면 됩니다.
가장 큰 수: 693, 두 번째로 큰 수: 457
➡ 693＋457＝1150

19 (처음에 주차되어 있던 자동차의 수)－(나간 자동차의 수)
＋(새로 들어온 자동차 수)
＝340－182＋257＝158＋257＝415(대)

20 (민재가 한 줄넘기 횟수)＝152＋108＝260(번)
(두 사람이 한 줄넘기 횟수)＝152＋260＝412(번)

21 일의 자리 계산: 5＋□＝12, □＝7
십의 자리 계산: 1＋□＋6＝13, □＝6

22 8＞5＞0이므로 만들 수 있는 가장 큰 수는 850, 가장
작은 수는 508입니다.
➡ 850－508＝342

23

채점 기준		
❶ 뒤집어 놓은 카드에 적힌 수를 □라 하여 식을 세움.	1점	4점
❷ □의 값을 구함.	2점	
❸ 두 수의 차를 구함.	1점	

24

채점 기준		
❶ 어떤 수를 □라 하여 잘못 계산한 식을 세움.	1점	4점
❷ 어떤 수를 구함.	2점	
❸ 바르게 계산한 값을 구함.	1점	

25

채점 기준		
❶ ＞를 ＝라 할 때 □ 안의 수를 구함.	2점	4점
❷ □가 될 수 있는 수의 범위를 구함.	1점	
❸ □ 안에 들어갈 수 있는 수를 구함.	1점	

2. 평면도형

1 STEP 개념별 유형 32～36쪽

1 (△) (○) (△)
2 선분
3 (   ) (○) (   )
4 반직선 ㅂㅁ

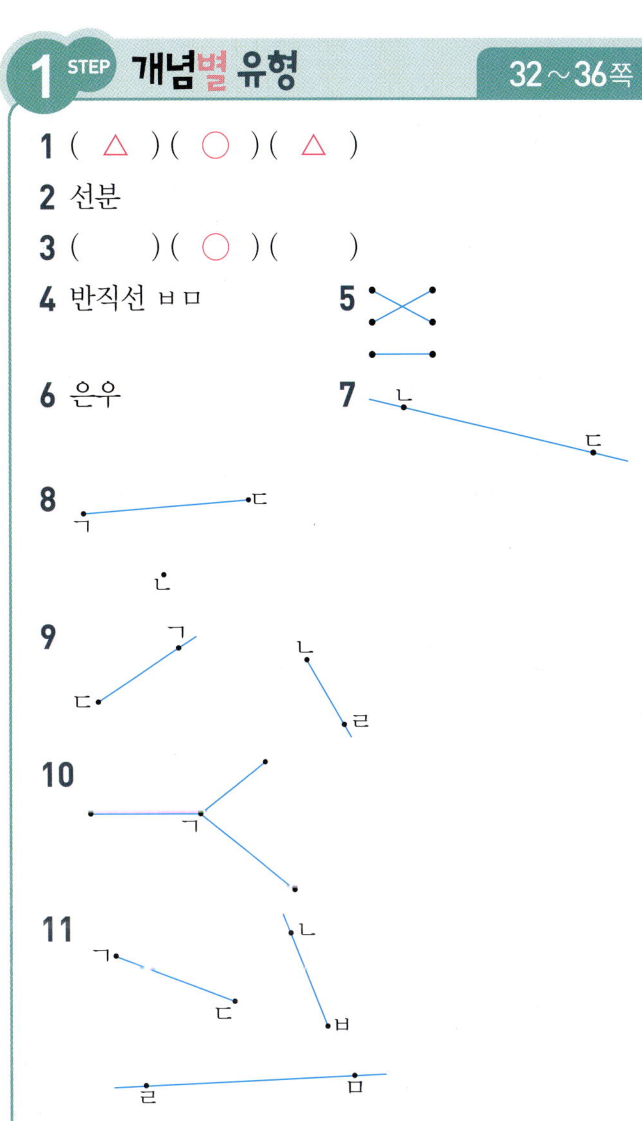

5
6 은우
7
8
9
10
11

12 (   ) (○) (   )
13 ㄴㄱㄷ(또는 ㄷㄱㄴ) / ㄱ / ㄱㄴ, ㄱㄷ
14 ㉡ **15** 지안
16 5개 **17** 직각
18 ㉢
19 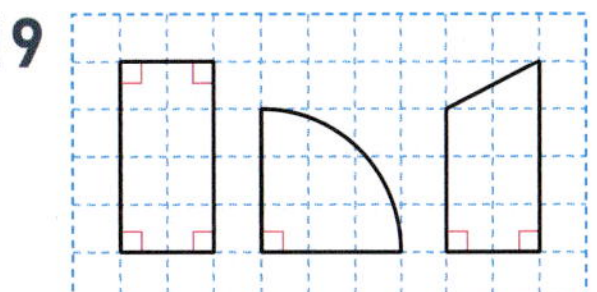
20 2개
21 각 ㄱㄹㄷ (또는 각 ㄷㄹㄱ)
22 

23 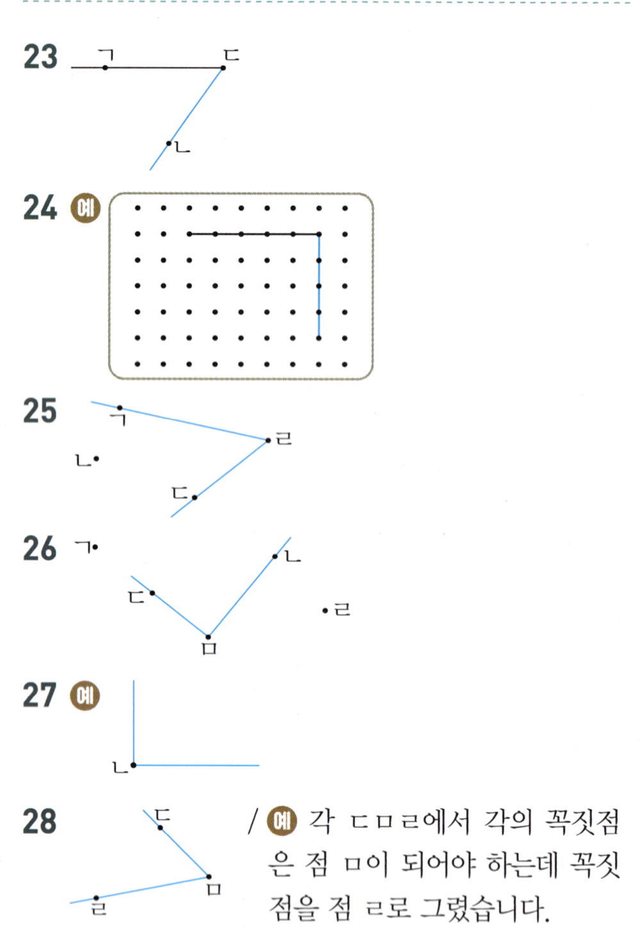

24 (예)

25

26

27 (예)

28 / (예) 각 ㄷㅁㄹ에서 각의 꼭짓점은 점 ㅁ이 되어야 하는데 꼭짓점을 점 ㄹ로 그렸습니다.

6 현서가 설명한 것은 반직선입니다.

7 직선 ㄴㄷ은 점 ㄴ과 점 ㄷ을 지나는 곧은 선을 긋습니다.

8 선분 ㄱㄷ은 점 ㄱ과 점 ㄷ을 잇는 곧은 선을 긋습니다.

9 반직선 ㄷㄱ: 점 ㄷ에서 시작하여 점 ㄱ을 지나는 곧은 선을 긋습니다.
반직선 ㄴㄹ: 점 ㄴ에서 시작하여 점 ㄹ을 지나는 곧은 선을 긋습니다.

13 각의 꼭짓점: 각에서 두 반직선이 시작하는 점
각의 변: 각에서 두 반직선

주의
각의 변을 읽을 때에는 각의 꼭짓점을 먼저 읽습니다.

15 각은 한 점에서 그은 두 반직선으로 이루어진 도형인데 한 점에서 만나지 않으므로 각이 아닙니다.

16 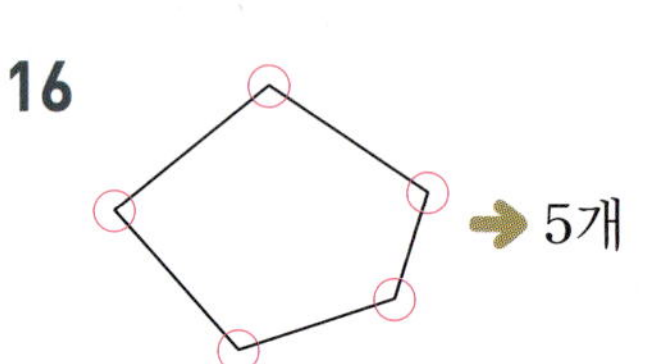
➡ 5개

18 각을 찾으면 ㉡, ㉢이고 이 중 직각은 ㉢입니다.

20 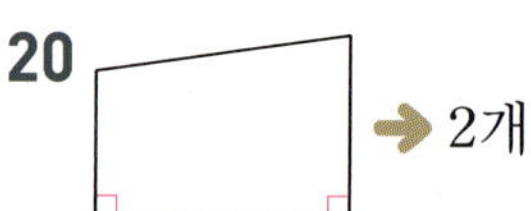 ➡ 2개

21 모눈종이의 선과 꼭 맞게 겹쳐지는 각이 직각입니다.
➡ 각 ㄱㄹㄷ 또는 각 ㄷㄹㄱ

22 긴바늘이 숫자 12, 짧은바늘이 숫자 3을 가리킬 때 두 바늘이 이루는 각이 직각입니다.

23 각의 꼭짓점이 점 ㄷ이므로 반직선 ㄷㄴ을 그립니다.

25 점 ㄹ이 각의 꼭짓점이 되도록 그립니다.

28 평가 기준
각의 꼭짓점이 점 ㅁ이 되어야 한다고 쓰고 각을 바르게 그렸으면 정답으로 합니다.

❶~❺ 형성평가 37쪽

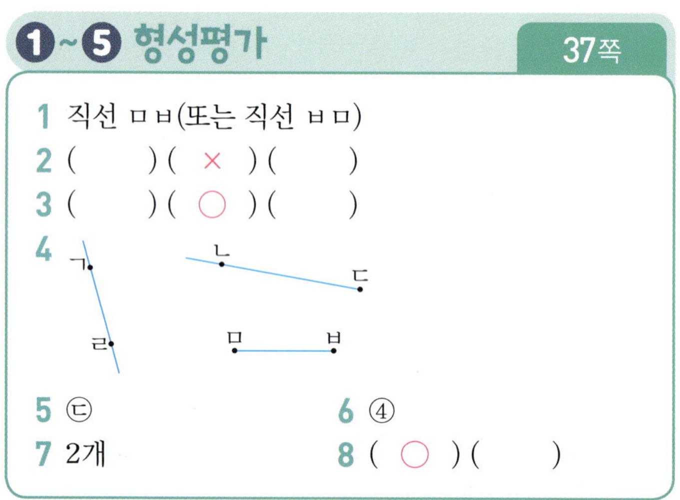

1 직선 ㅁㅂ(또는 직선 ㅂㅁ)
2 ( ) (×) ( )
3 ( ) (○) ( )
4
5 ㉢
6 ④
7 2개
8 (○) ( )

4 직선 ㄱㄹ: 점 ㄱ과 점 ㄹ을 지나는 곧은 선을 긋습니다.
반직선 ㄷㄴ: 점 ㄷ에서 시작하여 점 ㄴ을 지나는 곧은 선을 긋습니다.
선분 ㅁㅂ: 점 ㅁ과 점 ㅂ을 잇는 곧은 선을 긋습니다.

5 ㉢ 직선은 양쪽 끝이 정해지지 않은 선입니다.

6 점 ㄱ과 ④의 점을 이으면 직각을 그릴 수 있습니다.

7 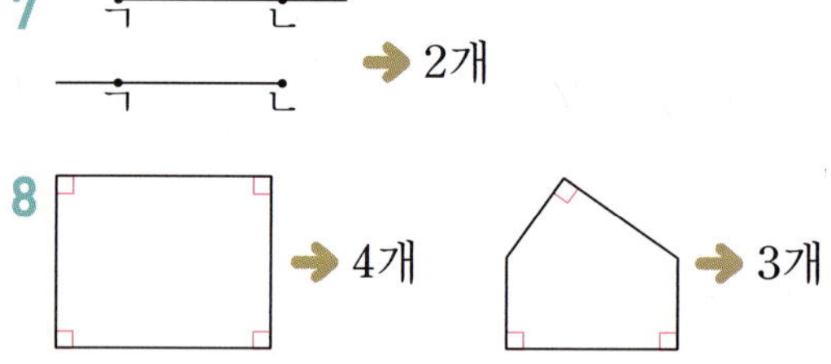 ➡ 2개

8 ➡ 4개   ➡ 3개

1 STEP 개념별 유형   38~42쪽

1 다   **2** 2개
3 3, 1   **4** ③
5 서준
6 〈예〉

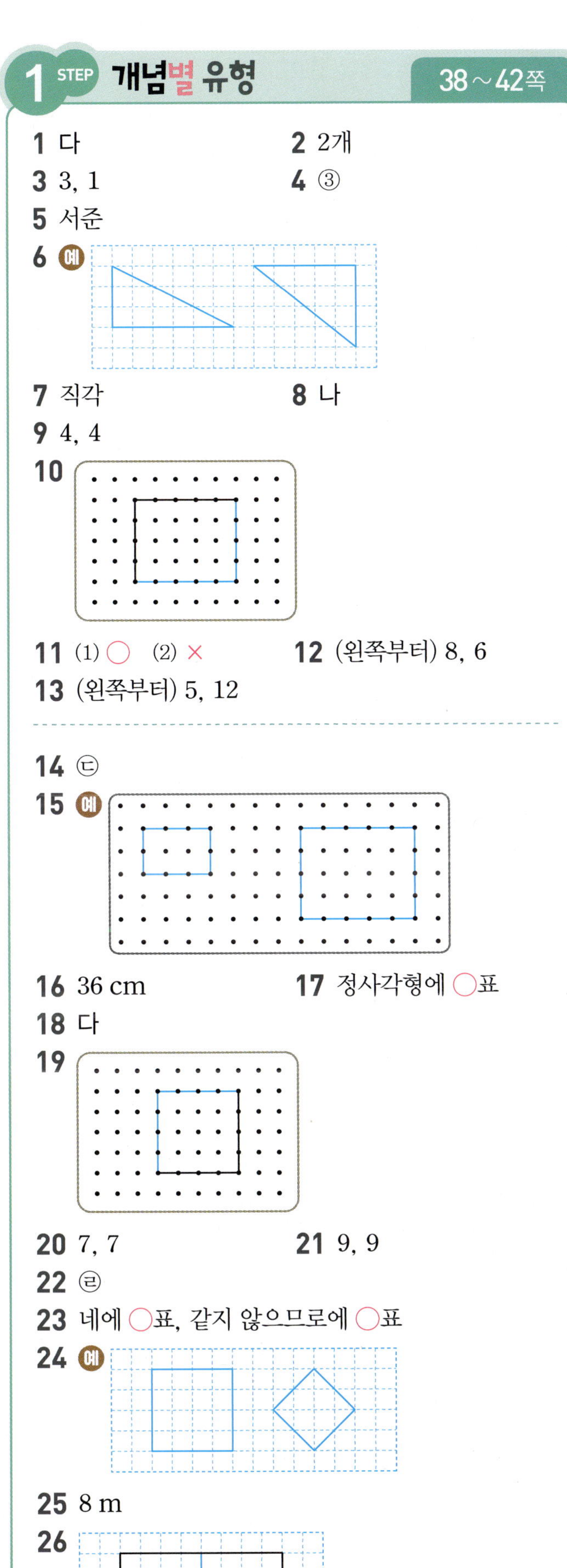

7 직각   **8** 나
9 4, 4
10

11 (1) ○   (2) ×   **12** (왼쪽부터) 8, 6
13 (왼쪽부터) 5, 12

14 ㉢
15 〈예〉

16 36 cm   **17** 정사각형에 ○표
18 다
19

20 7, 7   **21** 9, 9
22 ㉣
23 네에 ○표, 같지 않으므로에 ○표
24 〈예〉

25 8 m
26

---

27 다, 라, 바   **28** 라
29 라   **30** ③, ④, ⑤
31 (1) ×   (2) ×   (3) ○   (4) ○
32 ㉡

2 잘랐을 때 생기는 두 도형은 삼각형입니다.
➡ 한 각이 직각인 삼각형은 2개입니다.

3 직각삼각형은 변, 각이 각각 3개씩이고, 그중 직각이 1개입니다.

5 서준: 직각삼각형에는 직각이 1개 있습니다.

8 네 각이 모두 직각인 사각형을 찾으면 나입니다.

9 직사각형은 변, 각이 각각 4개씩이고, 네 각이 모두 직각입니다.

11 (2) 직사각형에는 직각이 4개 있습니다.

12 직사각형은 마주 보는 두 변의 길이가 같습니다.

14 ㉢ 주어진 사각형은 직각이 2개 있으므로 직사각형이 아닙니다.

16 직사각형은 마주 보는 두 변의 길이가 같으므로 10 cm인 변이 2개, 8 cm인 변이 2개 있습니다.
➡ (네 변의 길이의 합)=10+8+10+8=36 (cm)

17 네 각이 모두 직각이고 네 변의 길이가 모두 같은 사각형이므로 정사각형입니다.

18 네 각이 모두 직각이고 네 변의 길이가 모두 같은 사각형을 찾으면 다입니다.

20 정사각형은 네 변의 길이가 모두 같습니다.

22 ㉣ 정사각형에는 직각이 4개 있습니다.

23 정사각형은 네 각이 모두 직각이고 네 변의 길이가 모두 같습니다.

25 (네 변의 길이의 합)=2+2+2+2=8 (m)

26 한 변의 길이가 모눈 4칸인 정사각형을 2개 만들 수 있습니다.

27 네 각이 모두 직각인 사각형은 다, 라, 바입니다.

28 다, 라, 바 중에서 네 변의 길이가 모두 같은 사각형은 라입니다.

29 라는 직사각형도 되고 정사각형도 됩니다.

30 4개의 선분으로 둘러싸인 도형이므로 사각형, 네 각이 모두 직각이므로 직사각형, 네 변의 길이가 모두 같으므로 정사각형입니다.

31 ② 직사각형은 네 변의 길이가 같을 수도 있지만 항상 네 변의 길이가 같다고 할 수 없으므로 정사각형이라고 할 수 없습니다.
④ 정사각형은 항상 네 각이 모두 직각이므로 직사각형이라고 할 수 있습니다.

32 ㉠ 직사각형과 정사각형은 변이 4개 있습니다.
㉢ 네 변의 길이가 정사각형은 모두 같지만 직사각형은 모두 같지 않을 수도 있습니다.

6~9 형성평가　　43쪽

1 2개　　**2** 나, 다, 라 / 다, 라
3 예 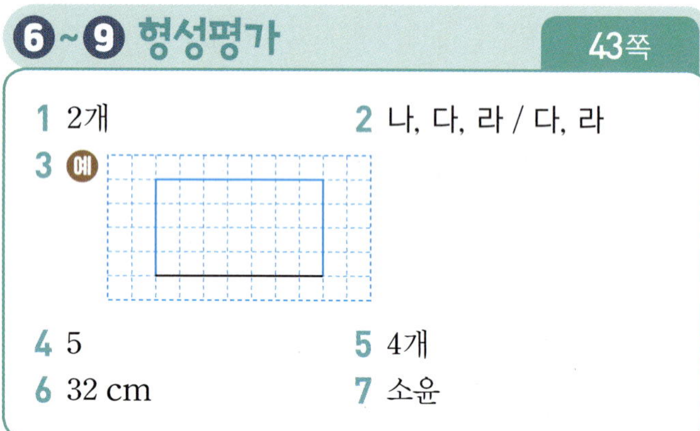
4 5　　**5** 4개
6 32 cm　　**7** 소윤

2 네 각이 모두 직각인 사각형: 나, 다, 라
네 각이 모두 직각이고 네 변의 길이가 모두 같은 사각형: 다, 라

3 네 각이 모두 직각인 사각형이 되도록 그립니다.

4 ㉠=1, ㉢=4
➡ ㉠+㉢=1+4=5

5 ➡ 직사각형 4개

6 정사각형은 네 변의 길이가 모두 같으므로 네 변의 길이가 모두 8 cm입니다.
(네 변의 길이의 합)=8+8+8+8=32 (cm)

7 네 각이 모두 직각이고 네 변의 길이가 모두 같은 사각형을 그린 사람은 소윤입니다.

2 STEP 꼬리를 무는 유형　　44~47쪽

1 나　　**2** 나
3 나, 가, 다, 라　　**4** 3개
5 3개　　**6** 6개
7 가, 바　　**8** 가, 나, 사
9 예 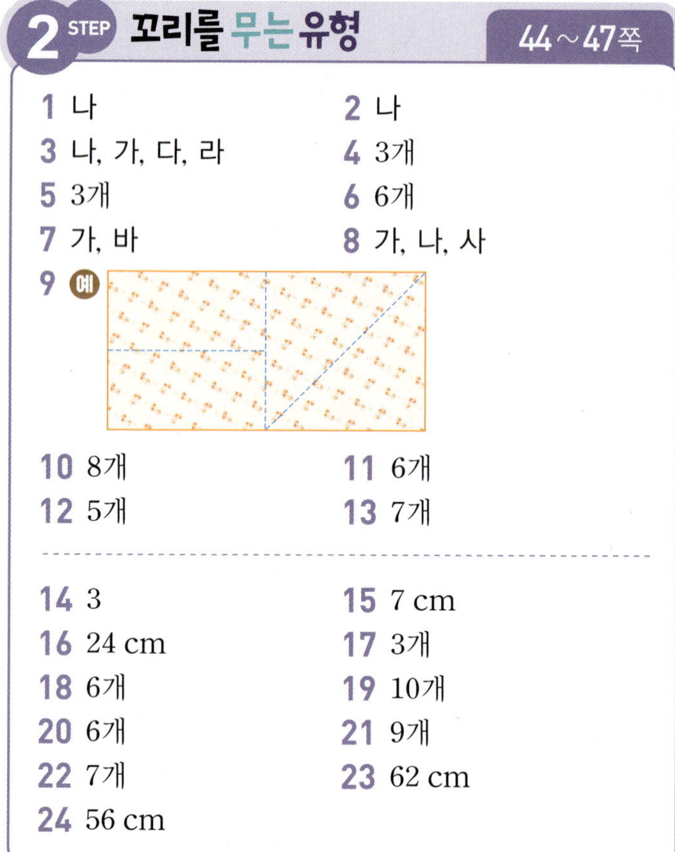
10 8개　　**11** 6개
12 5개　　**13** 7개

14 3　　**15** 7 cm
16 24 cm　　**17** 3개
18 6개　　**19** 10개
20 6개　　**21** 9개
22 7개　　**23** 62 cm
24 56 cm

1 가: 4개, 나: 2개

2 가: 0개, 나: 3개, 다: 1개

3 가: 5개, 나: 8개, 다: 4개, 라: 3개
➡ 각의 개수가 많은 것부터 차례로 기호를 쓰면 나, 가, 다, 라입니다.

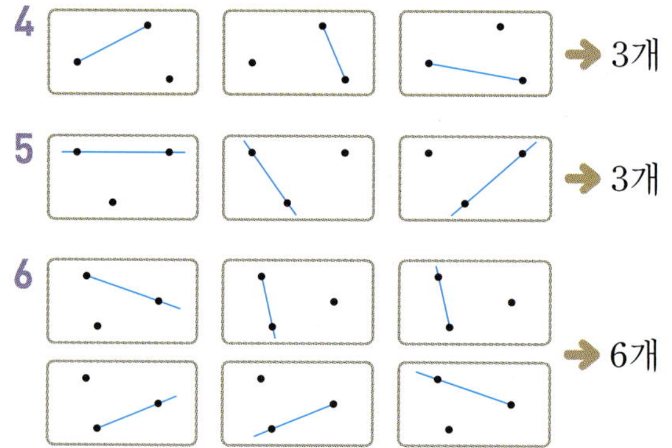

7 한 각이 직각인 삼각형은 가, 바입니다.

8 네 각이 모두 직각인 사각형은 가, 나, 사입니다.

10 ➡ 8개

11 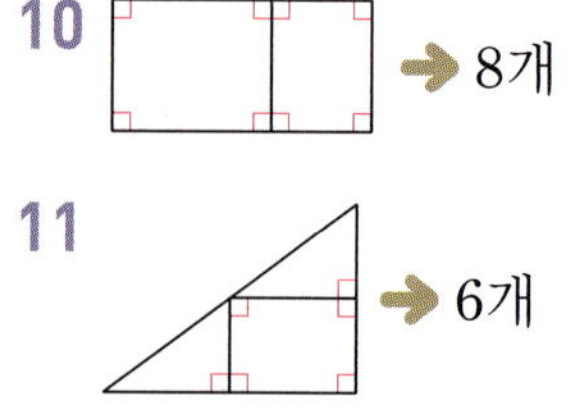 ➡ 6개

12  ➡ 5개

모눈종이의 선을 따라 그리지 않은 직각도 빠뜨리지 않고 찾아봅니다.

13 
➡ (직각의 수)=4+2+1=7(개)

14 정사각형은 네 변의 길이가 모두 같으므로 네 변의 길이의 합은 □+□+□+□=12입니다.
➡ 3+3+3+3=12이므로 □=3입니다.

15 정사각형의 한 변의 길이를 □ cm라 하면
□+□+□+□=28, 7+7+7+7=28이므로 □=7입니다.
➡ 정사각형의 한 변의 길이는 7 cm입니다.

16 정사각형의 한 변의 길이를 □ cm라 하면
□+□+□+□=32, 8+8+8+8=32이므로 □=8입니다.
➡ 직각삼각형의 나머지 한 변의 길이는 8 cm이므로 직각삼각형의 세 변의 길이의 합은
10+6+8=24 (cm)입니다.

17 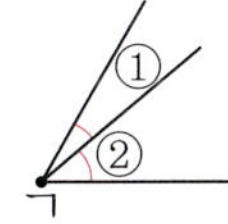
각 1개짜리: ①, ② → 2개
각 2개짜리: ①+② → 1개
➡ 2+1=3(개)

18 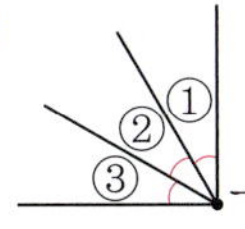
각 1개짜리: ①, ②, ③ → 3개
각 2개짜리: ①+②, ②+③ → 2개
각 3개짜리: ①+②+③ → 1개
➡ 3+2+1=6(개)

19 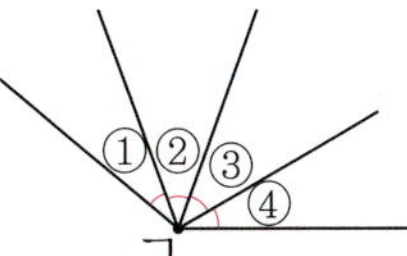
각 1개짜리: ①, ②, ③, ④ → 4개
각 2개짜리: ①+②, ②+③, ③+④ → 3개
각 3개짜리: ①+②+③, ②+③+④ → 2개
각 4개짜리: ①+②+③+④ → 1개
➡ 4+3+2+1=10(개)

20 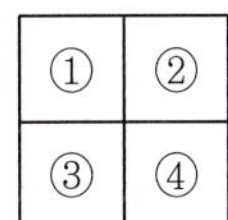
작은 직사각형 1개짜리: ①, ②, ③ → 3개
작은 직사각형 2개짜리: ①+②, ②+③ → 2개
작은 직사각형 3개짜리: ①+②+③ → 1개
➡ 3+2+1=6(개)

21
작은 직사각형 1개짜리: ①, ②, ③, ④ → 4개
작은 직사각형 2개짜리: ①+②, ③+④, ①+③, ②+④ → 4개
작은 직사각형 4개짜리: ①+②+③+④ → 1개
➡ 4+4+1=9(개)

22
작은 직사각형 1개짜리: ①, ②, ③, ④ → 4개
작은 직사각형 2개짜리: ③+④ → 1개
작은 직사각형 3개짜리: ②+③+④ → 1개
작은 직사각형 4개짜리: ①+②+③+④ → 1개
➡ 4+1+1+1=7(개)

23
선을 옮겨 직사각형을 만들어 봅니다.

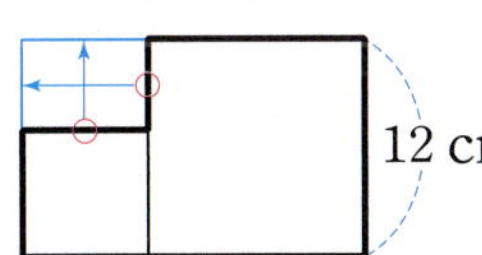

위 그림과 같이 굵은 선을 옮기면 긴 변의 길이가 7+12=19 (cm), 짧은 변의 길이가 12 cm인 직사각형이 만들어집니다.
➡ (굵은 선의 길이)=19+12+19+12=62 (cm)

24 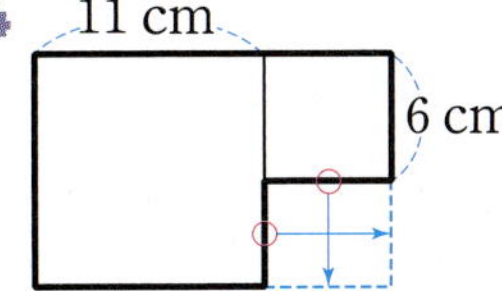

위 그림과 같이 굵은 선을 옮기면 긴 변의 길이가 11+6=17 (cm), 짧은 변의 길이가 11 cm인 직사각형이 만들어집니다.
➡ (굵은 선의 길이)=17+11+17+11=56 (cm)

3 STEP 수학 독해력 유형

48〜51쪽

독해력 ① ❶ 4, 5   ❷ 3   답 오전 3시

쌍둥이 1-1 답 오전 9시

독해력 ② ❶ 40 / 40   ❷ 40, 10 / 10
답 10 cm

쌍둥이 2-1 답 12 cm

쌍둥이 2-2 답 7 cm

독해력 ③ ❶ 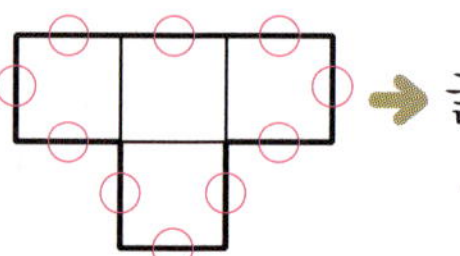 / 8

❷ 4+4+4+4+4+4+4+4=32 (cm)
답 32 cm

쌍둥이 3-1 답 50 cm

쌍둥이 3-2 답 72 cm

독해력 ④ ❶ 11   ❷ 11, 4   ❸ 4, 4, 30
답 30 cm

쌍둥이 4-1 답 40 cm

쌍둥이 4-2 답 36 cm

쌍둥이 1-1 ❶ 7시와 11시 사이의 시각 중 긴바늘이 12를 가리키는 시각: 8시, 9시, 10시

❷ 위 ❶의 시각 중 긴바늘과 짧은바늘이 이루는 각이 직각인 시각: 9시

➡ 두 사람이 내일 만나기로 한 시각: 오전 9시

쌍둥이 2-1 ❶ (전체 철사의 길이)=9+15+9+15
=48 (cm)

➡ 정사각형의 네 변의 길이의 합: 48 cm

❷ 정사각형의 한 변의 길이를 ● cm라 하면
●+●+●+●=48에서 ●=12

➡ (정사각형의 한 변의 길이)=12 cm

쌍둥이 2-2 ❶ (전체 철사의 길이)=16+12+16+12
=56 (cm)

❷ 정사각형 1개의 네 변의 길이의 합은 28+28=56에서 28 cm입니다.

❸ 정사각형의 한 변의 길이를 ● cm라 하면
●+●+●+●=28에서 ●=7

➡ (정사각형의 한 변의 길이)=7 cm

쌍둥이 3-1 ❶ 굵은 선의 길이는 정사각형 한 변이 몇 개 있는지 세어 보기:

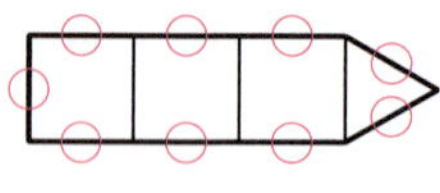

➡ 굵은 선의 길이는 길이가 5 cm 인 변이 10개 있는 것과 같습니다.

❷ (굵은 선의 길이)
=5+5+5+5+5+5+5+5+5+5=50 (cm)

쌍둥이 3-2 ❶ 굵은 선의 길이는 정사각형 한 변이 몇 개 있는지 세어 보기:

➡ 굵은 선의 길이는 길이가 8 cm인 변이 9개 있는 것과 같습니다.

❷ (굵은 선의 길이)
=8+8+8+8+8+8+8+8+8=72 (cm)

쌍둥이 4-1 ❶ (만들 수 있는 가장 큰 정사각형의 한 변의 길이)=16 cm

❷ 만들고 남은 직사각형의 긴 변의 길이: 16 cm, 짧은 변의 길이: 20−16=4 (cm)

❸ (만들고 남은 직사각형의 네 변의 길이의 합)
=16+4+16+4=40 (cm)

쌍둥이 4-2 ❶ (만들 수 있는 가장 큰 정사각형의 한 변의 길이)=12 cm

❷ 만들고 남은 직사각형의 긴 변의 길이: 12 cm, 짧은 변의 길이: 30−12−12=6 (cm)

❸ (만들고 남은 직사각형의 네 변의 길이의 합)
=6+12+6+12=36 (cm)

유형 TEST

52〜55쪽

1 (　) (　) (○)

2 ③   **3** 직각삼각형

4 나   **5~6** 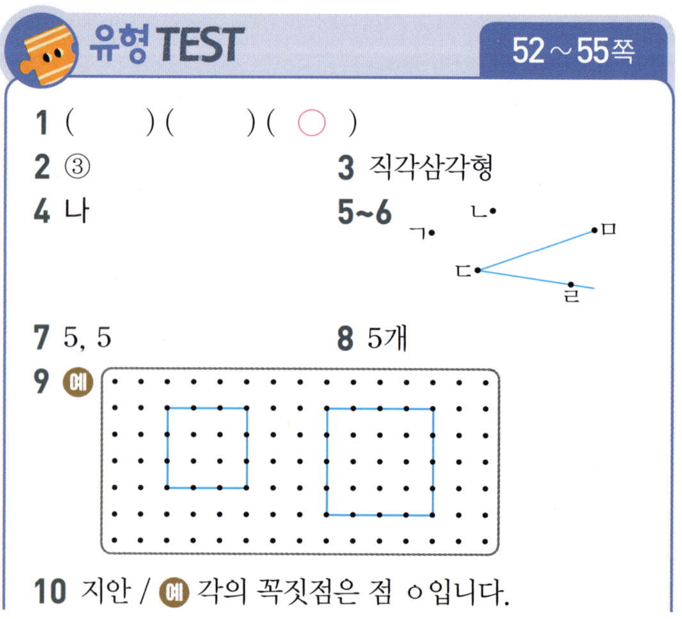

7 5, 5   **8** 5개

9 예

10 지안 / 예 각의 꼭짓점은 점 ㅇ입니다.

11 각 ㄱㅂㄷ(또는 각 ㄷㅂㄱ),
　 각 ㄱㅂㅁ(또는 각 ㅁㅂㄱ)

12 ㉢　　　　　　**13** 54 cm

14 4개　　　　　　**15** 나, 가, 다

16 ㉢　　　　　　**17** ⑤

18 ㉢　　　　　　**19** 가

20 9개　　　　　　**21** 5개

22 48 cm

23 (예) **❶** 정사각형은 네 변의 길이가 모두 같으므로
네 변의 길이의 합은 □+□+□+□=28 (cm)
입니다.
　 ❷ 7+7+7+7=28이므로 □=7입니다.
　　　　　　　　　　　　　　　　　　답 7

24 (예)  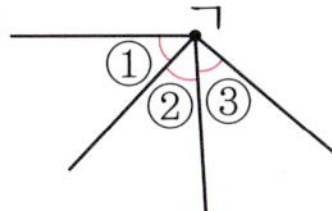

❶ 각 1개짜리: ①, ②, ③ ➡ 3개
각 2개짜리: ①+②, ②+③ ➡ 2개
각 3개짜리: ①+②+③ ➡ 1개
❷ 점 ㄱ을 각의 꼭짓점으로 하는 각은 모두
3+2+1=6(개)입니다.　　　　　답 6개

25 (예) 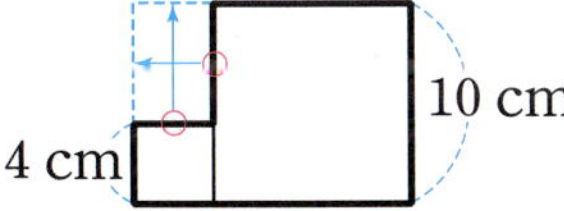

❶ 위 그림과 같이 굵은 선을 옮기면 긴 변의 길
이가 4+10=14 (cm), 짧은 변의 길이가 10 cm
인 직사각형이 만들어집니다.
❷ (굵은 선의 길이)=14+10+14+10
　　　　　　　　　　 =48 (cm)　　답 48 cm

8 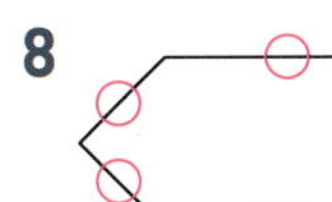 ➡ 도형에는 선분이 5개 있습니다.

11 모눈종이의 선과 꼭 맞게 겹쳐지는 각이 직각입니다.

12 주어진 도형은 네 각이 모두 직각이지만 네 변의 길이가
모두 같지 않으므로 정사각형이 아닙니다.

13 (직사각형의 네 변의 길이의 합)
　 =15+12+15+12=54 (cm)

14 한 각이 직각인 삼각형은 가, 다, 라, 바로 모두 4개입니
다.

15 가: 4개, 나: 3개, 다: 5개 ➡ 나<가<다

16 ㉢ 정사각형은 직사각형이라고 말할 수 있지만 직사각
형은 정사각형이라고 말할 수 없습니다.

18 ㉠ 4개　　㉡ 4개　　㉢ 1개

19 (직사각형 가의 네 변의 길이의 합)
　 =10+4+10+4=28 (cm)
(정사각형 나의 네 변의 길이의 합)
　 =6+6+6+6=24 (cm)
➡ 28 cm>24 cm이므로 네 변의 길이의 합이 더 긴
　 것은 가입니다.

20 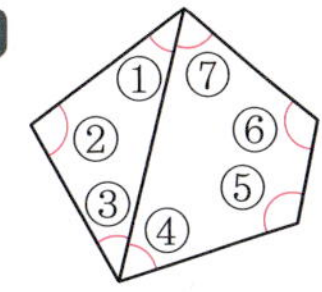
각 1개짜리: ①, ②, ③, ④, ⑤, ⑥, ⑦
　　　　　　→ 7개
각 2개짜리: ①+⑦, ③+④ → 2개
➡ 7+2=9(개)

21
작은 직사각형 1개짜리: ①, ②, ③
　　　　　　→ 3개
작은 직사각형 2개짜리: ②+③ → 1개
작은 직사각형 3개짜리: ①+②+③ → 1개
➡ 3 | 1 | 1=5(개)

22 (만들 수 있는 가장 큰 정사각형의 한 변의 길이)
　 =16 cm
만들고 남은 직사각형의 긴 변의 길이: 16 cm,
짧은 변의 길이: 24−16=8 (cm)
➡ (만들고 남은 직사각형의 네 변의 길이의 합)
　 =16+8+16+8=48 (cm)

23 | 채점 기준 | | |
| --- | --- | --- |
| **❶** 정사각형의 네 변의 길이의 합을 □를 이용하여 나타냄. | 1점 | 4점 |
| **❷** □ 안에 알맞은 수를 구함. | 3점 | |

24 | 채점 기준 | | |
| --- | --- | --- |
| **❶** 각 1개짜리, 2개짜리, 3개짜리의 각의 개수를 각각 구함. | 3점 | 4점 |
| **❷** 각은 모두 몇 개인지 구함. | 1점 | |

25 | 채점 기준 | | |
| --- | --- | --- |
| **❶** 굵은 선을 옮겨 만들어진 직사각형의 길이가 다른 두 변의 길이를 각각 구함. | 2점 | 4점 |
| **❷** 굵은 선의 길이를 구함. | 2점 | |

3. 나눗셈

1 STEP 개념별 유형 58~60쪽

1 2 / 2 **2** 24, 6, 4
3 5, 3 **4** 8
5 4 **6** 28÷7=4 / 4송이
7 예 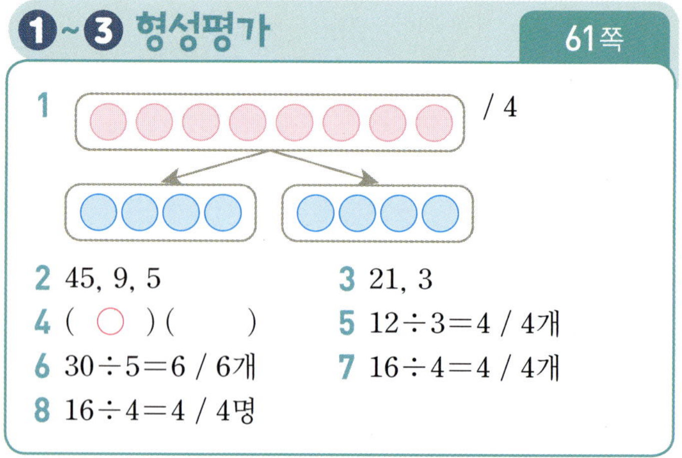 / 3

8 3, 3, 3 **9** 3, 3
10 3, 8 **11** 40÷8=5
12 4, 4, 4, 4, 4 / 4, 5 / 5명
13 42÷6=7 / 7개

14 예 / 6 / 6
15 예 / 6 / 6
16 18÷3=6 / 6권 **17** 18÷3=6 / 6명
18 3자루 **19** 3명

1 야구공 8개를 상자 4개에 똑같이 나누어 담으면 한 상자에 2개씩 담을 수 있습니다.

2 24 나누기 6은 4와 같습니다.

3 마카롱 15개를 5명이 똑같이 나누어 먹으면 한 명이 3개씩 먹을 수 있습니다. ➡ 15÷5=3

4 사탕을 2묶음으로 똑같이 묶으면 한 묶음에 8개씩입니다.
➡ 16÷2=8

5 사탕을 4묶음으로 똑같이 묶으면 한 묶음에 4개씩입니다.
➡ 16÷4=4

6 (전체 튤립의 수)÷(꽃병의 수)=28÷7=4(송이)

7 색종이를 5장씩 묶으면 3묶음이 되므로 3명에게 나누어 줄 수 있습니다.

8 9에서 3을 3번 빼면 0이 됩니다.

9 9를 3씩 묶으면 3묶음이 됩니다.

10 토마토 24개를 3개씩 묶으면 8묶음이 됩니다.
➡ 24÷3=8(장)

12 방법1 20에서 4를 5번 빼면 0이 됩니다.
방법2 20을 4씩 묶으면 5묶음이 됩니다.

13 (전체 볼펜의 수)÷(상자 한 개에 담는 볼펜의 수)
=42÷6=7(개)

14 2묶음으로 똑같이 묶으면 한 묶음에 6마리씩입니다.

15 2마리씩 묶으면 6묶음이 됩니다.

16
➡ 3묶음으로 똑같이 묶으면 한 묶음에 6권씩입니다.

17
➡ 3권씩 묶으면 6묶음이 됩니다.

18
5묶음으로 똑같이 묶으면 한 묶음에 3자루씩입니다.
➡ 15÷5=3(자루)

19
5자루씩 묶으면 3묶음이 됩니다.
➡ 15÷5=3(명)

1~3 형성평가 61쪽

1 / 4

2 45, 9, 5 **3** 21, 3
4 (○) ( ) **5** 12÷3=4 / 4개
6 30÷5=6 / 6개 **7** 16÷4=4 / 4개
8 16÷4=4 / 4명

3 21÷7=3에서 3은 21을 7로 나눈 몫입니다.

4 10에서 2를 5번 빼면 0이 됩니다. ➡ 10÷2=5

5 (전체 만두의 수)÷(접시의 수)=12÷3=4(개)

6 (전체 탁구공의 수)÷(바구니 한 개에 담는 탁구공의 수)
 $=30÷5=6$(개)

7 붕어빵을 4묶음으로 똑같이 묶으면 한 묶음에 4개씩입니다. ➡ $16÷4=4$(개)

8 붕어빵을 4개씩 묶으면 4묶음이 됩니다.
 ➡ $16÷4=4$(명)

1 STEP 개념별 유형 62~66쪽

1 3, 21 **2** 7, 3
3 3, 7 **4** $18÷3=6$
5 $18÷6=3$ **6** (위에서부터) 9, 7 / 7, 9
7 (위에서부터) $8×5=40$ / $5×8=40$
8
9 3, 24 / 8, 24 / $24÷8=3$ / $24÷3=8$
10 예 $7×4=28$ / $28÷7=4$(또는 $28÷4=7$)
11 4, 8 / 4 **12** 3, 15 / 3
13 6 / 6 / 6

14 ( )(○)( )
15 **16** 9, 63 / 9
 17 (1) 8 / 8 (2) 5 / 5
 18 ㉢
19 4, 9 / 9 / 9개 **20** 56, 7
21 4단 **22** 5
23 (1) 9 (2) 5 (3) 6 (4) 9
24 5 / 9 **25** ㉡
26 **27** 9 / 9, 8, 8

28 7, 2 **29** 3, 4
30 $16÷2=8$ / 8개
31 (1) $18÷2=9$ / 9개 (2) $18÷9=2$ / 2개
32 $64÷8=8$ / 8일 **33** $35÷5=7$ / 7팀

6 $9×7=63$ | $9×7=63$
 $63÷9=7$ | $63÷7=9$

7 $40÷8=5$ | $40÷8=5$
 $8×5=40$ | $5×8=40$

9 석류는 8개씩 3묶음입니다.
 ➡ $8×3=24$
 석류는 3개씩 8묶음입니다.
 ➡ $3×8=24$
 곱셈식 $8×3=24$, $3×8=24$를 나눗셈식으로 나타내면 24를 8로 나누거나 3으로 나누는 식이 됩니다.

10 개구리가 7 cm씩 4번 뛰었으므로 곱셈식으로 나타내면 $7×4=28$ (cm)입니다.
 ➡ $28÷7=4$ 또는 $28÷4=7$

11 배 8개를 한 상자에 2개씩 담으면 4상자에 담을 수 있습니다.

12 가지 15개를 한 바구니에 5개씩 담으면 3바구니에 담을 수 있습니다.

13 파인애플이 4개씩 6상자이므로 $4×6=24$입니다.
 $4×6=24$ ➡ $24÷4=6$

14 $12÷3=$ 4 ➡ $3×$ 4 $=12$

15 $16÷2=$□ ➡ $2×8=16$이므로 몫이 8입니다.
 $30÷6=$□ ➡ $6×5=30$이므로 몫이 5입니다.

18 $48÷6=$ 8 ➡ $6×$ 8 $=48$

19 $4×9=36$이므로 $36÷4$의 몫은 9입니다.
 ➡ 한 명이 송편을 9개씩 가지게 됩니다.

21 나누는 수의 단 곱셈구구를 찾아야 합니다.

22 $4×5=20$ ➡ $20÷4=5$

23 (1) $6×9=54$ ➡ $54÷6=9$
 (2) $2×5=10$ ➡ $10÷2=5$
 (3) $7×6=42$ ➡ $42÷7=6$
 (4) $9×9=81$ ➡ $81÷9=9$

24 $5×9=45$ ➡ $45÷5=9$이므로 몫은 9입니다.

25 ㉠ $36÷9$ ➡ 9단 ㉡ $9÷3$ ➡ 3단
 ㉢ $18÷9$ ➡ 9단

참고
● ÷ ▲의 몫을 구하려면 ▲단 곱셈구구를 이용합니다.

26 $4\times8=32$이므로 $32\div4=8$입니다.
$7\times2=14$이므로 $14\div7=2$입니다.
$6\times4=24$이므로 $24\div6=4$입니다.

27 $9\times8=72$ ➡ $72\div9=8$

28 (전체 삼각김밥의 수)÷(한 봉지에 담는 삼각김밥의 수)
$=14\div7=2$(장)

29 (전체 바나나의 수)÷(접시의 수)$=12\div3=4$(개)

30 (전체 초콜릿 수)÷(나누어 먹을 사람 수)
$=16\div2=8$(개)

31 ⑴ 컵 2개에 담을 때: $18\div2=9$(개)
⑵ 컵 9개에 담을 때: $18\div9=2$(개)

32 (전체 동화책 쪽수)÷(하루에 읽는 동화책 쪽수)
$=64\div8=8$(일)

33 (전체 농구 선수의 수)÷(한 팀의 농구 선수의 수)
$=35\div5=7$(팀)

❹~❼ 형성평가 67쪽

1 $42\div6=7$ / $42\div7=6$
2 7, 35 / 7   **3** 6 / 6 / 6
4 5
5 3, 27 / $27\div9=3$ / $27\div3=9$
6 ㉡   **7** 4
8 $36\div4=9$ / 9도막

1
$6\times7=42$ | $6\times7=42$
$42\div6=7$ | $42\div7=6$

2 $35\div5$의 몫을 구하려면 5단 곱셈구구를 이용합니다.

3 사과가 6개씩 3상자이므로 $6\times3=18$입니다.
$18\div3=6$ ➡ $6\times3=18$

4 나누는 수 6단 곱셈구구에서 곱이 30이 될 때 6과 곱하는
수가 몫이 됩니다.

6 ㉠ $7\times\boxed{2}=14$ ↔ $14\div7=\boxed{2}$
㉡ $8\times\boxed{4}=32$ ↔ $32\div8=\boxed{4}$
따라서 □ 안에 공통으로 들어갈 수가 4인 것은 ㉡입니다.

7 $20\div5$의 몫을 구하려면 5단 곱셈구구를 이용합니다.
$5\times4=20$ ➡ $20\div5=4$이므로 자동차 한 대에 4명이
타면 됩니다.

8 (전체 철사의 길이)÷(철사 한 도막의 길이)
$=36\div4=9$(도막)

2 STEP 꼬리를 무는 유형 68~71쪽

1 $35\div7=5$
2 $27-9-9-9=0$ / $27\div9=3$
3 $20-5-5-5-5=0$ / $20\div5=4$ / 4번
4 (위에서부터) 2, 10 / 2 / $2\times5=10$ / $10\div5=2$
5 $2\times7=14$, $7\times2=14$ / $14\div2=7$, $14\div7=2$
6 $6\times8=48$, $8\times6=48$ / $48\div6=8$, $48\div8=6$
7 36   **8** 4
9 7   **10** 8
11 8, 9   **12** 1, 2, 3
13 5, 6

14 4줄   **15** 2개
16 6개   **17** 8분
18 9분   **19** 56송이
20 24, 42   **21** 35, 56, 63
22 18, 81   **23** 35개
24 63개

1 35에서 7씩 5번 빼면 0이 됩니다.
➡ $35\div7=5$

2 $27-9-9-9=0$ ➡ $27\div9=3$

3 20을 5씩 4번 덜어 내면 0이 됩니다.
➡ $20\div5=4$

4 농구공은 모두 10개입니다.
농구공을 2개씩, 5개씩 각각 묶어 봅니다.

5 우산은 모두 14개입니다.
우산을 2개씩, 7개씩 각각 묶어 봅니다.

6 만들 수 있는 곱셈식은 $6\times8=48$, $8\times6=48$입니다.
➡ 나눗셈식: $48\div6=8$, $48\div8=6$

7 $\square\div9=4$ ➡ $9\times4=36$, $\square=36$

8 보이지 않는 수를 □라 하면 $32 \div □ = 8$입니다.
$8 \times □ = 32$에서 $8 \times 4 = 32$이므로 □$=4$입니다.

9 어떤 수를 □라 하면 $63 \div □ = 9$입니다.
$9 \times □ = 63$에서 $9 \times 7 = 63$이므로 □$=7$입니다.
따라서 어떤 수는 7입니다.

10 민재: $36 \div 6 = 6$
유리: $48 \div □ = 6$, $6 \times □ = 48$에서 $6 \times 8 = 48$이므로
□$=8$입니다.

11 $35 \div 5 = 7$이므로 $7 < □$입니다.
➡ 1부터 9까지의 수 중에서 □ 안에 들어갈 수 있는
수는 8, 9입니다.

12 $24 \div 6 = 4$이므로 $4 > □$입니다.
➡ 1부터 9까지의 수 중에서 □ 안에 들어갈 수 있는
수는 1, 2, 3입니다.

13 소윤: $28 \div 7 < □$, $28 \div 7 = 4$에서 $4 < □$이므로 □ 안에
들어갈 수 있는 수: 5, 6, 7, 8, 9
은우: $63 \div 9 > □$, $63 \div 9 = 7$에서 $7 > □$이므로 □ 안에
들어갈 수 있는 수: 1, 2, 3, 4, 5, 6
➡ □ 안에 공통으로 들어갈 수 있는 수: 5, 6

14 (남학생 수)$+$(여학생 수)$=16+12=28$(명)
한 줄에 7명씩 서면 $28 \div 7 = 4$(줄)이 됩니다.

15 (전체 비누의 수)$=6 \times 3 = 18$(개)
(한 명에게 줄 수 있는 비누의 수)$=18 \div 9 = 2$(개)

16 (처음 호두 과자의 수)$=8 \times 5 = 40$(개)
(먹고 남은 호두 과자의 수)$=40-4=36$(개)
(접시 한 개에 담을 수 있는 호두 과자의 수)
$=36 \div 6 = 6$(개)

17 (1분 동안 만드는 장난감의 개수)
$=36 \div 6 = 6$(개)
(장난감 48개를 만드는 데 걸리는 시간)
$=48 \div 6 = 8$(분)

18 (1분 동안 포장하는 모자의 개수)
$=20 \div 4 = 5$(개)
(모자 45개를 포장하는 데 걸리는 시간)
$=45 \div 5 = 9$(분)

19 (하루에 만들 수 있는 장미꽃의 수)$=32 \div 4 = 8$(송이)
일주일은 7일이므로
(일주일 동안 만들 수 있는 장미꽃의 수)$=8 \times 7 = 56$(송이)

20 만들 수 있는 두 자리 수: 42, 40, 24, 20
$42 \div 6 = 7$, $24 \div 6 = 4$이므로 6으로 똑같이 나눌 수
있는 수는 24, 42입니다.

21 만들 수 있는 두 자리 수: 35, 36, 53, 56, 63, 65
$35 \div 7 = 5$, $56 \div 7 = 8$, $63 \div 7 = 9$이므로 7로 똑같이
나눌 수 있는 수는 35, 56, 63입니다.

22 만들 수 있는 두 자리 수: 51, 50, 58, 15, 10, 18, 85,
81, 80
$18 \div 9 = 2$, $81 \div 9 = 9$이므로 9로 똑같이 나눌 수 있는
수는 18, 81입니다.

23 도화지의 긴 변을 $35 \div 5 = 7$(칸), 짧은 변을
$25 \div 5 = 5$(칸)으로 나눌 수 있습니다.
➡ (만들 수 있는 정사각형의 수)
$=7 \times 5 = 35$(개)

24 도화지의 긴 변을 $36 \div 4 = 9$(칸), 짧은 변을
$28 \div 4 = 7$(칸)으로 나눌 수 있습니다.
➡ (만들 수 있는 정사각형의 수)
$=9 \times 7 = 63$(개)

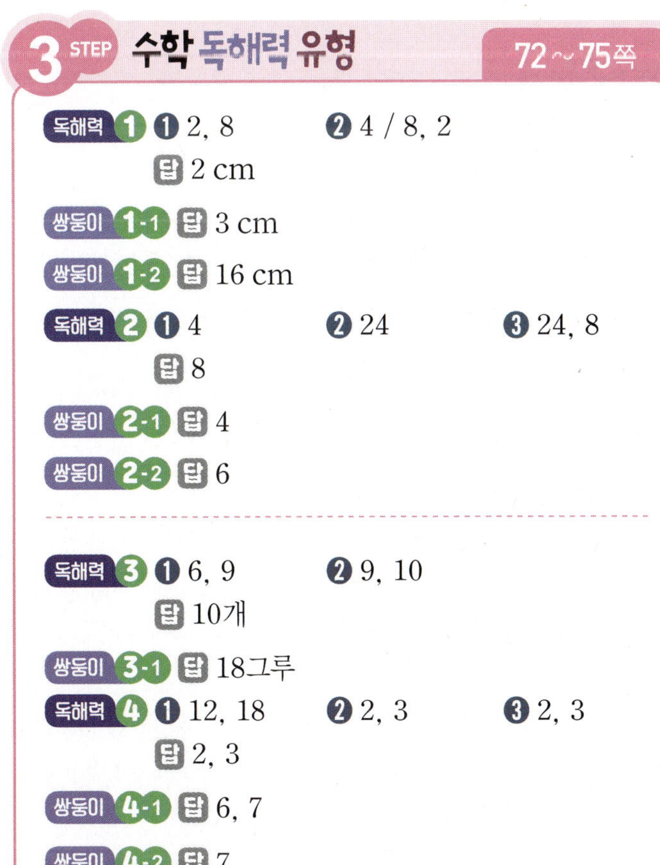

쌍둥이 1-1 ❶ (삼각형 1개를 만드는 데 사용한 철사의 길이)
$=27\div3=9$ (cm)
❷ (만든 삼각형의 한 변의 길이)
$=9\div3=3$ (cm)

쌍둥이 1-2 ❶ 직사각형의 네 변의 길이의 합은 정사각형의 한 변의 길이를 6번 더한 것과 같습니다.
➡ (정사각형의 한 변의 길이)$=24\div6=4$ (cm)
❷ (정사각형 1개의 네 변의 길이의 합)
$=4+4+4+4=16$ (cm)

쌍둥이 2-1 ❶ 어떤 수를 □로 하여 잘못 계산한 식 만들기:
$\square\div8=2$
❷ 어떤 수 구하기: $8\times2=\square$, $\square=16$
❸ (바르게 계산한 몫)$=16\div4=4$

> **참고**
> 곱셈과 나눗셈의 관계를 이용합니다.
> ■÷●=▲ ➡ ●×▲=■
> ▲×●=■

쌍둥이 2-2 ❶ 어떤 수를 □로 하여 서준이가 계산한 식 만들기: $\square\div4=9$
❷ 어떤 수 구하기: $4\times9=\square$, $\square=36$
❸ (어떤 수를 6으로 나눈 몫)$=36\div6=6$

쌍둥이 3-1 ❶ (나무 사이의 간격 수)
$=$(도로의 길이)$\div$(나무 사이의 간격)
$=56\div7=8$(군데)
❷ (도로의 한쪽에 필요한 나무의 수)$=8+1=9$(그루)
❸ (도로의 양쪽에 필요한 나무의 수)$=9\times2=18$(그루)

쌍둥이 4-1 ❶ 5단 곱셈구구에서 곱의 십의 자리 숫자가 3인 경우 찾기: $5\times6=30$, $5\times7=35$
❷ 곱셈구구로 나눗셈식 만들기:
$30\div5=6$, $35\div5=7$
❸ 몫이 될 수 있는 수: 6, 7

> **참고**
> 5단 곱셈구구에서 □ 안에 들어갈 수 있는 수를 먼저 구한 후 나눗셈의 몫을 구합니다.

쌍둥이 4-2 ❶ 3단 곱셈구구에서 곱의 십의 자리 숫자가 2인 경우 찾기: $3\times7=21$, $3\times8=24$, $3\times9=27$
❷ 곱셈구구로 나눗셈식 만들기:
$21\div3=7$, $24\div3=8$, $27\div3=9$
❸ 몫이 될 수 있는 수 중 가장 작은 수: 7

유형 TEST 76~79쪽

1 3 **2** 7
3 6, 4 **4** (1) 6 / 6 (2) 7 / 7
5 (위에서부터) 2, 8 / 8, 2 **6** ㉡
7 **8** 3, 5
9 2, 18 / $18\div9=2$ / $18\div2=9$
10 (위에서부터) 9, 6 **11**
12 < **13** 8
14 $30\div6=5$ / 5개

15 6 **16** ㉠
17 9배 **18** 8 cm
19 3개 **20** 감자
21 40개 **22** 9개
23 예 ❶ (수빈이가 먹고 남은 사탕의 수)
$=50-14=36$(개)
❷ (필요한 봉지의 수)$=36\div9=4$(장) 답 4장
24 예 ❶ 어떤 수를 □라 하여 잘못 계산한 식을 만들면 $\square\div9=2$입니다.
❷ $9\times2=\square$에서 $\square=18$입니다.
❸ 바르게 계산한 몫은 $18\div6=3$입니다. 답 3
25 예 ❶ 수 카드로 만들 수 있는 두 자리 수는 54, 56, 45, 46, 65, 64입니다.
❷ $56\div8=7$, $64\div8=8$이므로 8로 똑같이 나눌 수 있는 수는 56, 64입니다. 답 56, 64

7 $63\div7=\square$ ➡ $7\times9=63$이므로 몫이 9입니다.
$28\div4=\square$ ➡ $4\times7=28$이므로 몫이 7입니다.

8 연필 15자루를 연필꽂이 한 개에 3자루씩 꽂으면 연필꽂이는 5개 필요합니다. ➡ $15\div3=5$

9 9개씩 2묶음이므로 곱셈식으로 나타내면 $9\times2=18$입니다.
$9\times2=18$ ⟨ $18\div9=2$ / $18\div2=9$

10 $36\div4=9$, $36\div6=6$

11 $18\div2=9$, $20\div4=5$
$35\div7=5$, $24\div6=4$, $45\div5=9$

12 $42 \div 6 = 7$, $56 \div 7 = 8$ ➡ $7 < 8$

13 $48 \div \square = 6$ ➡ $6 \times \square = 48$에서 $6 \times 8 = 48$이므로 $\square = 8$

14 (전체 조각 케이크의 수)÷(접시 한 개에 담는 조각 케이크의 수)$= 30 \div 6 = 5$(개)

15 가장 큰 수: 42, 가장 작은 수: 7 ➡ $42 \div 7 = 6$

16 ㉠ $\square \div 4 = 8$ ➡ $4 \times 8 = 32$, $\square = 32$
㉡ $\square \div 6 = 5$ ➡ $6 \times 5 = 30$, $\square = 30$
따라서 $\square$ 안에 알맞은 수가 더 큰 것은 ㉠입니다.

17 (긴 변의 길이)÷(짧은 변의 길이)$= 54 \div 6 = 9$(배)

18 정사각형은 네 변의 길이가 모두 같습니다.
➡ (만든 정사각형의 한 변의 길이)$= 32 \div 4 = 8$ (cm)

19 (전체 야구공의 수)$= 4 \times 6 = 24$(개)
(한 명에게 줄 수 있는 야구공의 수)$= 24 \div 8 = 3$(개)

20 (한 봉지에 들어 있는 고구마의 수)$= 42 \div 7 = 6$(개)
(한 봉지에 들어 있는 감자의 수)$= 35 \div 5 = 7$(개)
➡ 6개<7개이므로 한 봉지에 더 많이 들어 있는 것은 감자입니다.

21 도화지의 긴 변을 $24 \div 3 = 8$(칸), 짧은 변을 $15 \div 3 = 5$(칸)으로 나눌 수 있습니다.
➡ (만들 수 있는 정사각형의 수)$= 8 \times 5 = 40$(개)

22 (가로등 사이의 간격 수)
$=$(도로의 길이)÷(가로등 사이의 간격)
$= 72 \div 9 = 8$(군데)
따라서 도로의 한쪽에 필요한 가로등의 수는
$8 + 1 = 9$(개)입니다.

23

채점 기준		
❶ 수빈이가 먹고 남은 사탕 수를 구함.	2점	4점
❷ 필요한 봉지 수를 구함.	2점	

24

채점 기준		
❶ 어떤 수를 $\square$라 하여 잘못 계산한 식을 만듦.	1점	4점
❷ 어떤 수를 구함.	1점	
❸ 바르게 계산한 몫을 구함.	2점	

25

채점 기준		
❶ 수 카드로 만들 수 있는 두 자리 수를 모두 구함.	2점	4점
❷ 8로 똑같이 나눌 수 있는 수를 모두 구함.	2점	

4. 곱셈

1 STEP 개념별 유형

82~88쪽

1 (1) 2, 8, 80　(2) 80

2 (왼쪽부터) 8, 10, 80

3 30

4 3, 90

5 (선으로 잇기)

6 $20 \times 3 = 60$ / 60마리

7 (1) 3, 9　(2) 3, 6, 60　(3) 69

8 90, 3, 93

9 30, 60

10 (위에서부터) 39, 48

11 2

12 $12 \times 4 = 48$ / 48개

13 (1) 3, 3　(2) 3, 15, 150　(3) 153

14 (1) 168　(2) 142

15 128

16 205

17 (○) (　)

18 $21 \times 7 = 147$ / 147개

19 (1) 4, 28　(2) 4, 4, 40　(3) 68

20
$$\begin{array}{r} \overset{1}{2\,5} \\ \times\ 3 \\ \hline 7\,5 \end{array}$$

21 (선으로 잇기)

22 (위에서부터) 56, 84

23 ㉡

24 <

25 $18 \times 4 = 72$ / $45 \times 2 = 90$

26 건우

27 $14 \times 4 = 56$ / 56개

28 (1) 5, 20　(2) 5, 10, 100　(3) 120

29 160, 40, 200

30
$$\begin{array}{r} 3\,5 \\ \times\ 4 \\ \hline 2\,0 \\ 1\,2\,0 \\ \hline 1\,4\,0 \end{array}$$

31 (1) 135　(2) 574

32 ②

33 138

34 282, 324

35 (　) (○)

36 117 cm

37 $36 \times 4 = 144$ / 144마리

38 $13 \times 2 = 26$ / 26포기

39 $35 \times 5 = 175$ / 175개

40 $10 \times 6 = 60$ / 60점

41 $16 \times 2 = 32$ / 32살

42 284년

4 30씩 3번 뛰어 세었으므로 $30 \times 3 = 90$입니다.

5 $10 \times 8 = 80$, $20 \times 2 = 40$
$40 \times 2 = 80$, $30 \times 2 = 60$, $10 \times 4 = 40$

6 (북어 3쾌의 마리 수)
$=$(북어 한 쾌의 마리 수)$\times 3$
$= 20 \times 3 = 60$(마리)

7 $23 \times 3 = 9 + 60 = 69$
3×3 ⌐   └20×3

8 $31 = 30 + 1$이므로 30과 1에 각각 3을 곱한 후 두 곱을 더합니다.

11 일의 자리와 십의 자리 계산에서 $3 \times \square = 6$이므로
$\square = 2$입니다. ➜ $33 \times 2 = 66$

중요
계산 후에는 구한 수가 맞는지 확인해 봅니다.

12 (4줄에 놓인 자두의 수)
$=$(한 줄에 놓인 자두의 수)$\times$(줄 수)
$= 12 \times 4 = 48$(개)

13 $51 \times 3 = 3 + 150 = 153$
1×3 ⌐   └50×3

15
$$\begin{array}{r} 6\,4 \\ \times\ \ 2 \\ \hline 1\,2\,8 \end{array}$$

17
$$\begin{array}{r} 6\,2 \\ \times\ \ 3 \\ \hline 1\,8\,6 \end{array}$$

18 (7상자에 들어 있는 탁구공의 수)
$=$(한 상자에 들어 있는 탁구공의 수)$\times$(상자의 수)
$= 21 \times 7 = 147$(개)

19 $17 \times 4 = 28 + 40 = 68$
7×4 ⌐   └10×4

21 $16 \times 5 = 80$, $27 \times 3 = 81$

22
$$\begin{array}{r} \overset{1}{2}\,8 \\ \times\ \ 2 \\ \hline 5\,6 \end{array} \qquad \begin{array}{r} \overset{2}{2}\,8 \\ \times\ \ 3 \\ \hline 8\,4 \end{array}$$

23 ㉠ $15 + 15 + 15 + 15$ ➜ $15 \times 4 = 60$
㉡ 15씩 5묶음 ➜ $15 \times 5 = 75$
㉢ 15씩 4번 뛰어 센 수 ➜ $15 \times 4 = 60$
㉣ $15 \times 4 = 60$

24 $36 \times 2 = 72$
➜ $72 < 80$이므로 $36 \times 2 < 80$입니다.

25 삼각형에 적힌 두 수: 18, 4 ➜ $18 \times 4 = 72$
사각형에 적힌 두 수: 45, 2 ➜ $45 \times 2 = 90$

26 $29 \times 2 = 58$이므로 계산 결과에 더 가깝게 어림한 사람은 건우입니다.

참고
어림한 값과 계산 결과의 차가 작을수록 더 가깝게 어림한 것입니다.

27 (4봉지에 들어 있는 구슬의 수)
$=$(한 봉지에 들어 있는 구슬의 수)$\times$(봉지의 수)
$= 14 \times 4 = 56$(개)

28 $24 \times 5 = 20 + 100 = 120$
4×5 ⌐   └20×5

29 $25 = 20 + 5$이므로 20과 5에 각각 8을 곱한 후 두 곱을 더합니다.

32 일의 자리의 계산 $3 \times 4 = 12$에서 십의 자리 수 1을 올림한 것이므로 실제로 10을 나타냅니다.

34
$$\begin{array}{r} \overset{4}{4}\,7 \\ \times\ \ 6 \\ \hline 2\,8\,2 \end{array} \qquad \begin{array}{r} \overset{2}{5}\,4 \\ \times\ \ 6 \\ \hline 3\,2\,4 \end{array}$$

35 $26 \times 6 = 156$, $19 \times 8 = 152$
➜ $156 > 152$이므로 계산 결과가 더 작은 것은 19×8입니다.

36 (이어 붙인 나무 막대의 전체 길이)
$=$(나무 막대 한 개의 길이)$\times$(이어 붙인 나무 막대 수)
$= 39 \times 3 = 117$(cm)

37 (튀김 로봇이 4시간 동안 튀긴 통닭 수)
$=$(튀김 로봇이 한 시간 동안 튀긴 통닭 수)$\times$(튀긴 시간)
$= 36 \times 4 = 144$(마리)

38 (2판에 있는 토마토 모종의 수)
$=$(한 판에 있는 토마토 모종의 수)$\times$(판 수)
$= 13 \times 2 = 26$(포기)

39 (5봉지에 있는 사탕의 수)
$=$(한 봉지에 있는 사탕의 수)$\times$(봉지의 수)
$= 35 \times 5 = 175$(개)

40 (현우가 얻은 점수)
$=$(화살이 꽂힌 곳에 적힌 수)$\times$(화살 수)
$= 10 \times 6 = 60$(점)

41 (이모의 나이)
　　＝(언니의 나이)×2
　　＝16×2＝32(살)

42 (악마 혜성을 4번 더 보는 데 걸리는 기간)
　　＝(한 번 보는 데 걸리는 기간)×(횟수)
　　＝71×4＝284(년)

주의
올해 악마 혜성을 본 것은 앞으로 악마 혜성을 4번 더 보는
횟수에 포함하지 않습니다.

❶~❻ 형성평가　　89쪽

1 10×4＝40

2 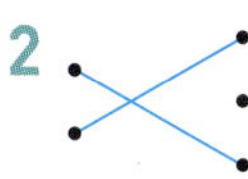

3 (1) 208　(2) 469

4 <

5 60 / 120

6 지안

7 43×2＝86 / 86개

8 350개

1 10＋10＋10＋10 ➡ 10×4＝40
　　　　　4번

2 11×7＝77, 24×3＝72

3 (1) 52×4＝208
　　(2) 67×7＝469

4 13×4＝52
　➡ 44＜52이므로 44＜13×4입니다.

5 12×5＝60, 60×2＝120

6 유찬: 18×6＝108

7 (2상자에 들어 있는 감의 수)
　　＝(한 상자에 들어 있는 감의 수)×(상자의 수)
　　＝43×2＝86(개)

8 (일주일 동안 푼 수학 문제 수)
　　＝(하루에 푸는 수학 문제 수)×(날수)
　　＝50×7＝350(개)

참고
일주일은 7일입니다.

---

2 STEP 꼬리를 무는 유형　　90~93쪽

1 32×3＝96　　　**2** 16×4＝64

3 51×6＝306

4 21×2＝42 / 42×2＝84

5 예
```
    5 2
  ×   3
      6
  1 5 0
  1 5 6
```

6 예
```
      1
    1 2
  ×   8
    9 6
```

7 예
```
      4
    4 6
  ×   7
  3 2 2
```

8 82, 41

9 66, 3

10 거북, 고래

11 ＞

12 38×2에 ◯표

13 ㉠

14 (　　) (◯)

---

15 4　　　　　**16** 5

17 3, 5　　　**18** 46개

19 70개　　　**20** 91자루

21 1, 2, 3　　**22** 7, 8, 9

23 4개　　　**24** 66

25 456　　　**26** 은우

1 ■씩 ▲묶음은 ■×▲로 나타낼 수 있으므로 32씩
　3묶음은 32×3＝96입니다.

2 ■의 ▲배는 ■×▲로 나타낼 수 있으므로 16의 4배
　는 16×4＝64입니다.

3 51씩 6번 뛰어 세었으므로 51×6＝306입니다.

4 (소윤이가 가지고 있는 구슬 수)＝21×2＝42(개)
　(민재가 가지고 있는 구슬 수)
　＝(소윤이가 가지고 있는 구슬 수)×2
　＝42×2＝84(개)

5 일의 자리의 계산은 일의 자리에 맞추어 쓰고, 십의 자
　리의 계산은 십의 자리에 맞추어 써야 합니다.

주의
십의 자리를 계산한 값 5×3＝15는 십 모형 15개와 같으므
로 150입니다.

6 일의 자리의 계산에서 올림한 수는 십의 자리를 계산한
　값에 더해야 합니다.

7 일의 자리의 계산 $6 \times 7 = 42$에서 올림한 수 4를 십의 자리 계산에 더하지 않았습니다.

8 전략
일의 자리의 수가 2배가 되는 두 수를 찾아봅니다.

$41 \times 2 = 82$이므로 82는 41의 2배입니다.

9 $66 \times 3 = 198$이므로 198은 66의 3배입니다.

10 $29 \times 4 = 116$이므로 거북의 나이는 고래의 나이의 4배입니다.

11 $19 \times 3 = 57$, $25 \times 2 = 50$
➡ $57 > 50$이므로 $19 \times 3 > 25 \times 2$입니다.

12 $14 \times 6 = 84$, $38 \times 2 = 76$
➡ $84 > 80$, $76 < 80$이므로 80보다 작은 것은 38×2입니다.

13 ㉠ $62 \times 3 = 186$ ㉡ $45 \times 4 = 180$
㉠ $186 >$ ㉡ 180이므로 나타내는 수가 더 큰 것은 ㉠입니다.

14 (40개씩 4상자에 들어 있는 귤의 수)$= 40 \times 4 = 160$(개)
(33개씩 5상자에 들어 있는 귤의 수)$= 33 \times 5 = 165$(개)
➡ $160 < 165$이므로 귤이 더 많은 쪽은 오른쪽입니다.

15 일의 자리의 계산:
$3 \times \square$에서 일의 자리 수가 2가 되려면 $\square = 4$입니다.
➡ $23 \times 4 = 92$(○)

16 일의 자리의 계산:
$6 \times 2 = 12$이므로 12의 1을 십의 자리로 올림합니다.
십의 자리의 계산:
지워진 부분의 수를 $\square$라 하면 1을 올림했으므로
$\square \times 2 = 10$, $\square = 5$입니다.
➡ $56 \times 2 = 112$(○)

17

$$\begin{array}{r} ㉠\,8 \\ \times\quad ㉡ \\ \hline 1\,9\,0 \end{array}$$

• 일의 자리의 계산:
$8 \times ㉡$에서 일의 자리 수가 0이 되려면 ㉡ $= 5$입니다. 이때 $8 \times 5 = 40$이므로 십의 자리로 40의 4를 올림합니다.
• 십의 자리의 계산:
4를 올림했으므로 ㉠ $\times 5 = 15$, ㉠ $= 3$입니다.
➡ $38 \times 5 = 190$(○)

18 (은진이네 반 전체 학생 수)$= 12 + 11 = 23$(명)
➡ (필요한 빵의 수)$= 23 \times 2 = 46$(개)

19 (팔고 남은 배 상자의 수)$= 50 - 43 = 7$(상자)
➡ (팔고 남은 배의 수)$= 10 \times 7 = 70$(개)

20 (한 상자에 들어 있는 빨간색 색연필 수)
$= 6 + 1 = 7$(자루)
(한 상자에 들어 있는 색연필 수)$= 6 + 7 = 13$(자루)
➡ (7상자에 들어 있는 색연필 수)$= 13 \times 7 = 91$(자루)

주의
상자 안에는 빨간색 색연필과 파란색 색연필이 모두 들어 있으므로 두 색연필의 수를 더해야 합니다.

21 $26 \times 1 = 26 < 100$(○), $26 \times 2 = 52 < 100$(○),
$26 \times 3 = 78 < 100$(○), $26 \times 4 = 104 > 100$(×)
➡ $\square$ 안에 들어갈 수 있는 수: 1, 2, 3

22 $15 \times 9 = 135 > 95$(○), $15 \times 8 = 120 > 95$(○)
$15 \times 7 = 105 > 95$(○), $15 \times 6 = 90 < 95$(×)
➡ $\square$ 안에 들어갈 수 있는 수: 7, 8, 9

23 $37 \times 1 = 37 < 185$(○), $37 \times 2 = 74 < 185$(○),
$37 \times 3 = 111 < 185$(○), $37 \times 4 = 148 < 185$(○),
$37 \times 5 = 185$(×)
➡ $\square$ 안에 들어갈 수 있는 수: 1, 2, 3, 4로 모두 4개

24 어떤 수를 $\square$라 하면 잘못 계산한 식은 $\square + 6 = 17$입니다. ➡ $\square = 17 - 6 = 11$
따라서 바르게 계산한 값은 $11 \times 6 = 66$입니다.

25 어떤 수를 $\square$라 하면 잘못 계산한 식은 $\square - 8 = 49$입니다. ➡ $\square = 49 + 8 = 57$
따라서 바르게 계산한 값은 $57 \times 8 = 456$입니다.

26 서준: 어떤 수를 $\square$라 하면 잘못 계산한 식은
$\square - 3 = 80$이므로 $\square = 80 + 3 = 83$입니다.
➡ 바르게 계산한 값: $83 \times 3 = 249$
은우: 어떤 수를 $\square$라 하면 잘못 계산한 식은
$\square + 7 = 46$이므로 $\square = 46 - 7 = 39$입니다.
➡ 바르게 계산한 값: $39 \times 7 = 273$
따라서 $249 < 273$이므로 바르게 계산한 값이 더 큰 사람은 은우입니다.

3 STEP 수학 독해력 유형   94~97쪽

독해력 ❶ ❶ 3, 13   ❷ 13×3=39
답 39살

쌍둥이 1-1 답 96살

독해력 ❷ ❶ 4, 92   ❷ 92, 276
답 276권

쌍둥이 2-1 답 264자루

쌍둥이 2-2 답 450개

독해력 ❸ ❶ 20, 80   ❷ 4, 3 / 3, 9
❸ 80−9=71
답 71 cm

쌍둥이 3-1 답 178 cm

독해력 ❹ ❶ 5, 3   ❷ 큰에 ○표, 6, 53
❸ 53×6=318
답 318

쌍둥이 4-1 답 496

쌍둥이 4-2 답 94

쌍둥이 1-1 ❶ (지민이의 나이)=11+5=16(살)
❷ (할아버지의 나이)=16×6=96(살)

쌍둥이 2-1 ❶ (보검이네 학교 3학년 학생 수)
=22×3=66(명)
❷ (필요한 연필의 수)=66×4=264(자루)

쌍둥이 2-2 ❶ (시안이네 학교 3학년 학생 수)
=18×5=90(명)
❷ (5일 동안 마시는 우유의 개수)=90×5=450(개)

쌍둥이 3-1 ❶ (색 테이프 5장의 길이의 합)
=42×5=210 (cm)
❷ 겹쳐진 부분의 수: 5−1=4(군데)
➜ (겹쳐진 부분의 길이의 합)=8×4=32 (cm)
❸ (이어 붙인 색 테이프의 전체 길이)
=210−32=178 (cm)

쌍둥이 4-1 ❶ 수 카드의 수의 크기 비교하기: 8>6>2
❷ 곱이 가장 크려면 곱하는 수인 몇에 가장 큰 수인 8을 쓰고, 남은 두 수로 더 큰 몇십몇인 62를 만듭니다.
❸ 곱이 가장 큰 (몇십몇)×(몇)
➜ 62×8=496

쌍둥이 4-2 ❶ 수 카드의 수의 크기 비교하기: 2<4<7
❷ 곱이 가장 작으려면 곱하는 수인 몇에 가장 작은 수인 2를 쓰고, 남은 두 수로 더 작은 몇십몇인 47을 만듭니다.
❸ 곱이 가장 작은 (몇십몇)×(몇)
➜ 47×2=94

유형 TEST   98~101쪽

1 2, 68
2 ⑴ 159   ⑵ 87
3 5, 50
4 10
5 96
6 건우
7 예
$$\begin{array}{r} \overset{1}{8}\,4 \\ \times\ \ 3 \\ \hline 2\,5\,2 \end{array}$$
8 64 / 192
9 290
10 <
11 (선 잇기)
12 84명
13 63×3=189 / 189개
14 5

---

15 ㉠
16 43×4=172 / 172개
17 (위에서부터) 90, 30 / 2
18 70개
19 11개
20 130장
21 가 상자, 12장
22 416
23 예 ❶ 42×1=42<126(○),
42×2=84<126(○), 42×3=126(×)
❷ 따라서 □ 안에 들어갈 수 있는 수는 1, 2입니다.
답 1, 2
24 예 ❶ 어떤 수를 □라 하면 잘못 계산한 식은
□+9=52입니다. ➜ □=52−9=43
❷ 따라서 바르게 계산한 값은 43×9=387입니다.
답 387
25 예 ❶ (주희네 학교 3학년 학생 수)
=19×4=76(명)
❷ (모은 페트병 수)
=(주희네 학교 3학년 학생 수)×2
=76×2=152(개)   답 152개

1 수 모형이 34씩 2묶음이면 68입니다.
→ $34 \times 2 = 68$

3 10씩 5번 뛰어 세었으므로 $10 \times 5 = 50$입니다.

4 일의 자리의 계산 $7 \times 2 = 14$에서 십의 자리 수 1을 올림한 것이므로 실제로 10을 나타냅니다.

5
$$\begin{array}{r} \overset{1}{4}\,8 \\ \times\quad 2 \\ \hline 9\,6 \end{array}$$

6
$$\begin{array}{r} 4\,3 \\ \times\quad 3 \\ \hline 1\,2\,9 \end{array}$$

7 일의 자리의 계산에서 올림한 수는 십의 자리를 계산한 값에 더해야 합니다.

8 $32 \times 2 = 64$
$64 \times 3 = 192$

9 수의 크기를 비교하면 $58 > 54 > 5$입니다.
따라서 가장 큰 수와 가장 작은 수의 곱은
$58 \times 5 = 290$입니다.

10 $46 \times 2 = 92$, $33 \times 3 = 99$
→ $92 < 99$이므로 $46 \times 2 < 33 \times 3$입니다.

11 $11 \times 8 = 88$, $14 \times 8 = 112$
$16 \times 7 = 112$, $22 \times 4 = 88$

12 (버스에 탄 3학년 학생 수)
= (버스 한 대에 탄 3학년 학생 수) × (버스 수)
= $21 \times 4 = 84$(명)

13 (3상자에 담은 감자의 수)
= (한 상자에 담은 감자의 수) × (상자 수)
= $63 \times 3 = 189$(개)

14 일의 자리의 계산 $\square \times 7$에서 일의 자리 수가 5가 되려면
$\square = 5$이어야 합니다.
→ $25 \times 7 = 175(\bigcirc)$

중요
계산 후에는 구한 수가 맞는지 확인해 봅니다.

15 ㉠ 32의 4배 → $32 \times 4 = 128$
㉡ 40씩 2묶음 → $40 \times 2 = 80$
㉢ $34 + 34 + 34$ → $34 \times 3 = 102$
따라서 ㉠ $128 >$ ㉢ $102 >$ ㉡ 80이므로 나타내는 수가
가장 큰 것은 ㉠입니다.

16 (목걸이 4개를 만드는 데 필요한 구슬 수)
= (목걸이 한 개를 만드는 데 필요한 구슬 수) × 4
= $43 \times 4 = 172$(개)

17 원에 적힌 두 수를 곱하면 사각형에 적힌 수가 됩니다.
$15 \times 6 = \boxed{90}$, $6 \times ② = 12$, $15 \times 2 = \boxed{30}$

18 (한 상자에 들어 있는 탁구공의 수) = $6 + 8 = 14$(개)
(5상자에 들어 있는 탁구공의 수) = $14 \times 5 = 70$(개)

19 (전체 좌석의 수)
= (한 줄에 있는 좌석의 수) × (줄 수)
= $17 \times 8 = 136$(개)
따라서 남은 좌석은 $136 - 125 = 11$(개)입니다.

20 (예진이가 가지고 있는 붙임딱지의 수)
= (연수가 가지고 있는 붙임딱지의 수) × 5
= $13 \times 5 = 65$(장)
(지수가 가지고 있는 붙임딱지의 수)
= (예진이가 가지고 있는 붙임딱지의 수) × 2
= $65 \times 2 = 130$(장)

21 가 상자: $30 \times 3 = 90$(장)
나 상자: $39 \times 2 = 78$(장)
따라서 $90 > 78$이므로 가 상자의 색종이가
$90 - 78 = 12$(장) 더 많습니다.

22 수 카드의 수의 크기 비교하기: $8 > 5 > 2$
곱이 가장 크려면 곱하는 수인 몇에 가장 큰 수인 8을
쓰고, 남은 두 수로 더 큰 몇십몇인 52를 만듭니다.
→ $52 \times 8 = 416$

23

채점 기준		
❶ □ 안에 1부터 9까지의 수를 차례로 넣어 가며 조건을 만족하는 $42 \times \square$의 값을 구함.	3점	4점
❷ □ 안에 들어갈 수 있는 수를 구함.	1점	

24

채점 기준		
❶ 잘못 계산한 식을 세우고 어떤 수를 구함.	2점	4점
❷ 바르게 계산한 값을 구함.	2점	

25

채점 기준		
❶ 주희네 학교 3학년 학생 수를 구함.	2점	4점
❷ 모은 페트병 수를 구함.	2점	

5. 길이와 시간

1 STEP 개념별 유형　104~110쪽

1 10

2 2 cm 8 mm
/ 2 센티미터 8 밀리미터

3 3, 2　　　　**4** 6 / 9, 6 / 9, 6

5 (1) 8　(2) 5, 4

6 예 ├────────────┤

7 (1) 74　(2) 2, 6　　**8** 4, 6 / 46

9 16 cm 7 mm　　**10** ㉠

11 1000

12 5 km 400 m
/ 5 킬로미터 400 미터

13 3, 280　　　　**14** 2, 450 / 2450

15 (1) 4190　(2) 7, 300　**16** 1470 m

17 ╳　　　　**18** (1) 2, 700　(2) 6800

19 2, 1 / 예 단위 앞의 수가 작아져서 사용하기에
편리합니다.

20 15　　　　　**21** 15

22 예 4 cm / 3 cm 9 mm

23 예 5 cm / 5 cm 3 mm

24 5, 8 / 서아

25 2배　　　　　**26** 1, 2

27 전망대　　　　**28** ㉡

29 공원, 지하철역　　**30** (1) 1 km　(2) 박물관

31 (1) cm에 ○표　(2) km에 ○표

32 (1) 5 mm　(2) 2 km 400 m

33 10, 100　　　　**34** 5 / 1000

35 2 km

36 (1) 7, 8　(2) 3, 3

37 (1) 8 km 900 m　(2) 4 km 200 m

38 5, 70　　　　**39** 4 cm 7 mm

40 ㉡　　　　　**41** 2 km 300 m

3 3 cm보다 2 mm 더 긴 길이이므로 3 cm 2 mm입니다.

---

7 (1) 7 cm 4 mm=7 cm+4 mm
　　　　=70 mm+4 mm=74 mm
　(2) 26 mm=20 mm+6 mm
　　　　=2 cm+6 mm=2 cm 6 mm

9 167 mm=160 mm+7 mm
　　　　=16 cm+7 mm=16 cm 7 mm

10 ㉠ 1 cm=10 mm이므로 12 cm는 120 mm와 길이
　　가 같습니다.
　㉡ 13 cm 8 mm=130 mm+8 mm=138 mm

15 (1) 4 km 190 m=4 km+190 m
　　　　=4000 m+190 m=4190 m
　(2) 7300 m=7000 m+300 m
　　　　=7 km+300 m=7 km 300 m

16 1 km보다 470 m 더 긴 길이는 1 km 470 m입니다.
　➡ 1 km 470 m=1 km+470 m
　　　　=1000 m+470 m=1470 m

17 ・8000 m=8 km
　・2 km 80 m=2 km+80 m
　　　　=2000 m+80 m=2080 m
　・2008 m=2000 m+8 m
　　　　=2 km+8 m=2 km 8 m

18 작은 눈금 한 칸은 100 m를 나타냅니다.
　(2) 6 km 800 m=6 km+800 m
　　　　=6000 m+800 m=6800 m

19 정상: 2000 m=2 km
　천재봉: 1000 m=1 km

> 평가 기준
> m대신 km를 사용하여 길이를 나타내면 단위 앞의 수가 작
> 아져서 편리하다고 썼으면 정답으로 합니다.

27 매표소에서 약 3 km 떨어진 곳은 매표소에서 놀이터
까지의 거리의 약 3배 정도 되는 곳이므로 전망대입니다.

28 ㉠ 축구장 긴 쪽의 길이는 약 100 m입니다.

29 시청에서 병원까지의 거리가 약 500 m이므로 약
1 km 떨어진 곳은 500 m의 2배만큼 떨어져 있는 공원
과 지하철역입니다.

30 (2) 시청에서 병원까지의 거리의 3배만큼 떨어진 장소는
박물관입니다.

33 • 3 cm＝30 mm이므로 3 cm는 3 mm의 $\boxed{10}$배입니다.
  • 3 m＝300 cm이므로 3 m는 3 cm의 $\boxed{100}$배입니다.

34 • 50 m의 100배는 5000 m이므로 5000 m＝$\boxed{5}$ km입니다. ➜ ㉠＝5
  • 5 km＝5000 m이므로 5 km는 5 m의 $\boxed{1000}$배입니다. ➜ ㉡＝1000

참고

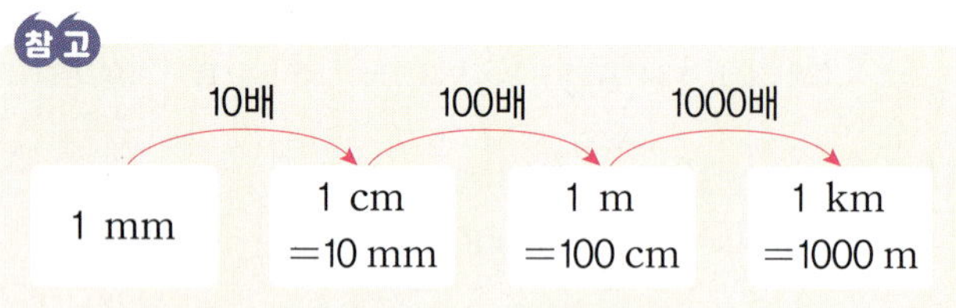

35 1 m의 1000배＝1000 m＝1 km
  ➜ 2 m의 1000배＝2000 m＝2 km

39
$$\begin{array}{r} \overset{7}{8}\ \text{cm}\ \overset{10}{3}\ \text{mm} \\ -\ 3\ \text{cm}\ \ 6\ \text{mm} \\ \hline 4\ \text{cm}\ \ 7\ \text{mm} \end{array}$$

40 ㉡
$$\begin{array}{r} 8\ \text{km}\ \ \overset{1}{8}50\ \text{m} \\ +\ 4\ \text{km}\ \ 300\ \text{m} \\ \hline 13\ \text{km}\ \ 150\ \text{m} \end{array}$$

41 (지우네 집에서 버스 정류장을 지나 학교까지의 거리)
  ＝(지우네 집~버스 정류장의 거리)
  ＋(버스 정류장~학교의 거리)
  ＝500 m＋1 km 800 m＝2 km 300 m

1~7 형성평가 — 111쪽

1 4, 3 / 43   **2** (1) km에 ○표   (2) mm에 ○표
3 5, 9   **4** 3 km 800 m
5 예 6 cm / 5 cm 6 mm
6 ⑤   **7** 10, 100, 1000
8 1 km

1 4 cm보다 3 mm 더 긴 길이는 4 cm 3 mm＝43 mm입니다.

7 • 4 cm＝40 mm이므로 4 cm는 4 mm의 $\boxed{10}$배입니다.
  • 4 m＝400 cm이므로 4 m는 4 cm의 $\boxed{100}$배입니다.
  • 4 km＝4000 m이므로 4 km는 4 m의 $\boxed{1000}$배입니다.

8 700 m보다 300 m 더 먼 거리는 700＋300＝1000 (m)입니다. ➜ 1000 m＝1 km

1 STEP 개념별 유형 — 112~116쪽

1 (1) 1   (2) 60   **2** ㉢
3 (1) 90   (2) 1, 50   **4** (1) 초   (2) 분
5 60   **6** 은우
7 (선 잇기)   **8** 2분 52초
9 선호   **10** 25
11 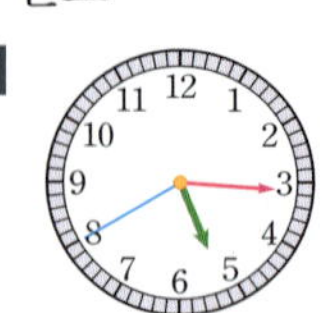   **12** 7, 5, 32

---

13 (1) 11, 50   (2) (위에서부터) 1 / 6, 20, 40
14 3시간 45분 50초   **15** 9시 31분
16 (위에서부터) 2, 45 / 9, 32, 55
17 우종   **18** (○) (   )
19 46분 3초   **20** 4시 13분 50초
21 (1) 2, 25   (2) (위에서부터) 60 / 3, 33, 30

---

22 (1) 2시 10분 8초   (2) 17분 5초
23 18분 31초   **24** 2, 17, 25
25 4시 45분 15초   **26** ㉠
27 1시간 15분   **28** 4시 36분 16초

2 초바늘이 작은 눈금 한 칸을 가는 동안 할 수 있는 일을 찾으면 ㉢ 책 1쪽 넘기기입니다.

3 (1) 1분 30초＝1분＋30초＝60초＋30초＝90초
  (2) 110초＝60초＋50초＝1분＋50초＝1분 50초

5 1분＝60초이므로 1분은 1초의 $\boxed{60}$배입니다.

6 은우: 박수를 한 번 치는 데 걸리는 시간은 1초입니다.

7 • 2분＝1분＋1분＝60초＋60초＝120초
  • 3분 20초＝3분＋20초＝180초＋20초＝200초

8 172초＝60초＋60초＋52초
    ＝1분＋1분＋52초
    ＝2분＋52초＝2분 52초

9 4분 38초＝4분＋38초＝240초＋38초＝278초
  따라서 민아와 오래 매달리기 기록이 같은 사람은 선호입니다.

10 초바늘이 5를 가리키므로 25초입니다.

11 40초는 초바늘이 8을 가리키도록 그립니다.

12 짧은바늘이 7과 8 사이를 가리키므로 7시, 긴바늘이 1을 지난 곳을 가리키므로 5분, 초바늘이 6에서 작은 눈금 2칸 더 간 곳을 가리키므로 32초입니다.

13 (2) 시는 시끼리, 분은 분끼리, 초는 초끼리 더합니다.
80분=60분+20분=1시간+20분

14
```
   2시간  15분  18초
 + 1시간  30분  32초
 ─────────────────────
   3시간  45분  50초
```

> **참고**
> (시각)+(시간)=(시각), (시간)+(시간)=(시간)

15
```
   9시  30분  50초
 +            10초
 ──────────────────
   9시  31분
```

17
```
   6시  35분
 +      38분  20초
 ──────────────────
   7시  13분  20초
```

> **중요**
> 시는 시끼리, 분은 분끼리, 초는 초끼리 더합니다.
> 이때 같은 단위끼리의 합이 60이거나 60보다 크면 60초를 1분으로, 60분을 1시간으로 받아올림합니다.

18
```
    5분  25초              12분  50초
 + 32분  13초           + 21분   6초
 ────────────    >     ────────────
   37분  38초             33분  56초
```

19 (축구를 한 시간)+(수영을 한 시간)
=25분 40초+20분 23초=45분 63초=46분 3초

20 (만화 영화가 끝나는 시각)
=(시작한 시각)+(재생 시간)
=3시 25분 30초+48분 20초
=3시 73분 50초=4시 13분 50초

22 (1)
```
   2시  40분  15초
 −       30분   7초
 ──────────────────
   2시  10분   8초
```
(2)
```
   3시  27분  40초
 − 3시  10분  35초
 ──────────────────
        17분   5초
```

23
```
      37    60
   38분    7초
 − 19분   36초
 ──────────────
   18분   31초
```

> **참고**
> (시각)−(시간)=(시각), (시각)−(시각)=(시간)
> (시간)−(시간)=(시간)

24
```
        29    60
   2시간  30분  20초
 −        12분  55초
 ──────────────────────
   2시간  17분  25초
```

25
```
       4    60
   5시  10분  30초
 −      25분  15초
 ──────────────────
   4시  45분  15초
```

26 ㉠
```
        14    60
   3시   15분
 − 1시간  5분   3초
 ──────────────────
   2시    9분  57초
```
㉡
```
        5      60
   6시          5초
 − 3시   30분
 ──────────────────
   2시간  30분   5초
```

> **중요**
> 시는 시끼리, 분은 분끼리, 초는 초끼리 뺍니다.
> 이때 같은 단위끼리 뺄 수 없으면 1분을 60초로, 1시간을 60분으로 받아내림합니다.

> **참고**
> ㉠ 3시 15분−1시간 5분 3초=3시 14분 60초−1시간 5분 3초
> ㉡ 6시 5초−3시 30분=5시 60분 5초−3시 30분

27 (우영이가 그림을 그린 시간)
=(끝낸 시각)−(시작한 시각)
=5시 55분−4시 40분=1시간 15분

28 (책을 읽기 시작한 시각)
=(책을 다 읽은 시각)−(책을 읽은 시간)
=5시 26분 48초−50분 32초
=4시 86분 48초−50분 32초
=4시 36분 16초

8~11 형성평가 · 117쪽

1 2, 25, 54	**2** (1) 140 (2) 1, 55
3 17분 43초	**4** 2시간 24분 15초
5 초	**6** 4, 56, 20
7 1분 45초	**8** 9시 18분 45초

1 짧은바늘이 2와 3 사이를 가리키므로 2시, 긴바늘이 5를 지난 곳을 가리키므로 25분, 초바늘이 10에서 작은 눈금 4칸 더 간 곳을 가리키므로 54초입니다.
➡ 2시 25분 54초

2 (1) 2분 20초=2분+20초=120초+20초=140초
(2) 115초=60초+55초=1분 55초

6
$$\begin{array}{r} 3\text{시간 } 26\text{분 } 13\text{초} \\ +\ 1\text{시간 } 30\text{분 }\ \ 7\text{초} \\ \hline 4\text{시간 } 56\text{분 } 20\text{초} \end{array}$$

7 3분 25초−1분 40초＝2분 85초−1분 40초
　　　　　　　　　＝1분 45초
따라서 양치질을 세수보다 1분 45초 더 했습니다.

8 왼쪽 시계의 시각은 8시 28분 15초입니다.
➡ 8시 28분 15초＋50분 30초
　＝8시 78분 45초＝9시 18분 45초

② STEP 꼬리를 무는 유형　118~121쪽

1 ＞　　　　　　　**2** ＜
3 동물원　　　　　**4** 장수풍뎅이
5 ㉡
6 예 눈을 한 번 깜박이는 데 걸리는 시간은 1초입니다.
7 소윤 / 예 칠판 긴 쪽의 길이는 약 3 m야.
8 ㉡　　　　　　　**9** ㉡
10 만화 영화 주제가　**11** 도시락
12
$$\begin{array}{r} 1\text{시간 } 25\text{분} \\ +\ \ \ \ \ 5\text{분 } 18\text{초} \\ \hline 1\text{시간 } 30\text{분 } 18\text{초} \end{array}$$

13
$$\begin{array}{r} 6\text{시간 } 10\text{분 } 30\text{초} \\ -\ \ \ \ \ 4\text{분 } 22\text{초} \\ \hline 6\text{시간 }\ \ 6\text{분 }\ \ 8\text{초} \end{array}$$

14 예 1분을 60초로 받아내림하여 계산하지 않았습니다. / 2시 54분 44초

15 12 cm　　　　　**16** 99 m
17 11시간 35분　　**18** 13시간 1분 36초
19 1시간 24분　　 **20** (위에서부터) 16, 19
21 2 / 42　　　　　**22** (위에서부터) 20, 5, 5
23 오전 10시 30분　**24** 오전 11시 10분

1 8 cm 6 mm＝86 mm ➡ 86 mm＞79 mm

2 2 km 570 m＝2570 m ➡ 2057 m＜2570 m

3 3800 m＝3 km 800 m
➡ 4 km 20 m＞3 km 800 m이므로 세호네 집에서 더 먼 곳은 동물원입니다.

4 50 mm＝5 cm
➡ 5 cm 3 mm＞5 cm이므로 몸길이가 더 긴 곤충은 장수풍뎅이입니다.

5 ㉡ 책상 긴 쪽의 길이는 약 120 cm입니다.

9 ㉠ 3분 20초＝3분＋20초＝180초＋20초＝200초
➡ 200초＜264초
다른 풀이
㉡ 264초＝240초＋24초＝4분＋24초＝4분 24초
➡ 3분 20초＜4분 24초

10 2분 50초＝2분＋50초＝120초＋50초＝170초
➡ 170초＜202초이므로 재생 시간이 더 짧은 음악은 만화 영화 주제가입니다.

11 스파게티: 1분 40초＝100초, 도시락: 2분 30초＝150초, 핫도그: 130초
150초＞130초＞100초이므로 조리 시간이 가장 긴 음식은 도시락입니다.

14
$$\begin{array}{r} \overset{57}{2}\text{시 } \overset{60}{58}\text{분} \\ -\ \ \ \ 3\text{분 } 16\text{초} \\ \hline 2\text{시 } 54\text{분 } 44\text{초} \end{array}$$

평가 기준
1분을 60초로 받아내림하여 계산하지 않았다고 썼으면 정답으로 합니다.

15 38 mm＝3 cm 8 mm이므로
8 cm 2 mm＞5 cm 9 mm＞3 cm 8 mm입니다.
➡ 가장 긴 길이와 가장 짧은 길이의 합:
　8 cm 2 mm＋3 cm 8 mm
　＝11 cm 10 mm＝12 cm

16 1005 m＝1 km 5 m이므로
1 km 104 m＞1 km 16 m＞1 km 5 m입니다.
➡ 학교에서 가장 먼 곳까지의 거리와 가장 가까운 곳까지의 거리의 차: 1 km 104 m−1 km 5 m ＝99 m

17 (낮의 길이)＝24시간−12시간 25분
　　　　　＝23시간 60분−12시간 25분
　　　　　＝11시간 35분

중요
하루는 24시간입니다.
➡ (낮의 길이)＋(밤의 길이)＝24시간

18 (밤의 길이)=24시간−10시간 58분 24초
　　　　　　=23시간 59분 60초−10시간 58분 24초
　　　　　　=13시간 1분 36초

19 (낮의 길이)=24시간−11시간 18분
　　　　　　=23시간 60분−11시간 18분
　　　　　　=12시간 42분
따라서 이날 낮의 길이는 밤의 길이보다
12시간 42분−11시간 18분=1시간 24분 더 길었습니다.

20 ・초 단위의 계산에서 32+□=51이므로
　　□=51−32=19입니다.
　・분 단위의 계산에서 □+21=37이므로
　　□=37−21=16입니다.

21 ・분 단위의 계산에서 ㉡−17=25이므로
　　㉡=25+17=42입니다.
　・시 단위의 계산에서 5−㉠=3이므로
　　㉠=5−3=2입니다.

22 ・초 단위의 계산에서 14+□=19이므로
　　□=19−14=5입니다.
　・분 단위의 계산에서 □+49=60+9이므로
　　□+49=69, □=69−49=20입니다.
　・시 단위의 계산에서 1+3+1=□이므로
　　□=5입니다.

> **주의**
> 분 단위의 계산에서 받아올림이 있으므로 시 단위의 계산에서 잊지 않고 계산하도록 합니다.

23 2교시 수업이 끝나려면 1교시 수업이 시작하는 시각부터 수업 시간이 2번, 쉬는 시간이 1번 지나야 하므로 오전 9시에서 40분+10분+40분=90분=1시간 30분이 지난 후의 시각을 구합니다.
　➜ (2교시 수업이 끝나는 시각)
　　=오전 9시+1시간 30분
　　=오전 10시 30분

24 4교시 수업이 시작하려면 1교시 수업이 시작하는 시각부터 수업 시간이 3번, 쉬는 시간이 3번 지나야 하므로 오전 8시 40분에서 40분+10분+40분+10분+40분+10분=150분=2시간 30분이 지난 후의 시각을 구합니다.
　➜ (4교시 수업이 시작하는 시각)
　　=오전 8시 40분+2시간 30분
　　=오전 11시 10분

독해력 **1** ❶ 1　　❷ 6, 6
　　❸ (위에서부터) 1 / 6, 6 / 11, 7
　　답 11 cm 7 mm

쌍둥이 **1-1** 답 13 cm 2 mm

독해력 **2** ❶ 20, 9　　❷ 7, 30, 15
　　❸ (위에서부터) 7, 30, 15 / 20, 9 / 1, 10, 6
　　답 1시간 10분 6초

쌍둥이 **2-1** 답 1시간 34분 45초

독해력 **3** ❶ 4, 14　　❷ 292, 4, 52　　❸ 가
　　답 가 모둠

쌍둥이 **3-1** 답 나 모둠

독해력 **4** ❶ 3, 600　　❷ 3, 800
　　❸ <, 공원, 200
　　답 공원 / 200 m

쌍둥이 **4-1** 답 박물관 / 700 m

쌍둥이 **1-1** ❶ 색 테이프 가의 길이: 8 cm보다 9 mm 더 긴 길이 ➜ 8 cm 9 mm
❷ 색 테이프 나의 길이: 1 cm가 4번, 1 mm가 3번 ➜ 4 cm 3 mm
❸ 색 테이프 가와 나의 길이의 합:

```
      1
    8 cm  9 mm
 +  4 cm  3 mm
 ─────────────
   13 cm  2 mm
```

독해력 **2** ❸ (숙제를 끝낸 시각)−(숙제를 시작한 시각)
　　=7시 30분 15초−6시 20분 9초
　　=1시간 10분 6초

쌍둥이 **2-1** ❶ 김밥 만들기를 시작한 시각: 11시 10분 20초
❷ 김밥 만들기를 끝낸 시각: 12시 45분 5초
❸ 김밥을 만드는 데 걸린 시간:

```
            44      60
    12시    45분     5초
  − 11시    10분    20초
 ────────────────────────
     1시간  34분    45초
```

> **참고**
> ❸ (김밥 만들기를 끝낸 시각)−(김밥 만들기를 시작한 시각)
> =12시 45분 5초−11시 10분 20초
> =12시 44분 65초−11시 10분 20초=1시간 34분 45초

독해력 3 ❶ 2분 16초＋1분 58초＝3분 74초＝4분 14초
❷ 122초＋170초＝292초＝240초＋52초
　　　　　　　　　　＝4분 52초
❸ 4분 14초＜4분 52초이므로 더 빨리 달린 가 모둠이
경주에서 이겼습니다.

쌍둥이 3-1 ❶ (가 모둠의 달리기 기록의 합)
　　　　＝1분 15초＋86초
　　　　＝2분 41초
❷ (나 모둠의 달리기 기록의 합)
　　　　＝55초＋1분 37초＝2분 32초
❸ 경주에서 이긴 모둠: 나 모둠

독해력 4 ❸ 3 km 600 m＜3 km 800 m이므로 공원을 지
나가는 것이 3 km 800 m－3 km 600 m＝200 m
더 가깝습니다.

쌍둥이 4-1 ❶ (집에서 소방서를 지나 수영장까지 가는 거리)
　　　　＝2 km 500 m＋2 km 700 m
　　　　＝4 km 1200 m＝5 km 200 m
❷ (집에서 박물관을 지나 수영장까지 가는 거리)
　　　　＝2 km 600 m＋1 km 900 m
　　　　＝3 km 1500 m＝4 km 500 m
❸ 5 km 200 m＞4 km 500 m이므로 박물관을 지
나가는 것이 5 km 200 m－4 km 500 m＝700 m
더 가깝습니다.

19 3시 40분 16초　　　**20** 300 m
21 2시간　　　**22** (위에서부터) 6, 22, 46
23 예 ❶ 하루는 24시간입니다.
❷ (낮의 길이)
　　＝24시간－10시간 46분
　　＝23시간 60분－10시간 46분
　　＝13시간 14분　　　답 13시간 14분
24 예 ❶ 2교시 수업이 끝나는 시각은 오전 8시 30분
에서 50분＋15분＋50분＝115분＝1시간 55분이
지난 후의 시각입니다.
❷ 따라서 2교시 수업이 끝나는 시각은
오전 8시 30분＋1시간 55분＝오전 10시 25분
입니다.　　　답 오전 10시 25분
25 예 ❶ (집에서 시청을 지나 미술관까지 가는 거리)
　　＝1 km 700 m＋1 km 600 m
　　＝3 km 300 m
❷ (집에서 경찰서를 지나 미술관까지 가는 거리)
　　＝950 m＋2 km 100 m＝3 km 50 m
❸ 3 km 300 m＞3 km 50 m이므로 경찰서를
지나가는 것이 더 가깝습니다.　　　답 경찰서

4 짧은바늘이 8과 9 사이를 가리키므로 8시, 긴바늘이 7
에서 작은 눈금 2칸 더 지난 곳을 가리키므로 37분, 초
바늘이 3을 가리키므로 15초입니다. → 8시 37분 15초

5 ・1분 20초＝1분＋20초＝60초＋20초＝80초
・2분 10초＝2분＋10초＝120초＋10초＝130초

7 작은 눈금 한 칸은 100 m를 나타내므로 화살표가 가리
키는 곳은 5 km 400 m＝5400 m입니다.

9 (2)　　5시　26분　55초
　　　－　　　12분　30초
　　　　　5시　14분　25초

10 공원에서 시청까지의 거리의 반 정도 떨어진 장소를 알
아보면 약국입니다.

11 건전지의 길이는 1 cm가 4번, 1 mm가 2번이므로
4 cm 2 mm＝42 mm입니다.

12
　　　　　　　　　　1
　　　4시간　25분　50초
　＋ 1시간　13분　25초
　　　5시간　39분　15초

13 ㉠ 4분 30초＝4분＋30초＝240초＋30초＝270초
→ 270초＜340초

유형 TEST　126〜129쪽

1 1밀리미터　　　**2** 6, 470
3 (1) mm　(2) cm　　　**4** 8, 37, 15
5 ・ ─ ・ / ・ ─ ・　　　**6** 5, 7
7 (위에서부터) 5, 400 / 5400
8 (1) 시간 → 초　(2) 분 → 시간
9 (1) 6시 39분 57초　(2) 5시 14분 25초
10 약국　　　**11** 4, 2 / 42
12 5시간 39분 15초　　　**13** ㉠
14 광안대교
15 ④　　　**16** 7분 20초
17 1 km 300 m　　　**18** 7 cm 1 mm

14 7 km 420 m=7420 m

➡ 7420 m>7310 m이므로 길이가 더 긴 것은 광안 대교입니다.

15 ④ 1 km 200 m=1200 m

16 ('꼬마 요리사'의 방송 시간)−('천재 뉴스'의 방송 시간)
=1시간 20분 40초−1시간 13분 20초=7분 20초

17 130의 10배는 1300입니다.

➡ 1300 m=1000 m+300 m=1 km 300 m

18 92 mm=9 cm 2 mm이므로

9 cm 2 mm>3 cm 4 mm>2 cm 1 mm입니다.

➡ 가장 긴 길이와 가장 짧은 길이의 차:

9 cm 2 mm−2 cm 1 mm=7 cm 1 mm

19 왼쪽 시계의 시각은 3시 24분 48초입니다.

➡ 3시 24분 48초+15분 28초
=3시 39분 76초=3시 40분 16초

20 (윤성이가 걸어서 간 거리)
=(윤성이네 집에서 할머니 댁까지의 거리)
−(버스를 타고 간 거리)
=40 km−39 km 700 m=300 m

21 (기차가 동대구에 도착한 시각)
−오전 11시 35분+15분−오전 11시 50분
(서울에서 동대구까지 가는 데 걸린 시간)
=11시 50분−9시 50분=2시간

22 • 초 단위의 계산: 60+13−27=□이므로 □=46

• 분 단위의 계산: 55−1−□=32이므로 □=22

• 시 단위의 계산: □−4=2, □=6

23

채점 기준		
❶ 하루의 시간을 알고 있음.	1점	4점
❷ 낮의 길이를 구함.	3점	

24

채점 기준		
❶ 2교시 수업이 끝나려면 얼마나 걸리는지 구함.	2점	4점
❷ 2교시 수업이 끝나는 시각을 구함.	2점	

25

채점 기준		
❶ 집에서 시청을 지나 미술관까지 가는 거리를 구함.	1점	4점
❷ 집에서 경찰서를 지나 미술관까지 가는 거리를 구함.	1점	
❸ 어느 곳을 지나가는 것이 더 가까운지 구함.	2점	

6. 분수와 소수

1 (○) (　　)   **2** 가, 라

3 (1) 2 (2) 6   **4** 다

5 예 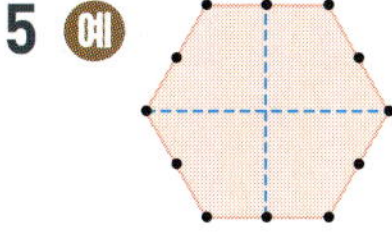   **6** 현서

7 1   **8** 3, 2

9 3, 2   **10** 5, 4

11 (　　) (　　) (○)

12 3

13 $\frac{3}{4}$, 4, 3   **14** 6 / 5

15 5, 2, $\frac{2}{5}$, 5분의 2   **16** $\frac{1}{3}$ / 3분의 1

17 $\frac{1}{4}$ / 4분의 1   **18** $\frac{2}{3}$ / 3분의 2

19 $\frac{2}{5}$ / 5분의 2   **20** $\frac{1}{4}$ / $\frac{3}{4}$

21 $\frac{2}{5}$ / $\frac{3}{5}$

22 (　　) (○) (　　)

23 $\frac{5}{8}$

24 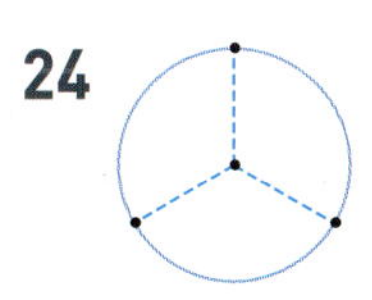   **25** 2 / 예 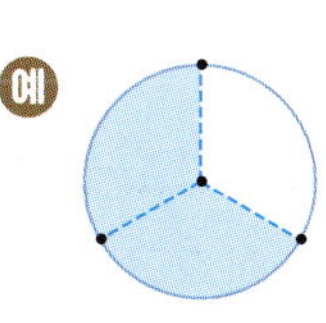

26 예   **27** 예 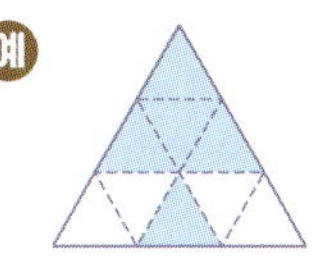

28

29 예 / 예

1 나누어진 조각의 모양과 크기가 같은 파이를 찾으면 왼쪽입니다.

2 나누어진 조각의 모양과 크기가 같은 도형을 모두 찾으면 가, 라입니다.

4 가: 똑같이 둘로 나누어졌습니다.
나: 똑같이 나누어지지 않았습니다.

6 서아가 나눈 조각 4개의 모양과 크기가 같지 않습니다.

11 부분  은 전체를 똑같이 4로 나눈 것 중의 1이므로 가 2개인 것을 찾으면 세 번째 모양입니다.

12 → 전체를 똑같이 6으로 나눈 것 중의 3입니다.

14 $\frac{5}{6}$에서 분모는 6, 분자는 5입니다.

참고

▲ ← 분자
● ← 분모

16 프랑스 국기에서 빨간색 부분은 전체를 똑같이 3으로 나눈 것 중의 1이므로 $\frac{1}{3}$이라 쓰고, 3분의 1이라고 읽습니다.

17 모리셔스 국기에서 빨간색 부분은 전체를 똑같이 4로 나눈 것 중의 1이므로 $\frac{1}{4}$이라 쓰고, 4분의 1이라고 읽습니다.

18 색칠한 부분은 전체를 똑같이 3으로 나눈 것 중의 2이므로 $\frac{2}{3}$입니다.

19 색칠하지 않은 부분은 전체를 똑같이 5로 나눈 것 중의 2이므로 $\frac{2}{5}$입니다.

20 색칠한 부분은 전체를 똑같이 4로 나눈 것 중의 1이므로 $\frac{1}{4}$입니다. 색칠하지 않은 부분은 전체를 똑같이 4로 나눈 것 중의 3이므로 $\frac{3}{4}$입니다.

21 색칠한 부분은 전체를 똑같이 5로 나눈 것 중의 2이므로 $\frac{2}{5}$입니다. 색칠하지 않은 부분은 전체를 똑같이 5로 나눈 것 중의 3이므로 $\frac{3}{5}$입니다.

22 전체를 똑같이 6으로 나눈 것 중의 4만큼 색칠한 것을 찾습니다.

23 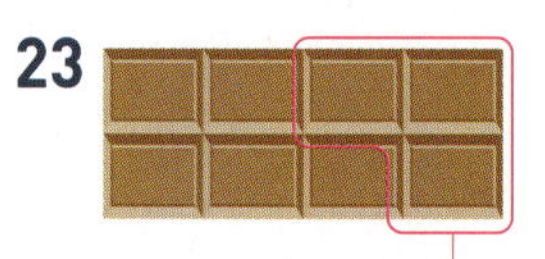
현승이가 먹은 부분

현승이가 먹고 남은 부분은 전체를 똑같이 8로 나눈 것 중의 5이므로 형에게 주어야 할 초콜릿은 전체의 $\frac{5}{8}$입니다.

26 전체를 똑같이 5로 나눈 것 중의 3만큼 색칠합니다.

27 전체를 똑같이 9로 나눈 것 중의 5만큼 색칠합니다.

28 $\frac{1}{4}$ → 전체를 똑같이 4로 나눈 것 중의 1만큼 색칠한 것을 찾습니다.

$\frac{3}{8}$ → 전체를 똑같이 8로 나눈 것 중의 3만큼 색칠한 것을 찾습니다.

$\frac{5}{6}$ → 전체를 똑같이 6으로 나눈 것 중의 5만큼 색칠한 것을 찾습니다.

29 지안: 전체를 똑같이 6으로 나눈 것 중의 3만큼 색칠합니다.

건우: 전체를 똑같이 9로 나눈 것 중의 4만큼 색칠합니다.

❶~❺ 형성평가 137쪽

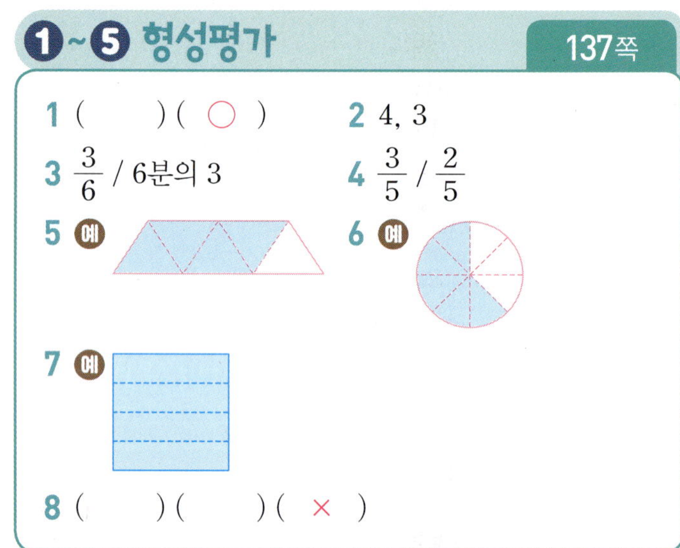

1 ( ) (○) **2** 4, 3

3 $\frac{3}{6}$ / 6분의 3 **4** $\frac{3}{5}$ / $\frac{2}{5}$

5 예

6 예

7 예

8 ( ) ( ) ()

1 왼쪽 도형은 똑같이 나누어지지 않았습니다.

주의

똑같이 넷으로 나누어진 도형은 나누어진 4조각의 모양과 크기가 같습니다.

4 색칠한 부분은 전체를 똑같이 5로 나눈 것 중의 3이므로 $\frac{3}{5}$입니다. 색칠하지 않은 부분은 전체를 똑같이 5로 나눈 것 중의 2이므로 $\frac{2}{5}$입니다.

8 첫 번째와 두 번째 그림에서 색칠한 부분은 전체를 똑같이 6으로 나눈 것 중의 4이므로 $\frac{4}{6}$입니다. 세 번째 그림에서 색칠한 부분은 전체를 똑같이 6으로 나눈 것 중의 5이므로 분수로 나타내면 $\frac{5}{6}$입니다.

1 STEP 개념별 유형 · 138~140쪽

1 $\frac{1}{2}$, $\frac{1}{4}$, $\frac{1}{7}$

2 (1) 예 (2) 예

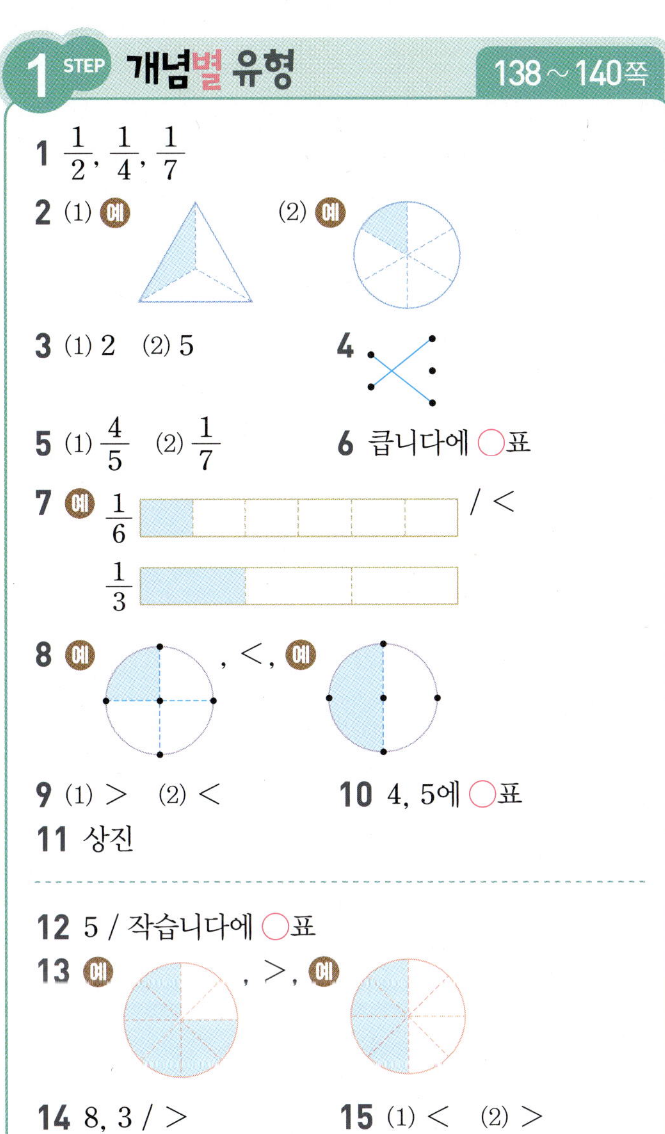

3 (1) 2 (2) 5

4

5 (1) $\frac{4}{5}$ (2) $\frac{1}{7}$ **6** 큽니다에 ○표

7 예 $\frac{1}{6}$ / <
  $\frac{1}{3}$

8 예 , <, 예

9 (1) > (2) < **10** 4, 5에 ○표
11 상진

12 5 / 작습니다에 ○표
13 예 , >, 예

14 8, 3 / > **15** (1) < (2) >
16 ㉠ **17** 민희

---

9 (1) 분모의 크기를 비교하면 7<8이므로 $\frac{1}{7}$>$\frac{1}{8}$입니다.

(2) 분모의 크기를 비교하면 9>5이므로 $\frac{1}{9}$<$\frac{1}{5}$입니다.

10 단위분수는 분모가 작을수록 더 크므로 □는 6보다 작습니다. 주어진 수 중 □ 안에 들어갈 수 있는 수는 4와 5입니다.

11 분모의 크기를 비교하면 8>4이므로 $\frac{1}{8}$<$\frac{1}{4}$입니다.

따라서 피자를 더 적게 먹은 사람은 상진입니다.

13 주어진 분수만큼 색칠한 후 색칠한 칸의 수를 비교하면 6>4이므로 $\frac{6}{8}$>$\frac{4}{8}$입니다.

14 $\frac{1}{9}$의 개수가 많을수록 더 큰 수입니다.

➜ 8>3이므로 $\frac{8}{9}$>$\frac{3}{9}$입니다.

15 (1) 분자의 크기를 비교하면 2<3이므로 $\frac{2}{4}$<$\frac{3}{4}$입니다.

(2) 분자의 크기를 비교하면 5>4이므로 $\frac{5}{7}$>$\frac{4}{7}$입니다.

17 분자의 크기를 비교하면 9>7이므로 $\frac{9}{10}$>$\frac{7}{10}$입니다.

➜ 가지고 있는 리본의 길이가 더 긴 사람: 민희

---

2 (1) 전체를 똑같이 3으로 나눈 것 중의 1만큼 색칠합니다.
(2) 전체를 똑같이 6으로 나눈 것 중의 1만큼 색칠합니다.

4 $\frac{1}{7}$이 6개이면 $\frac{6}{7}$이고, $\frac{1}{9}$이 7개이면 $\frac{7}{9}$입니다.

7 분수만큼 색칠한 후 색칠한 부분을 비교하면 $\frac{1}{6}$이 $\frac{1}{3}$보다 더 좁으므로 $\frac{1}{6}$<$\frac{1}{3}$입니다.

참고
전체를 똑같이 분모만큼 나눈 것 중 하나의 크기는 분모가 클수록 작아집니다.
➜ 단위분수 $\frac{1}{▲}$은 분모 ▲가 작을수록 더 큽니다.

8 도형을 똑같이 나누어 주어진 분수만큼 색칠한 후 색칠한 부분을 비교하면 $\frac{1}{4}$이 $\frac{1}{2}$보다 더 좁으므로 $\frac{1}{4}$<$\frac{1}{2}$입니다.

6~8 형성평가 · 141쪽

1 (위에서부터) $\frac{1}{2}$, $\frac{1}{3}$, $\frac{1}{4}$, $\frac{1}{5}$

2 큽니다에 ○표 **3** (1) 4 (2) $\frac{1}{9}$

4 $\frac{2}{8}$, <, $\frac{7}{8}$ **5** (1) < (2) >

6 (위에서부터) $\frac{1}{6}$ / $\frac{5}{6}$ **7** $\frac{1}{8}$

---

2 $\frac{1}{3}$이 $\frac{1}{5}$보다 색칠한 부분이 더 넓으므로 $\frac{1}{3}$이 $\frac{1}{5}$보다 더 큽니다.

4 전체를 똑같이 8로 나눈 것 중의 2는 $\frac{2}{8}$이고, 전체를 똑같이 8로 나눈 것 중의 7은 $\frac{7}{8}$입니다. ➜ $\frac{2}{8}$<$\frac{7}{8}$

5 (1) 분모가 같은 분수의 크기 비교이므로 분자의 크기를 비교합니다. ➡ $2<3$이므로 $\frac{2}{5}<\frac{3}{5}$입니다.

(2) 단위분수의 크기 비교이므로 분모의 크기를 비교합니다. ➡ $6<8$이므로 $\frac{1}{6}>\frac{1}{8}$입니다.

7 단위분수의 분자는 1이므로 (분모)$+1=9$, (분모)$=8$입니다.
➡ 두 사람이 말하는 내용을 모두 만족하는 분수: $\frac{1}{8}$

3 색칠한 부분은 전체를 똑같이 10으로 나눈 것 중의 2이므로 0.2라 쓰고, 영 점 이라고 읽습니다.

5 색칠한 부분은 전체를 똑같이 10으로 나눈 것 중의 7이므로 $\frac{7}{10}=0.7$입니다.

7 (3) 0.2는 $\frac{1}{10}(=0.1)$이 2개인 수입니다.

9 똑같이 10조각으로 나눈 것 중 6조각은 $\frac{6}{10}=0.6$입니다.

10 1과 0.5만큼이므로 1.5라 쓰고 일 점 오라고 읽습니다.

11 2와 0.3만큼이므로 2.3이라 쓰고 이 점 삼이라고 읽습니다.

14 • 1은 0.1이 10개입니다. ➡ ㉠$=10$
• $0.1\left(=\frac{1}{10}\right)$이 68개이면 6.8입니다. ➡ ㉡$=0.1\left(=\frac{1}{10}\right)$

15 1 mm는 0.1 cm입니다.
(1) 1 cm 7 mm$=1$ cm$+0.7$ cm
$=1.7$ cm
(2) 42 mm$=40$ mm$+2$ mm
$=4$ cm$+0.2$ cm$=4.2$ cm

16 5.4는 5와 0.4만큼인 수입니다.

참고
■와 0.▲만큼인 수 ➡ ■.▲

17 주스는 3컵과 0.5컵만큼이므로 3.5컵입니다.

19 3 mm$=0.3$ cm이므로 6 cm 3 mm$=6.3$ cm입니다.

21 1.5는 1과 0.5만큼이고, 1.9는 1과 0.9만큼입니다.
➡ 1.5가 1.9보다 수직선에 나타낸 길이가 더 짧으므로 $1.5<1.9$입니다.

22 (1) 0.1의 개수를 비교하면 $6>2$이므로 $0.6>0.2$입니다.
(2) 0.1의 개수를 비교하면 $24<35$이므로 $2.4<3.5$입니다.

23 0.3은 0.1이 3개, 0.7은 0.1이 7개
➡ $3<7$이므로 $0.3<0.7$입니다.

24 5.8은 0.1이 58개, 2.9는 0.1이 29개
➡ $58>29$이므로 $5.8>2.9$입니다.

26 $4.8>4.7$ $\quad$ $4.8<5.2$ $\quad$ $4.8>0.9$
$\quad\;\;$ $8>7$ $\qquad\quad$ $4<5$ $\qquad\quad$ $4>0$

---

1 STEP 개념별 유형 `142~146쪽`

1 (위에서부터) $\frac{2}{10}$, $\frac{8}{10}$ / 0.5, 0.8

2 (1) $\frac{4}{10}$ (2) 0.4, 영 점 사

3 0.2 / 영 점 이 $\qquad$ **4** $\frac{6}{10}$ / 0.6

5 $\frac{7}{10}$ / 0.7 $\qquad$ **6** (선 잇기)

7 (1) 8 (2) 0.9 (3) 2 $\qquad$ **8** (1) 0.4 (2) 9

9 0.6 $\qquad$ **10** 1.5 / 일 점 오

11 2.3, 이 점 삼 $\qquad$ **12** (1) 34 (2) 2.9

13 (선 잇기) $\qquad$ **14** 10 / $0.1\left(또는 \frac{1}{10}\right)$

15 (1) 1.7 (2) 4.2 $\qquad$ **16** 0.4

17 3.5컵 $\qquad$ **18** 1.2, 2.6

19 6.3 cm $\qquad$ **20** 작습니다에 ◯표

21 예) 1.5 ┠─────────────┨ / $<$
$\qquad$ 0 $\quad$ 1 $\quad$ 2
$\quad$ 1.9 ┠─────────────┨
$\qquad$ 0 $\quad$ 1 $\quad$ 2

22 (1) 2 / $>$ (2) 24 / $<$

23 (△)( ) $\qquad$ **24** ( )(△)

25 ( )(◯) $\qquad$ **26** 5.2

27 공원 $\qquad$ **28** 5월

29 ㉡ $\qquad$ **30** 민재

31 ㉡, ㉠, ㉢

27 1.2<2.3이므로 은정이네 집에서 더 가까운 곳은 공원입니다.

28 1.7<2.8<3.4이므로 비가 가장 적게 내린 달은 5월입니다.

29 ㉠은 0.6이고 ㉡은 0.8입니다.
➡ 0.6<0.8
   └6<8┘

30 소윤: 3과 0.2만큼은 3.2입니다.
민재: 0.1이 29개이면 2.9입니다.
➡ 3.2>2.9이므로 더 작은 수를 말한 사람은 민재입니다.

31 나타내는 수를 각각 소수로 쓰면 ㉠ 8.4, ㉡ 9.1, ㉢ 5.7입니다. ➡ ㉡ 9.1>㉠ 8.4>㉢ 5.7

❾~❿ 형성평가　147쪽

1 0.7 / 영 점 칠
2 (왼쪽부터) 삼 점 팔 / 6.3 / 일 점 구
3 5.7 cm　　　**4** (1) <　(2) >
5 (1) 2.4　(2) 7.9　　**6** ㉢
7 11　　　　　**8** 소라

---

1 0.1이 7개인 수는 0.7이라 쓰고 영 점 칠이라고 읽습니다.

3 5 cm보다 7 mm 더 깁니다.
➡ 5 cm와 0.7 cm이므로 5.7 cm입니다.

4 (1) 0.5<0.6　　(2) 3.4>1.8
   └5<6┘　　　└3>1┘

5 1 mm는 0.1 cm입니다.
(1) 2 cm 4 mm=2 cm+0.4 cm
　　　　　　　=2.4 cm
(2) 79 mm=70 mm+9 mm
　　　　　=7 cm+0.9 cm=7.9 cm

6 ㉠ 4.5　㉡ 4.5　㉢ 5.4
따라서 나타내는 수가 다른 하나는 ㉢입니다.

7 • 0.1이 8개이면 0.8입니다. ➡ ㉠=8
　• $\frac{1}{10}$(=0.1)이 3개이면 0.3입니다. ➡ ㉡=3
따라서 ㉠+㉡=8+3=11입니다.

8 0.9<1.1이므로 더 멀리 뛴 사람은 소라입니다.

---

2 STEP 꼬리를 무는 유형　148~151쪽

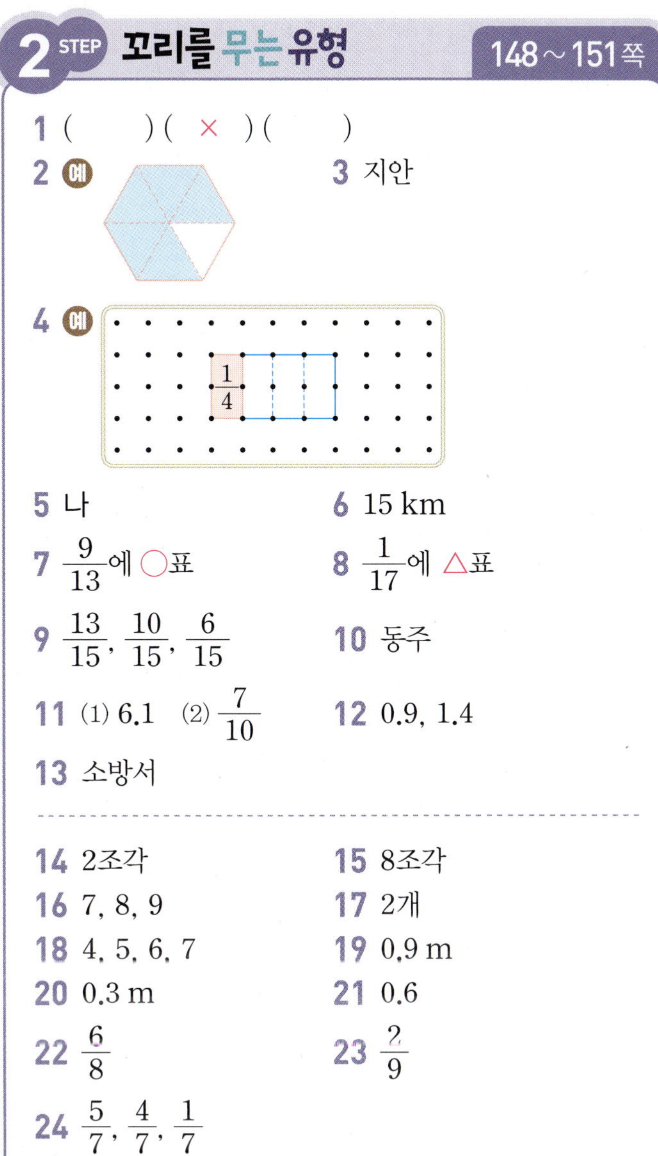

1 (　　) (×) (　　)
2 예
3 지안
4 예

5 나　　　　　　　**6** 15 km
7 $\frac{9}{13}$에 ◯표　　**8** $\frac{1}{17}$에 △표
9 $\frac{13}{15}$, $\frac{10}{15}$, $\frac{6}{15}$　　**10** 동주
11 (1) 6.1　(2) $\frac{7}{10}$　**12** 0.9, 1.4
13 소방서

---

14 2조각　　　　**15** 8조각
16 7, 8, 9　　　**17** 2개
18 4, 5, 6, 7　　**19** 0.9 m
20 0.3 m　　　　**21** 0.6
22 $\frac{6}{8}$　　　　　**23** $\frac{2}{9}$
24 $\frac{5}{7}$, $\frac{4}{7}$, $\frac{1}{7}$

1 첫 번째와 세 번째 그림에서 색칠한 부분은 전체를 똑같이 3으로 나눈 것 중의 1이므로 $\frac{1}{3}$입니다.
두 번째 그림에서 색칠한 부분은 전체를 똑같이 5로 나눈 것 중의 1이므로 $\frac{1}{5}$입니다.

2 보기 에서 색칠한 부분은 전체를 똑같이 6으로 나눈 것 중의 5이므로 $\frac{5}{6}$입니다.
따라서 전체를 똑같이 6으로 나눈 것 중의 5만큼 색칠합니다.

3 은우, 현서: 색칠한 부분은 전체를 똑같이 8로 나눈 것 중의 3이므로 $\frac{3}{8}$입니다.
지안: 색칠한 부분은 전체를 똑같이 9로 나눈 것 중의 3이므로 $\frac{3}{9}$입니다.

4 부분이 $\frac{1}{4}$이고, $\frac{1}{4}$이 4개이면 전체이므로 $\frac{1}{4}$을 3개 더 붙여 그립니다.

5 나는 전체를 똑같이 3으로 나누었습니다.

6 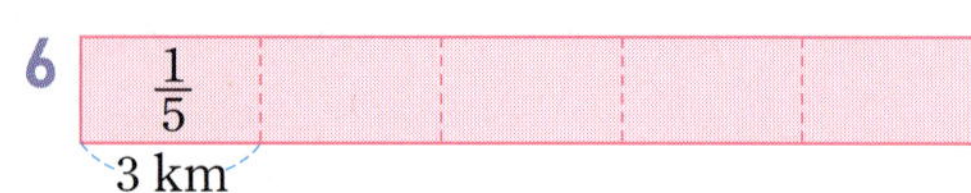

전체의 $\frac{1}{5}$만큼의 거리가 3 km이면 전체 거리는 3 km의 5배입니다.

➡ 집에서 체육관까지의 거리: $3 \times 5 = 15$ (km)

7 분모가 같은 분수의 크기 비교이므로 분자의 크기를 비교합니다.

➡ $9 > 8 > 5$이므로 $\frac{9}{13} > \frac{8}{13} > \frac{5}{13}$입니다.

8 단위분수의 크기 비교이므로 분모의 크기를 비교합니다.

➡ $17 > 12 > 8$이므로 $\frac{1}{17} < \frac{1}{12} < \frac{1}{8}$입니다.

9 분자의 크기를 비교하면 $13 > 10 > 6$이므로

$\frac{13}{15} > \frac{10}{15} > \frac{6}{15}$입니다.

10 분모의 크기를 비교하면 $4 > 3 > 2$이므로 $\frac{1}{4} < \frac{1}{3} < \frac{1}{2}$

입니다. 따라서 태양열 자동차가 간 거리가 가장 짧은 사람은 동주입니다.

11 (1) $\frac{2}{10} = 0.2$ ➡ $6.1 > 0.8 > 0.2$

(2) $\frac{7}{10} = 0.7$, $\frac{5}{10} = 0.5$ ➡ $0.7 > 0.5 > 0.3$

12 $\frac{6}{10} = 0.6$

➡ $0.6 < 0.9$, $0.6 > 0.5$, $0.6 < 1.4$이므로 0.6보다 더 큰 소수는 0.9, 1.4입니다.

13 $\frac{9}{10} = 0.9$, $\frac{4}{10} = 0.4$

➡ $0.4 < 0.9 < 1.2$이므로 연준이네 집에서 가장 먼 곳은 소방서입니다.

14 똑같이 8조각으로 나누어 전체의 $\frac{1}{4}$만큼 먹었으므로 먹은 조각의 수는 전체를 4로 나눈 것 중의 1인 2조각입니다.

15 똑같이 10조각으로 나누어 전체의 $\frac{1}{5}$만큼 먹었으므로 먹은 조각의 수는 전체를 5로 나눈 것 중의 1인 2조각

입니다.

따라서 민우가 먹고 남은 시루떡은 $10 - 2 = 8$(조각)입니다.

16 소수점 왼쪽에 있는 수가 같으므로 소수점 오른쪽에 있는 수의 크기를 비교하면 $6 < \square$이어야 합니다.

따라서 $\square$ 안에 들어갈 수 있는 수는 7, 8, 9입니다.

> **참고**
>
> 소수점 왼쪽에 있는 수가 같으면 소수점 오른쪽에 있는 수가 클수록 더 큽니다.

17 소수점 오른쪽에 있는 수의 크기를 비교하면 $3 < 5$이므로 $\square$ 안에 들어갈 수 있는 수는 8과 같거나 8보다 커야 합니다.

따라서 $\square$ 안에 들어갈 수 있는 수는 8, 9이므로 모두 2개입니다.

18 소수점 왼쪽에 있는 수가 같으므로 소수점 오른쪽에 있는 수의 크기를 비교하면 $3 < \square < 8$이어야 합니다.

따라서 $\square$ 안에 들어갈 수 있는 수는 4, 5, 6, 7입니다.

19 1 m를 똑같이 10도막으로 나눈 것 중의 한 도막은 0.1 m이고, 남은 리본은 $10 - 1 = 9$(도막)이므로 0.9 m입니다.

20 남은 색 테이프는 $10 - 7 = 3$(도막)이므로 0.3 m입니다.

21 남은 찰흙은 $10 - 3 - 1 = 6$(도막)이므로 전체의 0.6입니다.

22 분모가 8인 분수의 크기가 가장 크려면 분자에 가장 큰 수를 놓아야 합니다.

수 카드의 수의 크기를 비교하면 $6 > 5 > 3$이므로 만들 수 있는 가장 큰 분수는 $\frac{6}{8}$입니다.

> **참고**
>
> 분모가 같은 분수는 분자가 클수록 더 큽니다.

23 분모가 9인 분수의 크기가 가장 작으려면 분자에 가장 작은 수를 놓아야 합니다.

수 카드의 수의 크기를 비교하면 $2 < 4 < 7$이므로 만들 수 있는 가장 작은 분수는 $\frac{2}{9}$입니다.

24 분모가 7인 분수를 큰 수부터 차례로 쓰려면 분자에 큰 수부터 차례로 놓아야 합니다.

수 카드의 수의 크기를 비교하면 $5 > 4 > 1$이므로 만들 수 있는 분수를 큰 분수부터 차례로 쓰면 $\frac{5}{7}$, $\frac{4}{7}$, $\frac{1}{7}$입니다.

3 STEP 수학 독해력 유형 152~155쪽

독해력 1 ❶ 0.7 ❷ 0.8, 0.9
답 0.8, 0.9

쌍둥이 1-1 답 0.1, 0.2

쌍둥이 1-2 답 0.6, 0.7

독해력 2 ❶ < / 5, 6 ❷ < / 1, 2 ❸ 5
답 5

쌍둥이 2-1 답 4

독해력 3 ❶ 9, 6, 5, 4 ❷ 9, 6 / 9.6 ❸ 4, 5 / 4.5
답 9.6 / 4.5

쌍둥이 3-1 답 7.3 / 1.2

독해력 4 ❶ 1 ❷ $\frac{1}{2}, \frac{1}{3}, \frac{1}{4}, \frac{1}{5}$ ❸ $\frac{1}{4}, \frac{1}{5}$
답 $\frac{1}{4}, \frac{1}{5}$

쌍둥이 4-1 답 $\frac{1}{6}, \frac{1}{7}$

쌍둥이 1-1 ❶ $\frac{3}{10}$ 을 소수로 나타내기: 0.3

❷ 위 ❶에서 구한 소수보다 작은 소수: 0.1, 0.2

쌍둥이 1-2 ❶ $\frac{5}{10}$ 를 소수로 나타내기: 0.5

$\frac{8}{10}$ 을 소수로 나타내기: 0.8

❷ 0.5보다 크고 0.8보다 작은 소수: 0.6, 0.7

쌍둥이 2-1 ❶ $\frac{\triangle}{11} < \frac{5}{11}$ 이므로 ▲<5입니다.
➡ ▲에 알맞은 수: 1, 2, 3, 4

❷ 4.3<4.▲이므로 3<▲입니다.
➡ ▲에 알맞은 수: 4, 5, 6, 7, 8, 9

❸ ▲에 공통으로 들어갈 수 있는 수: 4

쌍둥이 3-1 ❶ 수 카드의 수의 크기 비교: 7>3>2>1

❷ 가장 큰 소수 ■.▲는 ■에 가장 큰 수 7, ▲에 두 번째로 큰 수 3을 놓아 만듭니다. ➡ 7.3

❸ 가장 작은 소수 ■.▲는 ■에 가장 작은 수 1, ▲에 두 번째로 작은 수 2를 놓아 만듭니다. ➡ 1.2

쌍둥이 4-1 ❶ 단위분수: 분자가 1인 분수

❷ $\frac{1}{5}$ 보다 작은 단위분수: $\frac{1}{6}, \frac{1}{7}, \frac{1}{8}, \frac{1}{9}, \cdots$

❸ 위 ❷에서 구한 단위분수 중 분모가 8보다 작은 분수:
$\frac{1}{6}, \frac{1}{7}$

유형 TEST 156~159쪽

1 (   ) (   ) (◯)

2 4, 2, $\frac{2}{4}$ 3 $\frac{4}{10}$ / 0.4

4 예 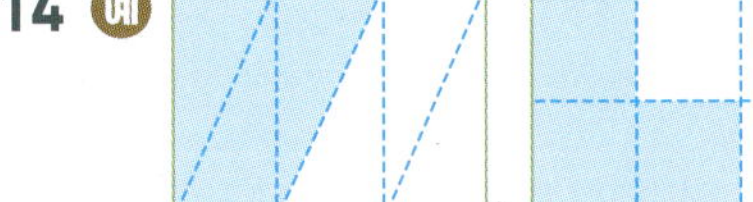   5 나

6 (선 잇기)   7 $\frac{3}{7}$ / $\frac{4}{7}$

8 ⑴ 3   ⑵ 6   9 ㉠
10 >   11 ㉢
12 건우   13 3.7 cm

---

14 예 (그림) ,

15 $\frac{1}{9}$ 에 ◯표   16 7
17 1, 2   18 2개
19 2조각   20 0.5
21 (선 잇기)   22 $\frac{1}{2}, \frac{1}{3}, \frac{1}{4}$

23 예 ❶ ㉠ 0.1이 49개: 4.9

❷ ㉡ $\frac{1}{10}$ 이 42개 ➡ 0.1이 42개: 4.2

❸ 4.9>4.2이므로 더 작은 수는 ㉡입니다.
답 ㉡

24 예 ❶ 소수점 왼쪽에 있는 수가 같으므로 소수점 오른쪽에 있는 수의 크기를 비교하면 6<□이어야 합니다.

❷ □ 안에 들어갈 수 있는 수는 7, 8, 9이므로 모두 3개입니다.
답 3개

25 예 ❶ 분모가 6인 분수의 크기가 가장 크려면 분자에 가장 큰 수를 놓아야 합니다.

❷ 수 카드의 수의 크기를 비교하면 5>3>2이므로 만들 수 있는 가장 큰 분수는 $\frac{5}{6}$ 입니다.
답 $\frac{5}{6}$

1 나누어진 조각의 모양과 크기가 같은 도형을 찾으면 세 번째 도형입니다.

3 색칠한 부분은 전체를 똑같이 10으로 나눈 것 중의 4이 므로 $\frac{4}{10}$＝0.4입니다.

4 전체를 똑같이 8로 나눈 것 중의 7만큼 색칠합니다.

6 부분을 보고 전체를 완성하면 다음과 같습니다.

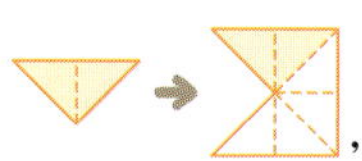, 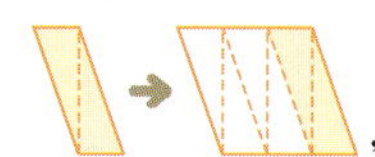, 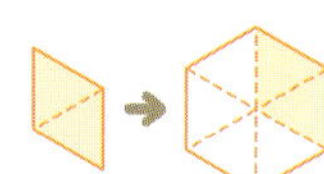

참고

부분 $\frac{2}{■}$는 $\frac{1}{■}$이 2개이고, 전체는 $\frac{1}{■}$이 ■개 있어야 합니다.

7 색칠한 부분은 전체를 똑같이 7로 나눈 것 중의 3이므 로 $\frac{3}{7}$이고, 색칠하지 않은 부분은 전체를 똑같이 7로 나눈 것 중의 4이므로 $\frac{4}{7}$입니다.

9 ⓒ 7 cm＝70 mm

10 분모가 9로 같으므로 분자의 크기를 비교합니다.
➜ 5＞2이므로 $\frac{5}{9}$＞$\frac{2}{9}$입니다.

11 ㉠ 5.3　　ⓒ 3.5　　ⓒ 5.3
따라서 나타내는 수가 다른 하나는 ⓒ입니다.

12 0.9＞0.8이므로 사용한 철사의 길이가 더 긴 사람은 건우입니다.

13 지우개의 길이는 1 cm가 3번, 1 mm가 7번이므로 3 cm와 7 mm입니다.
➜ 3 cm 7 mm＝3.7 cm

14 $\frac{3}{6}$은 전체를 똑같이 6으로 나눈 것 중의 3이므로 사각 형을 똑같이 6으로 나눈 후 3만큼 색칠합니다.

15 분모의 크기를 비교하면 9＜10＜13이므로 $\frac{1}{9}$＞$\frac{1}{10}$＞$\frac{1}{13}$입니다.

16 • $\frac{2}{7}$는 $\frac{1}{7}$이 2개이므로 ㉠＝2입니다.
• $\frac{5}{8}$는 $\frac{1}{8}$이 5개이므로 ⓒ＝5입니다.
➜ ㉠＋ⓒ＝2＋5＝7

17 분모가 같으므로 분자의 크기를 비교하면 □＜3이어야 합니다.
따라서 □ 안에 들어갈 수 있는 수는 1, 2입니다.

18 분모가 10인 분수 중에서 $\frac{4}{10}$보다 크고 $\frac{9}{10}$보다 작은 분수의 분자는 4보다 크고 9보다 작아야 합니다.
따라서 조건을 만족하는 분수를 찾으면 $\frac{7}{10}$, $\frac{5}{10}$이므 로 모두 2개입니다.

19 똑같이 4조각으로 나누어 전체의 $\frac{1}{2}$만큼 먹었으므로 먹은 조각의 수는 전체를 2로 나눈 것 중의 1인 2조각 입니다.

20 전체를 똑같이 10칸으로 나누었으므로 한 칸은 0.1입 니다.
깻잎과 상추를 심고 남은 칸은 10－2－3＝5(칸)이므 로 토마토를 심은 텃밭은 전체의 0.5입니다.

21 매미의 몸길이가 가장 길고, 벌의 몸길이가 가장 짧습 니다.
➜ 19 mm＝1.9 cm이므로
2.8 cm＞2.1 cm＞1.9 cm입니다.
　매미　　거미　　　벌

22 $\frac{1}{8}$보다 큰 단위분수: $\frac{1}{2}$, $\frac{1}{3}$, $\frac{1}{4}$, $\frac{1}{5}$, $\frac{1}{6}$, $\frac{1}{7}$
위에서 구한 단위분수 중 분모가 5보다 작은 분수:
$\frac{1}{2}$, $\frac{1}{3}$, $\frac{1}{4}$

23

채점 기준		
❶ ㉠이 나타내는 수를 구함.	1점	
❷ ⓒ이 나타내는 수를 구함.	1점	4점
❸ 더 작은 수의 기호를 씀.	2점	

24

채점 기준		
❶ 소수의 크기를 비교하는 방법을 알고 □의 범위를 구함.	2점	
❷ □ 안에 들어갈 수 있는 수는 모두 몇 개인 지 구함.	2점	4점

25

채점 기준		
❶ 가장 큰 분수를 만드는 방법을 알고 있음.	1점	
❷ 수 카드의 수의 크기를 비교하여 만들 수 있 는 가장 큰 분수를 구함.	3점	4점

1. 덧셈과 뺄셈

1 응용력 향상 집중 연습 — 2쪽

1 163, 282	**2** 547, 335
3 658, 405	**4** 775, 461
5 368, 759	**6** 914, 475

1 일의 자리의 계산 결과가 5인 경우를 찾으면 163과 262, 163과 282입니다.
- $163+262=425(\times)$　• $163+282=445(\bigcirc)$

2 일의 자리의 계산 결과가 2인 경우를 찾으면 325와 547, 547과 335입니다.
- $325+547=872(\times)$　• $547+335=882(\bigcirc)$

3 일의 자리의 계산 결과가 3인 경우를 찾으면 405와 658, 658과 415입니다.
- $658-405=253(\bigcirc)$　• $658-415=243(\times)$

4 일의 자리의 계산 결과가 4인 경우를 찾으면 461과 167, 461과 775입니다.
- $461-167=294(\times)$　• $775-461=314(\bigcirc)$

5 일의 자리의 계산 결과가 7인 경우를 찾으면 574와 643, 368과 759입니다.
- $574+643=1217(\times)$　• $368+759=1127(\bigcirc)$

6 일의 자리의 계산 결과가 9인 경우를 찾으면 914와 855, 914와 475, 426과 855, 426과 475입니다.
- $914-855=59(\times)$　• $914-475=439(\bigcirc)$
- $855-426=429(\times)$　• $475-426=49(\times)$

1 응용력 향상 집중 연습 — 3쪽

1 (왼쪽부터) 622 / 788

2 (왼쪽부터) 573 / 260 / 490

3 (왼쪽부터) 1185 / 567 / 691

4 (왼쪽부터) 364 / 511 / 402

5 (왼쪽부터) 445 / 440 / 708

6 (왼쪽부터) 635 / 559 / 761

2 $495-235=260,\ 654-164=490$
$972-164-235=808-235=573$

3 $372+195=567,\ 249+442=691$
$548+442+195=990+195=1185$

4 $942-421-119=521-119=402$
$785-421=364,\ 630-119=511$

5 $538+297-127=835-127=708$
$362+297-219=659-219=440$
$791-127-219=664-219=445$

6 $247+376+138=623+138=761$
$730-309+138=421+138=559$
$568-309+376=259+376=635$

1 응용력 향상 집중 연습 — 4쪽

1 674	**2** 798	**3** 693
4 687	**5** 108	**6** 164
7 187	**8** 185	

1 $\square-324+472-122-796-122-674$

2 $\square=485+493-180=978-180=798$

3 $\square=523+385-215=908-215=693$

4 $\square=397+485-195=882-195=687$

5 $\square=312+433-637=745-637=108$

6 $\square=513+315-664=828-664=164$

7 $\square=483+495-791=978-791=187$

8 $\square=453+530-798=983-798=185$

1 응용력 향상 집중 연습 — 5쪽

1 $472+403=875$	**2** $613-281=332$
3 $718+597=1315$	**4** $711-193=518$
5 $585+404=989\ /\ 585-194=391$	
6 $735+559=1294\ /\ 735-159=576$	

1 가장 큰 수: 472, 두 번째로 큰 수: 403
➡ $472+403=875$

> **참고**
> 합이 가장 크려면 가장 큰 수와 두 번째로 큰 수를 더해야 합니다.

2 가장 큰 수: 613, 가장 작은 수: 281
➡ $613-281=332$

> **참고**
> 차가 가장 크려면 가장 큰 수에서 가장 작은 수를 빼야 합니다.

3 가장 큰 수: 718, 두 번째로 큰 수: 597
➡ $718+597=1315$

4 가장 큰 수: 711, 가장 작은 수: 193
➡ $711-193=518$

5 $585>404>339>194$
➡ 합이 가장 큰 식: $585+404=989$
차가 가장 큰 식: $585-194=391$

6 $735>559>185>159$
➡ 합이 가장 큰 식: $735+559=1294$
차가 가장 큰 식: $735-159=576$

단원 1 창의·융합·코딩 학습   6~7쪽

코딩 **1** ❶ 1072 ❷ 1139
창의 **2** ❶ 559 ❷ 789 ❸ 572

코딩 **1** ❶ $438-115=323$, $323+432=755$(네 자리 수가 아닙니다.)
$755-115=640$, $640+432=1072$(네 자리 수입니다.)
❷ $395-208=187$, $187+456=643$(네 자리 수가 아닙니다.)
$643-208=435$, $435+456=891$(네 자리 수가 아닙니다.)
$891-208=683$, $683+456=1139$(네 자리 수입니다.)

창의 **2** ❶ $437+122=559$(킬로칼로리)
❷ $304+485=789$(킬로칼로리)
❸ $218+218+136=436+136=572$(킬로칼로리)

---

2. 평면도형

단원 2 응용력 향상 집중 연습   8쪽

1 6개	**2** 10개	**3** 10개
4 15개	**5** 12개	**6** 20개

1  두 점을 이어서 그을 수 있는 선분은 모두 6개입니다.

2 두 점을 이어서 그을 수 있는 선분은 모두 10개입니다.

3 두 점을 이어서 그을 수 있는 직선은 모두 10개입니다.

4 두 점을 이어서 그을 수 있는 직선은 모두 15개입니다.

5 점 한 개에서 3개씩 반직선을 그을 수 있으므로 모두 12개 그을 수 있습니다.

6 점 한 개에서 4개씩 반직선을 그을 수 있으므로 모두 20개 그을 수 있습니다.

단원 2 응용력 향상 집중 연습   9쪽

1 15	**2** 16	**3** 16
4 20	**5** 50	**6** 28

1 $\square+10+\square+10=50$, $\square+\square=30$ ➡ $\square=15$

2 $12+\square+12+\square=56$, $\square+\square=32$ ➡ $\square=16$

3 $\square+\square+\square+\square=64$ ➡ $\square=16$

4 $\square+\square+\square+\square=80$ ➡ $\square=20$

5 $\square+25+\square+25=150$, $\square+\square=100$ ➡ $\square=50$

6 $42+\square+42+\square=140$, $\square+\square=56$ ➡ $\square=28$

단원
2 응용력 향상 집중 연습 10쪽

| 1 5개 | 2 8개 | 3 9개 |
| 4 8개 | 5 8개 | 6 14개 |

1 직각삼각형 1개짜리: 4개, 직각삼각형 4개짜리: 1개
➡ $4+1=5$(개)

2 정사각형 1개짜리: 6개, 정사각형 4개짜리: 2개
➡ $6+2=8$(개)

3 직사각형 1개짜리: 4개, 직사각형 2개짜리: 4개
직사각형 4개짜리: 1개
➡ $4+4+1=9$(개)

4 직사각형 1개짜리: 4개, 직사각형 2개짜리: 3개
직사각형 3개짜리: 1개
➡ $4+3+1=8$(개)

5 직각삼각형 1개짜리: 4개, 직각삼각형 2개짜리: 4개
➡ $4+4=8$(개)

6 정사각형 1개짜리: 9개, 정사각형 4개짜리: 4개
정사각형 9개짜리: 1개
➡ $9+4+1=14$(개)

단원
2 응용력 향상 집중 연습 11쪽

| 1 52 cm | 2 58 cm | 3 80 cm |
| 4 70 cm | 5 68 cm | 6 76 cm |

1 굵은 선의 길이는 긴 변의 길이가 $10+6=16$ (cm), 짧은 변의 길이가 10 cm인 직사각형의 네 변의 길이의 합과 같습니다. ➡ $16+10+16+10=52$ (cm)

2 굵은 선의 길이는 긴 변의 길이가 $5+12=17$ (cm), 짧은 변의 길이가 12 cm인 직사각형의 네 변의 길이의 합과 같습니다. ➡ $17+12+17+12=58$ (cm)

5 굵은 선의 길이는 긴 변의 길이가 $10+8+6=24$ (cm), 짧은 변의 길이가 10 cm인 직사각형의 네 변의 길이의 합과 같습니다.
➡ $24+10+24+10=68$ (cm)

6 굵은 선의 길이는 긴 변의 길이가 $7+13+5=25$ (cm), 짧은 변의 길이가 13 cm인 직사각형의 네 변의 길이의 합과 같습니다.
➡ $25+13+25+13=76$ (cm)

단원
2 창의·융합·코딩 학습 12~13쪽

창의 1 ❶

❷

융합 2 ❶ 4개   ❷ 8개

융합 2 ❶
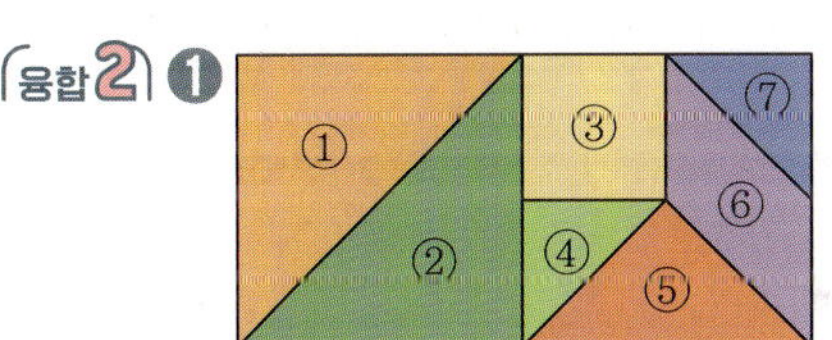

도형 1개짜리: ③ → 1개
도형 2개짜리: ①+② → 1개
도형 5개짜리: ③+④+⑤+⑥+⑦ → 1개
도형 7개짜리: ①+②+③+④+⑤+⑥+⑦ → 1개
➡ $1+1+1+1=4$(개)

❷
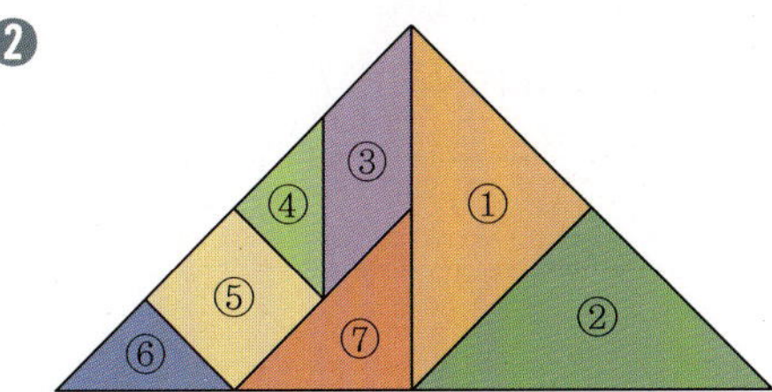

도형 1개짜리: ①, ②, ④, ⑥, ⑦ → 5개
도형 2개짜리: ①+② → 1개
도형 5개짜리: ③+④+⑤+⑥+⑦ → 1개
도형 7개짜리: ①+②+③+④+⑤+⑥+⑦ → 1개
➡ $5+1+1+1=8$(개)

3. 나눗셈

단원 3 응용력 향상 집중 연습 14쪽

1
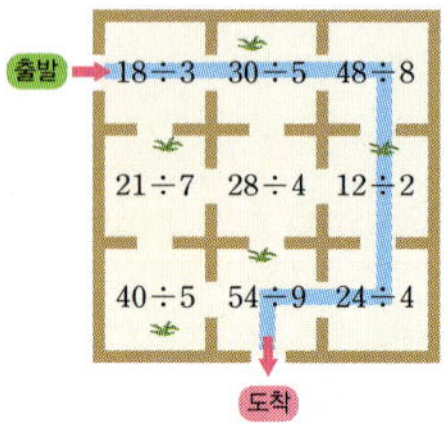

2
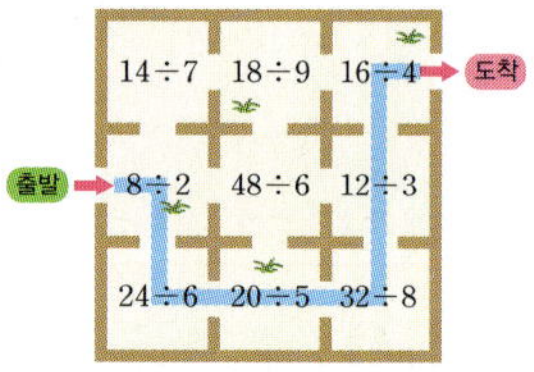

3
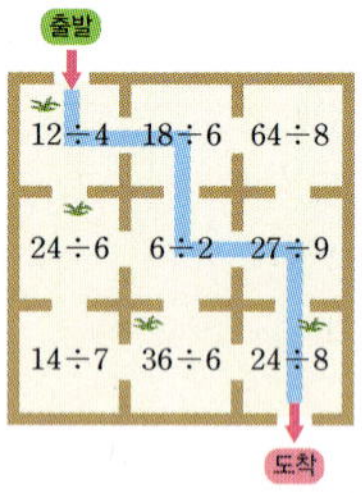

4

5
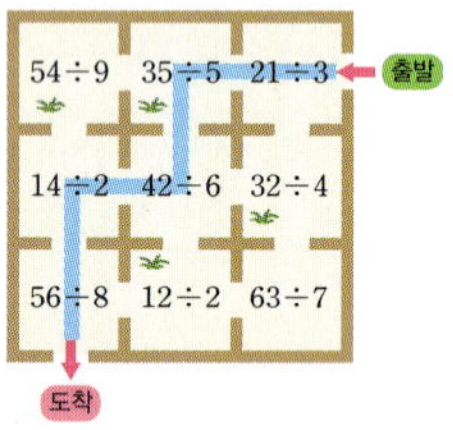

6
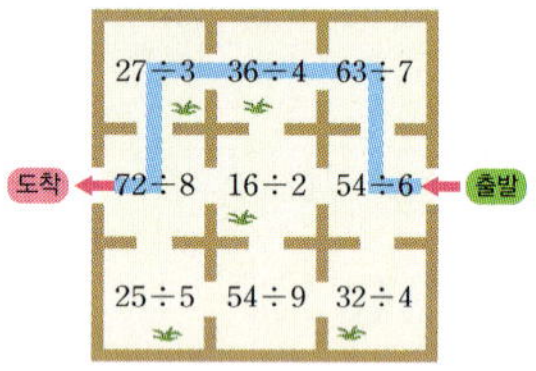

1 18÷3=6이므로 몫이 6인 나눗셈을 찾습니다.

단원 3 응용력 향상 집중 연습 15쪽

1 4×8=32 / 8×4=32 / 32÷4=8 / 32÷8=4
2 3×9=27 / 9×3=27 / 27÷3=9 / 27÷9=3
3 5×6=30 / 6×5=30 / 30÷5=6 / 30÷6=5
4 6×7=42 / 7×6=42 / 42÷6=7 / 42÷7=6
5 7×8=56 / 8×7=56 / 56÷7=8 / 56÷8=7
6 7×9=63 / 9×7=63 / 63÷7=9 / 63÷9=7

단원 3 응용력 향상 집중 연습 16쪽

1 5개 **2** 7개 **3** 8개
4 6개 **5** 8개 **6** 9개

2 주어진 모양 한 개를 만드는 데 필요한 성냥개비의 수: 5개 ➔ 35÷5=7(개) 만들 수 있습니다.

3 주어진 모양 한 개를 만드는 데 필요한 성냥개비의 수: 6개 ➔ 48÷6=8(개) 만들 수 있습니다.

4 주어진 모양 한 개를 만드는 데 필요한 성냥개비의 수: 7개 ➔ 42÷7=6(개) 만들 수 있습니다.

5 주어진 모양 한 개를 만드는 데 필요한 성냥개비의 수: 8개 ➔ 64÷8=8(개) 만들 수 있습니다.

6 주어진 모양 한 개를 만드는 데 필요한 성냥개비의 수: 9개 ➔ 81÷9=9(개) 만들 수 있습니다.

단원 3 응용력 향상 집중 연습 17쪽

1 4 / 2 **2** 6 / 3 **3** 9 / 3
4 4 / 36 **5** 6 / 24 **6** 8 / 40

1 8−4−4=0에서 ●=4
4÷2=2에서 ▲=2

2 12−6−6=0에서 ▲=6
6÷2=3에서 ■=3

3 27−9−9−9=0에서 ■=9
9÷3=3에서 ●=3

4 16−4−4−4−4=0에서 ♥=4
★÷9=4에서 ★=9×4=36이므로 ★=36

5 30−6−6−6−6−6=0에서 ▲=6
♥÷4=6에서 ♥=4×6=24이므로 ♥=24

6 48−8−8−8−8−8−8=0에서 ★=8
◆÷5=8에서 ◆=5×8=40이므로 ◆=40

단원 3 창의·융합·코딩 학습 18~19쪽

코딩 1 ❶ 14 ❷ 5 ❸ 7 ❹ 23
창의 2 ❶ 해설 참고 ❷ 해설 참고

코딩 1
규칙을 찾아보면 어떤 수를 3으로 똑같이 나누었을 때 나누어지면 그 몫이 나오고, 3으로 똑같이 나누어지지 않으면 어떤 수가 그대로 나옵니다.

- 14는 3으로 똑같이 나눌 수 없으므로 14가 그대로 출력됩니다.
- 15는 15÷3=5이므로 5가 출력됩니다.
- 21은 21÷3=7이므로 7이 출력됩니다.
- 23은 3으로 똑같이 나눌 수 없으므로 23이 그대로 출력됩니다.

창의 2

❶ 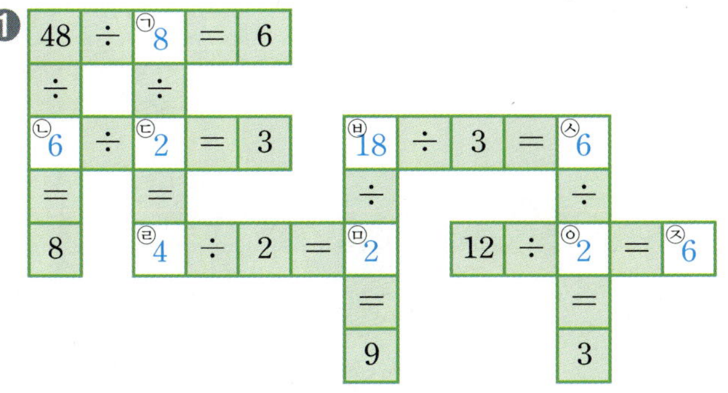

- 48÷㉠=6에서 ㉠×6=48, ㉠=8
- 48÷㉡=8에서 ㉡×8=48, ㉡=6
- 6÷㉢=3에서 ㉢×3=6, ㉢=2
- 8÷2=4, ㉣=4
- 4÷2=2에서 ㉤=2
- ㉥ : 2=9에서 9×2=㉥, ㉥=18
- 18÷3=6에서 ㉦=6
- 6÷㉧=3에서 ㉧×3=6, ㉧=2
- 12÷2=6에서 ㉨=6

❷ 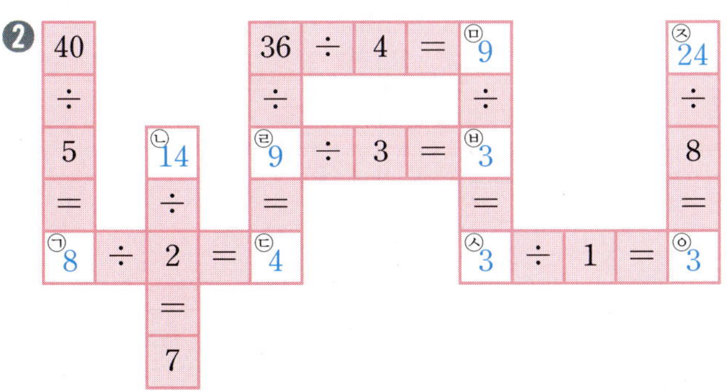

- 40÷5=8에서 ㉠=8
- ㉡÷2=7에서 2×7=㉡, ㉡=14
- 8÷2=4에서 ㉢=4
- 36÷㉣=4에서 ㉣×4=36, ㉣=9
- 36÷4=9에서 ㉤=9
- 9÷3=3에서 ㉥=3
- 9÷3=3에서 ㉦=3
- 3÷1=3에서 ㉧=3
- ㉨÷8=3에서 8×3=㉨, ㉨=24

단원 4 응용력 향상 집중 연습 　20쪽

1 12×4에 색칠　　**2** 27×5에 색칠
3 39×6에 색칠　　**4** 91×4에 색칠
5 20×6에 색칠　　**6** 54×8에 색칠

3 26×9=234
　28×8=224, 39×6=234, 61×4=244

5 30×4=120
　18×5=90, 20×6=120, 25×6=150

6 48×9=432
　54×8=432, 66×7=462, 74×3=222

단원 4 응용력 향상 집중 연습 　21쪽

1 30, 60
2 (위에서부터) 105, 63 / 3
3 (위에서부터) 112, 96 / 6
4 (위에서부터) 120 / 180 / 9
5 (위에서부터) 231 / 66 / 2

2 원에 적힌 두 수를 곱하면 사각형에 적힌 수가 됩니다.

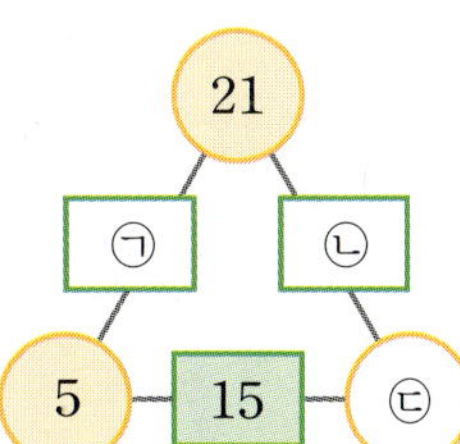

- 21×5=㉠, ㉠=105
- 5×㉡=15, ㉡=3
- 21×3=㉡, ㉡=63

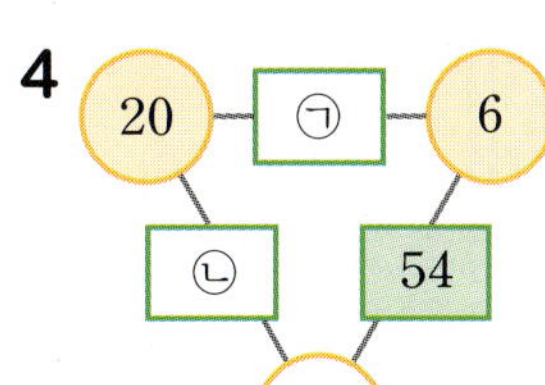

- 20×6=㉠, ㉠=120
- 6×㉡=54, ㉡=9
- 20×9=㉡, ㉡=180

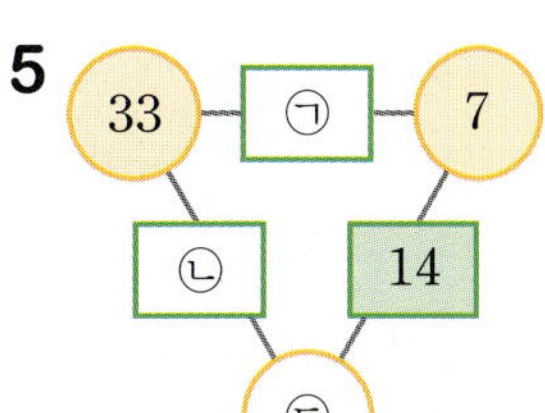

- 33×7=㉠, ㉠=231
- 7×㉡=14, ㉡=2
- 33×2=㉡, ㉡=66

4 응용력 향상 집중 연습   22쪽

1 $62 \times 2 = 124$	**2** $23 \times 3 = 69$
3 $14 \times 7 = 98$	**4** $36 \times 6 = 216$
5 $16 \times 5 = 80$	**6** $58 \times 4 = 232$
7 $75 \times 3 = 225$	**8** $47 \times 9 = 423$

1 곱하는 두 수를 먼저 고른 후 알맞은 곱셈 결과를 찾아봅니다.

$$62 \times 2 = 124$$

2 $23 \times 3 = 69(\bigcirc)$, $69 \times 3 = 207(\times)$, $96 \times 3 = 288(\times)$

5 $15 \times 5 = 75(\times)$, $16 \times 5 = 80(\bigcirc)$, $55 \times 5 = 275(\times)$, $80 \times 5 = 400(\times)$

8 $47 \times 8 = 376(\times)$, $47 \times 9 = 423(\bigcirc)$

4 응용력 향상 집중 연습   23쪽

1 9	**2** 2	**3** 2 / 7
4 3 / 6	**5** 5 / 8	**6** 6 / 9

1 ・일의 자리의 계산:

　㉠ $\times 2$에서 일의 자리 수가 8이 되려면 ㉠$=4$ 또는 ㉠$=9$입니다.

・십의 자리의 계산:

　㉠$=4$이면 $44 \times 2 = 88(\times)$
　㉠$=9$이면 $49 \times 2 = 98(\bigcirc)$

2 ・일의 자리의 계산:

　$4 \times 6 = 24$이므로 십의 자리로 24의 2를 올림합니다.

・십의 자리의 계산:

　2를 올림했으므로 ㉠ $\times 6 = 12$, ㉠$=2$입니다.

➡ $24 \times 6 = 144(\bigcirc)$

5 ・일의 자리의 계산:

　$6 \times$ ㉡에서 일의 자리 수가 8이 되려면 ㉡$=3$ 또는 ㉡$=8$입니다.

　㉡$=3$이면 $6 \times 3 = 18$이므로 십의 자리로 18의 1을 올림합니다.

　㉡$=8$이면 $6 \times 8 = 48$이므로 십의 자리로 48의 4를 올림합니다.

・십의 자리의 계산:

　㉡$=3$이면 1을 올림했으므로 ㉠ $\times 3 = 43$에서 ㉠에 알맞은 수는 없습니다.

　㉡$=8$이면 4를 올림했으므로 ㉠ $\times 8 = 40$, ㉠$=5$입니다.

➡ $56 \times 8 = 448(\bigcirc)$

4 창의·융합·코딩 학습   24~25쪽

창의 **1**

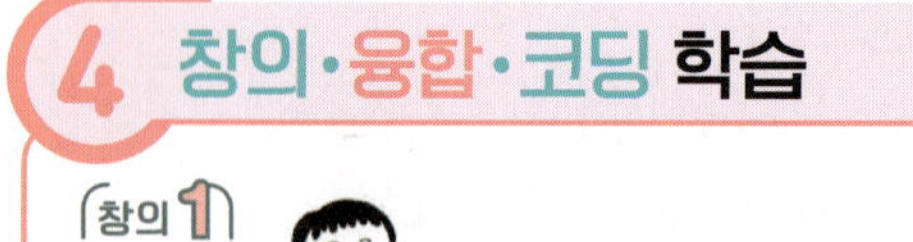

창의 **2** ❶ (위에서부터) 6 / 6 / 66
　　　　❷ (위에서부터) 18 / 24 / 204

창의 **2** ❶

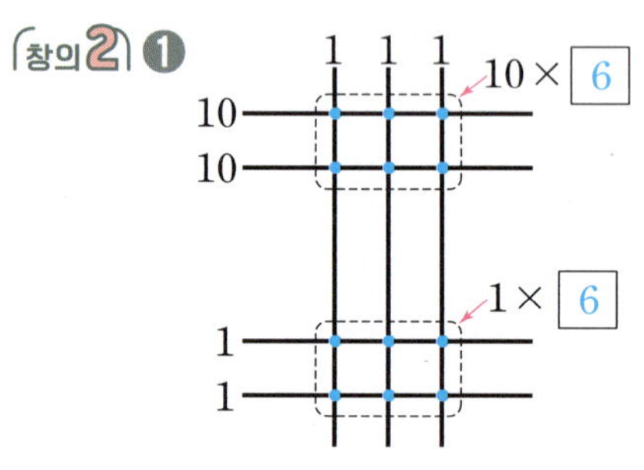

➡ $22 \times 3 = 60 + 6 = 66$
　　10×6　1×6

❷

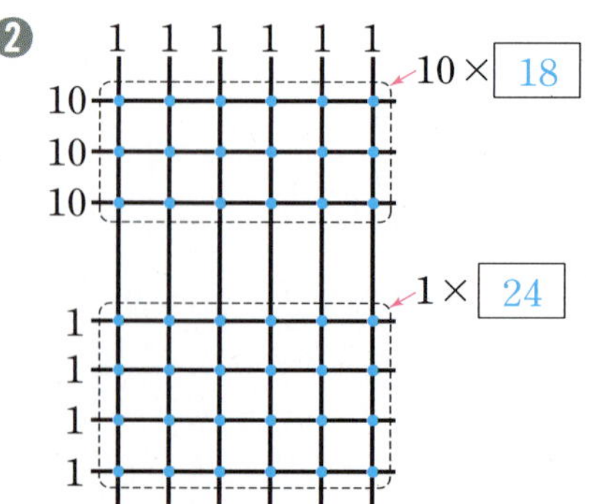

➡ $34 \times 6 = 180 + 24 = 204$
　　10×18　1×24

5. 길이와 시간

5 응용력 향상 집중 연습　26쪽

1 ⓒ, ⓛ, ㄱ　　**2** ⓛ, ㄱ, ⓒ
3 ㄱ, ⓒ, ⓛ　　**4** ㄱ, ⓒ, ⓛ
5 ⓒ, ㄹ, ⓛ, ㄱ　　**6** ⓛ, ⓒ, ㄹ, ㄱ

1 ⓛ 60 mm＝6 cm
➡ 6 cm 5 mm＞6 cm＞5 cm 7 mm이므로
　길이가 긴 것부터 차례로 기호를 쓰면 ⓒ, ⓛ, ㄱ
　입니다.

4 ㄱ 7 km 110 m＝7110 m
➡ 7110 m＞7010 m＞7001 m이므로
　길이가 긴 것부터 차례로 기호를 쓰면 ㄱ, ⓒ, ⓛ
　입니다.

6 ㄱ 5 km＝5000 m, ⓒ 6 km 10 m＝6010 m
➡ 6200 m＞6010 m＞5020 m＞5000 m이므로
　길이가 긴 것부터 차례로 기호를 쓰면 ⓛ, ⓒ, ㄹ,
　ㄱ입니다.

5 응용력 향상 집중 연습　27쪽

1 305초＝5분 5초에 색칠
2 3분 10초＝190초에 색칠
3 220초＝3분 40초에 색칠
4 2분 55초＝175초에 색칠
5 5분 12초＝312초에 색칠
6 3분 8초＝188초에 색칠

1 ・1분 45초＝60초＋45초＝105초
　・305초＝300초＋5초＝5분 5초
　・2분 40초＝120초＋40초＝160초

3 ・220초＝180초＋40초＝3분 40초
　・1분 23초＝60초＋23초＝83초
　・540초＝9분

5 ・2분 50초＝120초＋50초＝170초
　・400초＝360초＋40초＝6분 40초
　・5분 12초＝300초＋12초＝312초

5 응용력 향상 집중 연습　28쪽

1 집~학교에 ◯표 / 300
2 지하철역~집에 ◯표 / 500
3 매표소~천재봉~정상에 ◯표 / 400
4 정류장~캠핑장에 ◯표 / 50
5 집~공원~도서관에 ◯표 / 750
6 입구~식물원~전망대에 ◯표 / 780

2 (지하철역~우체국~집)
　＝1 km 200 m＋2 km 500 m＝3 km 700 m
➡ 3 km 200 m＜3 km 700 m이므로
　지하철역에서 집으로 가는 길이
　3 km 700 m－3 km 200 m＝500 m 더 가깝습
　니다.

4 (정류장~수영장~캠핑장)
　＝1 km 900 m＋1 km 300 m＝3 km 200 m
➡ 3 km 150 m＜3 km 200 m이므로
　정류장에서 캠핑장으로 가는 길이
　3 km 200 m－3 km 150 m＝50 m 더 가깝습
　니다.

6 (입구~식물원~전망대)
　＝2 km 330 m＋1 km 960 m＝4 km 290 m
　(입구~매점~전망대)
　＝1 km 700 m＋3 km 370 m＝5 km 70 m
➡ 4 km 290 m＜5 km 70 m이므로
　입구에서 식물원을 지나 전망대로 가는 길이
　5 km 70 m－4 km 290 m＝780 m 더 가깝습
　니다.

5 응용력 향상 집중 연습　29쪽

1 1시간 53분　　**2** 2시간 33분
3 2시간 7분 20초　　**4** 4시간 7분 25초
5 3시간 36분 42초　　**6** 1시간 54분 53초

1 출발 시각: 오전 6시 5분, 도착 시각: 오전 7시 58분
➡ (걸린 시간)＝(도착 시각)－(출발 시각)
　　　　＝7시 58분－6시 5분
　　　　＝1시간 53분

4 출발 시각: 오전 10시 10분 50초
　도착 시각: 오후 2시 18분 15초
　➡ (걸린 시간)＝14시 18분 15초－10시 10분 50초
　　　　　　　　＝4시간 7분 25초

참고

오전과 오후에 걸쳐서 걸린 시간은 오후 시각에 12시를 더해 나타낸 후 계산합니다.
예 오후 7시－오전 9시＝19시－9시＝10시간
　　　　　　　　　　　＋12

5 출발 시각: 오후 4시 40분 25초
　도착 시각: 오후 8시 17분 7초
　➡ (걸린 시간)＝8시 17분 7초－4시 40분 25초
　　　　　　　　＝3시간 36분 42초

6 출발 시각: 오전 9시 30분 23초
　도착 시각: 오전 11시 25분 16초
　➡ (걸린 시간)＝11시 25분 16초－9시 30분 23초
　　　　　　　　＝1시간 54분 53초

5 단원 창의·융합·코딩 학습 　30～31쪽

코딩**1** ❶ km　❷ cm　❸ m
창의**2** ❶ 2, 25, 15　❷ 2, 25, 15 / 3, 55, 57

코딩**1** ❶
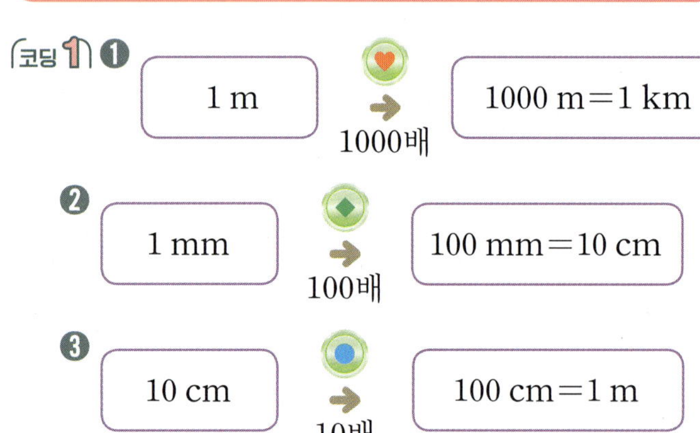

창의**2** ❶ 짧은바늘이 2와 3 사이를 가리키므로 2시, 긴
　바늘이 5를 지난 곳을 가리키므로 25분, 초바늘이
　3을 가리키므로 15초입니다.
❷ (백설 공주가 깨어나는 시각)
　＝(거울에 비친 시계의 시각)＋1시간 30분 42초
　＝2시 25분 15초＋1시간 30분 42초
　＝3시 55분 57초

6. 분수와 소수

6 단원 응용력 향상 집중 연습 　32쪽

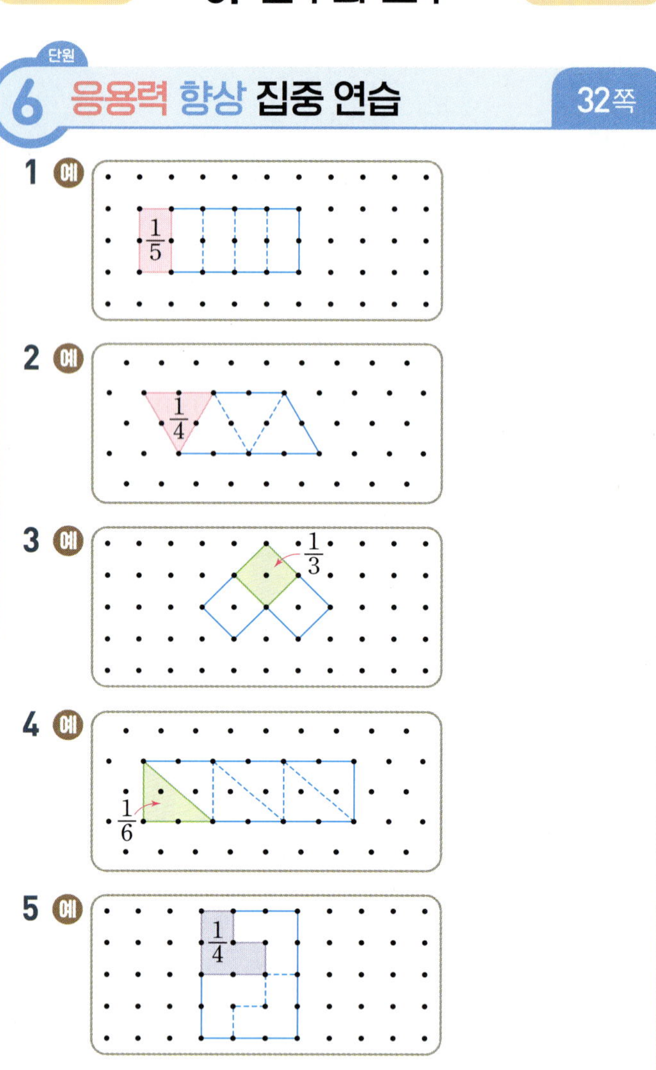

5 부분이 $\frac{1}{4}$이고, $\frac{1}{4}$이 4개이면 전체이므로 $\frac{1}{4}$을 3개 더 붙여 그립니다.

6 부분 $\frac{2}{9}$는 $\frac{1}{9}$이 2개이고, $\frac{1}{9}$이 9개이면 전체이므로 $\frac{1}{9}$을 9－2＝7(개) 더 붙여 그립니다.

6 단원 응용력 향상 집중 연습 　33쪽

1 0.4	**2** 0.6	**3** 0.3
4 0.5	**5** 0.1	**6** 0.7

1 (배추와 무를 심고 남은 텃밭의 칸 수)
$=10-4-2=4$(칸)
전체를 똑같이 10칸으로 나누었으므로 한 칸은 0.1 이고, 남은 부분은 전체의 0.4입니다.

4 (지연이와 민호가 사용하고 남은 찰흙의 조각 수)
$=10-2-3=5$(조각)
전체를 똑같이 10조각으로 나누었으므로 한 조각은 0.1이고, 남은 부분은 전체의 0.5입니다.

5 $\frac{3}{10}$ 은 전체를 똑같이 10으로 나눈 것 중의 3이고, $0.6=\frac{6}{10}$ 이므로 전체를 똑같이 10으로 나눈 것 중의 6입니다.

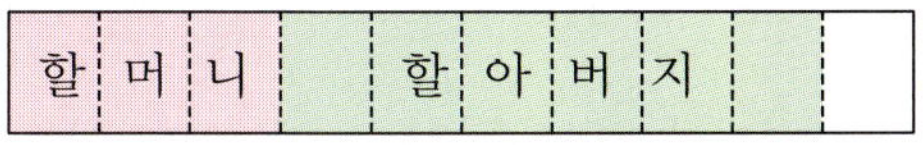

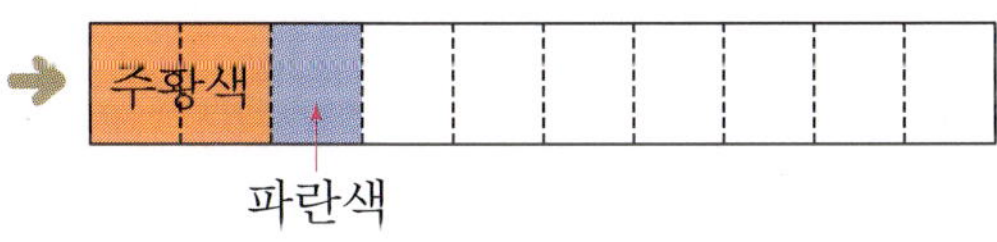

따라서 남은 부분은 전체의 0.1입니다.

6 $0.2=\frac{2}{10}$ 이므로 전체를 똑같이 10으로 나눈 것 중의 2이고, $\frac{1}{10}$ 은 전체를 똑같이 10으로 나눈 것 중의 1 입니다.

따라서 남은 부분은 전체의 0.7입니다.

---

6 응용력 향상 집중 연습   34쪽

1 ㉠	**2** ㉡	**3** ㉡
4 ㉢	**5** ㉢	**6** ㉠

1 ㉡ 3 cm 2 mm=3.2 cm
➡ 3.3 cm>3.2 cm>2.3 cm이므로 가장 긴 길이는 ㉠입니다.

> **참고**
> ■▲ mm=■ cm ▲ mm입니다.
> ■ cm ▲ mm는 ■ cm와 0.▲ cm이므로 ■.▲ cm로 나타낼 수 있습니다.

2 ㉠ 18 mm=1 cm 8 mm=1.8 cm
➡ 2.1 cm>1.8 cm>1.2 cm이므로 가장 긴 길이는 ㉡입니다.

---

4 ㉠ 4 cm 5 mm=4.5 cm
㉡ 6 cm 4 mm=6.4 cm
➡ 6.4 cm>5.6 cm>4.5 cm이므로 가장 긴 길이는 ㉡입니다.

6 ㉡ 9 cm 8 mm=9.8 cm
㉢ 96 mm=9 cm 6 mm=9.6 cm
㉣ 10 cm 2 mm=10.2 cm
➡ 10.5 cm>10.2 cm>9.8 cm>9.6 cm이므로 가장 긴 길이는 ㉠입니다.

6 응용력 향상 집중 연습   35쪽

1 15 cm	**2** 20 cm	**3** 18 cm
4 60 cm	**5** 40 cm	**6** 54 cm

1
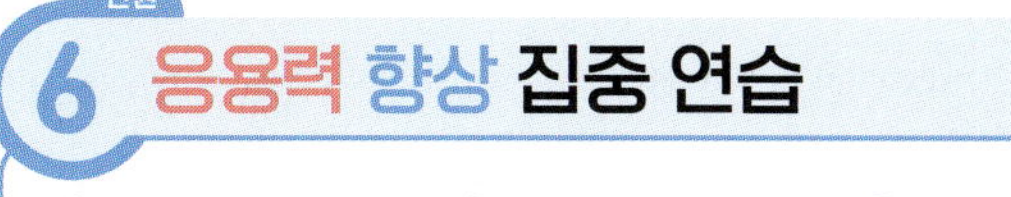

전체의 $\frac{1}{3}$ 만큼의 길이가 5 cm이면 전체 철사의 길이는 5 cm의 3배입니다. ➡ $5\times3=15$ (cm)

3
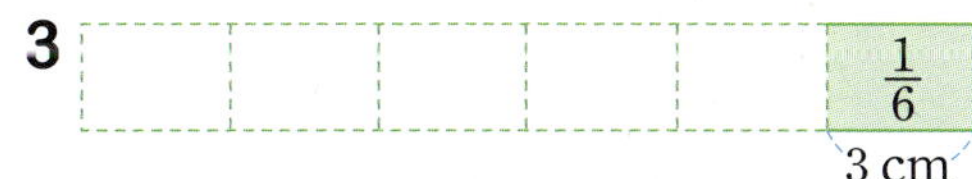

남은 색 테이프는 전체의 $\frac{1}{6}$ 입니다. 전체의 $\frac{1}{6}$ 만큼의 길이가 3 cm이면 전체 색 테이프의 길이는 3 cm의 6배입니다. ➡ $3\times6=18$ (cm)

5
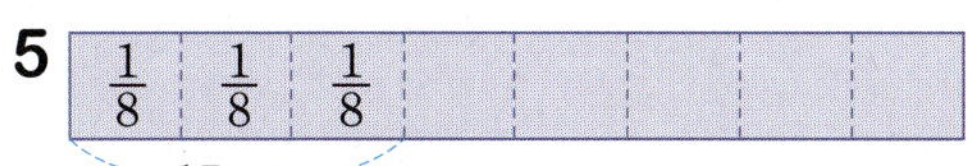

전체의 $\frac{3}{8}$ 만큼의 길이가 15 cm이므로 전체의 $\frac{1}{8}$ 만큼의 길이는 $15\div3=5$ (cm)입니다.
따라서 전체 리본의 길이는 5 cm의 8배이므로 $5\times8=40$ (cm)입니다.

6 응용력 향상 집중 연습   36쪽

1 4, 5, 6	**2** 3, 4	**3** 7, 8
4 5, 6, 7	**5** 4, 5	**6** 6, 7

3 ・$\frac{6}{10}=0.6$이고, $0.6<0.\blacksquare$에서 $6<\blacksquare$이므로
$\blacksquare=7,\ 8,\ 9$입니다.
・$\blacksquare.4<9.3$에서 $\blacksquare<9$이므로 $\blacksquare=1,\ 2,\ 3,\ 4,\ 5,\ 6,\ 7,\ 8$입니다.
따라서 $\blacksquare$에 공통으로 들어갈 수 있는 수는 7, 8입니다.

5 ・$\frac{2}{10}=0.2$이고, $0.2<0.\blacksquare<0.6$에서 $2<\blacksquare<6$이므로 $\blacksquare=3,\ 4,\ 5$입니다.
・$7.3<7.\blacksquare<7.8$에서 $3<\blacksquare<8$이므로 $\blacksquare=4,\ 5,\ 6,\ 7$입니다.
따라서 $\blacksquare$에 공통으로 들어갈 수 있는 수는 4, 5입니다.

6 ・0.1이 5개인 수는 0.5이고, $0.5<0.\blacksquare<0.9$에서 $5<\blacksquare<9$이므로 $\blacksquare=6,\ 7,\ 8$입니다.
・$\frac{1}{10}$이 38개인 수는 3.8이고, $3.2<3.\blacksquare<3.8$에서 $2<\blacksquare<8$이므로 $\blacksquare=3,\ 4,\ 5,\ 6,\ 7$입니다.
따라서 $\blacksquare$에 공통으로 들어갈 수 있는 수는 6, 7입니다.

단원 6 응용력 향상 집중 연습　37쪽

1 $\frac{1}{2}$ / $\frac{1}{8}$　　**2** $\frac{1}{4}$ / $\frac{1}{9}$　　**3** $\frac{6}{7}$ / $\frac{1}{7}$

4 $\frac{7}{9}$ / $\frac{2}{9}$　　**5** $\frac{1}{3}$ / $\frac{1}{4}$　　**6** $\frac{1}{6}$ / $\frac{2}{6}$

1 $2<3<5<8$이므로 만들 수 있는 가장 큰 단위분수는 $\frac{1}{2}$, 가장 작은 단위분수는 $\frac{1}{8}$입니다.

> 참고　단위분수는 분모가 작을수록 더 큽니다.

3 $6>5>3>1$이므로 만들 수 있는 분모가 7인 가장 큰 분수는 $\frac{6}{7}$, 분모가 7인 가장 작은 분수는 $\frac{1}{7}$입니다.

> 참고　분모가 같은 분수는 분자가 클수록 더 큽니다.

5 $3<4<7<9$이므로 만들 수 있는 가장 큰 단위분수는 $\frac{1}{3}$, 두 번째로 큰 단위분수는 $\frac{1}{4}$입니다.

6 $1<2<4<5$이므로 만들 수 있는 분모가 6인 가장 작은 분수는 $\frac{1}{6}$, 분모가 6인 두 번째로 작은 분수는 $\frac{2}{6}$입니다.

단원 6 창의·융합·코딩 학습　38~39쪽

코딩1 ❶ (위에서부터) 6.2 cm / 4.2 cm / 2.2 cm / 3.2 cm
❷ (위에서부터) 4.5 cm / 4.4 cm / 7.4 cm / 7.9 cm / 7.8 cm
창의2 ❶ $\frac{2}{4}$　　❷ $\frac{5}{8}$

코딩1 ❷ 위에서부터 순서대로 화살표를 따라 변하는 길이를 소수로 나타내면 다음과 같습니다.
・$4\ \text{cm}+5\ \text{mm}=\underline{4\ \text{cm}\ 5\ \text{mm}}=4.5\ \text{cm}$
・$4\ \text{cm}\ 5\ \text{mm}-1\ \text{mm}=\underline{4\ \text{cm}\ 4\ \text{mm}}=4.4\ \text{cm}$
・$4\ \text{cm}\ 4\ \text{mm}+3\ \text{cm}=\underline{7\ \text{cm}\ 4\ \text{mm}}=7.4\ \text{cm}$
・$7\ \text{cm}\ 4\ \text{mm}+5\ \text{mm}=\underline{7\ \text{cm}\ 9\ \text{mm}}=7.9\ \text{cm}$
・$7\ \text{cm}\ 9\ \text{mm}-1\ \text{mm}=7\ \text{cm}\ 8\ \text{mm}=7.8\ \text{cm}$

창의2 ❶ 색종이 1장 —(반으로 접음)→ $1\times2=2$(조각) —(반으로 접음)→ $2\times2=4$(조각)
색종이를 접힌 선을 따라 자르면 오른쪽 그림과 같이 똑같이 4조각으로 나누어집니다.

➜ 사용하고 남은 색종이는 전체를 똑같이 4조각으로 나눈 것 중의 $4-2=2$(조각)이므로 전체의 $\frac{2}{4}$입니다.

❷ 색종이 1장 —(반으로 접음)→ $1\times2=2$(조각) —(반으로 접음)→ $2\times2=4$(조각) —(반으로 접음)→ $4\times2=8$(조각)
색종이를 접힌 선을 따라 자르면 오른쪽 그림과 같이 똑같이 8조각으로 나누어집니다.

➜ 사용하고 남은 색종이는 전체를 똑같이 8조각으로 나눈 것 중의 $8-3=5$(조각)이므로 전체의 $\frac{5}{8}$입니다.

천재교육 초등 수학 로드맵

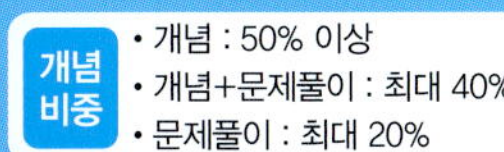

개념 비중
- 개념 : 50% 이상
- 개념+문제풀이 : 최대 40%
- 문제풀이 : 최대 20%

단계	연산 (개념+문제풀이)	연산 (문제풀이)	개념 (개념)	개념 (개념+문제풀이)	유형 (개념+문제풀이)	유형 (문제풀이)	시험 대비 (문제풀이)	특수 목적 (창의 사고력)	특수 목적 (문해력)
기초		계산박사	똑똑한 하루 수학	수학리더 개념 개념 해결의 법칙				창의력 수학 노크	
기본	연산력 수학 노크	수학리더 연산	개념클릭	수학리더 기본 우등생 수학 수학의 힘 알파	수학리더 기본+응용	수학 더 익힘 수학리더 유형			
실력		빅터연산			수학의 힘 베타	유형 해결의 법칙 수학리더 응용·심화	수학 단원평가	사고력 수학 노크	수학도 독해가 힘이다 독해가 힘이다 문장제 수학편
심화		창의융합 빅터연산				최고수준S 응용 해결의 법칙			
최상위						최고수준 최강 TOT 수학리더 최상위	HME 수학 학력평가		

※ 월간지: Go!매쓰, New 해법수학, 해법수학 개념학습, 메릭스 수학, 해법수학 단원평가 마스터

※ 주의
책 모서리에 다칠 수 있으니 주의하시기 바랍니다.
부주의로 인한 사고의 경우 책임지지 않습니다.
8세 미만의 어린이는 부모님의 관리가 필요합니다.
※ KC 마크는 이 제품이 공통안전기준에 적합하였음을 의미합니다.

정답은
이안에
있어!

milk T

천재교과서

디지털학습 1위 밀크T
성적
향상에
강한
밀크T

키즈부터 고등까지
전학년, 전과목 무제한 수강

초등 교과 학습 전문 최정예 강사진
국·영·수 수준별 심화학습
최상위권으로 만드는 독보적 콘텐츠
우리 아이만을 위한 정교한 AI 1:1 맞춤학습
1:1 초밀착 관리 시스템

※디지털학습 소비자 조사 기준 (2024.08 기준) 한국갤럽조사연구소

www.milkt.co.kr | 1577-1533

성적이 오르는 공부법
무료체험 후 결정하세요!